MATLAB

计算机视觉与深度学习实战（第2版）

刘衍琦　王小超　詹福宇　主编
于召虎　李雪梅　杨昌玉　副主编

電子工業出版社
Publishing House of Electronics Industry
北京•BEIJING

内 容 简 介

本书详细讲解了 29 个实用的 MATLAB 计算机视觉与深度学习实战案例（含可运行程序），涉及图像去雾、答题卡识别、图像分割、肝脏影像辅助分割系统、人脸二维码编解码系统、英文印刷体字符识别、图像融合、全景图像拼接、图像压缩和重建、视频处理工具、运动目标检测、路面裂缝检测识别系统、车流量计数、三维网格模型特征点提取、数字水印、图像水印、辅助自动驾驶、汽车目标检测、手写数字识别、以图搜图、验证码识别、图像生成、影像识别、物体识别、图像校正、时间序列分析、交通目标检测、智能问答等，还讲解了深度神经网络的拆分、编辑、重构等多项重要技术及应用，涵盖了数字图像处理中几乎所有的基本模块，并延伸到了深度学习的理论及应用方面。

工欲善其事，必先利其器。本书对每个数字图像处理的知识点都提供了丰富、生动的案例素材，并以 MATLAB 为工具详细讲解了实验的核心程序，涉及 DeepLearning Toolbox、TensorFlow、Keras、Java 等。通过对这些程序的阅读、理解和仿真运行，读者可以更加深刻地理解图像处理的相关知识，并且更加熟练地掌握计算机视觉及深度学习在不同领域中的应用。

本书以案例为基础，结构紧凑，内容深入浅出，实验简单高效，适合高等院校计算机、通信和自动化等相关专业的教师、本科生、研究生，以及计算机视觉工程人员阅读和参考。

图书在版编目（CIP）数据

MATLAB 计算机视觉与深度学习实战 / 刘衍琦，王小超，詹福宇主编. —2 版. —北京：电子工业出版社，2024.5

ISBN 978-7-121-47573-3

Ⅰ. ①M… Ⅱ. ①刘… ②王… ③詹… Ⅲ. ①Matlab 软件 Ⅳ. ①TP317

中国国家版本馆 CIP 数据核字（2024）第 061551 号

责任编辑：张国霞
印　　刷：中国电影出版社印刷厂
装　　订：中国电影出版社印刷厂
出版发行：电子工业出版社
　　　　　北京市海淀区万寿路 173 信箱　　邮编 100036
开　　本：787×980　1/16　印张：25　字数：560 千字
版　　次：2017 年 6 月第 1 版
　　　　　2024 年 5 月第 2 版
印　　次：2024 年 5 月第 1 次印刷
定　　价：128.00 元

凡所购买电子工业出版社图书有缺损问题，请向购买书店调换。若书店售缺，请与本社发行部联系，联系及邮购电话：（010）88254888，88258888。

质量投诉请发邮件至 zlts@phei.com.cn，盗版侵权举报请发邮件至 dbqq@phei.com.cn。

本书咨询联系方式：faq@phei.com.cn。

前　言

计算机视觉（Computer Vision，CV）主要研究如何用图像采集设备和计算机软件代替人眼对物体进行分类识别、目标跟踪和视觉分析等。深度学习源自经典的神经网络架构，属于机器学习领域，它通过不同形式的神经网络，结合视觉大数据（拥有大规模存量并不断产生增量）进行训练，自动提取细颗粒度的特征并结合粗颗粒度的特征，形成抽象化的视觉描述，在视觉分析方面取得了很大的进步，是当前人工智能爆发式发展的内核驱动。随着大数据及人工智能技术的不断发展，计算机视觉以其可视性、规模性、普适性逐步成为 AI 应用落地的关键领域之一，在理论研究和工程应用上均发展迅猛。

MATLAB 是 MathWorks 公司推出的一款应用于科学计算和工程仿真的交互式编程软件，近几年已经发展成为集图像处理、数值分析、数学建模、仿真控制、信号处理等工具箱为一体的科学应用软件，并且成为世界上应用最广泛的科学计算软件之一。数字图像处理技术涉及计算机科学、模式识别、人工智能、生物工程等学科，是一种综合性的技术。

自从电子计算机诞生以来，通过计算机仿真来模拟人类视觉便成为一个非常热门且颇具挑战性的研究领域。随着数码相机、智能手机等硬件设备的普及，图像以其易于采集、信息相关性多、抗干扰能力强的特点得到了越来越广泛的应用。当前，人类社会已经进入了信息化和数字化时代，随着国家对人工智能领域的重视，计算机视觉人才的需求量越来越大，应用也越来越广泛。

计算机视觉处理工具箱可为用户提供诸如图像变换、图像增强、图像特征检测、图像复原、图像分割、图像去噪、图像配准、视频处理、深度学习等的技术支撑。同时，借助 MATLAB 方便的编程及调试技巧，用户可根据需要进一步拓展计算机视觉处理工具箱，满足定制化的业务需求。

本书目的

本书以案例的形式展现，力求为读者提供更便捷、直接的技术支持，解决读者在研发过程中遇到的实际技术难点，并力求全面讲解广大读者在研发过程中所涉及的功能模块及成熟的系统框架，为读者进行科学实验、项目开发提供一定的技术支持。

通过对书中案例程序的阅读、理解和仿真运行，读者可以有针对性地进行算法调试，这样可以更加深刻地理解计算机视觉与深度学习应用的含义，并且更加熟练地使用 MATLAB 进行算法设计与工程研发。

本书特点

作者阵容强大，经验相当丰富　本书主编之一刘衍琦是机器学习算法专家及视觉 AI 课程讲师，擅长视觉 AI 分析、大数据分析挖掘等工程应用，并长期从事工程研发相关工作，涉及互联网海量图像、声纹、视频检索，以及 OCR 图文检索、手绘草图智能识别、AI 小目标检测等应用的算法架构与研发，对图文识别、大规模以图搜图、数据感知和采集等进行过深入研究，并结合行业背景推动了一系列的工程化应用。

在本书其他主编中，王小超在 3D 视觉分析、图像水印、工业视觉测量应用、图像智能识别方面积累了丰富的项目实战经验；詹福宇擅长模型设计与分析，在计算机视觉处理方面积累了丰富的工程经验。

案例丰富、实用、拓展性强　本书以案例的形式进行编写，充分强调案例的实用性及程序的可拓展性，所选案例均来自作者的日常研究及业务需求，每个案例都与实际课题相结合。另外，书中的每个案例程序都经过调试，作者为此编写了大量的测试代码。

点面完美结合，兼顾不同需求的读者　本书点面兼顾，涵盖了数字图像处理中几乎所有的基本模块，并涉及视频处理、配准拼接、数字水印、生物识别等高级图像处理方面的内容，全面讲解了基于 MATLAB 进行计算机视觉及深度学习应用的原理及方法。

特别致谢

刘衍琦、王小超、詹福宇是本书的主编，于召虎、李雪梅、杨昌玉是本书的副主编。本书的编写得到了电子工业出版社博文视点编辑张国霞的大力支持，在此对她表示衷心的感谢。在本书案例实验的设计及研发过程中，参考了 MATLAB 中文论坛上大量的 MATLAB 帮助文档、MATLAB 图书及其他相关资源，也得到了广大会员的支持，在此感谢他们的信任与鼓励。

感谢各位读者朋友给予我的启发和帮助，感谢家人的默默支持！感谢女儿刘沛萌每天带给我欢乐，她给予我无限的动力进行计算机视觉及人工智能的探索及应用，也祝全天下的小朋友们都能健康快乐地成长！

由于时间仓促，加之作者水平和经验有限，书中难免存在疏漏及错误之处，希望广大读者批评指正。

为了更好地为本书读者服务，我们为本书提供了读者交流群及配套代码、课件、实验素材、操作演示视频等资源，具体的资源获取方式请参考本书封底处的“读者服务”。

刘衍琦

2024 年 4 月

目　录

第1章 基于图像增强方法的图像去雾技术

1.1 案例背景

雾霾天或雾天往往会给人类的生产和生活带来极大的不便，也大大增加了发生交通事故的概率。一般而言，在恶劣天气条件下，户外景物图像的对比度和颜色可能会改变或退化，图像中蕴含的许多特征也会模糊或被覆盖，导致某些视觉系统（如电子卡口、门禁监控等）无法正常工作。

图像增强指按设定的规则突出重要信息，减少或消除不必要的冗余信息，可用于消除雾天图像中的雾气传播干扰，突出图像的细节信息，提高雾天图像整体的可视化效果。

本案例基于多种图像增强方法进行图像去雾处理和可视化效果提升，并计算多个指标以评价整体的图像去雾效果。

1.2 空域图像增强

根据图像处理域的不同，图像增强基本可分为两大类：频域图像增强、空域图像增强。

◎ 频域图像增强：基于卷积定理，通过进行某种图像变换（如傅里叶变换、小波变换等）得到频域结果并进行修改，实现图像增强。

◎ 空域图像增强：直接处理图像中的像素，一般以图像灰度映射变换为基础，根据图像增强的目标来采用所需的映射变换方法。常见的图像对比度增强、图像灰度层次优化等均属于空域图像增强。

1.3　直方图均衡化

直方图是图像的一种统计表达形式。灰度图像的灰度统计直方图可以体现该图像中不同灰度级出现概率的统计情况。一般而言，图像的视觉效果和其直方图有对应关系，调整或变换其直方图的形状会对图像显示效果产生很大的影响。

直方图均衡化主要用于增强灰度值动态范围偏小的图像的对比度。该方法的基本思想是把原图像的灰度统计直方图变换为均匀分布的形式，这就增加了像素灰度值的动态范围，从而达到增强图像整体对比度的效果。

数字图像是离散化的数值矩阵，其直方图可被视为一个离散函数，表示数字图像中每一个灰度级与其出现概率间的统计关系。假设一幅数字图像 $f(x, y)$的像素总数为 N，r_k 表示第 k 个灰度级对应的灰度，n_k 表示灰度为 r_k 的像素个数，即频数，用横坐标表示灰度级，用纵坐标表示频数，则直方图可被定义为 $p(r_k)=\frac{n_k}{N}$，其中，$p(r_k)$ 表示灰度 r_k 出现的相对频数，即概率。

直方图在一定程度上能够反映数字图像的概貌，包括该图像的灰度范围、灰度分布、整体亮度均值和对比度等，并可以此为基础来分析是否进一步处理图像。直方图均衡化也叫作直方图均匀化，就是把给定图像的直方图变换成均匀分布的直方图，是一种较为常用的灰度增强算法。

直方图均衡化主要包括以下 3 个步骤。

（1）预处理：输入图像，计算该图像的直方图。

（2）灰度变换表：根据所输入图像的直方图计算灰度值变换表。

（3）查表变换：执行变换操作 $x'=H(x)$，表示对步骤（1）得到的直方图使用步骤（2）得到的灰度值变换表进行查表变换操作，通过遍历整幅图像的每个像素元素，将原图像灰度值 x 放入变换表 $H(x)$中，可得到变换后的新灰度值 x'。

根据信息论，我们可以知道图像经直方图均衡化处理后，将包含更大的信息量，进而突出某些图像特征。假设图像具有 n 级灰度，其第 i 级灰度出现的概率为 p_i，则该级灰度所含的信息量计算公式为

$$I(i)=p_i \log\frac{1}{p_i}=-p_i \log p_i \tag{1.1}$$

整幅图像的信息量计算公式为

$$H=\sum_{i=0}^{n-1} I(i)=-\sum_{i=0}^{n-1} p_i \log p_i \tag{1.2}$$

信息论已经证明，具有均匀分布直方图的图像，其信息量 H 最大。即当 $p_0=p_1=\cdots=p_{n-1}=\frac{1}{n}$ 时，式（1.2）有最大值。

这里以工具箱中的实验图像 pout.tif 为例进行直方图均衡化实验，原图如图 1-1 所示，原图做直方图均衡化后的效果如图 1-2 所示，原图的直方图如图 1-3 所示，原图做直方图均衡化后的直方图如图 1-4 所示。

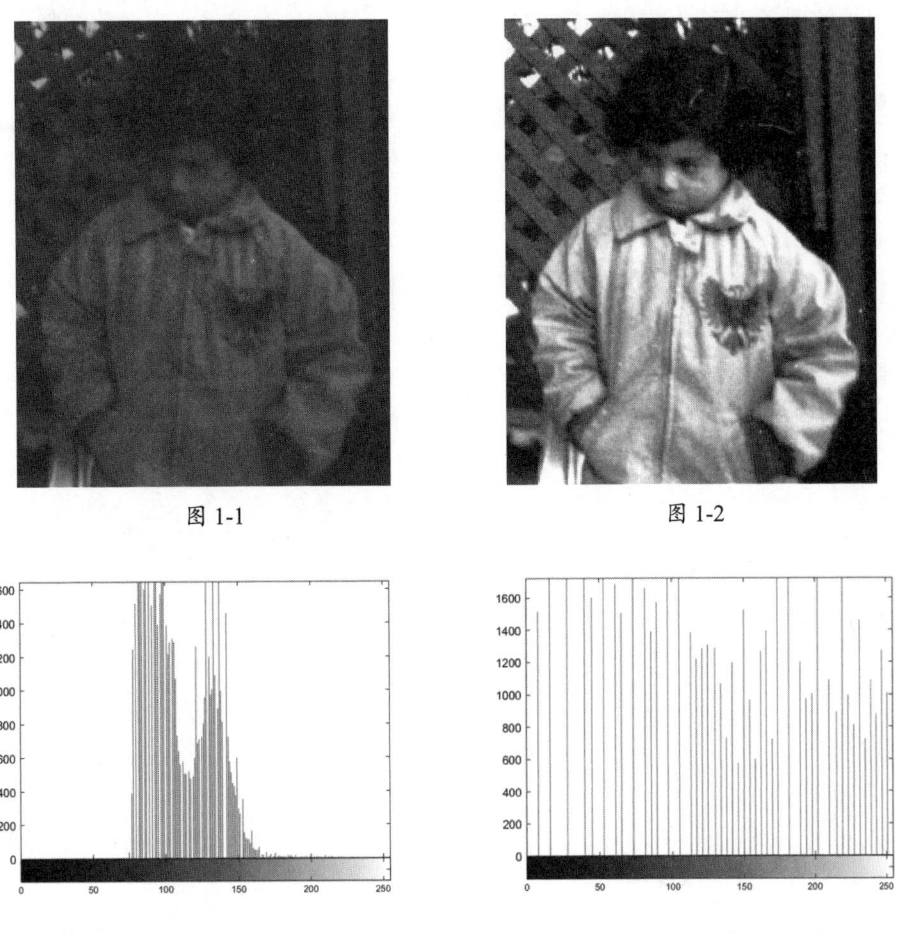

图 1-1

图 1-2

图 1-3

图 1-4

从图 1-1、图 1-3 可以看出，原图的像素大多分布在 75 ~ 155 区间，直观上偏黑色区域占比较大，难以区分图像局部区域的细节；从图 1-2、图 1-4 可以看出，在直方图均衡化后，图像的像素均匀分布在 0 ~ 255 区间，直观上亮度均匀，能较好地看出图像局部区域的细节。因此，直方图均衡化在一定程度上可以提升亮度分布不均、曝光过度等情况下的图像可视化效果，是一种较为通用的图像增强方法。

1.4　程序实现

本案例采用全局直方图均衡化方法、限制对比度的自适应直方图均衡化（Contrast Limited Adaptive Histogram Equalization，CLAHE）方法进行图像去雾实验，并选择 Retinex 方法作为直方图去雾方法的延伸。而且，本案例通过控件关联不同的去雾方法，并通过显示处理前后的图像直方图和图像熵、均值、标准差、PIQE 等指标值来对比图像去雾效果。

1.4.1　设计 GUI

为使软件交互更方便，这里调用 MATLAB 的 GUI 来生成软件框架，演示去雾图像载入、处理和对比的过程。GUI 如图 1-5 所示。

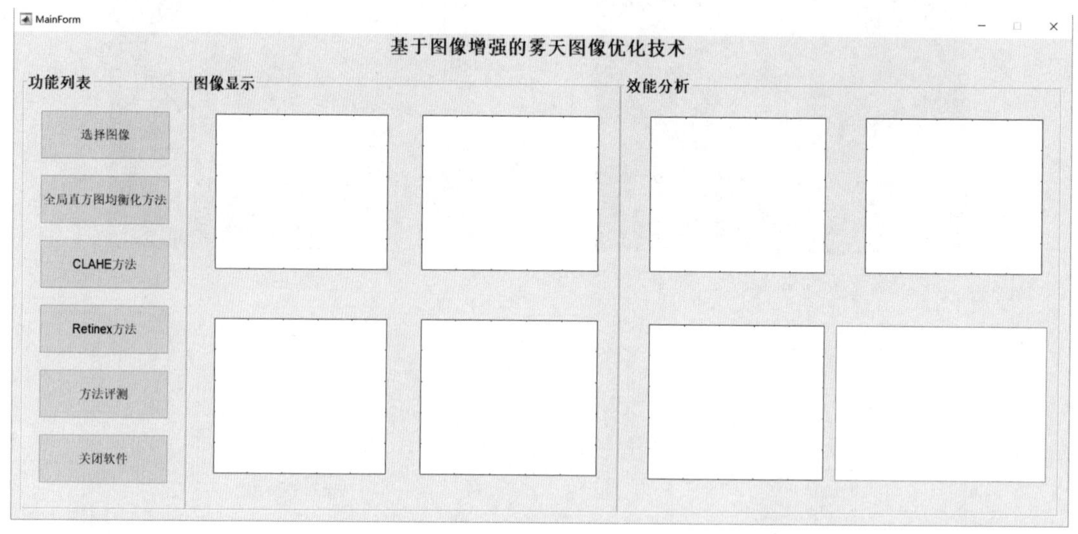

图 1-5

该软件通过控件关联的方式进行功能设计并实现模块化编程，包括 3 个功能模块：功能列表模块、图像显示模块和效能分析模块。

◎ 功能列表模块：主要包括选择图像、通过全局直方图均衡化方法去雾、通过 CLAHE 方法去雾和方法评测等功能。

◎ 图像显示模块：显示原图像和采用不同方法进行图像去雾处理后所输出的图像。

◎ 效能分析模块：显示采用不同方法进行图像去雾处理后的图像直方图和评价指标值。

1.4.2 全局直方图均衡化处理

MATLAB 通过 imread 函数读取 RGB 图像，并通过维度为 $m \times n \times 3$ 的矩阵来表示图像（m、n 分别表示图像的行数、列数，3 表示图像的 R、G、B 三层分量）。因此，全局直方图均衡化处理就是对 RGB 图像的 R、G、B 分量分别进行直方图均衡化，并将其整合为新的 RGB 图像。核心代码如下：

```
function In = RemoveFogByGlobalHisteq(I, flag)
% 对 RGB 图像的 R、G、B 分量分别进行直方图均衡化，再得到新的 RGB 图像
% 输入参数：
%  I——图像矩阵
%  flag——显示标记
% 输出参数：
%  In——结果图像

if nargin < 2
    flag = 1;
end
% 提取图像的 R、G、B 分量
R = I(:,:,1);
G = I(:,:,2);
B = I(:,:,3);
% 分别对图像的 R、G、B 分量进行全局直方图均衡化处理
M = histeq(R);
N = histeq(G);
L = histeq(B);
% 集成全局直方图均衡化后的分量，得到结果图像
In = cat(3, M, N, L);
% 结果显示
if flag
    figure;
    subplot(2, 2, 1); imshow(I); title('原图像', 'FontWeight', 'Bold');
    subplot(2, 2, 2); imshow(In); title('处理后的图像', 'FontWeight', 'Bold');
% 灰度化，用于计算直方图
    Q = rgb2gray(I);
    W = rgb2gray(In);
    subplot(2, 2, 3); imhist(Q, 64); title('原灰度直方图', 'FontWeight', 'Bold');
    subplot(2, 2, 4); imhist(W, 64); title('处理后的灰度直方图', 'FontWeight',
'Bold');
end
```

关联到“全局直方图均衡化方法”按钮，执行图像的全局直方图均衡化处理并进行显示，结果如图 1-6 所示。

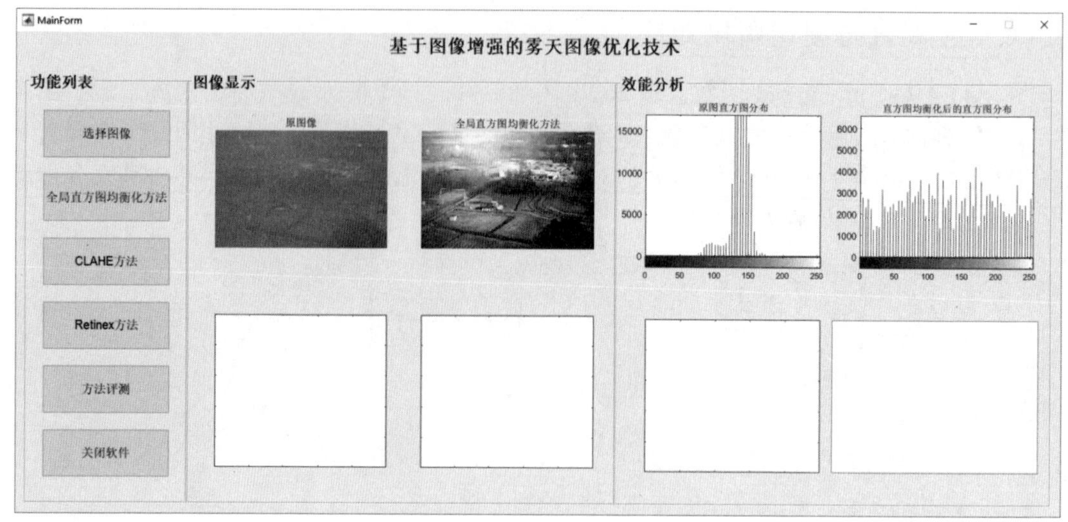

图 1-6

可以看出，全局直方图均衡化处理可以实现对含雾图像的增强，处理前后的直方图在统计分布上具有明显变化，但在图像整体上容易出现色彩失真的现象。

1.4.3　限制对比度的自适应直方图均衡化处理

全局直方图均衡化增强只是将原图像的直方图进行了均衡化，未能有效保持原图像的局部特征，容易出现色彩失真的现象。限制对比度的自适应直方图均衡化是一种自适应局部增强方法。通过全局直方图均衡化进行去雾增强，往往会面临局部细节失真等问题，因此需要考虑进行局部限制对比度的自适应直方图均衡化处理，其主要特点：①具有对比度限幅的约束，可以对局部区域使用对比度限幅来提高增强效果，突出细节信息；②利用插值来提高计算效率，并能有效控制灰度值集中的均衡化增强，降低噪声干扰。

在 MATLAB 中可通过 adapthisteq 函数对 RGB 图像的 R、G、B 分量分别进行限制对比度的自适应直方图均衡化处理，再整合到新的 RGB 图像，进行图像去雾。核心代码如下：

```
function In = RemoveFogByCLAHE(I, flag)
% 对 RGB 图像的 R、G、B 分量分别进行限制对比度的自适应直方图均衡化处理，再得到新的 RGB 图像
% 输入参数：
%  I——图像矩阵
%  flag——显示标记
% 输出参数：
%  In——结果图像

if nargin < 2
    flag = 1;
```

```
    end
    % 提取图像的 R、G、B 分量
    R = I(:,:,1);
    G = I(:,:,2);
    B = I(:,:,3);
    % 分别对图像的 R、G、B 分量进行限制对比度的自适应直方图均衡化处理
    M = adapthisteq(R);
    N = adapthisteq(G);
    L = adapthisteq(B);
    % 集成进行限制对比度的自适应直方图均衡化处理后的分量，得到结果图像
    In = cat(3, M, N, L);
    % 结果显示
    if flag
       figure;
       subplot(2, 2, 1); imshow(I); title('原图像', 'FontWeight', 'Bold');
       subplot(2, 2, 2); imshow(In); title('处理后的图像', 'FontWeight', 'Bold');
       % 灰度化，用于计算直方图
       Q = rgb2gray(I);
       W = rgb2gray(In);
       subplot(2, 2, 3); imhist(Q, 64); title('原灰度直方图', 'FontWeight', 'Bold');
       subplot(2, 2, 4); imhist(W, 64); title('处理后的灰度直方图', 'FontWeight',
'Bold');
    end
```

关联到“CLAHE 方法”按钮，对图像进行限制对比度的自适应直方图均衡化处理并显示，结果如图 1-7 所示。

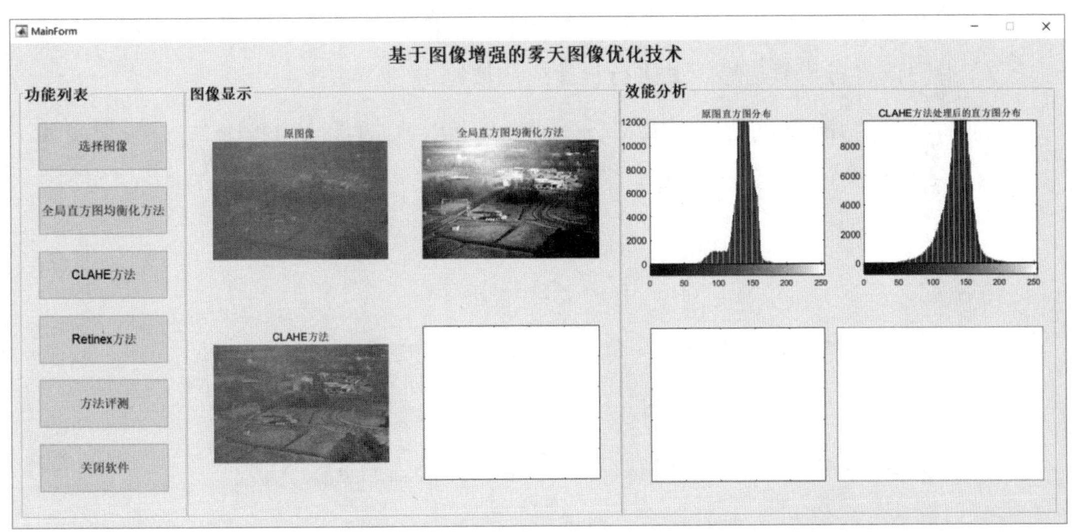

图 1-7

结果表明，该算法能有效保持原图像的局部特征，所得到的新图像未出现明显的色彩失真，达到了去雾增强的效果，但图像整体亮度偏暗，依然存在某些模糊区域。

1.4.4　Retinex 增强处理

基于全局直方图均衡化、限制对比度的自适应直方图均衡化的图像去雾方法在理论及实现上比较简单，能起到一定的去雾效果。在本实验中采用 Retinex 方法进行对比，该算法可以平衡图像灰度动态范围压缩、图像增强和图像颜色恒常 3 个指标，实现对含雾图像的自适应性增强。Retinex 方法可将图像 $f(x,y)$ 分解为高频反射图 $s(x,y)$ 和低频亮度图 $l(x,y)$ 的乘积，通过消除低频亮度部分，保留高频反射部分，达到图像增强的效果，其处理流程如图 1-8 所示。

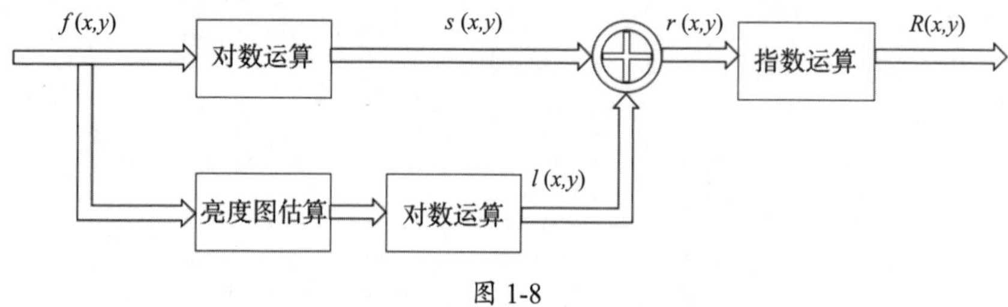

图 1-8

以上处理流程可以简化 Retinex 方法的去雾过程，关键步骤如下。

（1）对图像进行对数运算，将原图 $f(x,y)$ 分解为高频反射图 $s(x,y)$ 和低频亮度图 $l(x,y)$。

（2）消除低频亮度部分，保留高频反射部分，得到 $r(x,y)$。

（3）对图像进行指数运算，并进行自适应滤波输出。

对低频亮度图 $l(x,y)$ 可以通过高斯低通滤波进行计算，假设滤波器 $g(x,y)$ 被定义如下（σ 为高斯环绕尺度，可作为参数进行调整）：

$$\begin{aligned} g(x,y) &= \lambda \mathrm{e}^{-\frac{x^2+y^2}{\sigma^2}} \\ \iint g(x,y)\,\mathrm{d}x\mathrm{d}y &= 1 \end{aligned} \tag{1.3}$$

将式（1.3）应用于原图做卷积运算，即可得到低频亮度图公式：

$$l(x,y) = g(x,y) * f(x,y) \tag{1.4}$$

最后，消除低频亮度部分，保留高频反射部分，公式如下：

$$r(x,y) = \log\frac{s(x,y)}{l(x,y)} = \log(s(x,y)) - \log(l(x,y)) \tag{1.5}$$

因此，根据 Retinex 增强的关键步骤，可对 RGB 图像的 R、G、B 分量分别应用 Retinex 方法进行处理，再整合形成新的 RGB 图像，核心代码如下：

```
function In = RemoveFogByRetinex(I, flag)
% 对 RGB 图像的 R、G、B 分量应用 Retinex 方法进行处理，再得到新的 RGB 图像
% 输入参数：
%  I——图像矩阵
%  flag——显示标记
% 输出参数：
%  In——结果图像

if nargin < 2
    flag = 1;
end
% 图像维度
[M, N, ~] = size(I);
% 滤波器参数
sigma = 150;
% 滤波器
g_filter = fspecial('gaussian', [M,N], sigma);
gf_filter = fft2(double(g_filter));
for i = 1 : size(I, 3)
    % 当前分量矩阵
    si = double(I(:, :, i));
    % 对 s 进行对数运算
    si(si==0) = eps;
    si_log = log(si);
    % FFT 变换
    sif = fft2(si);
    % 滤波器滤波
    sif_filter = sif.* gf_filter;
    % IFFT 变换
    srf_filter_i = ifft2(sif_filter);
    srf_filter_i(srf_filter_i==0) = eps;
    % 对 g*s 进行对数运算
    si_filter_log = log(srf_filter_i);
    % 计算 log(s)-log(g*s)
    Jr = si_log - si_filter_log;
    % 进行指数运算
    Jr_exp = exp(Jr);
    % 归一化
    Jr_exp_min = min(min(Jr_exp));
    Jr_exp_max = max(max(Jr_exp));
    Jr_exp = (Jr_exp - Jr_exp_min)/(Jr_exp_max - Jr_exp_min);
    % 合并赋值
    In(:,:,i) = adapthisteq(Jr_exp);
end
% 结果显示
if flag
    figure;
    subplot(2, 2, 1); imshow(I); title('原图像', 'FontWeight', 'Bold');
    subplot(2, 2, 2); imshow(In); title('处理后的图像', 'FontWeight', 'Bold');
```

```
        % 灰度化，用于计算直方图
        Q = rgb2gray(I);
        W = rgb2gray(In);
        subplot(2, 2, 3); imhist(Q, 64); title('原灰度直方图', 'FontWeight', 'Bold');
        subplot(2, 2, 4); imhist(W, 64); title('处理后的灰度直方图', 'FontWeight',
'Bold');
    end
```

关联到“Retinex 方法”按钮，对图像采用 Retinex 方法进行去雾处理并显示，结果如图 1-9 所示。

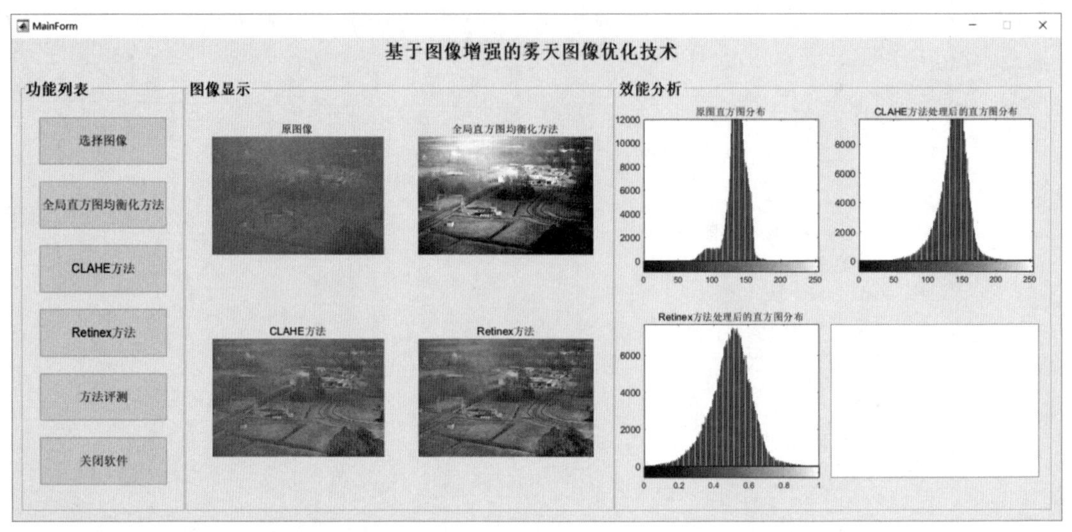

图 1-9

处理前后的直方图分布表明，采用 Retinex 方法进行图像去雾，可以在一定程度上保持原图像的局部特征，处理结果较为平滑，颜色特征也较为自然，具有良好的去雾效果。

1.4.5　方法评测

本案例基于全局直方图均衡化、限制对比度的自适应直方图均衡化和 Retinex 增强进行图像去雾，通过观察去雾效果和直方图分布来展开分析，并探讨了通过几种评价指标进行去雾效果的有效性分析。

对于雾天图像，我们一般难以提供完全相同的晴天图像进行效果对比，因此可将图像去雾视作无参考图的优化增强。本案例不考虑 PSNR（峰值信噪比）、RMSE（均方根误差）等，而是将图像的熵、均值、标准差、PIQE 作为评价指标，分析原图像及基于不同方法进行图像去雾后的结果图像。

1. 熵

我们可将数字图像视作数值矩阵，而熵是矩阵特征的一种统计形式，反映了平均信息量大小，可用于表示图像灰度分布的聚集特征所包含的信息量。结合图像直方图的定义，假设图像 $f(x,y)$ 中灰度级 i 的像素所占的比例为 p_i，则如下定义灰度图像的一维灰度熵：

$$E=-\sum_{i=0}^{255}p_i\log\left(p_i\right) \tag{1.6}$$

2. 均值

数字图像矩阵的均值可反映图像像素值的亮度特性，即均值越大则亮度值越大，反之则越小。假设图像 $f(x,y)$ 为 M 行 N 列的矩阵，则其均值计算公式如下：

$$\mu=\frac{1}{MN}\sum_{x=1}^{M}\sum_{y=1}^{N}f(x,y) \tag{1.7}$$

3. 标准差

数字图像矩阵的标准差可反映图像像素值与均值的离散程度，即标准差越大则对比度越高，反之则越低。假设图像 $f(x,y)$ 为 M 行 N 列的矩阵，均值为 μ，则其标准差计算公式如下：

$$\sigma=\sqrt{\frac{1}{MN}\sum_{x=1}^{M}\sum_{y=1}^{N}\left(f(x,y)-\mu\right)^2} \tag{1.8}$$

4. PIQE

PIQE（Perception-based Image Quality Evaluator）是一种经典的无参考图质量评价指标，主要依据是主观的图像质量评价，更关注部分显著度高的区域，通过图像局部块的质量分数可得到整体质量分数。根据 PIQE 指标值的大小可以确定图像的清晰程度，PIQE 指标值越小则图像越清晰，反之图像越模糊。在 MATLAB 中提供了库函数 piqe 来方便地计算 PIQE 指标值，具体用法如下：

$$\text{score}=\text{piqe}(\boldsymbol{f}) \tag{1.9}$$

其中，$\boldsymbol{f}$ 为数字图像矩阵，返回值 score 是对应的 PIQE 指标值。

因此，为了方便地计算图像评价指标值，可将图像熵、均值、标准差、PIQE 作为评价指标并分别进行计算，再整合到结构体中并返回。核心代码如下：

```
function s = GetIQA(Img, Jmg)
% 计算图像熵、均值、标准差、PIQE 等指标值
% 输入参数:
```

```
%  Img——原图像矩阵
%  Jmg——处理后的图像矩阵
% 输出参数：
%  s——评测指标结构体

% 统一数据类型
img=im2uint8(mat2gray(Img));
jmg=im2uint8(mat2gray(Jmg));
% 计算熵
s.entropy = [sub_get_entropy(img) sub_get_entropy(jmg)];
% 计算均值和标准差
[s.img_mean(1),s.img_std(1)] = mean_std(img);
[s.img_mean(2),s.img_std(2)] = mean_std(jmg);
% 计算 PIQE
s.score(1) = piqe(img);
s.score(2) = piqe(jmg);

function res = sub_get_entropy(im)
% 计算熵
n = 2^8;
im = double(im(:));
% 计算频次
vec = hist(im, n);
% 计算概率
vec = vec / sum(vec(:));
% 消除零干扰
vec(vec==0)=eps;
% 计算熵
res = -sum(vec .* log2(vec));

function [img_mean,img_std] = mean_std(im)
% 均值和标准差
im = double(im);
% 均值
img_mean = mean2(im);
% 标准差
img_std = std2(im);
```

将计算图像评价指标值的函数封装为 GetIQA.m，传入处理前后的数字图像矩阵即可得到评价指标结构体，方便进行调用和分析。将评测结果关联到“方法评测”按钮，对处理后的图像计算评价指标值并显示，结果如图 1-10 所示。

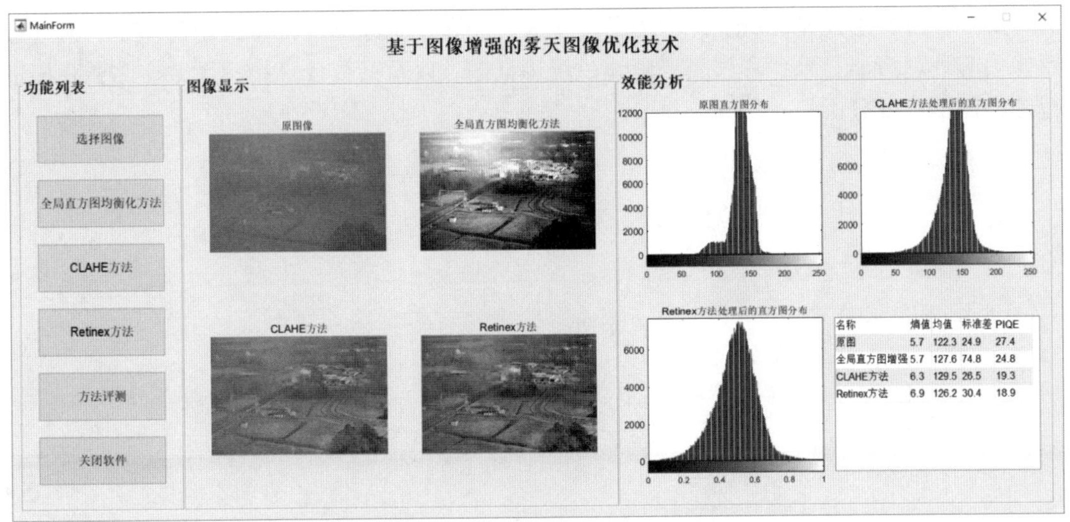

图 1-10

如图 1-10 所示，中间的“图像显示”模块显示了原图和 3 种图像去雾方法的效果图，可以发现：

◎ 基于全局直方图均衡化进行图像去雾处理的结果具有明显的色彩失真现象。

◎ 基于限制对比度的自适应直方图均衡化进行图像去雾处理的结果能较好地保持原始的色彩分布，但清晰度相对偏低。

◎ 基于 Retinex 方法进行图像去雾处理的结果保持了原图的色彩分布情况，也进一步提高了图像的清晰度。

通过观察右下方的评价指标可以看出：

◎ 基于全局直方图均衡化进行图像去雾处理的结果，其均值、标准差的值都偏高，这正对应了其色彩失真的现象。

◎ 基于限制对比度的自适应直方图均衡化进行图像去雾处理的结果在图像熵、均值、标准差、PIQE 等指标值上均有较好的表现，特别是均值整体最高，这也反映了处理后的亮度分布特点。

◎ 基于 Retinex 方法进行图像去雾处理的结果在图像熵、标准差、PIQE 等指标值上相对于基于限制对比度的自适应直方图均衡化进行图像去雾处理的结果有一定的提升，这也对应了其清晰度更好。

因此，综合来看，对于这幅雾天图像的优化，基于 Retinex 方法进行图像去雾处理具有良好的性能，我们也可以更深入地分析和探索，例如参数修改、多方法融合等，进一步提升处理效果。

此外，图像质量评价从统计学的角度来看，能在一定程度上衡量图像的质量，但进行图像去雾处理可能导致色彩失真、曝光过度等问题，以及某些计算指标无效，需要我们进行综合的多维度分析。

第2章 基于Hough变换的答题卡识别

2.1 案例背景

答题卡自动阅卷系统通过获取答题卡图像作为系统输入，并通过计算机处理、自动识别填涂标记，计算成绩并完成阅卷工作。在实际的图像数字化的过程中，受设备、环境等因素的影响，答题卡图像的质量不是很高，影响自动阅卷的准确率，甚至导致无法正常阅卷。因此，需要对所获取的图像进行一系列的预处理，滤去干扰、噪声，执行几何校正、彩色校正等操作，并进行二值化处理，以确保后续步骤能顺利进行。

本案例讲解答题卡识别软件的设计与开发细节，集成了图像分割、模式识别等领域的功能模块，涉及计算机图像处理的一系列知识。通过图像处理技术，系统能够识别答题卡图像的答案选项，通过输入正确答案的答题卡并与之对照，进而对学生答题卡进行判别并计算出分数。本案例侧重于图像识别方面的实现，应用了图像校正、模式识别等方面的算法。

2.2 图像二值化

彩色图像经过灰度化处理后得到灰度图像，每个像素都仅有一个灰度值，该灰度值的大小决定了像素的亮暗程度。在答题卡图像识别中，根据答题卡图像目标答案的色彩特点，为了方便地检测和识别目标答案，需要对灰度图像进行二值化处理，也就是说各像素的灰度值都只有 0 和 1 两个取值，用来表示黑和白两种颜色，这样可以大大减少计算的数据量。

在对答题卡图像进行二值化的过程中，阈值的选取是关键，直接影响到目标答案能否被正确识别。根据二值化过程中的阈值选取的来源不同，阈值选取方法可以分为全局和局部两种。鉴于答题卡图像的应用场景，不同考生填涂答题卡的深浅程度往往不同，如果采用由用户指定阈值的方法，则可能对每张答题卡都需要调整阈值，而且在光照不均匀等因素的影响下，往往会出现目标区域二值化异常的现象。因此，在本案例中采用局部平均阈值法来自动确定阈值：当像素点的灰度值小于阈值时，将该点的数值置为 0，否则将该点的数值置为 1。该算法会自动调整对不同的图像区域选择的阈值，也消除了光照不均匀等因素的干扰，同时在光照明暗变化时能自动调整阈值的大小。

等待系统载入答题卡图像，进行灰度化等预处理后再进行二值化，将有效突出答案目标的显示效果，其效果如图 2-1 所示。

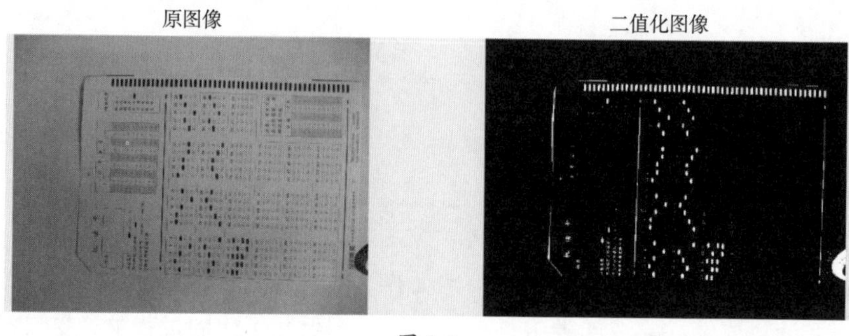

图 2-1

2.3　倾斜校正

由于采集得到的答题卡图像可能有某种程度的倾斜，所以为了得到准确的阅卷结果，需要进行必要的倾斜校正。答题卡图像的倾斜校正一般分为两步：首先，查找倾斜角度；然后，进行坐标变换，得到校正后的图像。其中，常用的倾斜角度查找方法有两种：①利用 Hough 变换来找出倾斜角度，②利用角点检测来找出倾斜角度。根据答题卡图像样式固定的特点，本案例采用 Hough 变换来计算倾斜角度。

Hough 变换作为一种参数空间变换算法，自 1962 年被 Hough 提出之后，便成为直线和其他参数化形状检测的重要工具。Hough 变换具有较强的稳定性和鲁棒性，可以在一定程度上避免噪声的影响，而且易于并行运算。因此，Hough 变换被不断地研究，取得了大量进展。Duda 和 Halt 将极坐标引入 Hough 变换，使这种方法可以更加有效地用于直线检测和其他任意几何形状的检测。Ballard 提出了非解析任意形状的 R 表法，将 Hough 变换推广到对任意方向和范围的非解析任意形状的识别，这种方法被称为广义 Hough 变换。

直线 $y = mx + b$ 可用极坐标表示为

$$r = x\cos\theta + y\sin\theta \tag{2.1}$$

也可表示为

$$
\begin{aligned}
r &= \sqrt{x^2 + y^2}\sin(\theta + \varphi) \\
\tan\varphi &= \frac{x}{y}
\end{aligned} \tag{2.2}
$$

其中，式（2.1）中的 r、θ 定义了一个从原点指向原点到该直线最近点的向量。显然，该向量与该直线垂直，如图 2-2 所示。

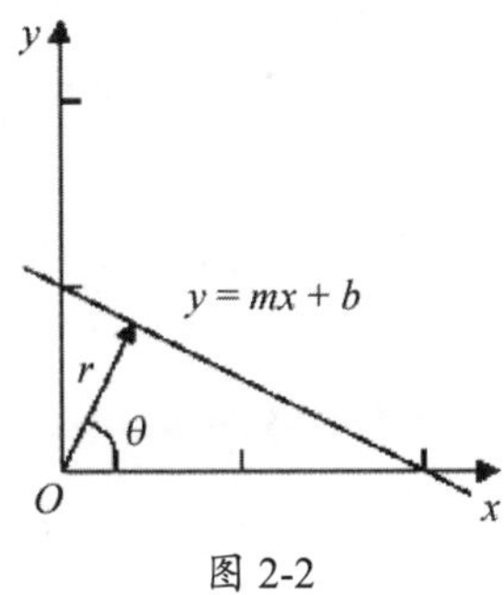

图 2-2

假设以参数 r 和 θ 构成一个二维空间，则 xy 平面上的任意一条直线都对应 $r\theta$ 平面上的一个点。因此，xy 平面上的任意一条直线的 Hough 变换就是寻找 $r\theta$ 平面上一个对应点的过程。

假设在 xy 平面上有一个特定点(x_0, y_0)，经过该点的直线可以有很多条，每条都对应 $r\theta$ 平面上的一个点，这些点必须满足以 x_0、y_0 作为常量时的式（2.1）。因此，根据式（2.1）的定义可以发现，在参数空间与 xy 空间中，所有这些直线对应点的轨迹都是一条正弦曲线，即 xy 平面上的任意一点都对应 $r\theta$ 平面上的一条正弦曲线。如果有一组位于由参数 r_0 和 θ_0 决定的直线上的边缘点，则每个边缘点都应 $r\theta$ 空间中的一条正弦曲线。由于这些曲线均对应同一条直线，因此所有这些曲线都必交于点(r_0, θ_0)。

在实际计算过程中，为了找出这些点所构成的直线段，我们可以网格化 $r\theta$ 空间，进而将其量化成许多小格，并初始化各小格的计数累加器。根据每个(x_0, y_0)点的极坐标公式，可以代入 θ 的量化值，计算出各个 r 的值。如果量化后的值落在某个小格内，则使该小格的计数累加器加 1。在变换全部(x, y)点后，统计小格计数累加器：包含较大计数值的小格一般对应共线点，并且 r、θ 可作为直线拟合参数；包含较小计数值的小格一般对应非共线点，丢弃不用。通过以上过程可以看出，如果 r、θ 网格量化度量过大，则其参数空间的聚合效果较差，进而很难查找直线的准确 r、θ 参数；同理，如果 r、θ 网格量化度量过小，则计算量会随之增加，影响查找效率。因此，在计算过程中需要综合考虑这两个方面，选择合适的网格量化度量值。

由于在 Hough 变换过程中需要进行网格扫描处理，运行速度往往较慢，因此在进行直线检测和倾斜角度计算时，需要考虑的一个重要因素就是计算量。其中，计算量与搜索角

度步长 θ_s 及搜索角度范围 θ_r 密切相关。综上所述，采用多级 Hough 变换，通过设置搜索角度步长由大到小地进行直线检测和倾斜角度计算，可以有效减少算法的计算量。在多级 Hough 变换过程中，首先用较大的 θ_s 和 θ_r 求出倾斜角度的大致范围，这类似于人眼主观估计的过程；然后用较小的 θ_s 和 θ_r 对倾斜角度进行细化处理，对于某些应用场景甚至可以求出约 0.02°的倾斜角度，这类似于人眼仔细估计的过程。因此，采用多级 Hough 变换比直接采用 Hough 变换，在运算速度上有了较大提高。

在计算答题卡图像的倾斜角度时，为了消除涂抹区域不均匀的影响，对已获取的满足上述特征的极大值对应的倾斜角度，可采用算术平均的方法进行优化处理。假设每行答题区对应的倾斜角度都为 θ_i（i=1,2,⋯, N, N 通常为答题区的总行数），则图像的倾斜角度 θ_m 由式（2.3）给出：

$$\theta_m = \sum_{i=1}^{N} \frac{\theta_i}{N} \tag{2.3}$$

在获取答题卡图像的倾斜角度后，可以对该图像进行旋转处理，假设点(x_0, y_0)绕点(a, b)旋转 θ 后坐标为(x_1, y_1)，旋转后的中心坐标为(c, d)，则：

$$\begin{bmatrix} x_1 \\ y_1 \\ 1 \end{bmatrix} = \begin{bmatrix} 1 & 0 & c \\ 0 & -1 & d \\ 0 & 0 & 1 \end{bmatrix} \begin{bmatrix} \cos\theta & \sin\theta & 0 \\ -\sin\theta & \cos\theta & 0 \\ 0 & 0 & 1 \end{bmatrix} \begin{bmatrix} 1 & 0 & -a \\ 0 & -1 & b \\ 0 & 0 & 1 \end{bmatrix} \begin{bmatrix} x_0 \\ y_0 \\ 1 \end{bmatrix} \tag{2.4}$$

旋转图像可能会引起图像高度和宽度范围的改变，结合答题卡图像周边区域的特点，我们对旋转图像后超出范围的周边区域进行删除处理。同时，为了尽可能保持图像的完整性，在进行旋转时将图像的中心位置作为旋转中心进行计算，对答题卡图像进行倾斜校正的效果如图 2-3 和图 2-4 所示。

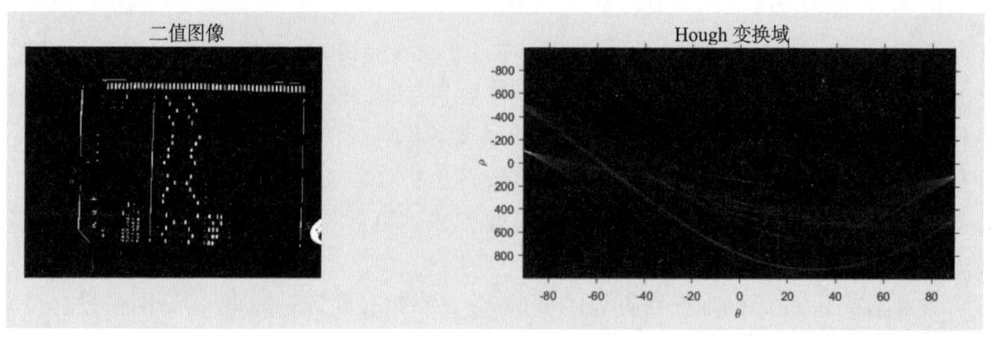

图 2-3

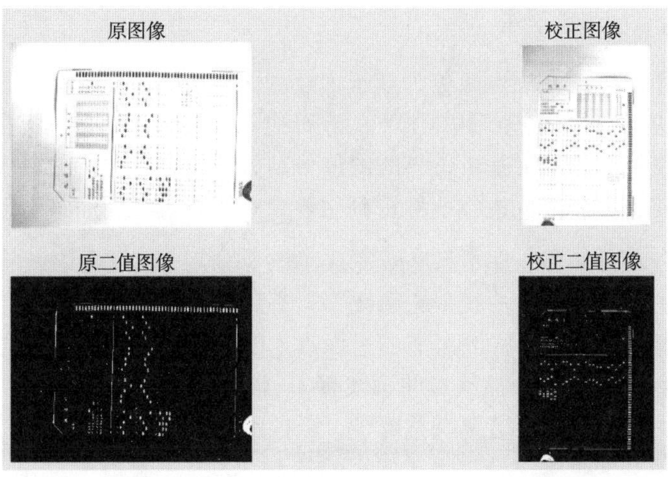

图 2-4

2.4 图像分割

本案例涉及对答题卡图像有效区域的检测和图像分割。灰度图像分割通常可基于像素灰度值的两个性质：不连续性和相似性。图像固定区域内的像素一般都具有灰度相似性，而在不同区域间的边界一般具有灰度不连续性，也就是我们常说的区域边缘属性。因此，灰度图像分割方法一般可以分为基于区域的分割方法和基于边界的分割方法，前者利用区域内的灰度相似性进行分割，后者利用区域间的灰度不连续性进行分割。根据分割过程中选择的运算策略不同，分割算法又可分为并行算法和串行算法，前者的所有检测和分割都可独立或者同时进行，这有利于提高运算效率，后者的后续处理流程要用到在之前的处理流程中得到的结果，要求程序的运行具有连续性。

1. 基于区域的图像分割方法

基于区域的图像分割方法以区域内像素的相似性特征为依据，将图像划分成一系列有意义的独立区域，以实现分割的目标。采用基于区域的图像分割方法，一般有如下特征。

◎ 一致性：图像分割后的区域应在某些特征方面表现出一致性，如灰度、颜色或纹理。

◎ 单一性：区域内部的目标分布单一，不能包含太多空洞。

◎ 差异性：区域内部的同一特征在相邻区域间应有明显的差异。

◎ 准确性：区域间的分割边界应该有光滑性，且边界的空间位置准确。

基于区域的图像分割方法常用的有灰度阈值法和区域生长法等，其特点是充分利用了区域内像素特征的相似性。

2. 基于边界的图像分割方法

基于边界的图像分割方法也被称为基于梯度的图像分割方法（由于图像边界具有梯度峰值的特点），其关键步骤是进行边缘检测，进行边缘检测的常用方法有图像微分（差分）、梯度和拉普拉斯变换等。采用基于边界的图像分割方法时，首先检测图像中的边缘点，然后按照一定的策略将其连接成边缘线并得到边界，最后根据边界得到分割区域。

仅执行边缘检测的步骤，并不意味着完成了图像分割，还需要继续将边缘点按某种策略连接成边缘线，形成直线、曲线、轮廓线等，直到能表示图像区域的边界。其中，将边缘点连接成线包括两个过程：检测可能的边缘点，以及将得到的边缘点通过连接或拟合等方式形成连续的线（如直线、曲线、轮廓线等）。该方法涉及边缘检测，需要综合考虑图像抗噪性和检测精度的矛盾：若提高抗噪性，则往往会导致边缘丢失或位置偏差；若提高检测精度，则往往会产生噪声伪边缘或错误的轮廓。

3. 基于特定理论的图像分割方法

在图像分割技术的发展过程中，出现了许多与特定理论、方法相结合的图像分割技术，如基于活动轮廓的图像边缘检测方法和基于小波分析的图像分割方法等。

本案例结合答题卡图像的特点，采用区域定位分割的思路，将答题卡图像分为答题区域上下两部分，如图 2-5 所示。

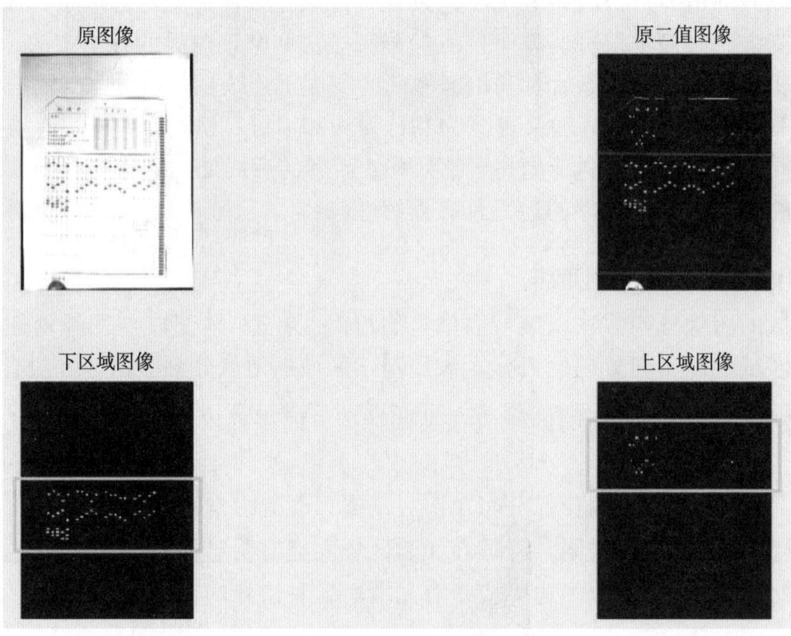

图 2-5

2.5 程序实现

本案例采用了一种能够有效识别答题卡图像的方法，利用基于 Hough 变换的直线检测技术检测图像的倾斜角度，对倾斜的图像进行旋转校正，实现对答题卡答案的定位和检测。在识别过程中使用像素灰度积分统计的方法，具有较低的误识别率，能够准确定位答题卡涂卡痕迹。下面介绍其程序实现过程中的关键步骤。

2.5.1 图像灰度化

根据答题卡图像的自身特点，我们需要保证输入的图像是灰度格式的，并将采集到的答题卡图像经灰度化处理后存储到硬盘的指定文件夹中，用于检测和识别。采用灰度图像进行存储能显著减少文件所占用的硬盘空间，而且能加快图像识别速度。一般而言，可采用加权平均值法对原 RGB 图像进行灰度化处理，该方法的主要思想是从原 RGB 图像中提取 R、G、B 三分量的各层像素值并经过加权求和得到灰度图像的亮度值。在现实生活中，人眼对绿色（G）敏感度最高，对红色（R）敏感度次之，对蓝色（B）敏感度最低，因此为了选择合适的权值并使之输出合理的灰度图像，权值系数应该满足 G>R>B。通过实验证明，当 R、G、B 三分量的权值系数分别为 0.299、0.587 和 0.114 时，能够得到最适合人眼观察的灰度图像。

2.5.2 灰度图像二值化

图像二值化是图像处理基本技术之一，对阈值的选取则是图像二值化的关键步骤。一般而言，对于灰度图像来说，可适当选择一个或若干个灰度值 T（$0 \leqslant T \leqslant 255$）进行二值化，将目标和背景分开，这个灰度值 T 就被称为阈值。因此，对于答题卡图像来说，根据考生填涂答题卡的答案区域特点，可选择适当的阈值 T 进行二值化。当像素点的灰度值小于 T 时，将该点的颜色值置为“0”，否则将其置为“1”，这样就得到了只包含黑白两种颜色的二值图像。

2.5.3 图像平滑滤波

图像平滑滤波是一种实用的数字图像处理技术，主要用于减少图像噪声，常用的有中值滤波、均值滤波等。中值滤波指将像素邻域的灰度值进行排序后取中位值作为中心像素的新灰度值。答题卡图像的采集经常受到随机噪声的干扰，该噪声一般是邻域中亮度值发生随机突变的像素，经排序后往往出现在序列的队首或队尾，故经中值滤波后，答题卡图像的随机噪声能得到有效消除。

2.5.4　图像校正

对答题卡图像进行校正处理主要是进行图像旋转操作，便于后续的检测和识别。图像旋转算法有很多，本案例采用了这样的图像旋转算法思路：将需要调整的答题卡图像读取到内存中，计算图像的倾斜角度，依据所得的倾斜角度旋转图像，得到校正图像。

根据答题卡图像的特点，答题卡的有效信息往往位于整幅图像的特定区域，一般包括考生的名字准考证区域、答题区域和考试科目区域，因此对这些区域进行精确定位即可提取图像的特征信息。答题卡图像一般由明确的矩形框和直线组成，在进行区域定位时选择 Hough 变换进行直线检测，进而获取定位信息，计算倾斜角度，之后进行图像旋转来得到校正结果。

2.5.5　完整性核查

由于考生在涂卡时可能会重选、漏选等，对识别结果会产生影响，所以我们可分两种情况进行处理：①若考生的基本信息，如专业、科目、班级、学号、试卷类型等客观信息，出现重选、漏选错误，则在系统识别后立即给出错误提示，要求确认修改图像或重新采集图像；②若考生填涂的答案有重选、漏选情况，则可按答案选择错误对待，并将识别结果记入存储结构中。在这之后，系统根据事先录入的标准答案与识别结果进行自动评分，从而获得每名考生的考试成绩信息。

根据系统设计要求，我们可结合 MATLAB 数字图像处理工具箱，对所输入的答题卡图像通过预处理、检测、识别算法进行系统实现，其主函数如下：

```
clc; clear all; close all;
warning off all;
%% 载入图像
I = imread('images\\1.jpg');
%% 图像归一化处理
I1 = Image_Normalize(I, 0);
%% 图像平滑滤波
hsize = [3 3];
sigma = 0.5;
I2 = Image_Smooth(I1, hsize, sigma, 0);
%% 图像灰度化
I3 = Gray_Convert(I2, 0);
%% 图像二值化
bw2 = Image_Binary(I3, 0);
%% Hough 检测
[Len, XYn, xy_long] = Hough_Process(bw2, I1, 0);
%% 倾斜角度
angle = Compute_Angle(xy_long);
%% 倾斜校正
[I4, bw3] = Image_Rotate(I1, bw2, angle, 0);
```

```
%% 形态学滤波
[bw4, Loc1] = Morph_Process(bw3, 0);
%% Hough 检测
[Len, XYn, xy_long] = Hough_Process(bw4, I4, 0);
%% 区域分割
[bw5, bw6] = Region_Segmation(XYn, bw4, I4, 0);
%% 区域标记
[stats1, stats2, Line] = Location_Label(bw5, bw6, I4, XYn, Loc1, 1);
%% 区域分析
[Dom, Aom, Answer, Bn] = Analysis(stats1, stats2, Line, I4);
```

运行主函数，首先获取图像灰度化、二值化结果，如图 2-6 所示。

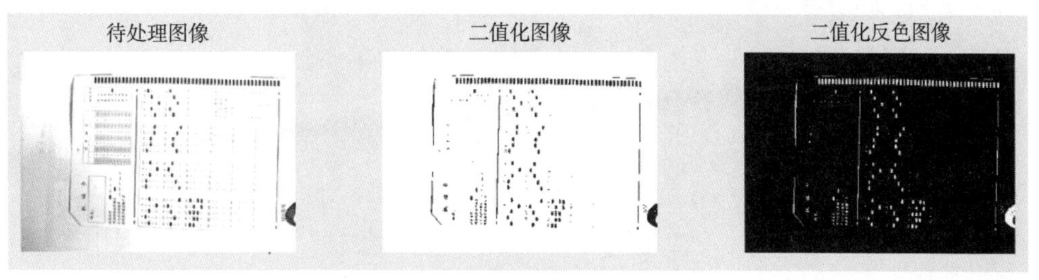

图 2-6

接着，系统采用 Hough 变换进行直线检测，并根据所定位的特征直线位置计算倾斜角度，再进行图像旋转，得到校正结果。具体代码如下：

```
function [Len, XYn, xy_long] = Hough_Process(bw, Img, flag)
% Hough 检测处理
% 输入参数：
%  bw——二值图像
%  Img——图像信息
%  flag——是否显示图像
% 输出参数：
%  Len——直线长度信息
%  XYn——直线信息
%  xy_long——最长直线信息

if nargin < 3
    flag = 1;
end
% Hough 变换
[H, T, R] = hough(bw);
P = houghpeaks(H, 4, 'threshold', ceil(0.3*max(H(:))));
lines = houghlines(bw, T, R, P, 'FillGap', 50, 'MinLength', 7);
max_len = 0; % 最大直线长度
% 遍历直线信息
for k = 1 : length(lines)
    xy = [lines(k).point1; lines(k).point2]; % 节点
    len = norm(lines(k).point1-lines(k).point2); % 长度
```

```
        Len(k) = len;
        if len > max_len
            max_len = len;
            xy_long = xy;
        end
        XY{k} = xy; % 存储信息
    end
    [Len, ind] = sort(Len(:), 'descend'); % 按长度排序
    % 直线信息排序
    for i = 1 : length(ind)
        XYn{i} = XY{ind(i)};
    end
    xy_long = XYn{1};
    x = xy_long(:, 1);
    y = xy_long(:, 2);
    if abs(diff(x)) < abs(diff(y))
        x = [mean(x); mean(x)];
    else
        y = [0.7*y(1)+0.3*y(2); 0.3*y(1)+0.7*y(2)];
    end
    xy_long = [x y];
    if flag
        figure('units', 'normalized', 'position', [0 0 1 1]);
        subplot(2, 2, 1); imshow(bw); title('二值图像', 'FontWeight', 'Bold');
        subplot(2, 2, 2); imshow(H, [], 'XData', T, 'YData', R,
'InitialMagnification', 'fit');
        xlabel('\theta'); ylabel('\rho');
        axis on; axis normal; title('霍夫变换域', 'FontWeight', 'Bold')
        subplot(2, 2, 3); imshow(Img); title('原图像', 'FontWeight', 'Bold');
        subplot(2, 2, 4); imshow(Img); title('区域标识图像', 'FontWeight', 'Bold');
        hold on;
        % 强调最长的部分
        plot(xy_long(:,1), xy_long(:,2), 'LineWidth', 2, 'Color', 'r');
    end

    function angle = Compute_Angle(xy_long)
    % 计算直线角度
    % 输入参数:
    %  xy_long——直线信息
    % 输出参数:
    %  angle——角度信息

    % 最长线段的起点和终点
    x1 = xy_long(:, 1);
    y1 = xy_long(:, 2);
    % 求得线段的斜率
    K1 = -(y1(2)-y1(1))/(x1(2)-x1(1));
    angle = atan(K1)*180/pi;
```

```
function [I1, bw1] = Image_Rotate(I, bw, angle, flag)
% 图像倾斜校正
% 输入参数：
%  I, bw——原图像
%  angle——角度
%  flag——是否显示图像
% 输出参数：
%  I1, bw1——校正图像

if nargin < 4
    flag = 1;
end
I1 = imrotate(I, -90-angle, 'bilinear');
bw1 = imrotate(bw, -90-angle, 'bilinear');
if flag
    figure('units', 'normalized', 'position', [0 0 1 1]);
    subplot(2, 2, 1); imshow(I, []); title('原图像', 'FontWeight', 'Bold');
    subplot(2, 2, 3); imshow(bw, []); title('原二值图像', 'FontWeight', 'Bold');
    subplot(2, 2, 2); imshow(I1, []); title('校正图像', 'FontWeight', 'Bold');
    subplot(2, 2, 4); imshow(bw1, []); title('校正二值图像', 'FontWeight', 'Bold');
end
```

根据 Hough 变换计算倾斜角度并进行图像旋转，进而对原图像进行倾斜校正，结果如图 2-7 所示。

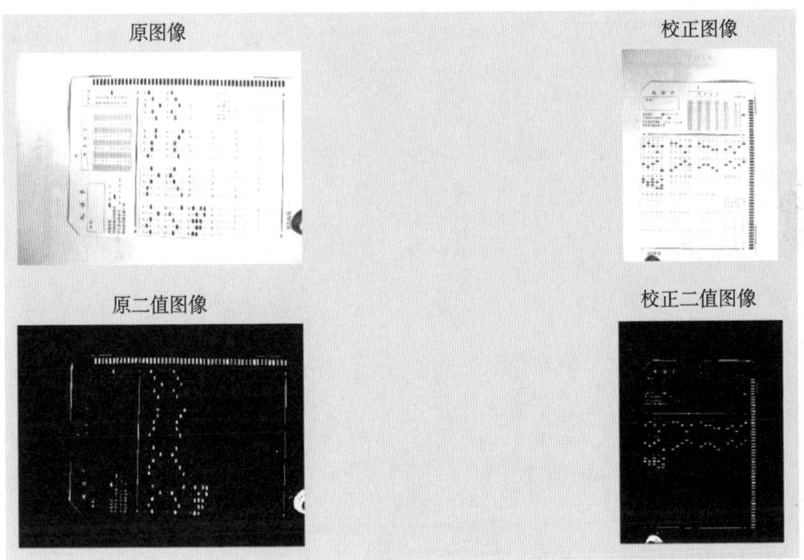

图 2-7

经过图像预处理及校正后，可得到待检测和识别的图像，我们需要对该图像进行区域分割定位、答题涂抹位置检测，以及答案目标识别与分析。核心代码如下：

```
function [bw1, bw2] = Region_Segmation(XY, bw, Img, flag)
% 分割区域
% 输入参数：
%  XY——当前图像的直线信息（已经按直线长度进行了降序排列）
%  bw——当前答题卡的二值图像
%  Img——原图像
%  flag——是否显示处理结果，1 为显示，0 为不显示
% 输出参数：
%  bw1——对应下区域
%  bw2——对应上区域

if nargin < 4
    flag = 1; % 是否显示处理结果
end
% 分割直线
% 图像摆正后，结合答题卡图像本身的特点，名字准考证区域与答题区域中间有条直线分割
% 答题区域与答题卡尾部有条直线分割
% 这样识别出直线后，根据直线长度排序，取最长的两条直线，就可以得到区域分割位置
for i = 1 : 2
    xy = XY{i}; % 第 i 条直线
    % 由于直线是水平直线，所以只关注 y 方向的信息即可
    XY{i} = [1 xy(1, 2); size(bw, 2) xy(2, 2)]; % 直线信息
    % 为了对应图像像素，这里取整
    ri(i) = round(mean([xy(1,2) xy(2,2)]));
end
% 将两条直线分出上下位置
minr = min(ri);
maxr = max(ri);
bw1 = bw; bw2 = bw;
% 分割区域
% bw1 对应下区域
bw1(1:minr+5, :) = 0;
bw1(maxr-5:end, :) = 0;
% bw2 对应上区域
bw2(minr-5:end, :) = 0;
bw2(1:round(minr*0.5), :) = 0;
% 显示结果
if flag
    figure('units', 'normalized', 'position', [0 0 1 1]);
    subplot(2, 2, 1); imshow(Img, []); title('原图像', 'FontWeight', 'Bold');
    subplot(2, 2, 2); imshow(bw, []); title('原二值图像', 'FontWeight', 'Bold');
    hold on;
    for i = 1 : 2
        xy = XY{i}; % 第 i 条直线
        plot(xy(:, 1), xy(:, 2), 'r-', 'LineWidth', 2);
    end
    hold off;
    subplot(2, 2, 3); imshow(bw1, []); title('下区域图像', 'FontWeight', 'Bold');
    subplot(2, 2, 4); imshow(bw2, []); title('上区域图像', 'FontWeight', 'Bold');
```

```
end

function [stats1, stats2, Line] = Location_Label(bw1, bw2, Img, XYn, Loc1, flag)
% 区域标记
% 输入参数:
%  bw1, bw2, Img——图像矩阵
%  XYn、Loc1——直线信息
%  flag——是否显示图像
% 输出参数:
%  stats1, stats2——区域属性信息
%  Line——边界直线信息
if nargin < 6
    flag = 1;
end
% 标记下区域图像
[L1, num1] = bwlabel(bw1);
% 下区域图像的属性信息
stats1 = regionprops(L1);
% 标记上区域图像
[L2, num2] = bwlabel(bw2);
% 上区域图像的属性信息
stats2 = regionprops(L2);
% 两条标记直线
Line1 = XYn{1};
Line2 = XYn{2};
% 确定上下直线
if mean(Line2(:, 2)) < mean(Line1(:, 2))
    Line1 = XYn{2};
    Line2 = XYn{1};
end
[r1, c1] = find(bw1);
[r2, c2] = find(bw2);
% 定位直线信息
Loc2 = min([min(c1), min(c2)])-5;
Line1 = [1 mean(Line1(:, 2)); size(Img, 2) mean(Line1(:, 2))];
Line2 = [1 mean(Line2(:, 2)); size(Img, 2) mean(Line2(:, 2))];
Line3 = [Loc2 1; Loc2 size(Img, 1)];
Line4 = [Loc1 1; Loc1 size(Img, 1)];
% 直线整合
Line{1} = Line1;
Line{2} = Line2;
Line{3} = Line3;
Line{4} = Line4;
if flag
    figure();
    imshow(Img, []); title('标记图像', 'FontWeight', 'Bold');
    hold on;
    for i = 1 : num1
        temp = stats1(i).Centroid;
```

```
        plot(temp(1), temp(2), 'r.');
    end
    hold off;
    set(gcf, 'units', 'normalized', 'position', [0 0 1 1]);
end
```

在校正图像后，对特征区域进行标记，并标记答题结果，如图 2-8 和图 2-9 所示。

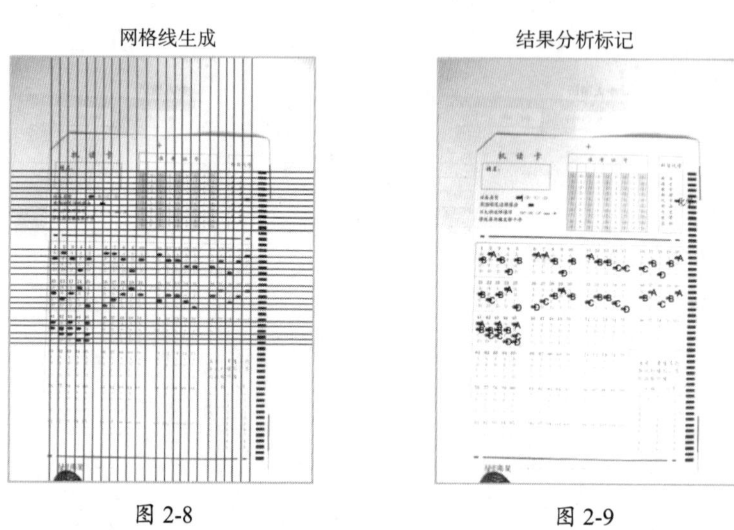

图 2-8　　图 2-9

将得到的答题卡目标检测结果与标准答案进行对比，并对考试信息、科目信息等进行基本判别，给出该答题卡图像的分析结果。具体代码如下：

```
%% 下区域图像分析
% 答题区域默认是 3 个大区：1~20、21~40、41~60

% 区域的分割线信息
Dom(1).Loc = [Line1(1, 2) Linen1_1(1, 2)];
Dom(1).y = [ym1_1 ym2_1 ym3_1 ym4_1 ym5_1];
xt{1} = [xm1_1 xm1_2 xm1_3 xm1_4 xm1_5 xm1_6];
xt{2} = [xm2_1 xm2_2 xm2_3 xm2_4 xm2_5 xm2_6];
xt{3} = [xm3_1 xm3_2 xm3_3 xm3_4 xm3_5 xm3_6];
xt{4} = [xm4_1 xm4_2 xm4_3 xm4_4 xm4_5 xm4_6];
Dom(1).x = xt;

% 区域的分割线信息
Dom(2).Loc = [Linen1_1(1, 2) Linen2_1(1, 2)];
Dom(2).y = [ym1_2 ym2_2 ym3_2 ym4_2 ym5_2];
xt{1} = [xm1_1 xm1_2 xm1_3 xm1_4 xm1_5 xm1_6];
xt{2} = [xm2_1 xm2_2 xm2_3 xm2_4 xm2_5 xm2_6];
xt{3} = [xm3_1 xm3_2 xm3_3 xm3_4 xm3_5 xm3_6];
xt{4} = [xm4_1 xm4_2 xm4_3 xm4_4 xm4_5 xm4_6];
Dom(2).x = xt;
```

```
% 区域的分割线信息
Dom(3).Loc = [Linen2_1(1, 2) Linen3_1(1, 2)];
Dom(3).y = [ym1_3 ym2_3 ym3_3 ym4_3 ym5_3];
xt{1} = [xm1_1 xm1_2 xm1_3 xm1_4 xm1_5 xm1_6];
xt{2} = [xm2_1 xm2_2 xm2_3 xm2_4 xm2_5 xm2_6];
xt{3} = [xm3_1 xm3_2 xm3_3 xm3_4 xm3_5 xm3_6];
xt{4} = [xm4_1 xm4_2 xm4_3 xm4_4 xm4_5 xm4_6];
Dom(3).x = xt;
%% 上区域图像分析
% 信息区域默认是 3 个大区：试卷类型、准考证号、科目类型

% 区域的分割线信息
Aom(1).Loc = [ym7_4 ym6_4];
Aom(1).y = [ym7_4 ym6_4];
Aom(1).x = [xm1_5 xm1_6];

% 区域的分割线信息
Aom(2).Loc = [ym11_4 ym1_4];
Aom(2).y = [ym11_4 ym10_4 ym9_4 ym8_4 ...
    ym7_4 ym6_4 ym5_4 ym4_4 ...
    ym3_4 ym2_4 ym1_4];
Aom(2).x = [xm2_5 xm2_6 xm3_1 xm3_2 xm3_3 ...
    xm3_4 xm3_5 xm3_6 xm4_1 xm4_2];

% 区域的分割线信息
Aom(3).Loc = [ym11_4 ym1_4];
Aom(3).y = [ym11_4 ym10_4 ym9_4 ym8_4 ...
    ym7_4 ym6_4 ym5_4 ym4_4 ...
    ym3_4 ym2_4 ym1_4];
Aom(3).x = [xm4_5 xm4_6];

%% 下区域图像结果
aw = ['A' 'B' 'C' 'D'];
% 统计答题区域信息
for i = 1 : length(stats1)
    Answer(i).Loc = []; % 初始化位置信息
    Answer(i).no = []; % 初始化题号信息
    Answer(i).aw = []; % 初始化答案信息（答案可以存储多个选项的情况）
end
for i = 1 : length(stats1)
    temp = stats1(i).Centroid; % 中心点
    for i1 = 1 : length(Dom)
        Loc = Dom(i1).Loc; % 区域位置
        if temp(2) >= Loc(1) && temp(2) <= Loc(2)
            % 判断落在哪个题目区域
            x = Dom(i1).x;
            y = Dom(i1).y;
            i_y = (i1-1)*20; % 题号区域信息
```

```
            for i2 = 1 : length(x)
                xt = x{i2};
                for i3 = 1 : length(xt)-1
                    if temp(1) >= xt(i3) && temp(1) <= xt(i3+1)
                        i_x = (i2-1)*5 + i3; % 题号位置信息
                        break;
                    end
                end
            end
            i_n = i_y + i_x; % 计算题号
            for i4 = 1 : length(y)-1
                if temp(2) >= y(i4) && temp(2) <= y(i4+1)
                    i_a = aw(i4); % 获取答案
                    break;
                end
            end
        end
    end
    % 整合答案信息
    Answer(i_n).Loc = [Answer(i_n).Loc; temp];
    Answer(i_n).no = i_n;
    Answer(i_n).aw = [Answer(i_n).aw i_a];
end

%% 上区域图像结果

% 试卷类型区域
Loc1 = Aom(1).Loc;
x1 = Aom(1).x;
y1 = Aom(1).y;
% 准考证号区域
Loc2 = Aom(2).Loc;
x2 = Aom(2).x;
y2 = Aom(2).y;
% 科目类型区域
Loc3 = Aom(3).Loc;
x3 = Aom(3).x;
y3 = Aom(3).y;
% 科目字符串
strs = ['政治'; '语文'; '数学'; '物理'; '化学'; '外语'; '历史'; '地理'; '生物'];

for i = 1 : 3
    Bn(i).result = []; % 涂抹结果（可以存储多个涂抹信息）
    Bn(i).Loc = []; % 位置（可以存储多个位置信息）
end
for i = 1 : length(stats2)
    temp = stats2(i).Centroid; % 区域中点
    if temp(1) >= x1(1) && temp(1) <= x1(2) && ...
            temp(2) >= y1(1) && temp(2) <= y1(2)
```

```
        % 第 1 个区域，也就是试卷类型区域
        Bn(1).Loc = temp; % 区域位置
        Bn(1).result = 1; % 区域内容
    end
    if temp(2) >= Loc2(1) && temp(2) <= Loc2(2)
        % 第 2 个区域，也就是准考证号区域
        for i1 = 1 : length(x2)-1
            if temp(1) >= x2(i1) && temp(1) <= x2(i1+1)
                for i2 = 1 : length(y2)-1
                    if temp(2) >= y2(i2) && temp(2) <= y2(i2+1)
                        Bn(2).Loc = [Bn(2).Loc; temp]; % 区域位置
                        Bn(2).result = [Bn(2).result; i2-1]; % 区域内容
                    end
                end
            end
        end
    end
    if temp(2) >= Loc3(1) && temp(2) <= Loc3(2) && temp(1) >= x3(1) && temp(1)
<= x3(2)
        % 第 3 个区域，也就是科目类型区域
        for i1 = 1 : length(y3)-1
            if temp(2) >= y3(i1) && temp(2) <= y3(i1+1)
                Bn(3).Loc = [Bn(3).Loc; temp]; % 区域位置
                Bn(3).result = [Bn(3).result; strs(i1, :)]; % 区域内容
            end
        end
    end
end
```

第 3 章 基于聚类算法的图像分割

3.1 案例背景

图像分割就是把图像分成各具特性的区域并提取感兴趣的目标，是目标检测和模式识别的基础。现有的图像分割方法主要有：基于阈值的图像分割方法、基于区域的图像分割方法、基于边缘的图像分割方法、基于特定理论的图像分割方法等。

聚类分析是一种无监督学习方法，能够从研究对象的特征数据中发现关联规则，也是一种非常强大的信息处理方法。基于聚类算法的图像分割就是用对应的特征向量表示图像空间中的像素，根据它们在特征空间中的特征相似性，对特征空间进行分割，并将其映射回原图像空间，得到分割结果。其中，*K*-means 聚类算法是常用的聚类算法。

3.2 *K*-means 聚类算法的原理

K-means 聚类算法的原理：首先从数据样本中选取 *K* 个点作为初始聚类中心；然后计算样本到每个聚类中心的距离，把样本划归到离它最近的聚类中心所在的类；接着计算新形成的每个聚类的数据对象的平均值，得到新的聚类中心；最后重复以上步骤，直到相邻两次的聚类中心没有任何变化，则说明样本调整结束，聚类准则函数达到最优。图 3-1 为 *K*-means 聚类算法的工作流程。

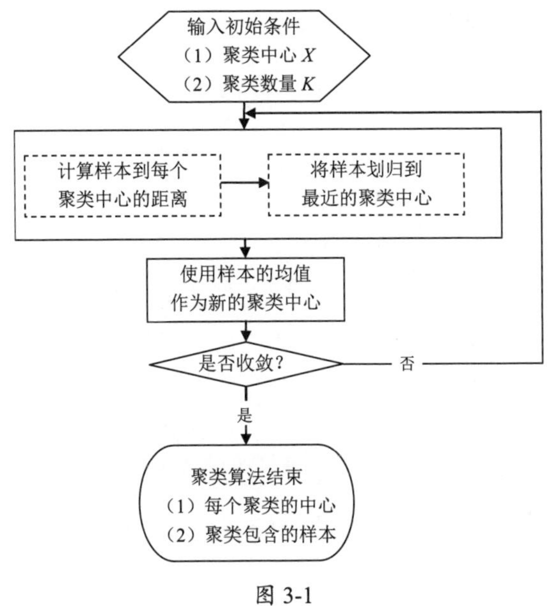

图 3-1

3.3 *K*-means 聚类算法的特点

K-means 聚类算法的特点如下。

（1）选择某种距离作为数据样本间的相似性度量。在计算数据样本之间的距离时，可以根据实际需要选择某种距离（欧氏距离、曼哈顿距离、绝对值距离、切比雪夫距离等）作为数据样本间的相似性度量，其中最常用的是欧氏距离，计算公式如下（距离越小，样本 $\boldsymbol{x}_i$ 和 $\boldsymbol{x}_j$ 越相似，差异度越小；距离越大，样本 $\boldsymbol{x}_i$ 和 $\boldsymbol{x}_j$ 越不相似，差异度越大）：

$$d(\boldsymbol{x}_i,\boldsymbol{x}_j)=\|\boldsymbol{x}_i-\boldsymbol{x}_j\|=(\boldsymbol{x}_i-\boldsymbol{x}_j)^{\mathrm{T}}(\boldsymbol{x}_i-\boldsymbol{x}_j)=\sqrt{\sum_{k=1}^{n}(x_{ik}-x_{jk})^2} \tag{3.1}$$

（2）聚类中心迭代终止判断条件。*K*-means 算法在每次迭代时都要考查每个样本的分类是否正确，若不正确，则需要调整。在全部样本调整完毕后，再修改聚类中心，进入下一次迭代，直到满足某个终止条件：

◎ 不存在能重新分配给不同聚类的对象。

◎ 聚类中心不再发生变化。

◎ 误差平方和准则函数局部最小。

（3）误差平方和准则函数评价聚类性能。假设给定数据集 $\boldsymbol{X}$ 包含 k 个聚类子集，$\boldsymbol{X}_1, \boldsymbol{X}_2,\cdots,\boldsymbol{X}_k$，各个聚类子集中的样本数量分别为 $n_1,n_2,\cdots,n_k$，各个聚类子集的聚类中心分别

为 $\boldsymbol{\mu}_1,\boldsymbol{\mu}_2,\cdots,\boldsymbol{\mu}_k$，则误差平方和准则函数公式为

$$E=\sum_{i=1}^{k}\sum_{p\in X_i}\|\boldsymbol{p}-\boldsymbol{\mu}_i\|^2 \tag{3.2}$$

3.4　*K*-means 聚类算法的缺点

K-means 聚类算法是解决聚类问题的一种经典算法，简单、快速，对于处理大数据集是相对可伸缩和高效的，结果类是密集的，当类与类之间的区别明显时，应用效果较好。但是 *K*-means 聚类算法也存在以下缺点。

（1）*K*-means 聚类算法需要给定初始聚类中心来确定一个初始划分，对于不同的初始聚类中心可能会有不同的结果。

（2）*K*-means 聚类算法必须事先给定聚类数量 *K*，然而聚类数量 *K* 往往是难以估计的。我们也可以通过类的自动合并和分裂来得到合理的聚类数量 *K*，如 ISODATA 算法在迭代过程中可将一个类一分为二，也可将两个类合二为一，即“自组织”，这种算法具有启发式的特点。

（3）*K*-means 聚类算法对噪声和孤立点很敏感，少量的这类数据能够对平均值产生极大的影响。改进后的 *K*-center 算法不采用簇中的平均值作为参照点，可以选用类中位置最中心的对象，即中心点，作为参照点，从而解决 *K*-means 算法对噪声和孤立点敏感的问题。

（4）*K*-means 聚类算法在类的平均值被定义的情况下才能使用，这对于处理符号属性的数据不适用，如姓名、性别、学校等。*K*-means 算法实现了对离散数据的快速聚类，可处理具有分类属性等类型的数据。它采用差异度 *D* 来代替 *K*-means 聚类算法中的距离，差异度越小，则表示距离越短。一个样本和一个聚类中心的差异度就是其属性不相同的数量，属性相同则为 0，不同则为 1，并计算 1 的总和，因此 *D* 越大，两者之间的不相关程度越强。

3.5　基于 *K*-means 聚类算法进行图像分割

K-means 聚类算法具有很强的搜索力，适合处理数据量大的情况，在数据挖掘和图像处理领域得到了广泛应用。采用 *K*-means 聚类算法进行图像分割时，首先会将图像的每个像素点的灰度值或者 RGB 值作为样本（特征向量），整幅图像构成了一个样本集合（特征向量空间），从而把图像分割任务转换为对数据集合的聚类任务；然后在此特征向量空间中运用 *K*-means 聚类算法进行图像区域分割；最后抽取图像区域的特征。

例如，若要对 512×256×3 的彩色图像进行分割，则将每个像素点的 RGB 值都作为一个样本，将图像数组转换成（512×256）×3=131072×3 的样本集合矩阵，矩阵中的每一行都表示一个样本（像素点的 RGB 值），总共包含 131 072 个样本，矩阵中的每一列都表示一个变量。从图像中选择几个典型的像素点，将其 RGB 图像作为初始聚类中心，根据图像上每个像素点 RGB 值之间的相似性，调用 *K*-means 聚类算法进行聚类分割。

采用 *K*-means 聚类算法处理复杂图像时，如果单纯使用像素点的 RGB 值作为特征向量，并构成特征向量空间，则该算法的鲁棒性往往比较脆弱。在一般情况下，我们需要首先将图像转换到合适的色彩空间（如 Lab 或 HSL 等），然后抽取像素点的颜色、纹理和位置等特征，形成特征向量。

3.6 程序实现

本案例通过计算数据样本间的距离、提取特征向量和图像聚类分割的技术路线进行程序设计。同时，为对比实验效果，本案例采用了函数进行功能模块封装，读者可设置不同的参数来观察图像分割效果。

3.6.1 数据样本间的距离

距离是数据样本间相似性的度量，最常用的是欧氏距离。sampledist 函数支持欧氏距离和曼哈顿距离，很容易扩展至其他样本距离：

```
function D=sampledist(X,C,method,varargin)
% 计算样本空间和聚类中心 C 之间的距离
% X：样本空间，n×p 数组
% C：聚类中心，k×p 数组
% method：距离公式
% varargin：其他参数
% D：每个点到聚类中心的欧氏距离

[n,p]=size(X);
K=size(C,1);
% 初始化距离矩阵
D=zeros(n,K);
switch lower(method(1))
    % 循环计算每个点到聚类中心的欧氏距离
    case 'e' % euclidean
        for i=1:K
            D(:,i)=(X(:,1)-C(i,1)).^2;
            for j=2:p
                D(:,i)=D(:,i)+(X(:,j) - C(i,j)).^2;
            end
        end
```

```
    case 'c' % cityblock
        for i=1:K
            D(:,i)=abs(X(:,1) - C(i,1));
            for j=2:p
                D(:,i)=D(:,i) + abs(X(:,j) - C(i,j));
            end
        end
end
```

3.6.2 提取特征向量

像素点的特征向量包括颜色、距离和纹理等，本案例只是将图像的 RGB 值作为像素点的特征向量，但是 exactvector 函数预留了其他特征数据的接口：

```
[functionvec=exactvector(img)
% 从 img 图像中提取特征向量，包括颜色、距离和纹理等
% img：图像矩阵，可以是灰度图或彩色图
% vec：像素点特征向量
%
[m,n,~]=size(img);
% 初始化特征向量，一个像素点对应一个特征
vec=zeros(m*n,3);

% 将图像转换到特定的色彩空间
% img=rgb2lab(img);
img=double(img);

% 循环构建像素点的特征向量
for j=1:n
    for i=1:m
        %1 颜色特征
        color=img(i,j,:);
        %2 距离特征
        % wx=1;wy=1; % 距离权值
        % dist=[wx*j/n,wy*i/m];
        dist=[];
        %3 纹理特征
        texture=[];
        % 组成特征向量
        vec((j-1)*m+i,:)=[color(:);dist(:);texture(:)];
    end
end
```

3.6.3 图像聚类分割

根据 3.2 节，对图像进行 *K*-means 聚类分割，首先通过函数 exactvector 提取像素点特征向量，然后通过函数 searchintial 搜索初始聚类中心，最后执行 *K*-means 核心算法：

```
function [F,C]=imkmeans(I,C)
% I：图像矩阵，支持灰度图或彩色图
% C：聚类中心，可以是整数或者数组，整数表示随机选择 K 个聚类中心
% F：样本聚类编号

if nargin~=2
    error('IMKMEANS:InputParamterNotRight','只能有两个输入参数！');
end
if isempty(C)
    K=2;
    C=[];
elseif isscalar(C)
    K=C;
    C=[];
else
    K=size(C,1);
end

%1 提取像素点的特征向量
X=exactvector(I);

%2 搜索初始聚类中心
if isempty(C)
    C=searchintial(X,'sample',K);
end

%3 循环搜索聚类中心
Cprev=rand(size(C));
while true
    % 计算数据样本到聚类中心的距离
    D=sampledist(X,C,'euclidean');
    % 找出最近的聚类中心
    [~,locs]=min(D,[],2);
    % 使用数据样本均值更新聚类中心
    for i=1:K
        C(i,:)=mean(X(locs==i,:),1);
    end
    % 判断聚类算法是否收敛
    if norm(C(:)-Cprev(:))<eps
        break
    end
    % 保存上一个聚类中心
    Cprev=C;
end

%
[m,n,~]=size(I);
F=reshape(locs,[m,n]);
```

```
function C=searchintial(X,method,varargin)
% 搜索样本空间的初始聚类中心
% X：样本空间
% method：搜索方法
% varargin：其他参数

switch lower(method(1))
    case 's' % sample
        K=varargin{1};
        C=X(randsample(size(X,1),K),:);
    case 'u' % uniform
        Xmins=min(X,[],1);
        Xmaxs=max(X,[],1);
        K=varargin{1};
        C=unifrnd(Xmins(ones(K,1),:), Xmaxs(ones(K,1),:));
end
```

使用 imkmeans 函数对 football.jpg 图像进行 *K*-means 聚类分割，其效果如图 3-2 所示。使用 3 个聚类时，足球能够被显著地从背景中区分出来；使用 5 ~ 6 个聚类时，足球、背景布和布皱褶都被能被较好地区分出来。

图 3-2

其核心代码如下：

```
clc
close all
% 读取彩色图像
I=imread('football.jpg');
% 对图像矩阵做归一化
```

```
I=double(I)/255;
% 显示原始图像
subplot(2,3,1)
imshow(I)
title('原始图像')

% 不同聚类中心的对比
for i=2:6
    F=imkmeans(I,i);
    subplot(2,3,i);
    imshow(F,[]);
    title(['聚类个数=',num2str(i)])
end
```

第 4 章 基于区域生长的肝脏影像辅助分割系统

4.1 案例背景

随着肝癌病人数量的增加，肝叶切除手术量也在增加，肝脏影像分割对于肝脏影像分析具有重要意义。进行肝脏影像分割的传统做法是，医生手工圈选肝脏影像中的每个轴切面，这增加了人力成本，也带来了一定的主观干扰。为此，肝脏影像辅助分割技术具有实际的应用价值，对整体影像分析效率的提升有着极大的帮助。

区域生长（Region Growing）是一种经典的影像分割算法，其原理：基于串行区域的思想，提取具有相同特征的连通区域，得到完整的目标边缘，从而实现分割。本案例基于区域生长进行肝脏影像分割，并结合不同的处理方法进行效果改进，得到一种行之有效的肝脏影像分割方法。

4.2 阈值分割算法

阈值分割算法是最常见的影像分割方法之一，常用的阈值分割算法包括大津法、最小误差法、最大类别差异法和最大熵法等。但是，医学影像一般包含多个不同类型的区域，如何从中选取合适的阈值进行分割，仍然是医学影像阈值分割的一大难题。如图 4-1 所示，直接应用阈值分割算法得到的肝脏影像分割结果有较大的噪声，也存在过分割现象。

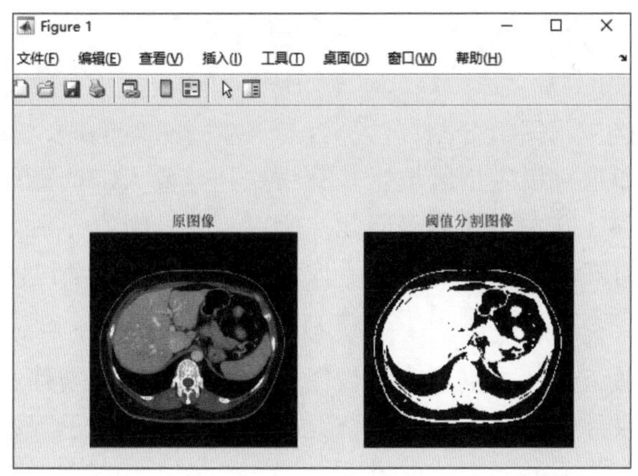

图 4-1

4.3 区域生长算法

区域生长算法在本质上是对种子像素或子区域通过预定义的相似度计算规则进行合并以获得更大区域的过程：首先，选择种子像素或子区域作为目标位置；然后，将符合相似度条件的相邻像素或区域合并到目标位置，循环实现区域的逐步增长；最后，如果没有可以继续合并的点或小区域，则算法停止执行并输出结果。其中，相似度计算规则中包括灰度值、纹理、颜色等信息。

区域生长算法在缺乏先验知识的情况下，通过规则合并策略来寻求最佳分割的可能，具有简单、高效的特点。但是，区域生长算法一般要求人工选择种子像素或子区域，容易缺乏客观性；而且，区域生长算法对噪声较为敏感，可能带来分割结果中的孔洞、噪声等问题。

如图 4-2 所示，直接应用区域生长算法时，要求人工选择种子像素，而且在输出的肝脏分割结果中存在较多的孔洞和噪声，这给后续的诊断分析带来了一定的干扰，为此可考虑结合阈值分割算法自动选择种子像素或子区域并应用形态学后处理来去除孔洞和噪声。

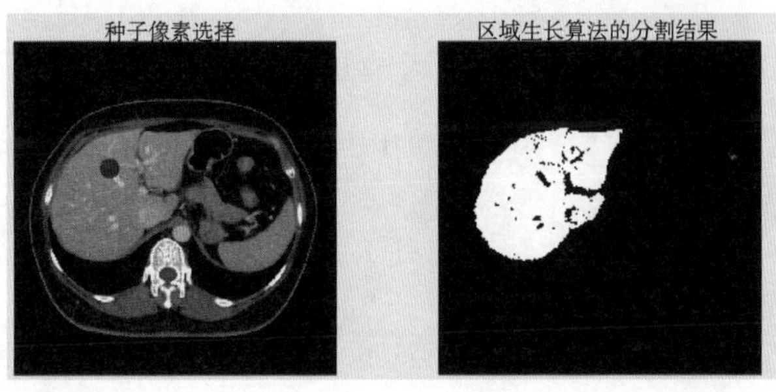

图 4-2

4.4 基于阈值预分割的区域生长算法

肝脏影像图像直接应用阈值分割算法，容易产生过分割问题，即可能分割出大量与肝脏连接的其他区域。如果直接应用区域生长算法，则需要人工选择种子像素或子区域，而且在分割结果中容易存在孔洞、噪声等问题。所以，通过阈值分割算法预先定位肝脏的大致区域，并依据肝脏的默认位置来选择种子像素或子区域，对经过区域生长算法分割后得到的二值影像再进行形态学后处理，最终得到完整的肝脏目标，实现分割效果。

区域生长算法的关键步骤：①读取影像图像并进行对比度增强；②阈值分割，定位目标的大致区域；③提取目标左上区域的某位置作为种子像素或子区域；④以区域生长算法进行影像分割；⑤形态学后处理，去除孔洞、噪声干扰；⑥提取边缘并标记输出。

4.5 程序实现

基于阈值预分割的区域生长算法在分割影像前后均进行了一定的处理，即通过阈值预分割提取大致区域并定位种子像素或子区域，通过形态学后处理去除孔洞和噪声干扰，这在一定程度上减少了人工选择种子像素或子区域的操作，也提高了分割影响的准确度。本案例将采用基于阈值预分割的区域生长算法来对肝脏影像图像进行分割，核心代码如下：

```
    clc; clear all; close all;
    I = imread(fullfile(pwd, 'images/test.jpg'));
    X = imadjust(I, [0.2 0.8], [0 1]);
    % 阈值分割
    bw = im2bw(X, graythresh(X));
    [r, c] = find(bw);
    rect = [min(c) min(r) max(c)-min(c) max(r)-min(r)];
    Xt = imcrop(X, rect);
    % 自动获取种子像素或子区域
    seed_point = round([size(Xt, 2)*0.15+rect(2) size(Xt, 1)*0.4+rect(1)]);
    % 区域生长分割
    X = im2double(im2uint8(mat2gray(X)));
    X(1:rect(2), :) = 0;
    X(:, 1:rect(1)) = 0;
    X(rect(2)+rect(4):end, :) = 0;
    X(:, rect(1)+rect(3):end) = 0;
    [J, seed_point, ts] = Regiongrowing(X, seed_point);
    figure(1);
    subplot(1, 2, 1); imshow(I, []);
    hold on;
    plot(seed_point(1), seed_point(2), 'ro', 'MarkerSize', 10, 'MarkerFaceColor',
'r');
    title('自动选择种子像素或子区域');
    hold off;
```

```
    subplot(1, 2, 2); imshow(J, []); title('区域生长影像');
    % 形态学后处理
    bw = imfill(J, 'holes');
    bw = imopen(bw, strel('disk', 5));
    % 提取边缘
    ed = bwboundaries(bw);
    figure;
    subplot(1, 2, 1); imshow(bw, []); title('形态学后处理影像');
    subplot(1, 2, 2); imshow(I);
    hold on;
    for k = 1 : length(ed)
        % 边缘
        boundary = ed{k};
        plot(boundary(:,2), boundary(:,1), 'g', 'LineWidth', 2);
    end
    hold off;
    title('边缘标记影像');
    function [J, seed_point, ts] = Regiongrowing(I, seed_point)
    % 统计耗时
    t1 = cputime;
    % 参数检测
    if nargin < 2
        % 显示并选择种子像素或子区域
        figure; imshow(I,[]);  hold on;
        seed_point = ginput(1);
        plot(seed_point(1), seed_point(2), 'ro', 'MarkerSize', 10,
'MarkerFaceColor', 'r');
        title('种子像素或子区域选择');
        hold off;
    end
    % 变量的初始化
    seed_point = round(seed_point);
    x = seed_point(2);
    y = seed_point(1);
    I = double(I);
    rc = size(I);
    J = zeros(rc(1), rc(2));
    % 参数的初始化
    seed_pixel = I(x,y);
    seed_count = 1;
    pixel_free = rc(1)*rc(2);
    pixel_index = 0;
    pixel_list = zeros(pixel_free, 3);
    pixel_similarity_min = 0;
    pixel_similarity_limit = 0.1;
    % 邻域
    neighbor_index = [-1 0;
          1 0;
          0 -1;
```

```
        0 1];
% 循环处理
while pixel_similarity_min < pixel_similarity_limit && seed_count < rc(1)*rc(2)
    % 增加邻域点
    for k = 1 : size(neighbor_index, 1)
        % 计算相邻位置
        xk = x + neighbor_index(k, 1);
        yk = y + neighbor_index(k, 2);
        % 区域生长
        if xk>=1 && yk>=1 && xk<=rc(1) && yk<=rc(2) && J(xk,yk) == 0
            % 满足条件
            pixel_index = pixel_index+1;
            pixel_list(pixel_index,:) = [xk yk I(xk,yk)];
            % 更新状态
            J(xk, yk) = 1;
        end
    end
    % 更新空间
    if pixel_index+10 > pixel_free
        pixel_free = pixel_free+pixel_free;
        pixel_list(pixel_index+1:pixel_free,:) = 0;
    end
    % 统计迭代
    pixel_similarity = abs(pixel_list(1:pixel_index,3) - seed_pixel);
    [pixel_similarity_min, index] = min(pixel_similarity);
    % 更新状态
    J(x,y) = 1;
    seed_count = seed_count+1;
    seed_pixel = (seed_pixel*seed_count + pixel_list(index,3))/(seed_count+1);
    % 存储位置
    x = pixel_list(index,1);
    y = pixel_list(index,2);
    pixel_list(index,:) = pixel_list(pixel_index,:);
    pixel_index = pixel_index-1;
end
% 返回结果
J = mat2gray(J);
J = im2bw(J, graythresh(J));
% 统计耗时
t2 = cputime;
ts = t2 - t1;
```

通过阈值预分割提取大致区域并定位种子像素或子区域的效果如图 4-3 所示，进行形态学后处理并进行边缘提取标记的效果如图 4-4 所示。

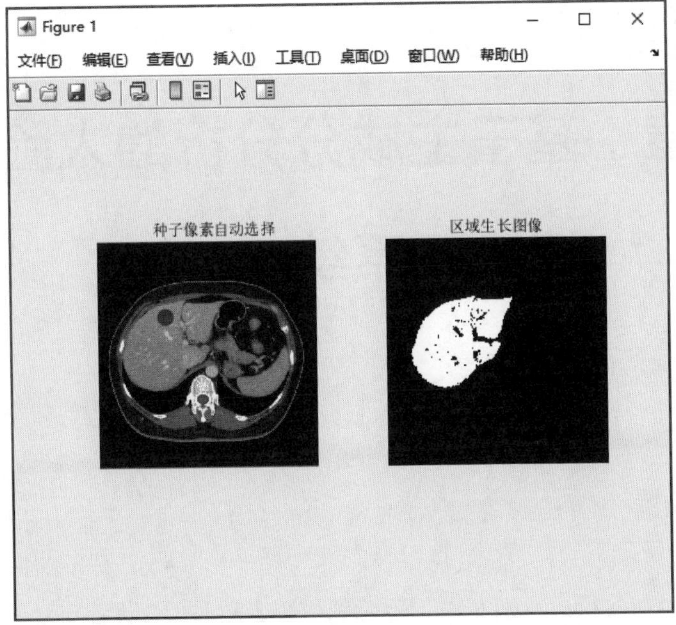

图 4-3

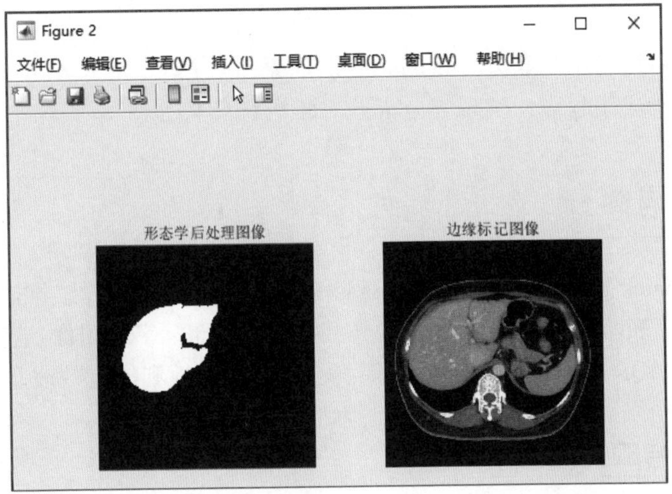

图 4-4

通过对肝脏影像图像应用基于阈值预分割的区域生长算法，可得到自动选择的种子像素或子区域及分割结果，再经过形态学后处理分割得到肝脏目标和边缘标记，效果获得了明显的改进。

第 5 章 基于主成分分析的人脸二维码编解码系统

5.1 案例背景

人脸识别在当前的模式识别和人工智能领域越来越热门。随着安全入口控制和二维码智能扫描应用需求的快速增长，基于二维码识别的生物人脸识别技术也引起了人们的重视。

本案例详细讲解基于主成分分析的人脸识别原理与方法，将 MATLAB 作为工具平台，调用二维码编解码应用程序，实现一个人脸二维码编解码系统。

5.2 QR 编码简介

QR 编码（Quick Response Code，快速响应码）是一种矩阵式二维码，具有存储信息量大、稳定性高、表示信息类型多样的优点，可用于存储汉字、图像、音频等多种数据类型的信息。此外，QR 编码还具有解析效率高、旋转不变性和能有效表示汉字等特点。

5.2.1 QR 编码的符号结构

QR 编码的符号结构如图 5-1 所示，包括编码区域、空白区域和功能区域。其中，功能区域主要包括探测图形、分隔符、定位图形和校正图形，各部分的主要功能如下。

（1）探测图形：分布在 3 个位置，如图 5-1 所示，分别位于 QR 编码的左下角、左上角和右上角。每个位置的探测图形均由同心正方形组成，分别为 3×3 深色模块、5×5 浅色模块、7×7 深色模块。根据 QR 编码的掩模作用，在内部其他地方几乎不可能遇到类似的图形，所以探测图形可以用于识别 QR 编码，并确定 QR 编码的位置和方向。

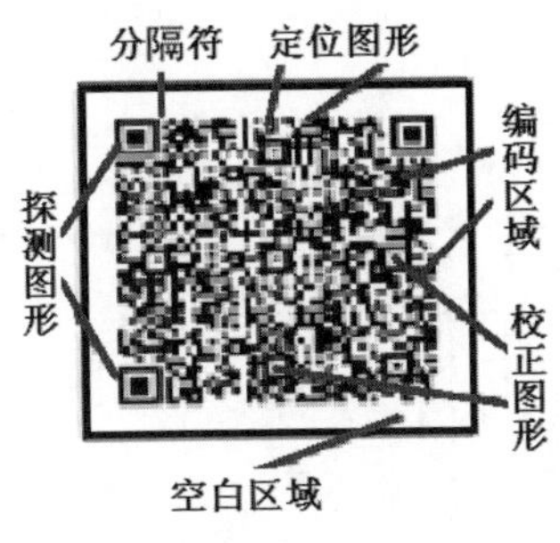

图 5-1

（2）分隔符：位于探测图形和编码区域之间，其宽度默认为一个模块，属于浅色模块。

（3）定位图形：根据方向可以分为水平和垂直定位图形，其宽度均为一个模块，分别由深色与浅色模块交替组成，对应一行图形和一列图形。定位图形的位置分别位于第 6 行与第 6 列，用于确定 QR 编码的密度和版本，也可用于辅助定位图形坐标。

（4）校正图形：由同心的正方形构成，分别由 5×5 深色模块、3×3 浅色模块和中心深色模块组成，不同的版本可能对应不同的校正图形数量。

5.2.2 QR 编码的基本特性

随着智能手机等设备的普及，QR 编码已广泛应用于收付款码、电子票据、电子会员卡等，给我们的日常生活带来无数便利。QR 编码的基本特性如表 5-1 所示。

表 5-1

字段名称	特　性
QR 编码尺寸	21×21 模块（版本 1）～177×177 模块（版本 40）
可编码字符类型及数量	数字类型：7089 个字符
	字母类型：4296 个字符
	8 位字节类型：2953 个字符
	中国汉字字符及日本汉字字符：1817 个字符
二进制数据表示	二进制数“1”对应深色模块，二进制数“0”对应浅色模块
自我纠错	采用 Reed-Solomon 纠错（简称 RS 纠错），纠错等级分为 L 级（纠错 7%）、M 级（纠错 15%）、Q 级（纠错 25%）和 H 级（纠错 30%）
附加特性	链接：允许最多 16 个 QR 编码在逻辑上连续表示一个数据文件
	掩模：降低由于模块相邻导致译码困难的可能性
	拓展：可以进行特定用途的编码

5.2.3　QR 编码的流程

QR 编码的流程如图 5-2 所示。

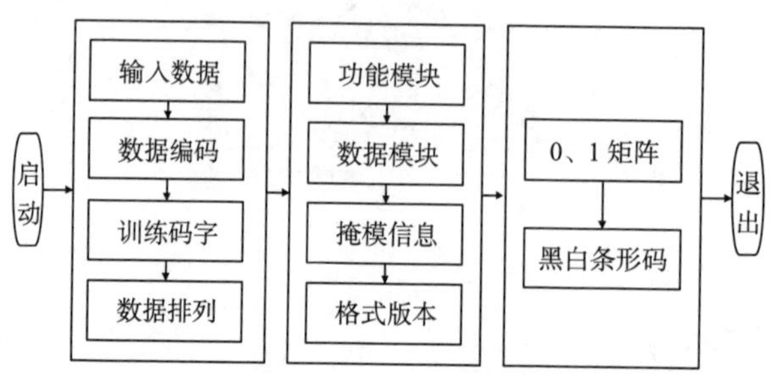

图 5-2

（1）数据输入及分析：对输入的数据进行分析，确定数据编码对应的字符类型，确定所选择的纠错等级。如果没有输入相关参数，则选择默认的纠错等级，然后根据所确定的数据类型及纠错等级，选择与数据相适应的最小编码版本。

（2）数据位流：在数据字符类型等参数确定后，QR 编码将按照所选模式的编码标准将其转换为位流。为了将得到的位流生成标准的码字，需要在数据位流前加上模式指示符，在数据位流后加上终止符，按每 8 位得到一个码字。此外，如果指定版本所要求的数据字数未能填满，则可以加入填充字符进行完善。

（3）纠错编码：将得到的码字序列按 RS 纠错标准进行分段，生成相应的纠错码字，并将其以尾部衔接的方式加入相应的数据码字序列。

（4）排列信息：按标准数据排列方式构建最终的排列信息，如果出现位数不足的现象，则可以考虑加入剩余位。

（5）标识功能：不同的版本要求嵌入的校正图形数量往往不同，进而对应不同的排列矩阵。因此，如果要在矩阵中加入功能图形，则需要标识功能图形的位置，并在对应位置加入相关的探测图形、分隔符、定位图形和校正图形。

（6）数据模块：将数据模块布置在矩阵中，并按照排列标准，将码字放入矩阵中的对应位置。

（7）掩模寻优：选择 8 种掩模图形依次对 QR 编码区域的位图进行掩模处理，并对所得到的 8 种结果进行分析，保留最优的一种。

（8）版本格式：如果 QR 编码的版本为 7 以上，则生成版本信息和格式信息，组成符号信息，加入矩阵对应位置。

（9）条形码：根据编码步骤得到只包含 0、1 的矩阵，进而生成对应的黑白条形码。

5.2.4 QR 译码的流程

QR 译码模块可以采用两种方式读取文件：第 1 种方式，直接读取包含条码的图像文件，定位条码图像区域，进行译码；第 2 种方式，读取包含条码信息的 QR 编码文件，进行译码。本案例采用了第 1 种方式。在读取图像文件后，由于条码图像的采集过程容易受到倾斜、噪声等干扰，所以需要在定位条码前对图像进行预处理，一般包括图像倾斜校正、平滑滤波、二值化和图像旋转等操作。QR 译码的流程如图 5-3 所示。

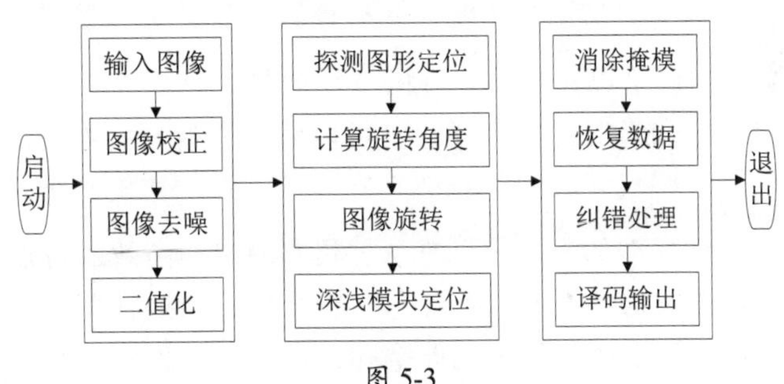

图 5-3

其中，译码流程和编码流程正好相反，具体流程：①提取格式信息、版本信息；②消除掩模；③提取数据信息和纠错信息；④RS 纠错；⑤对纠错后的数据信息进行译码。

因此，通过纠错过程，图像即使被某些噪声污染也能正确译码，这在一定程度上提高了 QR 编码的可识读性。

5.3 主成分分析

主成分分析（Principal Component Analysis，PCA）以 K-L 变换（即 Karhunen-Loeve 变换）为基础，是一种常用的正交变换。下面对 K-L 变换做简单介绍，假设 $\boldsymbol{X}$ 为 n 维的随机变量，则其可以通过 n 个基向量的加权和来表示：

$$\boldsymbol{X}=\sum_{i=1}^{n}\alpha_i\boldsymbol{\phi}_i \tag{5.1}$$

其中，α_i 是加权系数，$\boldsymbol{\phi}_i$ 是基向量，此式可以用矩阵化的形式表示为

$$\boldsymbol{X}=(\boldsymbol{\phi}_1,\boldsymbol{\phi}_2,\cdots,\boldsymbol{\phi}_n)(\alpha_1,\alpha_2,\cdots,\alpha_n)^{\mathrm{T}}=\boldsymbol{\phi}\boldsymbol{\alpha}^{\mathrm{T}} \tag{5.2}$$

系数向量为

$$\boldsymbol{\alpha}=\boldsymbol{\phi}^{\mathrm{T}}\boldsymbol{X} \tag{5.3}$$

因此，K-L 变换展开式的系数可以通过以下步骤求出。

（1）自相关矩阵：计算随机向量 $\boldsymbol{X}$ 的自相关矩阵 $\boldsymbol{R}=\boldsymbol{E}\left[\boldsymbol{X}^{\mathrm{T}}\boldsymbol{X}\right]$，假设样本集合未经过分类，将 $\boldsymbol{\mu}$ 记作其均值向量，则可以把样本数据的协方差矩阵 $\boldsymbol{\Sigma}=\boldsymbol{E}\left[(\boldsymbol{x}-\boldsymbol{u})(\boldsymbol{x}-\boldsymbol{u})^{\mathrm{T}}\right]$ 作为K-L 坐标系的自相关矩阵，其中，$\boldsymbol{\mu}$ 为样本集合的总体均值向量。

（2）本征值和本征向量：对自相关矩阵或者协方差矩阵 $\boldsymbol{R}$ 计算其本征值 λ_i、本征向量 $\boldsymbol{\phi}_i$，本征向量集合记为 $\boldsymbol{\phi}=(\boldsymbol{\phi}_1,\boldsymbol{\phi}_2,\cdots,\boldsymbol{\phi}_n)$。

（3）计算系数：以本征向量集合为基向量，计算方程式的系数，即 $\boldsymbol{\alpha}=\boldsymbol{\phi}^{\mathrm{T}}\boldsymbol{X}$。

因此，K-L 变换的实质是以自相关矩阵的本征向量为基建立一个新的坐标系，如果将一个物体进行主轴沿特征向量对齐的变换，则可以消除原数据向量各分量之间的相关性，进而在一定程度上消除某些包含较少信息的坐标分量，进而达到特征空间降维的目的。

主成分分析作为一种标准的人脸识别方法，具有简单、高效的特点，已经得到广泛应用。传统的主成分分析方法的基本原理：首先，基于 K-L 变换抽取人脸的主要成分，构建特征脸空间；然后，将待识别图像投影到此空间，得到一组投影系数；最后，通过比较各组人脸图像的投影系数进行识别。这种方法可以有效降低压缩前后的均方误差，提高降维空间的分辨能力及识别准确率。

5.4　程序实现

本案例通过人脸建库、人脸识别和人脸二维码编解码的技术路线进行程序设计。同时，为对比实验效果，本案例采用了 MATLAB 的 GUI 框架建立软件主界面，通过关联功能函数的方法来实现各个模块。

5.4.1　人脸建库

假设对一个维度为 $M\times N$ 的人脸图像矩阵进行向量化处理，则可以得到一个长度为 $M\times N$ 的向量。因此，我们可以将一幅维度为 112×92 的人脸图像看作一个长度为 10304 的向量。如果建立一个 1×10304 维的空间，则我们可以将该人脸图像看作这个空间中的一点。将维度相同的人脸图像集合映射到这个空间后可以得到相应的点集，且具有较大的维度值。为了便于分析，我们可以结合人脸结构的相似性，通过 PCA 降维来得到一个低维子空间，将该低维子空间称为“脸空间”。PCA 降维的主要思想是寻找能够定义脸空间的基向量集合，这些基向量能最大程度地描述某人脸图像在集合空间中的分布情况。

1. 人脸空间

假设人脸图像的维度为 $M\times N$，脸空间的基向量长度为 $M\times N$，则该基向量可以由原始人脸图像的线性组合获得。因此，对于一个维度为 $M \times N$ 的人脸图像数字矩阵，可以通过每列相连的方式构成一个长度为 $D=M \times N$ 的列向量，并将 D 记作人脸图像的维度，即脸空间的维度。

假设 n 是训练样本的数量，$\boldsymbol{x}_j$ 表示第 j 幅人脸图像形成的人脸向量，则训练样本集合的协方差矩阵为

$$\boldsymbol{S}_r = \sum_{j=1}^{n} \left(\boldsymbol{x}_j - \boldsymbol{u}\right)\left(\boldsymbol{x}_j - \boldsymbol{u}\right)^{\mathrm{T}} \tag{5.4}$$

式（5.4）中，$\boldsymbol{u}$ 为训练样本的平均图像向量：

$$\boldsymbol{u} = \frac{1}{n}\sum_{j=1}^{n} \boldsymbol{x}_j \tag{5.5}$$

令 $\boldsymbol{A} = \left[\boldsymbol{x}_1 - \boldsymbol{u} \quad \boldsymbol{x}_2 - \boldsymbol{u} \quad \cdots \quad \boldsymbol{x}_n - \boldsymbol{u}\right]$，则 $\boldsymbol{S}_r = \boldsymbol{A}\boldsymbol{A}^{\mathrm{T}}$，其维度为 $D \times D$。

根据 K-L 变换原理，新坐标系的基向量由矩阵 $\boldsymbol{A}\boldsymbol{A}^{\mathrm{T}}$ 的非零特征值所对应的特征向量组成。一般而言，如果直接计算大规模矩阵的特征值和特征向量，则将面临较大的计算量，所以根据矩阵的特点，可以采用奇异值分解（SVD）定理，通过求解 $\boldsymbol{A}\boldsymbol{A}^{\mathrm{T}}$ 的特征值和特征向量来获得 $\boldsymbol{A}\boldsymbol{A}^{\mathrm{T}}$ 的特征值和特征向量。

2. 特征脸计算

依据 SVD 定理，令 $l_i\,(i=1,2,\cdots,r)$ 为矩阵 $\boldsymbol{A}\boldsymbol{A}^{\mathrm{T}}$ 的 r 个非零特征值，$\boldsymbol{v}_i$ 为 $\boldsymbol{A}\boldsymbol{A}^{\mathrm{T}}$ 对应于 l_i 的特征向量，则 $\boldsymbol{A}\boldsymbol{A}^{\mathrm{T}}$ 的正交归一化特征向量 $\boldsymbol{u}_i$ 为

$$\boldsymbol{u}_i = \frac{1}{\sqrt{l_i}}\boldsymbol{A}\boldsymbol{v}_i \quad i=1,2,\cdots,r \tag{5.6}$$

因此，特征脸空间的定义为 $\boldsymbol{w} = \left(\boldsymbol{u}_1, \boldsymbol{u}_2, \cdots, \boldsymbol{u}_r\right)$。

将训练样本投影到特征脸空间，能够得到一组投影向量 $\boldsymbol{\Omega} = \boldsymbol{w}^{\mathrm{T}}\boldsymbol{u}$，可构成人脸识别的数据库。在识别时，首先将每幅待识别的人脸图像投影到特征脸空间，得到投影系数向量；然后利用最近邻分类器来比较其与库中人脸的位置，从而识别该图像是不是库中的人脸，如果不是，则返回未知信息；最后判断是哪个人的脸。

5.4.2 人脸识别

PCA 人脸识别属于模式识别的一个应用，一般包括这些步骤：①人脸图像预处理及向量化；②加载人脸库，训练形成特征子空间；③将训练图像和待识别图像投影到该特征子空间；④选择一定的距离函数进行模式识别。

本案例所涉及的人脸样本均取自英国剑桥大学的 ORL（Olivetti Research Laboratory）人脸库，该库作为标准人脸数据库被广泛应用于多种人脸检测、识别场景中。ORL 人脸库分为 40 组，每组对应一个人的 10 幅人脸图像，共计 400 幅人脸正面图像。其中，每幅图像的维度均为 92×112，采集于不同时间、光线轻微变化的环境条件下，不同的图像可能存在姿态、光照和表情上的差别，部分图像如图 5-4 所示。

图 5-4

ORL 数据库提供了经过预处理的人脸集合，可以方便地获取训练集和测试集。例如，将每组图像的前 5 幅人脸图像作为训练样本，将后 5 幅人脸图像作为测试样本。在一般情况下，增加训练样本的数量会增加人脸特征库的容量，并可能导致人脸识别核心算法的时间和空间复杂度指数级增加。通过对待识别图像与原训练库的对比及欧氏距离识别，在识别结果的显示窗口中一共显示了在整个人脸图像库中最小的 10 个欧氏距离，它们也是从小到大排列的。这 10 个欧氏距离分别代表了与选取的待识别人脸图像最相近的 10 幅人脸图像。因此，选择距离最近的目标，就可以得到我们所需识别的人脸图像。

5.4.3　人脸二维码

为了提高编码性能，充分利用不同编程语言的优势，本案例选择使用 ZXing 1.6 实现对条形码或二维码的处理。ZXing 作为一个经典的条形码或二维码识别开源类库，是一个开源 Java 类库，用于解析多种格式的一维或二维条形码，能够方便地对 QR 编码、Data Matrix、UPC 的条形码进行解码。基于 Java 跨平台的特点，该类库提供了多种平台下的客户端，包括 J2ME、J2SE 和 Android 等，本案例通过选择 Windows 平台下的 MATLAB 对其 Jar 包的调用来实现对 QR 编码的处理。

归一化人脸库后，对库中的每组人脸都选择一定数量的图像构成训练集，其余的构成测试集。假设归一化后的图像为 $n \times m$ 维，则按列相连就构成了 $N = n \times m$ 维向量，其可被视为 N 维空间中的一点，进而能够通过 K-L 变换用一个低维子空间描述这幅图像。所有训练样本的协方差矩阵都为

$$C_1 = \frac{\sum_{k=1}^{M} \boldsymbol{x}_k \boldsymbol{x}_k^{\mathrm{T}}}{M} - \boldsymbol{m}_x \boldsymbol{m}_x^{\mathrm{T}}$$

$$C_1 = \frac{\boldsymbol{A}\boldsymbol{A}^{\mathrm{T}}}{M} \tag{5.7}$$

$$C_1 = \frac{\sum_{k=1}^{M} (\boldsymbol{x}_k - \boldsymbol{m}_x)(\boldsymbol{x}_k - \boldsymbol{m}_x)^{\mathrm{T}}}{M}$$

式（5.7）中，$\boldsymbol{A}=(\boldsymbol{\phi}_1,\boldsymbol{\phi}_2,\cdots,\boldsymbol{\phi}_m)$，$\boldsymbol{\phi}_1 = \boldsymbol{x}_1 - \boldsymbol{m}_x$，$\boldsymbol{m}_x$ 是平均人脸向量，M 是训练人脸数，协方差矩阵 $\boldsymbol{C}_1$ 是一个 $N\times N$ 的矩阵，N 是 $\boldsymbol{x}_k$ 的维度。这 3 个矩阵的定义是等价的。根据前面章节的论述，为了方便计算特征值和特征向量，本实验选用第 2 个公式作为待处理矩阵。根据 K-L 变换的原理，所计算的新坐标系由矩阵 $\boldsymbol{A}\boldsymbol{A}^{\mathrm{T}}$ 的非零特征值所对应的特征向量构成。在实际处理过程中，如果直接对 $N\times N$ 维度的矩阵 $\boldsymbol{C}_1$ 计算其特征值和正交归一化的特征向量，则有较高的运算复杂度。根据奇异值分解（SVD）原理，可以通过求解 $\boldsymbol{A}^{\mathrm{T}}\boldsymbol{A}$ 的特征值和特征向量来获得 $\boldsymbol{A}\boldsymbol{A}^{\mathrm{T}}$ 的特征值和特征向量。本案例对 ORL 人脸库进行 PCA 降维的过程进行了函数封装，具体代码如下：

```
function Construct_PCA_DataBase()
% PCA 算法
% 构建 PCA 数据库
% 计算 xmean、sigma eigen
clc;
% 如果已存在模型信息
if exist(fullfile(pwd, '人脸库/model.mat'), 'file')
   return;
end
%% 分类存储信息
classNum = 40; % 类别数量
sampleNum = 10; % 样本数量
hw = waitbar(0, '构建 PCA 数据库进度：', 'Name', 'PCA 人脸识别');
rt = 0.1;
waitbar(rt, hw, sprintf('构建 PCA 数据库进度：%i%%', round(rt*100)));
allsamples = Get_Samples(classNum, sampleNum);
rt = 0.3;
waitbar(rt, hw, sprintf('构建 PCA 数据库进度：%i%%', round(rt*100)));
%% 进行平均计算，1×N
samplemean = mean(allsamples);
%% 计算标准训练矩阵
xmean = Get_StandSample(allsamples, samplemean);
rt = 0.5;
waitbar(rt, hw, sprintf('构建 PCA 数据库进度：%i%%', round(rt*100)));
%% 获取特征值及特征向量
sigma = xmean*xmean'; % M×M 矩阵
```

```
[v, d] = eig(sigma);
d1 = diag(d);
rt = 0.7;
waitbar(rt, hw, sprintf('构建 PCA 数据库进度：%i%%', round(rt*100)));
%% 排序
% 按特征值大小以降序排列
% 由于是对称正定矩阵，所以可以通过翻转来实现排序
dsort = flipud(d1);
vsort = fliplr(v);
%% 计算坐标系信息
p = classNum*sampleNum;
% (训练阶段)计算特征脸形成的坐标系
base = xmean' * vsort(:,1:p) * diag(dsort(1:p).^(-1/2));
rt = 0.9;
waitbar(rt, hw, sprintf('构建 PCA 数据库进度：%i%%', round(rt*100)));
%% 将模型保存
save(fullfile(pwd, '人脸库/model.mat'), 'base', 'samplemean');
rt = 1;
waitbar(rt, hw, sprintf('构建 PCA 数据库进度：%i%%', round(rt*100)));
delete(hw);
msgbox('构建 PCA 数据库完成！', '提示信息', 'Modal');
```

本案例首先对 ORL 人脸库进行 PCA 计算，得到降维向量，然后对测试图像执行同样的操作，并采用欧氏距离作为判别函数对降维向量进行相似度计算，最终可实现对 ORL 人脸库进行降维及对 QR 编解码的操作，关键步骤如下。

（1）载入人脸图像，并进行 PCA 降维处理。

（2）对降维数据进行编码并显示。

（3）对 QR 编码进行缓存，并进行解码，识别人脸。

以上过程的入口脚本代码如下：

```
clc; clear all; close all;
% warning off all;
%% 载入待检测图像
Img = imread(fullfile(pwd, 'images/01.BMP'));
sz = size(Img);
figure; imshow(Img, []);
title('人脸图像');
%% 构建 PCA 数据库
Construct_PCA_DataBase();
%% 获取降维特征
f = GetFaceVector(Img);
f = f(1:300);
%% 生成二维码
Im = QrGen(f);
figure; imshow(Im, []);
title('人脸二维码');
```

```
%% 写入二维码文件
filenameqr = fullfile(pwd, 'qr.tif');
imwrite(Im, filenameqr);
%% 二维码识别
m = imread(filenameqr);
c = QrDen(m);
Ims = FaceRec(c, sz);
figure; imshow(Ims, []);
title('二维码识别人脸');
```

在整个过程中，为调用方便，将输入的内容 QR 编码的过程进行了函数封装，具体代码如下：

```
function outimg = QrGen(doctext, width, height)
% 调用 ZXing 执行编码
% 输入参数:
%   doctext——待编码正文
%   width——图像的宽度
%   height——图像的高度
% 输出参数:
%   outimg——输出的二维码图像

if nargin < 3
    height = 400;
end
if nargin < 2
    width = 400;
end
if nargin < 1
    doctext = 'hello';
end
if ~ischar(doctext)
    str = '';
    for i = 1 : length(doctext)
        str = sprintf('%s %.1f', str, doctext(i));
    end
    doctext = str;
end
zxingpath = fullfile(fileparts(mfilename('fullpath')), 'zxing_encrypt.jar');
c = onCleanup(@()javarmpath(zxingpath));
javaaddpath(zxingpath);
writer = com.google.zxing.MultiFormatWriter();
bitmtx = writer.encode(doctext, com.google.zxing.BarcodeFormat.QR_CODE, ...
    width, height);
outimg = char(bitmtx);
clear bitmtx writer
outimg(outimg==10) = [];
outimg = reshape(outimg(1:2:end), width, height)';
outimg(outimg~='X') = 1;
```

```
    outimg(outimg=='X') = 0;
    outimg = double(outimg);
```

在整个过程中，为调用方便，将输入的内容 QR 译码的过程进行了函数封装，具体代码如下：

```
    function res = QrDen(qr_im)
    % 调用 ZXing 执行译码
    % 输入参数：
    %   qr_im——待译码图像
    % 输出参数：
    %   res——译码结果

    if nargin < 1
        load mtx.mat;
        qr_im = mtx;
    end
    zxingpath = fullfile(pwd, 'zxing_encrypt.jar');
    javaaddpath(zxingpath);
    zxingpath = fullfile(pwd, 'zxing_decrypt.jar');
    javaaddpath(zxingpath);
    qr_im = im2java(qr_im);
    source = com.google.zxing.client.j2se.BufferedImageLuminanceSource(qr_im.
getBufferedImage());
    binarizer = com.google.zxing.common.HybridBinarizer(source);
    bitmap = com.google.zxing.BinaryBitmap(binarizer);
    reader = com.google.zxing.MultiFormatReader();
    res = char(reader.decode(bitmap));
```

以某幅人脸图像为例，进行人脸图像的降维及编解码运算，原人脸图像、人脸二维码及识别的人脸图像分别如图 5-5、图 5-6 和图 5-7 所示。

图 5-5

图 5-6

图 5-7

由于在编码之前对原始系数向量进行了数据裁剪，省略了部分数据，所以识别结果显得有些模糊，但依然可以明确看出人脸的轮廓，这有利于减小存取二维码数据的压力。

为了便于演示，本案例还基于 MATLAB GUI 进行了软件界面设计，增加了人工交互的便捷性，软件运行界面包括控制面板和图像显示区域，如图 5-8 所示。

结果表明，采用 PCA 人脸降维得到了关键数据，调用 ZXing 类库执行了 QR 的编译码，具有较高的效率，能有效压缩人脸数据，便于识别。此外，本案例还调用了第三方类库来实现对二维码的编码和译码，要求在 JDK 1.6 及以上版本的环境下运行。

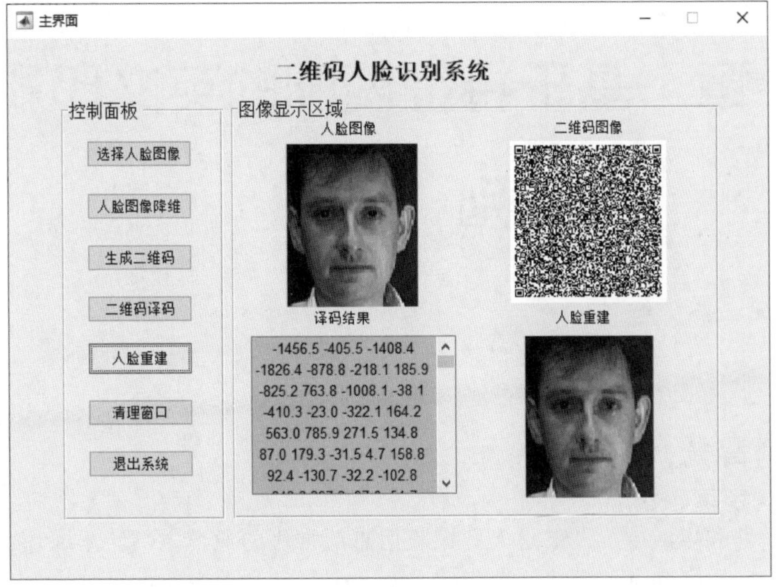

图 5-8

第 6 章 基于特征匹配的英文印刷体字符识别

6.1 案例背景

在日常学习和生活中，人眼是人们接收信息最常用的通道之一。据统计，人们日常处理的 75% ~ 85%的信息属于视觉信息范畴，而文字信息又占据着重要的位置，几乎涵盖了人类生活的方方面面。比如，对各种报纸期刊的阅读、查找、批注，对各种文档报表的填写、修订，对各种快递文件的分拣、传送、签收等。因此，为了实现文字信息解析过程的智能化、自动化，就需要借助计算机图像处理技术来对这些文字信息进行识别。

本案例重点讲解英文印刷体字符图像的灰度转换、中值滤波、二值化处理、形态学滤波、图像与字符分割等算法，形成了一套效果明显、简便易行的英文印刷体字符图像识别算法。在英文印刷体字符图像的识别过程中，采用字符的归一化和细化处理方法，通过二值化和字体类型特征相结合的处理方式完成特征提取，建立字符标准特征库，并运用合理的模板匹配算法实现对英文印刷体字符图像的识别。

6.2 图像预处理

为了提高图像识别等模块的处理速度，需要将彩色图像转换为灰度图像，减少图像矩阵占用的内存空间。由彩色图像转换为灰度图像的过程叫作灰度化处理，灰度图像就是只有亮度信息而没有颜色信息的图像，且存储灰度图像只需要一个数据矩阵，数据矩阵中的每个元素都表示对应位置的像素的灰度值。

通过拍摄、扫描等方式采集的印刷体字符图像可能会受局部区域模糊、对比度偏低等因素的影响，而图像增强可用于图像对比度的调整，突出图像的重要细节，改善视觉质量。因此，采用图像灰度变换等方法可有效增强图像的对比度，提高图像中字符的清晰度，突出图像中不同区域的差异性。对比度增强是典型的空域图像增强算法，这种处理只是逐个修改原印刷体字符图像中每个像素的灰度值，不会改变图像中各像素的位置，在输入像素与输出像素之间存在一对一的映射关系。

二值图像是指图像数值矩阵中只保留 0、1 数值来代表黑、白两种颜色。在实际的印刷体字符图像处理中，选择合适的阈值是图像二值变换的关键步骤，因为二值化能分割字符与背景，突出字符目标。对于印刷体字符图像而言，其二值变换的输出必须具备良好的保形性，不改变有用的形状信息，不产生额外的孔洞、噪声。其中，二值化阈值选取有多种方法，主要分为 3 类：全局阈值法、局部阈值法和动态阈值法。本案例结合印刷体字符图像的特点，采用全局阈值法进行二值化处理。

印刷体字符图像可能在扫描或者传输过程中受到噪声干扰，为了提高识别模块的准确率，通常采用平滑滤波的方法进行去噪，如中值滤波、均值滤波。在本案例中，对印刷体字符图像进特征分析，并采用二值化图像的形态学变换滤波进行去噪处理，保留有用的字符区域图像，消除杂点、标点符号等会产生干扰的内容。

在经扫描得到的印刷体字符图像中，不同位置的字符类型或尺寸可能也存在较大差异。为了提高字符识别效率，需要统一字符的尺寸以得到标准字符图像，这就是字符的标准化过程。为了将原来各不相同的字符统一尺寸，可以先统一高度，然后根据原始字符宽高比例来调整字符的宽度，得到标准字符。

此外，对输入的印刷体字符图像可能需要进行倾斜校正，使得同属一行的字符也都在同一水平位置，这样既有利于字符的分割，也可以提高字符识别的准确率。倾斜校正主要根据图像左右两边的黑色像素做积分投影所得到的平均高度进行，字符组成的图像左右两边的字符像素高度一般在水平位置附近，如果两边的字符像素经积分投影得到的平均位置有较大差异，则说明图像倾斜，需要进行校正。

6.3 图像识别技术

字符识别是印刷体字符图像识别的核心步骤，主要包括：①字符识别模块学习和存储将要判别的字符特征，将这些特征汇总成识别系统的先验知识；②选择合适的判别准则来基于先验知识对输入的字符进行研判；③存储字符的识别结果并输出。字符的特征具有不同的来源，在频域空间、小波空间等领域也都有各自的特征，而且不同的特征在识别字符时具有各自的优缺点。根据字符识别模块所选择特征类型的不同，可以将其分为不同的识别技术。在一般情况下，根据所采用的技术策略，可以将字符识别技术分为 3 类：①基于统计特征的字符识别技术；②基于结构特征的字符识别技术；③基于机器学习的字符识别技术。

1. 基于统计特征的字符识别技术

基于统计特征的字符识别技术一般选择同类字符所共有的相对稳定且具有良好分类性的统计特征作为特征向量。常用的统计特征有字符所处二维空间的位置特征、字符所处水平或者垂直方向的投影直方图特征、字符区域矩特征、字符纹理特征或经过频域等变换后的特征。特征提取模块则通过对大量字符的统计特征进行提取、学习、训练，形成字符先验知识，构成字符库的模板信息，并将其存储到字符识别模块中。在待识别图像输入后首先提取其相同的统计特征向量，然后根据指定匹配程度算法，与字符识别模块中存储的字符先验知识进行比较，最后根据比较结果确定字符最终类别，实现识别的目的。其中，匹配程度算法通常采用向量间的距离计算，如欧氏距离、绝对值距离、汉明距离等，为了便于后续的模式识别，可以将这些距离作为输入进行归一化，进而得到归一化的匹配程度。

在实际应用中，基于字符像素点平面分布的识别算法是最常用的匹配方法之一，具有简单、高效、易于实现的优点。该算法首先将字符图像归一化为标准的维度，然后根据像素点的位置进行扫描匹配，最后计算模板和图像的某种距离值。但是，该算法要求对每个像素点都进行扫描和匹配，可能计算量大，且对噪声、字符畸变等因素较为敏感，因此对待识别图像的质量要求较高。

2. 基于结构特征的字符识别技术

在现实生活中，人们往往更关心相近字符和手写体字符等的识别，基于结构特征的字符识别技术应运而生。该技术以字符结构特征作为处理对象，可根据识别策略的不同，选择不同的结构，具有灵活、多变的优点。在实际应用中，我们可以选择字根、笔画、细微笔段等特征，这些特征一般被称为字符的基元，将所有基元都按照某种顺序排列、存储就形成了字符的结构特征。

基于结构特征的字符识别实际上首先将字符在由基元组成的结构空间中进行映射，然后进行识别。其中，识别过程一般是在由基元组成的结构空间中利用建模语言和自动机理论，采取语法分析、图匹配、树匹配和知识推理等方法分析字符结构的过程。该技术常用的结构特征有：笔画走向、孤立点、闭合笔画等。如果将该技术应用于汉字识别，则可结合汉字自身明显的结构性，利用汉字的结构特点进行识别，也可以达到较好的效果。而传统识别方法一般对输入的图像采取统一分辨率变换处理，其分辨率大小取决于算法复杂度和资源存储条件，往往会造成系统资源的浪费和识别效率的降低。

3. 基于机器学习的字符识别技术

人类对文字的识别能力远远胜过计算机，以常见的验证码为例，无论是对字符进行变形、模糊，还是损坏部分区域，人类都能很好地识别。

基于机器学习的字符识别技术力图通过对人脑学习和识别的模拟来实现对字符的高

效识别。经过近几年的迅速发展，机器学习在字符识别方面得到了广泛应用。特别是在OCR系统中，机器学习已经得到了更充分的应用。通过将字符的特征向量作为输入，机器学习模块输出的是字符的分类结果，即识别结果。在实际应用中，如果只是进行字符图像的处理和识别，则得到的特征向量可能包含某些冗余甚至矛盾的信息，往往需要对其进行进一步的优化处理。机器学习模块经过反复训练，可以智能地优化特征向量，去除冗余、矛盾的信息，突出类间的差异。同时，借助于机器学习成熟的架构模式及运行结构，可以将并行计算应用于运行过程中，加快大规模问题的求解速度。

6.4　程序实现

本案例通过图像分割、字符定位和模板匹配的技术路线进行程序设计。同时，为对比实验效果，采用MATLAB的Figure窗口关联鼠标响应事件到字符识别功能函数，可实时显示字符的识别结果。

6.4.1　设计GUI

本案例首先读取某印刷版本的英文文章图像，通过行分割、列分割进行单词定位，然后将其与标准的英文字符进行对比，以进行英文字符的识别。为了增强演示效果，可关联Figure窗口的鼠标移动事件，用于实时显示识别的结果。核心代码如下：

```
function MainForm
% 字符识别分割
global bw;
global bl;
global bll;
global s;
global fontSize;
global charpic;
global hMainFig;
global pic;
global hText;
clc; close all; warning off all;
% 目录检测
if ~exist(fullfile(pwd, 'pic'), 'dir')
   mkdir(fullfile(pwd, 'pic'));
end
% 读入图像
picname = fullfile(pwd, 'image.jpg');
pic = imread(picname);
% 灰度化
s = size(pic);
if length(s) == 3
```

```
    pic = rgb2gray(pic);
end
% 二值化
bw = im2bw(pic, 0.7);
bw = ~bw;

% 搜索字体大小
for i = 1 : s(1)
    if sum(bw(i,:) ~=0) > 0
        FontSize_s = i;
        break;
    end
end
for i = FontSize_s : s(1)
    if sum(bw(i,:) ~=0) == 0
        FontSize_e = i;
        break;
    end
end
% 计算字体大小
FontSizeT = FontSize_e - FontSize_s;

% 设置字体，提高识别率
fontName = '宋体';

% 设置字号，提高识别率
fontSize = FontSizeT;

% 形态学操作
bw1 = imclose(bw, strel('line', 4, 90));
bw2 = bwareaopen(bw1, 20);
bwi2 = bwselect(bw2, 368, 483, 4);
bw2(bwi2) = 0;
% 过滤标点符号
bw3 = bw .* bw2;
bw4 = imclose(bw3, strel('square', 4));
% 区域标记
[Lbw4, numbw4] = bwlabel(bw4);
stats = regionprops(Lbw4);
for i = 1 : numbw4
    % 单词框的信息
    tempBound = stats(i).BoundingBox;
    % 单词分割
    tempPic = imcrop(pic, tempBound);
    % 保存目录
    tempStr = fullfile(pwd, sprintf('pic\\%03d.jpg', i));
    % 写入文件
    imwrite(tempPic, tempStr);
end
```

```
    % 计算连通域
    [bl, num] = bwlabel(bw1, 4);

    % 产生字符集图像：A~Z、a~z、0~9
    chars = [char(uint8('A'):uint8('Z')), uint8('a'):uint8('z'),
uint8('0'):uint8('9')];
    eleLen = length(chars);
    charpic = cell(1,eleLen);

    % 下面先生成字符集图像，然后将其截图保存到 charpic 中，用于后面的匹配
    hf1 = figure('Visible', 'Off');
    imshow(zeros(32,32));
    h = text(15, 15, 'a', 'Color', 'w', 'Fontname', fontName, 'FontSize', fontSize);
    for p = 1 : eleLen
        % 画该字符
        set(h, 'String', chars(p));
        % 截屏
        fh = getframe(hf1, [85, 58, 30, 30]);
        % 获取图像数据
        temp = fh.cdata;
        temp = im2bw(temp, graythresh(temp));
        [f1, f2] = find(temp == 1);
        % 计算有效区域，避免溢出
        start_r = max([min(f1)-1 1]);
        end_r = min([max(f1)+1 size(temp, 1)]);
        start_c = max([min(f2)-1 1]);
        end_c = min([max(f2)+1 size(temp, 2)]);
        % 分割
        temp = temp(start_r:end_r,start_c:end_c);
        % 保存
        charpic{p} = temp;
    end
    delete(hf1);
    % 产生辨识区域，便于鼠标移动到字符区域时均能识别并指向该字符
    bl1 = zeros(size(bl));
    % 生成全标识的数组
    for i = 1:num
        [f1, f2] = find(bl == i);
        bl1(min(f1):max(f1), min(f2):max(f2)) = i;
    end
    % 生成窗口，并调用鼠标移动事件
    hMainFig = figure(1);
    imshow(picname, 'Border', 'loose'); hold on;
    for i = 1 : numbw4
        tempBound = stats(i).BoundingBox;
        rectangle('Position', tempBound, 'EdgeColor', 'r');
    end
    hText = axes('Units', 'Normalized', 'Position', [0 0 0.1 0.1]); axis off;
    set(hMainFig, 'WindowButtonMotionFcn', @ShowPointData);
```

```
    end

    function ShowPointData(hObject, eventdata, handles)
    global bw;
    global bl;
    global bll;
    global s;
    global charpic;
    global hMainFig;
    global pic;
    global hText;

    p = get(gca,'currentpoint');
    % 计算获取的字符图像位置
    x = p(3);
    y = p(1);
    if x<1 || x>s(1) || y<1 || y>s(2)
        return;
    end
    % 读取当前标识
    curlabel = bll(uint32(x), uint32(y));
    if curlabel ~= 0
        % 匹配字符
        [f1, f2] = find(bl == curlabel);
        minx = min(f1);
        maxx = max(f1);
        miny = min(f2);
        maxy = max(f2);
        tempic = pic(minx:maxx, miny:maxy);
        temp = bw(minx:maxx, miny:maxy);
        tempIm = zeros(round(size(temp)*2)); tempIm = logical(tempIm);
        tempIm(round((size(tempIm, 1)-size(temp, 1))/2):round((size(tempIm,
1)-size(temp, 1))/2)+size(temp, 1)-1, ...
            round((size(tempIm, 2)-size(temp, 2))/2):round((size(tempIm,
2)-size(temp, 2))/2)+size(temp, 2)-1) = temp;
        set(0, 'CurrentFigure', hMainFig);
        imshow(tempIm, [], 'Parent', hText);
        % 匹配当前字符
        mincost = 100000;
        mark = 1;
        for i = 1 : length(charpic)
            temp1 = charpic{i};
            ss = size(temp);
            temp1 = imresize(temp1, ss);
            tempcost = sum(sum(abs(temp - temp1)));
            if tempcost < mincost
                mincost = tempcost;
                mark = i;
            end
```

```
        end
    end
    end
```

运行该程序，将生成标准的英文字符模板，并关联窗口的鼠标移动事件，通过自动对比来识别英文字符，如图 6-1 所示。

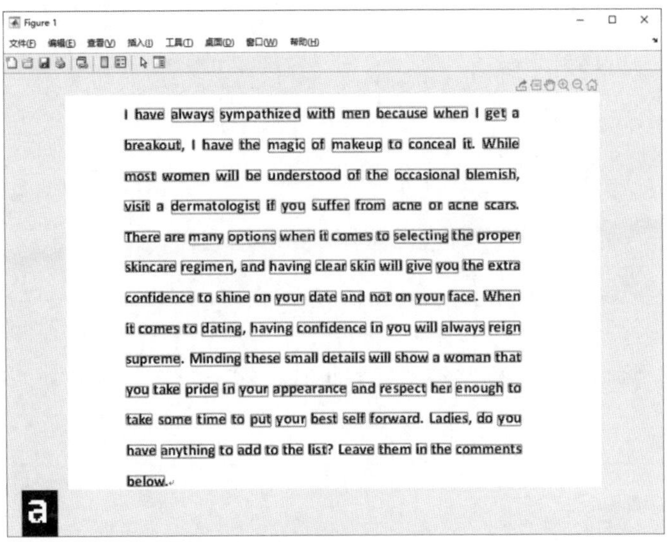

图 6-1

6.4.2 回调识别

为了能有效地提取标准字符图像，即 0 ~ 9、a ~ z、A ~ Z，可以先通过弹出 Figure 窗口绘制 text 标签，循环遍历每个字符并截图存储来得到样本图像集合。具体代码如下：

```
    function GetDatabase
    clc;
    % 下面先生成字符集图像，然后将其截图保存到 charpic 中，用于后面的匹配
    hf1 = figure;
    imshow(zeros(32,32));
    fontName = '宋体';
    fontSize = 18;
    h = text(15, 15, 'a', 'Color', 'w', 'Fontname', fontName, 'FontSize', fontSize);

    if ~exist('Database', 'dir')
        mkdir('Database');
    end
    % 产生字符集图像：A~Z、a~z、0~9
    chars = [char(uint8('A'):uint8('Z')), uint8('a'):uint8('z'),
uint8('0'):uint8('9')];
    eleLen = length(chars);
```

```
charpic = cell(1,eleLen);
for p = 1 : eleLen
    % 画该字符
    set(h, 'String', chars(p));
    % 截屏
    fh = getframe(hf1, [85, 58, 30, 30]);
    % 获取图像数据
    temp = fh.cdata;
    temp = im2bw(temp);
    [f1, f2] = find(temp == 1);
    % 分割
    temp = temp(min(f1)-1:max(f1)+1,min(f2)-1:max(f2)+1);
    % 保存
    charpic{p} = temp;
end
delete(hf1);
for i = 1 : length(charpic)
    imwrite(charpic{i}, fullfile(pwd, sprintf('Database/%d.jpg', i)));
end
```

运行该函数，将得到标准的字符文件并将其存储于指定文件夹中，具体结果如图 6-2 所示。

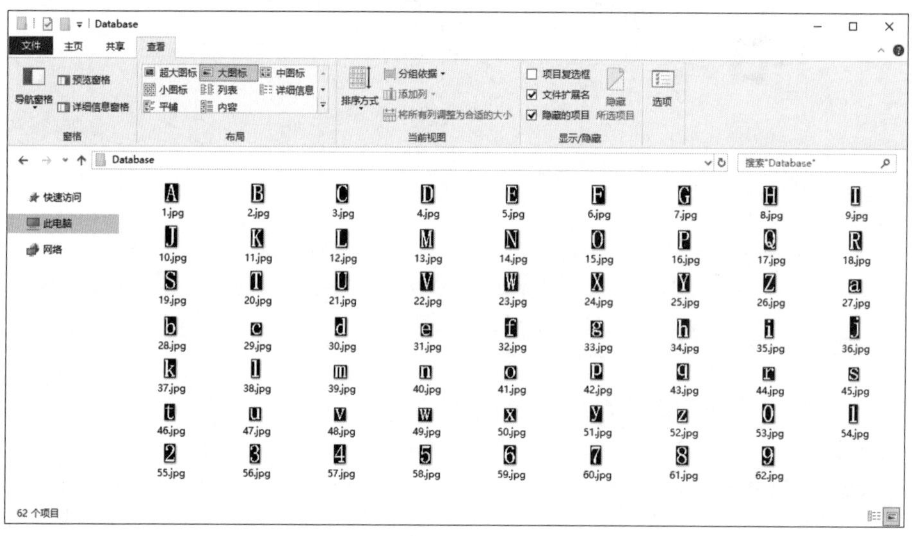

图 6-2

第 7 章 基于小波变换的图像融合

7.1 案例背景

图像融合，指通过对同一目标或同一场景使用不同的传感器（或使用同一传感器采用不同的方式）进行图像采集得到多幅图像，对这些图像进行合成，得到单幅合成图像，而该合成图像是单传感器无法采集得到的。图像融合所输出的合成图像往往能够保留多幅原始图像中的关键信息，进而为对目标或场景进行更精确、更全面的分析和判断提供条件。图像融合属于数据融合范畴，是数据融合的子集，兼具数据融合和图像可视化的优点。因此，图像融合能够在一定程度上提高传感器系统的有效性和信息的使用效率，进而提高待分析目标的分辨率，抑制不同传感器所产生的噪声，改善图像处理效果。

图像融合最早是以数据融合理论为基础的，通过计算像素均值的方式得到合成图像。该方法忽略了像素间的相互关系，往往会造成融合结果对比度降低、可视化效果不理想等问题。因此，为了提高目标检测分辨率，抑制不同传感器的检测噪声，本案例选择了一种基于小波变换的图像数据融合方法，首先通过小波变换将图像分解到高频域、低频域，然后分别进行融合处理，最后通过逆变换得到图像矩阵。在融合过程中，为了尽可能保持多源图像的特征，在小波变换的高频域内，选择图像邻域平均绝对值较大的系数作为融合小波重要系数；在小波变换的低频域内，选择对多源图像的低频系数进行加权平均作为融合小波近似系数。在逆变换过程中，将小波重要系数和小波近似系数作为输入进行小波逆变换。在融合图像输出后，对其做进一步的处理。结果表明，基于小波变换的图像数据融合方法运行效率高，具有良好的融合效果，并可用于广泛的研究领域，具有一定的使用价值。

根据融合作用对象，图像融合一般可以分为 3 个层次：像素级图像融合、特征级图像融合和决策级图像融合。其中，像素级图像融合是作用于图像像素点底层的融合，本章讲解的图像融合是像素级图像融合。

7.2 小波变换

传统的基于图像像素均值获得融合图像的方法，往往会造成融合结果对比度降低、可视化效果不理想等问题，为此研究人员提出了基于金字塔的图像融合方法，其中包括拉普拉斯金字塔、梯度金字塔等多分辨率融合方法。20 世纪 80 年代中期发展起来的小波变换技术为图像融合提供了新的工具，小波变换的紧致性、对称性和正交性使其相对于金字塔变换具有更好的图像融合性能。此外，小波变换具有“数学显微镜”的聚焦功能，能实现时间域和频率域的步调统一，能对频率域进行正交分解，因此小波变换在图像处理中具有非常广泛的应用，已被应用于图像处理的几乎所有分支，如图像融合、边缘检测、图像压缩、图像分割等。

假设对一维连续小波变换 $\psi_{a,b}(t)$ 和二维连续小波变换 $W_f(a,b)$ 进行离散化，其中，a 表示尺度参数，b 表示平移参数，在离散化的过程中分别取 $a=a_0^j$ 和 $b=b_0^j$，$j\in\mathbf{Z}$ 且 $a_0>1$，则对应的离散小波函数为

$$\psi_{j,k}(t)=\frac{1}{\sqrt{|a_0|}}\psi\left(\frac{t-ka_0^j b_0}{a_0^j}\right)=\frac{1}{\sqrt{|a_0|}}\psi\left(a_0^{-j}t-kb_0\right) \tag{7.1}$$

离散小波系数为

$$C_{j,k}=\int_{-\infty}^{\infty}f(t)\psi_{j,k}^{*}(t)\mathrm{d}t \tag{7.2}$$

小波重构公式为

$$f(t)=C\sum_{-\infty}^{\infty}\sum_{-\infty}^{\infty}C_{j,k}\psi_{j,k}(t) \tag{7.3}$$

其中，C 为常数且与数据信号无关。根据对连续函数进行离散化逼近的步骤，a_0 和 b_0 越小，生成的网格节点越密集，所计算的离散小波函数 $\psi_{j,k}(t)$ 和离散小波系数 $C_{j,k}$ 越多，数据信号重构的精确度越高。

由于数字图像是二维矩阵，所以需要将一维信号的小波变换推广到二维信号。假设 $\phi(x)$ 是一个一维的尺度函数，$\varphi(x)$ 是相应的小波函数，那么可以得到一个二维小波变换的基础函数：

$$\psi^1(x,y)=\phi(x)\psi(y)\quad \psi^2(x,y)=\psi(x)\phi(y)\quad \psi^3(x,y)=\psi(x)\psi(y) \tag{7.4}$$

由于数字图像是二维矩阵，一般假设图像矩阵的维度为 $N\times N$，且 $N=2^n$（n 为非负整数），所以经一层小波变换后，原始图像被分解为 4 个分辨率为原来维度四分之一的子带区域，如图 7-1 所示，其中分别包含了相应频带的小波系数，这一过程相当于在水平方

向和垂直方向上进行隔点采样。

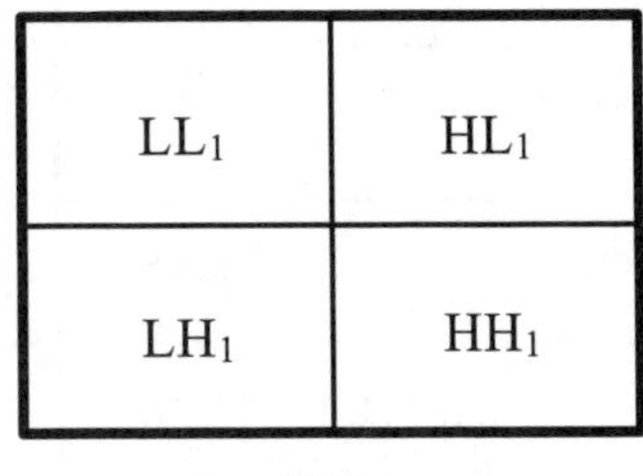

图 7-1

进行下一层小波变换时，变换数据集中在 LL 子带上。式（7.5）至式（7.8）说明了图像小波变换的数学原型。

（1）LL 频带保持了原始图像的内容信息，图像的能量集中于此频带：

$$f_{2^j}^0(m,n)=\left\langle f_{2^{j-1}}(x,y),\phi(x-2m,y-2n)\right\rangle \tag{7.5}$$

（2）HL 频带保持了图像水平方向上的高频边缘信息：

$$f_{2^j}^1(m,n)=\left\langle f_{2^{j-1}}(x,y),\psi^1(x-2m,y-2n)\right\rangle \tag{7.6}$$

（3）LH 频带保持了图像垂直方向上的高频边缘信息：

$$f_{2^j}^2(m,n)=\left\langle f_{2^{j-1}}(x,y),\psi^2(x-2m,y-2n)\right\rangle \tag{7.7}$$

（4）HH 频带保持了图像在对角线方向上的高频信息：

$$f_{2^j}^2(m,n)=\left\langle f_{2^{j-1}}(x,y),\psi^3(x-2m,y-2n)\right\rangle \tag{7.8}$$

式中，$\langle\bullet\rangle$ 表示内积运算。

对图像进行小波变换的原理就是，通过低通滤波器和高通滤波器对图像进行卷积滤波，然后进行二取一的下抽样。因此，图像通过一层小波变换可以被分解为 1 个低频子带和 3 个高频子带。其中，低频子带 LL_1 通过对图像水平方向和垂直方向均进行低通滤波得到；高频子带 HL_1 通过对图像水平方向高通滤波和垂直方向低通滤波得到；高频子带 LH_1 通过对图像水平方向低通滤波和垂直方向高通滤波得到；高频子带 HH_1 通过对图像水平方向高通滤波和垂直方向高通滤波得到。各子带的分辨率为原始图像的 1/2。同理，对图像进行二层小波变换时只对低频子带 LL_1 进行，可以将 LL_1 子带分解为 LL_2、LH_2、HL_2 和 HH_2，各子带的分辨率为原始图像的 1/4。以此类推，可得到三层及更高层的小波变换结果。所以，进行一层小波变换得到 4 个子带，进行二层小波变换得到 7 个子带，进行 x 层小波变换可得到 $3x+1$ 个子带。三层小波变换后的系数分布如图 7-2 所示。

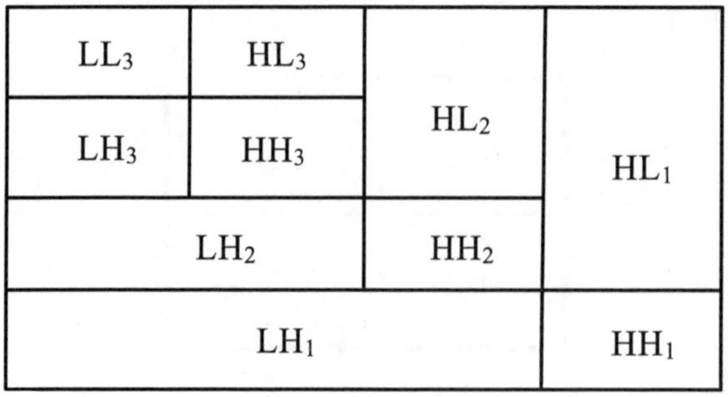

<table>
<tr><td>LL_3</td><td>HL_3</td><td rowspan="2">HL_2</td><td rowspan="3">HL_1</td></tr>
<tr><td>LH_3</td><td>HH_3</td></tr>
<tr><td colspan="2">LH_2</td><td>HH_2</td></tr>
<tr><td colspan="3">LH_1</td><td>HH_1</td></tr>
</table>

图 7-2

7.3　程序实现

本案例采用二维小波分解、融合、重建的操作流程进行程序实现，为对比实验效果，采用 MATLAB 的 GUI 框架建立了软件主界面，关联相关功能函数实现小波图像融合。

7.3.1　设计 GUI

如图 7-3 所示，软件的 GUI 比较简单，主要显示待融合图像及封装算法的处理流程。

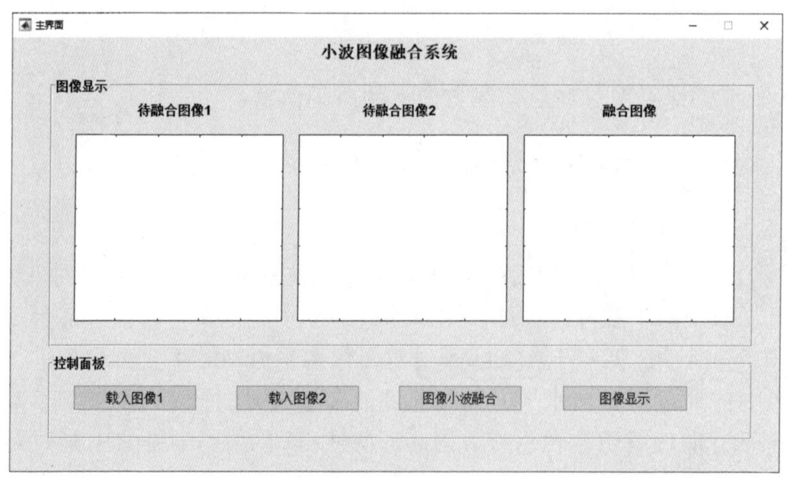

图 7-3

7.3.2　图像载入

设计按钮来载入两幅待融合图像，调用 MATLAB 库函数 uigetfile 交互式地选择图像文件，并执行读取、显示、存储操作，核心代码如下：

```
    % --- Executes on button press in pushbutton1.
    function pushbutton1_Callback(hObject, eventdata, handles)
    % hObject    handle to pushbutton1 (see GCBO)
    % eventdata  reserved - to be defined in a future version of MATLAB
    % handles    structure with handles and user data (see GUIDATA)
    %% 选择图像
    clc;
    axes(handles.axes1); cla reset; box on; set(gca, 'XTickLabel', '', 'YTickLabel', '');
    axes(handles.axes2); cla reset; box on; set(gca, 'XTickLabel', '', 'YTickLabel', '');
    axes(handles.axes3); cla reset; box on; set(gca, 'XTickLabel', '', 'YTickLabel', '');
    handles.file1 = [];
    handles.file2 = [];
    handles.result = [];
    [filename, pathname] = uigetfile({'*.jpg;*.tif;*.png;*.gif', 'All Image 
Files';...'*.*', 'All Files' }, '选择图像 1', ...
            fullfile(pwd, 'images\\实验图像 1\\a.tif'));
    if filename == 0
       return;
    end
    handles.file1 = fullfile(pathname, filename);
    Img1 = imread(fullfile(pathname, filename));
    axes(handles.axes1); cla reset; box on; set(gca, 'XTickLabel', '', 'YTickLabel', '');
    imshow(Img1, []);
    guidata(hObject, handles);

    % --- Executes on button press in pushbutton2.
    function pushbutton2_Callback(hObject, eventdata, handles)
    % hObject    handle to pushbutton2 (see GCBO)
    % eventdata  reserved - to be defined in a future version of MATLAB
    % handles    structure with handles and user data (see GUIDATA)
    %% 选择图像
    [filename, pathname] = uigetfile({'*.jpg;*.tif;*.png;*.gif', 'All Image 
Files';...
            '*.*', 'All Files' }, '选择图像 2', ...
            fullfile(pwd, 'images\\实验图像 1\\b.tif'));
    if filename == 0
       return;
    end
    handles.file2 = fullfile(pathname, filename);
    Img2 = imread(fullfile(pathname, filename));
    axes(handles.axes2); cla reset; box on; set(gca, 'XTickLabel', '', 'YTickLabel', '');
    imshow(Img2, []);
    guidata(hObject, handles);
```

关联到按钮“载入图像 1”“载入图像 2”，执行载入图像操作，并进行显示、存储等，如图 7-4 所示。可以看出，待处理的两幅图像在显示质量上具有一定的缺陷，为了能有效整合两幅图像的有效区域，可选择小波变换来实现图像融合及显示。

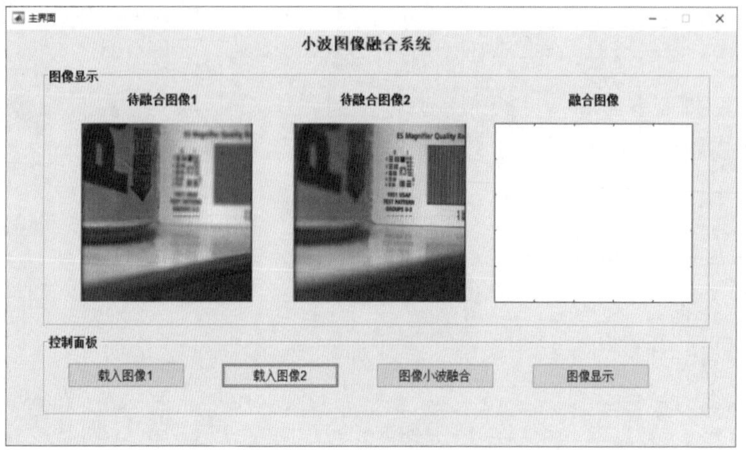

图 7-4

7.3.3　小波融合

对载入的图像进行小波变换、融合、重建，分别封装为子函数 Wave_Decompose、Fuse_Process、Wave_Reconstruct，用于实现相关功能。核心代码如下：

```
function [c, s] = Wave_Decompose(M, zt, wtype)
% 小波分解处理
% 输入参数：
%  M——图像矩阵
%  zt——尺度信息
%  wtype——使用的小波类型
% 输出参数：
%  c、s——分解结果

% 参数处理
if nargin < 3
    wtype = 'haar';
end
if nargin < 2
    zt = 2;
end

% 小波分解
[c, s] = wavedec2(M, zt, wtype);

function Coef_Fusion = Fuse_Process(c0, c1, s0, s1)
% 小波融合
% 输入参数：
%  c0, c1, s0, s1——两幅图像小波分解结果
% 输出参数：
%  Coef_Fusion——融合结果
```

```
    KK = size(c1);
    Coef_Fusion = zeros(1, KK(2));
    % 处理低频系数
    Coef_Fusion(1:s1(1,1)*s1(1,2)) =
(c0(1:s1(1,1)*s1(1,2))+c1(1:s1(1,1)*s1(1,2)))/2;
    % 处理高频系数
    MM1 = c0(s1(1,1)*s1(1,2)+1:KK(2));
    MM2 = c1(s1(1,1)*s1(1,2)+1:KK(2));
    % 融合
    mm = (abs(MM1)) > (abs(MM2));
    Y  = (mm.*MM1) + ((~mm).*MM2);
    Coef_Fusion(s1(1,1)*s1(1,2)+1:KK(2)) = Y;

    function Y = Wave_Reconstruct(Coef_Fusion, s, wtype)
    % 小波重构
    % 输入参数:
    %  Coef_Fusion——融合系数
    %  s——小波系数
    %  wtype——小波类型
    % 输出参数:
    %  Y——小波重构结果

    % 处理参数
    if nargin < 3
        wtype = 'haar';
    end


    % 重构
    Y = waverec2(Coef_Fusion, s, wtype);
```

单击 GUI 上的按钮“图像小波融合”，将调用这些功能函数对两幅图像进行小波分解、融合、重建，得到融合结果。核心代码如下：

```
    % --- Executes on button press in pushbutton3.
    function pushbutton3_Callback(hObject, eventdata, handles)
    % hObject    handle to pushbutton3 (see GCBO)
    % eventdata  reserved - to be defined in a future version of MATLAB
    % handles    structure with handles and user data (see GUIDATA)
    %% 图像融合
    if isempty(handles.file1)
        msgbox('请载入图像 1! ', '提示信息', 'modal');
        return;
    end
    if isempty(handles.file2)
        msgbox('请载入图像 2! ', '提示信息', 'modal');
        return;
    end
```

```
[imA, map1] = imread(handles.file1);
[imB, map2] = imread(handles.file2);
M1 = double(imA) / 256;
M2 = double(imB) / 256;
zt = 2;
wtype = 'haar';
% 多尺度二维小波分解
[c0, s0] = Wave_Decompose(M1, zt, wtype);
[c1, s1] = Wave_Decompose(M2, zt, wtype);
% 小波融合
Coef_Fusion = Fuse_Process(c0, c1, s0, s1);
% 重构
Y = Wave_Reconstruct(Coef_Fusion, s0, wtype);
handles.result = im2uint8(mat2gray(Y));
guidata(hObject, handles);
msgbox('小波融合处理完毕！', '提示信息', 'modal');
```

执行完毕后会弹出提示框，提示小波融合处理完毕，如图 7-5 所示。

图 7-5

之后可以显示融合结果，如图 7-6 所示。

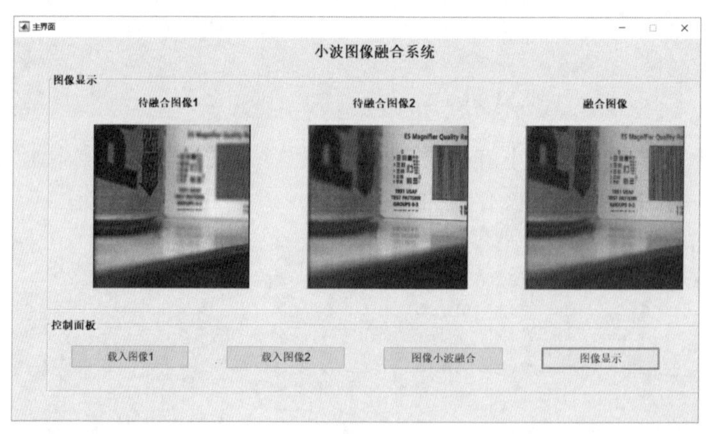

图 7-6

可以看出，基于小波变换的图像融合效果比直接进行图像融合要好很多。基于小波变换的图像融合弥补了两幅原图不同的缺陷，得到了完整的清晰图像。采用小波变换的融合方法不会产生明显的信息丢失现象，而直接进行融合所得到的图像灰度值的改变与原图不同。

第 8 章　基于块匹配的全景图像拼接

8.1　案例背景

为了获得超宽视角、大视野、高分辨率的图像，传统的处理方式为采用价格高昂的特殊摄像器材进行拍摄，采集图像并进行处理。近年来，随着数码相机、智能手机等手持成像硬件设备的普及，人们可以方便地获得某些场景的离散图像序列，并通过适当的图像处理算法改善图像的质量，自动实现图像拼接。这里提到的图像拼接就是基于图像绘制技术的全景图拼接。

图像拼接指将从真实世界中采集的离散图像序列合成一个宽视角的场景图像。假设有两幅部分内容重叠的图像，则图像拼接就是将这两幅图像拼接成一幅图像。因此，图像拼接的关键是快速、高效地找到两幅不同图像的重叠部分，实现宽视角成像。其中，对重叠部分的寻找有很多算法，如像素查询、块匹配等。通过不同的算法找到重叠部分后，就可以进行图像叠加融合，从而完成图像拼接。

8.2　图像拼接

全景图根据实现类型可分为柱面、球面、立方体等形式，柱面全景图像因其数据存储结构简单、易于实现而被普遍采用。全景图的拼接步骤一般如下。

（1）空间投影：将从真实世界中采集的一组相关图像以一定的方式投影到统一的空间面，其中可能存在立方体表面、圆柱体表面和球体表面等。因此，这组图像就具有统一的参数空间坐标。

（2）匹配定位：对投影到统一的空间面中的相邻图像进行比对，确定可匹配的区域位置。

（3）叠加融合：根据匹配结果，融合处理图像重叠区域，将其拼接成全景图。

图像拼接技术是全景图拼接技术的核心，通常可以分为图像匹配和图像融合，本案例选择其中的图像块匹配和加权融合，拼接流程如图 8-1 所示，图像块匹配流程如图 8-2 所示。

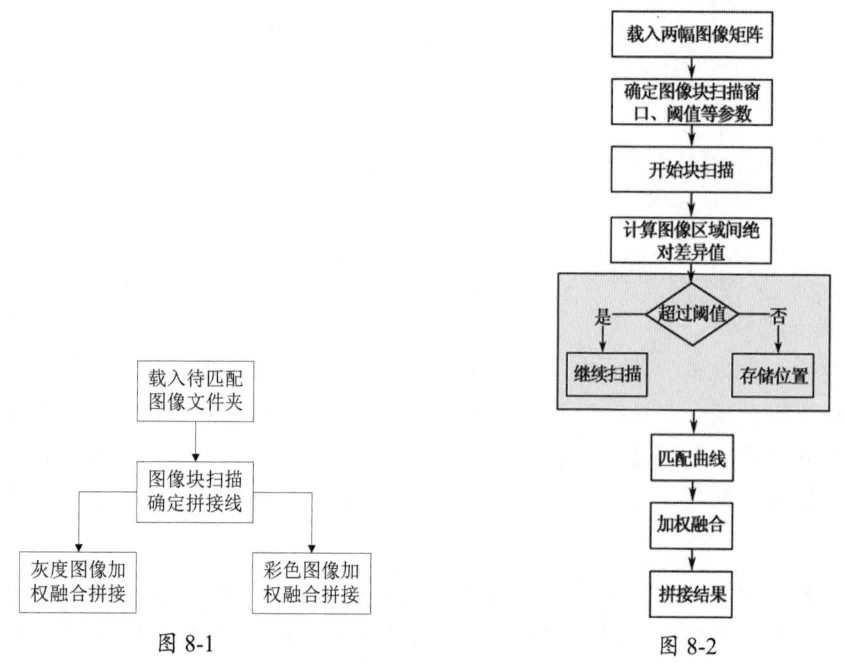

图 8-1　　图 8-2

8.3　图像匹配

图像匹配通过计算相似性度量来决定图像间的变换参数，对于从不同传感器、不同视角、不同时间采集的同一场景的两幅或多幅图像，可将其变换到同一坐标系下，并在像素层上实现最佳匹配效果。根据相似性度量计算的对象，图像匹配算法大致可以分为 4 类：基于灰度的匹配、基于模板的匹配、基于变换域的匹配和基于特征的匹配。

1. 基于灰度的匹配

基于灰度的匹配以图像灰度信息为处理对象，通过计算优化极值的思想进行匹配，其基本步骤如下。

（1）几何变换：将待匹配的图像进行几何变换。

（2）目标函数：以图像的灰度信息统计特性为基础定义一个目标函数，如互信息、最小均方差等，并将其作为参考图像与变换图像的相似性度量。

（3）极值优化：通过对目标函数计算极值来获取配准参数，将其作为配准的判决准则，通过配准参数对目标函数进行最优化计算，可以将配准问题转化为某多元函数的极值问题。

（4）变换参数：采用某种最优化算法计算正确的几何变换参数。

通过以上步骤可以看出，基于灰度的匹配算法不涉及图像的分割和特征提取，所以具有精度高、鲁棒性强的特点。但是这种匹配算法对灰度变换十分敏感，未能充分利用灰度统计的特性，对每一点的灰度信息都有较强的依赖性，匹配的结果容易受到干扰。

2. 基于模板的匹配

基于模板的匹配通过在图像的已知重叠区域选择一块矩形区域作为模板，采用模板区域尺寸来定义扫描窗口并应用于待匹配图像，计算其相似性度量，确定最佳匹配位置，因此该算法也被称为块匹配算法。模板匹配包括以下 4 个关键步骤。

（1）选择模板特征，选择基准模板。

（2）选择基准模板的大小及坐标定位。

（3）选择模板匹配的相似性度量公式。

（4）选择模板匹配的扫描策略。

3. 基于变换域的匹配

基于变换域的匹配指对图像进行某种变换后，在变换空间中进行处理。常用的算法包括：基于傅里叶变换的匹配、基于 Gabor 变换的匹配和基于小波变换的匹配等。最为经典的算法是基于傅里叶变换的相位匹配法：首先对待匹配图像进行快速傅里叶变换，将空域图像变换到频域；然后通过它们的互功率谱计算两幅图像之间的平移量；最后计算其匹配位置。此外，对于存在倾斜旋转现象的图像，为了提高其匹配准确率，可以将图像坐标变换到极坐标下，将旋转量转换为平移量来计算。

4. 基于特征的匹配

基于特征的匹配以图像的特征集合为分析对象，其基本思想：首先根据特定应用要求处理待匹配图像，提取特征集合；然后将特征集合进行匹配和对应，生成一组匹配特征对集合；最后利用特征对之间的对应关系估计全局变换参数。基于特征的匹配主要包括以下 4 个步骤。

（1）特征提取：根据待匹配图像的灰度性质选择要匹配的特征，一般要求该特征突出且易于提取，并且该特征在参考图像与待匹配图像上有足够多的数量。常用的特征有边缘特征、区域特征、点特征等。

（2）特征匹配：通过在特征集之间建立一个对应关系，如采用特征自身的属性、特征所处区域的灰度、特征之间的几何拓扑关系等确立特征间的对应关系。常用的特征匹配算法有空间相关法、描述符法和金字塔算法等。

（3）模型参数估计：确定匹配特征集之后，需要构造变换模型并估计模型参数。通过图像之间部分元素的匹配关系进行拓展来确定两幅图像的变换关系，通过变换模型将待拼接图像变换到参考图像的坐标系下。

（4）图像变换：通过进行图像变换和灰度插值，将待拼接图像变换到参考图像的坐标系下，实现目标匹配。

8.4　图像融合

由于待拼接图像在采集或传输过程中可能会受到光照、地形差异、电子干扰等不确定因素的影响，所以重叠区域可能在不同的图像中有较大的差别。如果直接对待拼接图像进行简单叠加合并，则得到的拼接图像在拼接位置上可能会存在明显的拼接缝或重叠区域模糊失真的现象。其中，在拼接位置产生的拼接缝主要有以下两类。

（1）鬼影重叠：同一物体相互重叠的现象被称为鬼影，根据其来源可以分为配准鬼影和合成鬼影。配准鬼影一般由于无法准确配准图像而产生，合成鬼影一般由于物体运动而产生。

（2）曝光瑕疵：由于数码相机或智能手机等采集设备自动曝光所造成的待拼接图像的色彩强度不同，而导致的拼接图像的曝光差异。

如果不能综合考虑图像拼接时的拼接缝问题，则往往无法得到真正意义上的全景图。图像融合技术主要用于消除拼接图像的拼接缝问题，即消除拼接图像中的“鬼影重叠”和“曝光瑕疵”，获得真正意义上的无缝拼接图像。

8.5　程序实现

本案例采用基于块匹配的图像拼接技术进行拼接操作，载入图片文件夹并将其作为待拼接对象，通过进行图片序列的匹配、融合来得到拼接效果，并分别处理灰度图像和彩色图像。

8.5.1　设计 GUI

为提高图像序列拼接前后的效果对比，可设计 GUI，在该界面载入图片文件夹进行显示，并执行块匹配、融合、拼接操作，如图 8-3 所示。

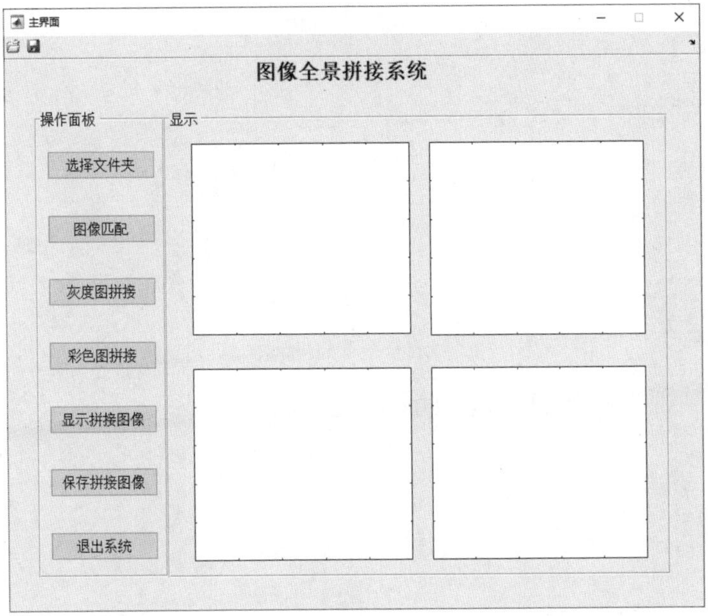

图 8-3

该界面分为工具栏、流程区域、显示区域，分别用于实现图像的载入及存储、算法流程控制、中间结果显示等功能。其中，图像拼接分为灰度图拼接和彩色图拼接，用于处理不同的输入图像类型及查看不同的拼接效果。

8.5.2 载入图像

本程序调用 MATLAB 的 uigetdir 函数，交互式地载入文件夹，读取文件夹中的两幅待匹配图像，并进行显示。核心代码如下：

```
% --- Executes on button press in pushbutton1.
function pushbutton1_Callback(hObject, eventdata, handles)
% hObject    handle to pushbutton1 (see GCBO)
% eventdata  reserved - to be defined in a future version of MATLAB
% handles    structure with handles and user data (see GUIDATA)
%% 获取文件夹
axes(handles.axes1); cla reset; box on; set(gca, 'XTickLabel', [], 'YTickLabel',
[]);
axes(handles.axes2); cla reset; box on; set(gca, 'XTickLabel', [], 'YTickLabel',
[]);
axes(handles.axes3); cla reset; box on; set(gca, 'XTickLabel', [], 'YTickLabel',
[]);
axes(handles.axes4); cla reset; box on; set(gca, 'XTickLabel', [], 'YTickLabel',
```

```
[]);

    handles.file = [];
    handles.MStitch = [];
    handles.grayResult = [];
    handles.RGBResult = [];

    dname = uigetdir('.\\images\\风景图像', '请选择待处理图像文件夹：');
    if dname == 0
        return;
    end
    df = ls(dname);
    if length(df) > 2
        for i = 1 : size(df, 1)
            if strfind(df(i, :), '.db');
                df(i, :) = [];
                break;
            end
        end
        if length(df) > 2
            filename = fullfile(dname, df(end, :));
            pathname = [dname '\'];
        else
            msgbox('请选择至少两幅图像！', '提示信息', 'modal');
            return;
        end
    else
        msgbox('请选择至少两幅图像！', '提示信息', 'modal');
        return;
    end
    % 图像文件检查
    file = File_Process(filename, pathname);
    if length(file) < 2
        msgbox('请选择至少两幅图像！', '提示信息', 'modal');
        return;
    End
    % 图像矩阵
    Img1 = imread(file{1});
    % 处理图像序列
    Img2 = ImageList(file);
    axes(handles.axes1);
    imshow(Img1); title('图像序列 1', 'FontWeight', 'Bold');
    axes(handles.axes2);
    imshow(Img2); title('图像序列 2', 'FontWeight', 'Bold');

    handles.Img1 = Img1;
    handles.Img2 = Img2;
    handles.file = file;

    guidata(hObject, handles);
```

关联函数到“选择文件夹”按钮，执行图片序列的载入操作，读取图片并将其显示到窗口中，如图 8-4 所示。

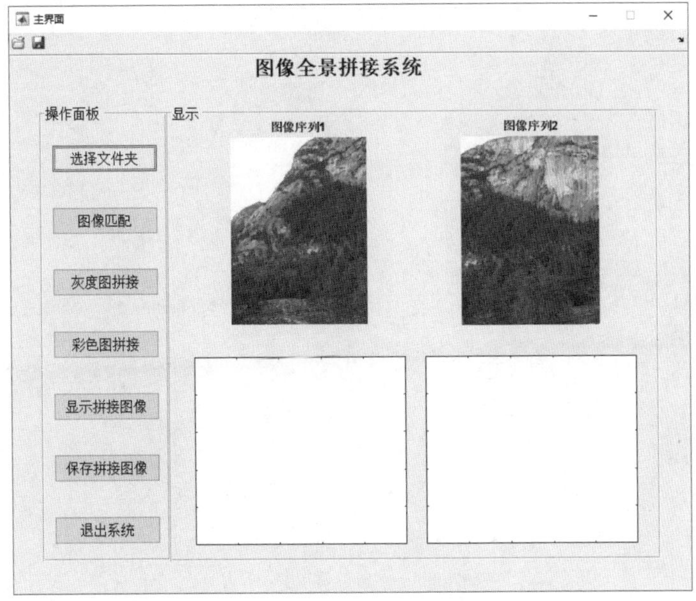

图 8-4

8.5.3 图像匹配

本程序采用基于块匹配的图像匹配策略，通过循环遍历两幅图片的区域特征来得到匹配结果。为演示匹配进度，会弹出“图像匹配”对话框来表示匹配过程的进展情况。核心代码如下：

```
function [W_box, H_box, bdown, MStitch] = Fun_Match(im2, MStitch)
% 图像匹配
% 输入参数：
%  im2——待匹配图像
%  MStitch——参数结构
% 输出参数：
%  W_box——宽度信息
%  H_box——高度信息
%  bdown——上下信息
%  MStitch——参数结构

% 单幅图像的宽度
Pwidth = MStitch.Pwidth;
% 单幅图像的高度
Pheight = MStitch.Pheight;
% 最小的重叠区域宽度
```

```
    W_min = MStitch.W_min;
    % 最大的重叠区域宽度
    W_max = MStitch.W_max;
    % 最小的重叠区域高度
    H_min = MStitch.H_min;
    % 块过滤阈值
    minval = MStitch.minval;
    % 当前的融合图像
    im1 = MStitch.im1;
    % 帧图像高度、宽度
    [Fheight, Fwidth] = size(im2);
    hw = waitbar(0, '图像匹配进度：', 'Name', '图像匹配……');
    w_ind = 64; h_ind = 151;
    % 在上窗口所有匹配块内进行搜索
    for w = W_min : W_max
        for h = H_min : Fheight
       % 块差分集初始化
            imsum = 0;
            x2 = 1;
            for x1 = Pwidth-w : 5 : Pwidth
                y2 = 1;
                for y1 = Pheight-h+1 : 5 : Pheight
                    % 块差分集计算
                    [x1, y1] = CheckRC(x1, y1, im1);
                    [x2, y2] = CheckRC(x2, y2, im2);
                    imsum = imsum + abs(im1(y1, x1) - im2(y2, x2));
                    y2 = y2 + 5;
                end
                x2 = x2 + 5;
            end
            if imsum*5*5 < minval*w*h
                % 阈值更新
                minval = imsum*5*5/(w*h);
                w_ind = w;
                h_ind = h;
            end
        end
        rt = 0.5*(w - W_min)/(W_max - W_min);
        waitbar(rt, hw, sprintf('图像匹配进度：%i%%', round(rt*100)));
    end
    % 赋值
    W_box = w_ind-1;
    H_box = h_ind+1;
    bdown = 1;
    if H_box < size(im2, 1)
        H_box = size(im2, 1);
    end

    % 在下窗口所有匹配块内进行搜索
```

```
    for w = W_min : W_max
        for h = H_min : Fheight
                % 块差分集初始化
            imsum = 0;
            x2 = 1;
            for x1 = Pwidth-w : 5 : Pwidth
                y1 = 1;
                for y2 = Fheight-h+1 : 5 : Fheight
                    % 块差分集计算
                    [x1, y1] = CheckRC(x1, y1, im1);
                    [x2, y2] = CheckRC(x2, y2, im2);
                    imsum = imsum + abs(im1(y1, x1) - im2(y2, x2));
                    y1 = y1 + 5;
                end
                x2 = x2 + 5;
            end
            if imsum*5*5 < minval*w*h
                % 阈值更新
                minval = imsum*5*5/(w*h);
                w_ind = w;
                h_ind = h;
                bdown = 0;
            end
        end
        rt = 0.5 + 0.5*(w - W_min)/(W_max - W_min);
        waitbar(rt, hw, sprintf('图像匹配进度：%i%%', round(rt*100)));
    end
    MStitch.minval = minval;
    delete(hw);
```

为组织数据进行传入，需在这里构造结构体，用于存储相关数据并作为参数传入匹配函数。核心代码如下：

```
% --- Executes on button press in pushbutton7.
function pushbutton7_Callback(hObject, eventdata, handles)
% hObject    handle to pushbutton7 (see GCBO)
% eventdata  reserved - to be defined in a future version of MATLAB
% handles    structure with handles and user data (see GUIDATA)

%% 图像匹配
if isempty(handles.file)
    msgbox('请先载入图像！', '提示信息', 'modal');
    return;
end
if ~isempty(handles.MStitch)
    msgbox('图像匹配已完成！', '提示信息', 'modal');
    return;
end

file = handles.file;
```

```
% 设定匹配参数
im1 = imread(file{1});
% 彩色图像
MStitch.imrgb1 = double(im1);
im1 = rgb2gray(im1);
% 灰度图像
MStitch.im1 = double(im1);
[Pheight, Pwidth] = size(im1);
% 单幅图像的宽度
MStitch.Pwidth = Pwidth;
% 单幅图像的高度
MStitch.Pheight = Pheight;
% 最小的重叠区域宽度
MStitch.W_min = round(0.60*Pwidth);
% 最大的重叠区域宽度
MStitch.W_max = round(0.83*Pwidth);
% 最小的重叠区域高度
MStitch.H_min = round(0.98*Pheight);
MStitch.minval = 255;
% 读入第 2 幅图像
im2 = imread(file{2});
MStitch.imrgb2 = double(im2);
im2 = rgb2gray(im2);
im2 = double(im2);
% 灰度图像
MStitch.im2 = double(im2);
% 匹配
[W_box, H_box, bdown, MStitch] = Fun_Match(im2, MStitch);
msgbox('图像匹配完成！', '提示信息', 'modal');
% 参数保存
handles.W_box = W_box;
handles.H_box = H_box;
handles.bdown = bdown;
handles.MStitch = MStitch;
guidata(hObject, handles);
```

关联到“图像匹配”按钮，执行对两幅图片的灰度化、块匹配操作，得到匹配结果。在执行过程中会弹出处理进度条，如图 8-5 所示。

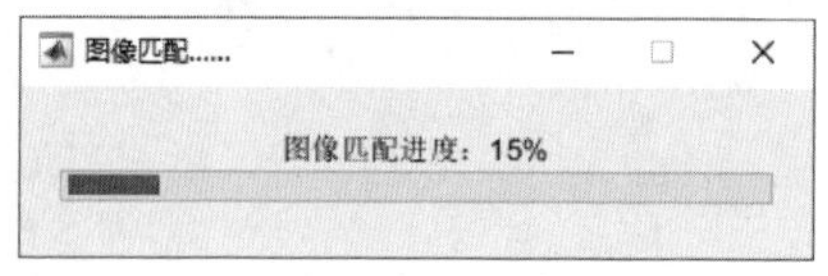

图 8-5

8.5.4　图像拼接

在图像块匹配结束后，本程序采用加权融合的策略，对输入的两幅图片进行融合处理，达到拼接效果。核心代码如下：

```
function [MStitch, im] = Fun_Stitch(im2, W_box, H_box, bdown, MStitch)
% 图像融合
% 输入参数:
%  im2——待融合图像
%  W_box——宽度信息
%  H_box——高度信息
%  bdown——上下信息
%  MStitch——参数结构
% 输出参数:
%  MStitch——参数结构
%  im——融合图像

% 最小的重叠区域宽度
W_min = MStitch.W_min;
% 最大的重叠区域宽度
W_max = MStitch.W_max;
% 最小的重叠区域高度
H_min = MStitch.H_min;
% 块过滤阈值
minval = MStitch.minval;
% 当前的融合图像
im1 = MStitch.im1;
% 帧图像的高度、宽度
[Fheight, Fwidth] = size(im2);
% 初始化融合图像
im = im1;
% 单幅图像的宽度、高度
[Pheight, Pwidth] = size(im);
w = 0; % 融合权值
hw = waitbar(0, '图像拼接进度: ', 'Name', '图像拼接……');
if bdown
    % 下区域重叠
    x2 = 1;
    % 融合重叠区域
    for x1 = Pwidth-W_box : Pwidth
        y2 = 1;
        for y1 = Pheight-H_box+1 : Pheight
            % 安全性检测
            [x1, y1] = CheckRC(x1, y1, im1);
            [x2, y2] = CheckRC(x2, y2, im2);
   % 融合权值
            w = x2/W_box;
            % 加权融合
            im(y1, x1) = im1(y1, x1)*(1.0-w) + im2(y2, x2)*w;
            y2 = y2 + 1;
        end
        x2 = x2 + 1;
```

```
        rt = 0.5*(x1 - Pwidth + W_box)/W_box;
        waitbar(rt, hw, sprintf('图像拼接进度：%i%%', round(rt*100)));
    end
    rt0 = rt;
    % 对非重叠区域直接赋值
    for y1 = 1 : H_box
        for x3 = x2 : Fwidth
            % 安全性检测
            [x1, y1] = CheckRC(x1, y1, im1);
            [x3, y1] = CheckRC(x3, y1, im2);
            im(y1, Pwidth+x3-x2+1) = im2(y1, x3);
        end
        rt = rt0 + 0.5*(y1 - 1)/H_box;
        waitbar(rt, hw, sprintf('图像拼接进度：%i%%', round(rt*100)));
    end
else
    % 上区域重叠
    x2 = 1;
    % 融合重叠区域
    for x1 = Pwidth-W_box : Pwidth
        y2 = 1;
        for y1 = Fheight-H_box+1 : Fheight
            % 安全性检测
            [x1, y1] = CheckRC(x1, y1, im1);
            [x2, y2] = CheckRC(x2, y2, im2);
            w = x2/W_box; % 融合权值
            % 加权融合
            im(y1, x1) = im1(y1, x1)*(1.0-w) + im2(y2, x2)*w;
            y2 = y2 + 1;
        end
        x2 = x2 + 1;
        rt = 0.5*(x1 - Pwidth + W_box)/W_box;
        waitbar(rt, hw, sprintf('图像拼接进度：%i%%', round(rt*100)));
    end
    rt0 = rt;
    % 对非重叠区域直接赋值
    for y1 = Fheight-H_box+1 : Fheight
        for x3 = x2 : Fwidth
            % 安全性检测
            [x1, y1] = CheckRC(x1, y1, im1);
            [x3, y1] = CheckRC(x3, y1, im2);
            im(y1, Pwidth+x3-x2+1) = im2(y1, x3);
        end
        rt = rt0 + 0.5*(y1 - 1)/H_box;
        waitbar(rt, hw, sprintf('图像拼接进度：%i%%', round(rt*100)));
    end
end
% 更新
```

```
% 当前融合图像
MStitch.im1 = im;
% 融合图像的高度、宽度
[Pheight, Pwidth] = size(im);
% 单幅图像的宽度
MStitch.Pwidth = Pwidth;
% 单幅图像的高度
MStitch.Pheight = Pheight;
rt = 1;
waitbar(rt, hw, sprintf('图像拼接进度：%i%%', round(rt*100)));
delete(hw);
```

在本程序中加入了灰度、彩色图像的拼接入口，可以将其中的彩色图像理解为 R、G、B 三层灰度图像的组合。核心代码如下：

```
% --- Executes on button press in pushbutton2.
function pushbutton2_Callback(hObject, eventdata, handles)
% hObject    handle to pushbutton2 (see GCBO)
% eventdata  reserved - to be defined in a future version of MATLAB
% handles    structure with handles and user data (see GUIDATA)

%% 对灰度图像进行拼接处理
if isempty(handles.file)
    msgbox('请先载入图像！', '提示信息', 'modal');
    return;
end
if isempty(handles.MStitch)
    msgbox('请先进行图像匹配！', '提示信息', 'modal');
    return;
end
if ~isempty(handles.grayResult)
    msgbox('灰度拼接图像已完成！', '提示信息', 'modal');
    return;
end
% 灰度图像处理
if length(handles.file)
    [MStitch, result] = GrayMain_Process(handles.MStitch, ...
        handles.W_box, handles.H_box, handles.bdown);
end
grayResult = im2uint8(mat2gray(result));
axes(handles.axes3); cla reset; box on; set(gca, 'XTickLabel', [], 'YTickLabel',
[]);
imshow(grayResult, []);
title('灰度图像拼接结果', 'FontWeight', 'Bold');

handles.grayResult = grayResult;
guidata(hObject, handles);
msgbox('灰度拼接图像完成！', '提示信息', 'modal');
```

关联函数到“灰度图拼接”按钮，按照类似方法关联“彩色图拼接”按钮，执行图像的加权融合操作，得到拼接结果并显示，如图 8-6 所示。

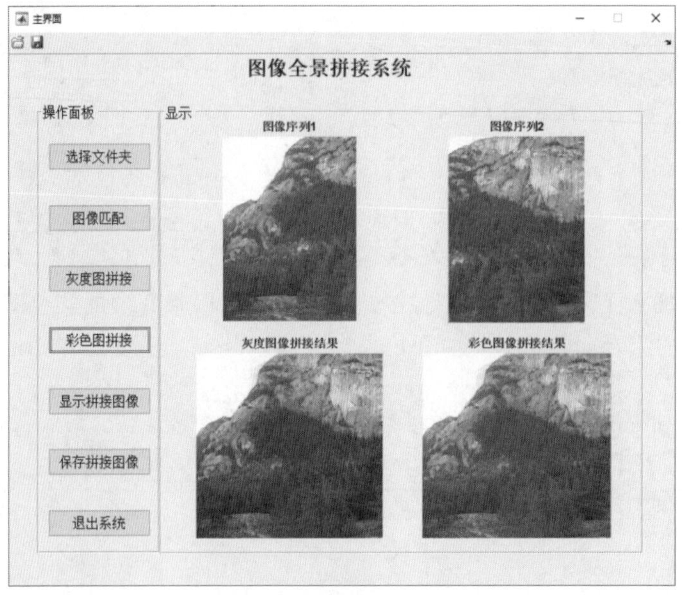

图 8-6

将软件应用于不同的拍摄场景，并分别进行灰度图、彩色图的拼接及显示，结果如图 8-7 至图 8-9 所示。

图 8-7

主界面
图像全景拼接系统
操作面板
显示
选择文件夹
图像匹配
灰度图拼接
彩色图拼接
显示拼接图像
保存拼接图像
退出系统
图像序列1
图像序列2
灰度图像拼接结果
彩色图像拼接结果

图 8-8

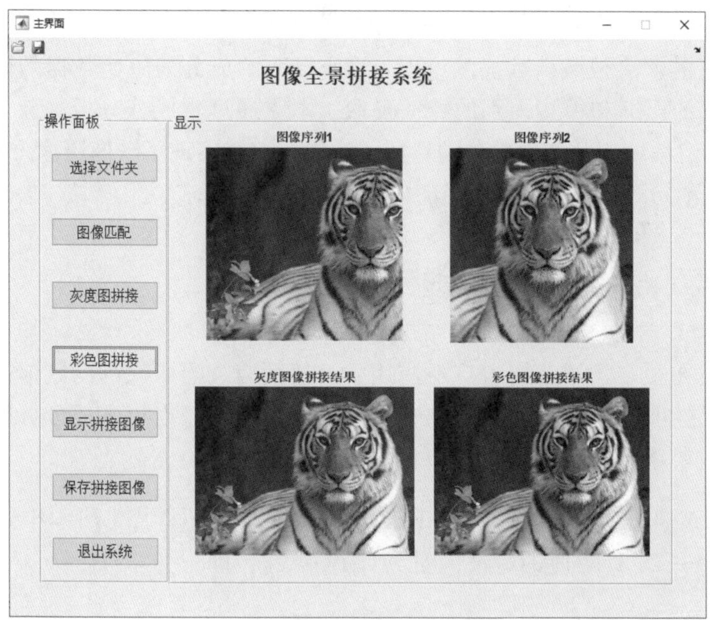
主界面
图像全景拼接系统
操作面板
显示
选择文件夹
图像匹配
灰度图拼接
彩色图拼接
显示拼接图像
保存拼接图像
退出系统
图像序列1
图像序列2
灰度图像拼接结果
彩色图像拼接结果

图 8-9

第 9 章 基于主成分分析的图像压缩和重建

9.1 案例背景

主成分分析是一种通过降维技术把多个标量转化为少数几个主成分的多元统计方法，这些主成分能够反映原始的大部分信息，通常表示为原始变量的线性组合。为了使这些主成分所包含的信息互不重叠，要求各主成分之间互不相关。

主成分分析能够有效减少数据的维度，并使提取的成分与原始数据的误差达到均方最小，可用于数据的压缩和模式识别的特征提取。本章通过主成分分析去除了图像数据的相关性，将图像信息浓缩到几个主成分的特征图像中，有效实现了图像压缩，同时可以根据主成分的内容恢复不同的数据图像，满足图像压缩、重建的需求。

9.2 主成分分析降维的原理

主成分分析在很多领域都有着广泛应用，一般而言，当研究的问题涉及很多变量，并且变量间的相关性明显，即包含的信息有所重叠时，可以考虑用主成分分析法，这样更容易抓住事物的主要矛盾，使问题得到简化。

设 $\boldsymbol{X}=\left[X_1,X_2,\cdots,X_p\right]^{\mathrm{T}}$ 是一个 p 维随机向量，记 $\boldsymbol{\mu}=E(\boldsymbol{X})$ 和 $\boldsymbol{\Sigma}=D(\boldsymbol{X})$，且 $\boldsymbol{\Sigma}$ 的 p 个特征值 $\lambda_1 \geqslant \lambda_2 \geqslant \cdots \geqslant \lambda_p$ 对应的特征向量为 $\boldsymbol{t}_1,\boldsymbol{t}_2,\cdots,\boldsymbol{t}_p$，即

$$\boldsymbol{\Sigma t}_i=\lambda_i \boldsymbol{t}_i,\quad \boldsymbol{t}_i^{\mathrm{T}}\boldsymbol{t}_i=1,\quad \boldsymbol{t}_i^{\mathrm{T}}\boldsymbol{t}_j=0 \qquad (i\neq j;\ \ i,j=1,2,\cdots,p) \tag{9.1}$$

并做如下线性变换：

$$\begin{bmatrix} Y_1 \\ Y_2 \\ \vdots \\ Y_n \end{bmatrix} = \begin{bmatrix} L_{11} & \cdots & L_{1p} \\ \vdots & \ddots & \vdots \\ L_{n1} & \cdots & L_{np} \end{bmatrix} \begin{bmatrix} X_1 \\ X_2 \\ \vdots \\ X_p \end{bmatrix} = \begin{bmatrix} \boldsymbol{L}_1^{\mathrm{T}} \\ \boldsymbol{L}_2^{\mathrm{T}} \\ \vdots \\ \boldsymbol{L}_n^{\mathrm{T}} \end{bmatrix} \boldsymbol{X} \qquad (n \leqslant p) \tag{9.2}$$

如果希望使用 $\boldsymbol{Y} = [Y_1, Y_2, \cdots, Y_n]^{\mathrm{T}}$ 来描述 $\boldsymbol{X} = [X_1, X_2, \cdots, X_p]^{\mathrm{T}}$，则要求 $\boldsymbol{Y}$ 尽可能多地反映 $\boldsymbol{X}$ 向量的信息，也就是 Y_i 的方差 $D(Y_i) = \boldsymbol{L}_i^{\mathrm{T}} \boldsymbol{\Sigma} \boldsymbol{L}_i$ 越大越好。另外，为了有效地表达原始信息，Y_i 和 Y_j 不能包含重复的内容，也就是 $\mathrm{cov}(Y_i, Y_j) = \boldsymbol{L}_i^{\mathrm{T}} \boldsymbol{\Sigma} \boldsymbol{L}_j = 0$。可以证明，当 $\boldsymbol{L}_i = \mathbf{t}_i$ 时，$D(Y_i)$ 取最大值，且最大值为 λ_i，Y_i 和 Y_j 满足正交条件。

9.3 由得分矩阵重建样本

在实际问题中，总体 $\boldsymbol{X}$ 的协方差矩阵往往是未知的，需要根据样本进行估计，设 $\boldsymbol{X}_1, \boldsymbol{X}_2, \cdots, \boldsymbol{X}_n$ 为来自总体 $\boldsymbol{X}$ 的样本，其中 $\boldsymbol{X}_i = [X_{i1}, X_{i2}, \cdots, X_{ip}]^{\mathrm{T}}$，则样本观测矩阵为

$$\boldsymbol{X} = \begin{bmatrix} \boldsymbol{X}_1^{\mathrm{T}} \\ \boldsymbol{X}_2^{\mathrm{T}} \\ \vdots \\ \boldsymbol{X}_n^{\mathrm{T}} \end{bmatrix} = \begin{bmatrix} X_{11} & X_{12} & \cdots & X_{1p} \\ X_{21} & X_{22} & \cdots & X_{2p} \\ \vdots & \vdots & & \vdots \\ X_{n1} & X_{n2} & \cdots & X_{np} \end{bmatrix} \tag{9.3}$$

$\boldsymbol{X}$ 矩阵中的每一行都对应一个样本，每一列都对应一个变量，则样本协方差矩阵 $\boldsymbol{S}$ 和相关系数矩阵 $\boldsymbol{R}$ 分别为

$$\begin{gathered} \boldsymbol{S} = \frac{1}{n} \sum_{i=1}^{n} (\boldsymbol{X}_i - \bar{\boldsymbol{X}})(\boldsymbol{X}_i - \bar{\boldsymbol{X}})^{\mathrm{T}} = (S_{ij}) \\ \boldsymbol{R} = (R_{ij}) \qquad R_{ij} = \frac{S_{ij}}{\sqrt{S_{ii} S_{jj}}} \end{gathered} \tag{9.4}$$

定义样本 $\boldsymbol{X}_i$ 的第 j 个主成分得分为 $\mathrm{SCORE}(i, j) = \boldsymbol{X}_i^{\mathrm{T}} \boldsymbol{t}_j$，写成矩阵的形式为

$$\mathbf{SCORE} = \begin{bmatrix} \boldsymbol{X}_1^{\mathrm{T}} \\ \boldsymbol{X}_2^{\mathrm{T}} \\ \vdots \\ \boldsymbol{X}_n^{\mathrm{T}} \end{bmatrix} [\boldsymbol{t}_1, \boldsymbol{t}_2, \cdots, \boldsymbol{t}_p] = \boldsymbol{XT} \tag{9.5}$$

对式（9.5）求逆，可以由得分矩阵重构原始样本：

$$\boldsymbol{X} = \mathbf{SCORE} \cdot \boldsymbol{T}^{-1} = \mathbf{SCORE} \cdot \boldsymbol{T}^{\mathrm{T}} \tag{9.6}$$

在通常情况下，主成分分析只会选择前 m 个主成分来逼近原样本。

9.4　主成分分析数据压缩比

由 9.3 节可知，要想恢复原始样本，只需保存系数矩阵 $\boldsymbol{T}$ 和得分矩阵 **SCORE**，假如原始样本的大小为 $n \times p$，进行数据压缩时只保留前 m 个主成分，那么压缩之前的数据量为 np，压缩之后的数据量为 $pm+nm$，因此数据压缩比为 $np/(pm+nm)$。压缩比越大，说明压缩效果越好，但是图像信息损失得越多。

9.5　基于主成分分析的图像压缩

采用主成分分析时，需要将图像分割成很多子块，将这些子块作为样本，并假设这些样本有共同的成分并存在相关性。

假如图像数组 I 的大小为 256×576，子块的大小为 16×8，那么可以将 I 划分为（256/16）×（576/8）=1152 个子块（样本），每个样本都包含 16×8=128 个元素，将每个样本都拉伸成一个行向量，然后将 1152 个样本按列组装成 1152×128 的样本矩阵，记为 $\boldsymbol{X}$，则 $\boldsymbol{X}$ 的每一行都对应一个样本（子块），每一列都对应不同子块上同一位置的像素（变量）。

由图像的特点可知，每一子块上相邻像素点的灰度值具有一定的相似性，使 $\boldsymbol{X}$ 的列和列之间具有一定的相关性。若把 $\boldsymbol{X}$ 的每一列都看作一个变量，则变量之间的信息有所重叠，这时可以通过主成分分析进行降维处理，进而实现图像压缩。

9.6　程序实现

本案例通过主成分分析计算、图像降维和压缩重建的技术路线进行程序设计。同时，为对比实验效果，本案例采用了函数进行功能模块封装，读者可设置不同的参数来观察图像压缩效果。

9.6.1　主成分分析的代码实现

多维度系统通常会面临多变量数值计算的要求，往往会引起大规模矩阵计算，这对计算机的硬件配置、算法性能等都是一个很大的挑战，也在一定程度上增加了系统模型分析的复杂度。在实际建模过程中，多变量之间往往会存在一定的依存关系，具有相关性，因此利用这种特性进行主成分分析，可以减少变量的个数，进一步提高算法运行的效率，也可以降低对系统硬件配置的要求，提高建模的可行性。

因此，编写 pcasample 函数能够实现基于样本（变量）的主成分分析，具体代码如下。当然，我们也可以使用 MATLAB 自带的 princomp 函数来实现该过程。

```
function [coeff,score,rate]=pcasample(X,p)
% X：样本矩阵
% p：提取前 p 个主成分
% coeff：特征向量矩阵（系数矩阵）
% score：得分向量
% rate：贡献率

% 将样本归一化
% X=zscore(X);
% 或者将样本中心化
% X=bsxfun(@minus,X,mean(X,1));

% 计算样本方差的特征向量
[V,D]=eig(X'*X);
% 将特征向量中的最大值设置为正数
for i=1:size(V,2)
    [~,idx]=max(abs(V(:,i)));
    V(:,i)=V(:,i)*sign(V(idx,i));
end
% 将特征根按照从大到小的顺序排列
[lambda,locs]=sort(diag(D),'descend');
V=V(:,locs);
% 只提取前 p 个主成分
coeff=V(:,1:p);
% 计算得分矩阵
score=X*V(:,1:p);
% 计算贡献率
rate=sum(lambda(1:p))/sum(lambda);
```

9.6.2 图像与样本间的转换

在一般情况下，数字图像矩阵可被视为二维数组，为了将数字图像矩阵转换为样本矩阵，需要先对图像进行子块划分，然后将每个子块都拉伸成一维，最后将所有子块都组合成一个样本矩阵。其中，MATLAB 自带的 im2col 函数可以实现二维数组的分块及向量整合，具体代码如下：

```
>> I=magic(5)

I =

    17    24     1     8    15
    23     5     7    14    16
     4     6    13    20    22
    10    12    19    21     3
    11    18    25     2     9
```

```
>> X=im2col(I,[3 2],'distinct') % 将图像划分成 3×2 的子块，不够时自动补零

X =

    17    10     1    19    15     3
    23    11     7    25    16     9
     4     0    13     0    22     0
    24    12     8    21     0     0
     5    18    14     2     0     0
     6     0    20     0     0     0
```

同理，从样本矩阵到数字图像矩阵，MATLAB 提供了 col2im 函数：

```
>> col2im(X,[3 2],size(I),'distinct')

ans =

    17    24     1     8    15
    23     5     7    14    16
     4     6    13    20    22
    10    12    19    21     3
    11    18    25     2     9
```

有一点需要注意，im2col 函数是将每个子块都拉伸成列向量，col2im 函数是将列向量重组成子块，而样本矩阵是每行一个样本，在进行主成分分析时，就要相对于样本矩阵进行转置。另外，im2col 函数和 col2im 函数只能对二维数组进行操作，如果是三维彩色图像，则需要自己编写图像分块和重组函数，或者先将彩色图像转换为灰度图像。

9.6.3　基于主成分分析的图像压缩

主成分分析通过计算，选择少数几个主分量来代表多变量的方差（即协方差）结构，是一种有效的特征提取方法。数字图像是二维矩阵，对其通过主成分分析来提取特征，可以在一定比例上保留原始图像的特征信息，并且能够大大减少计算量。因此，主成分分析图像压缩处理属于一种降维方法，它通过对高维图像块向量空间进行降维处理，将有多个变量的图像块数据进行最佳综合及简化，导出少数几个主分量，既可以在一定比例上保留原始图像信息，又能保持图像块之间的不相关性，进而保证图像压缩结果的有效性。

本节通过编写 pcaimage 函数来实现对图像的主成分分析压缩，通过传入图像矩阵、主成分个数、子块大小进行 PCA 处理，返回压缩重构的图像矩阵、压缩比、贡献率信息，具体代码如下：

```
function [Ipca,ratio,contribution]=pcaimage(I,pset,block)
% I：待进行压缩处理的图像
% pset：主成分个数
% block：子块大小
```

```
% Ipca：用主成分分析重构图像
% ratio：压缩比
% contribution：贡献率

if nargin<1
   I=imread('football.jpg');
end
if nargin<2
pset=3;
end
if nargin<3
block=[16 16];
end
% 将彩色图像转换为灰度图像
if ndims(I)==3
   I=rgb2gray(I);
end
% 将数字图像矩阵转换为样本矩阵
X=im2col(double(I),block,'distinct')';
% 样本和变量个数
[n,p]=size(X);
% 主成分的数量不能超过变量的数量
m=min(pset,p);
% 提取前 p 个主成分，压缩之后只需要保存 coeff 和 score
[coeff,score,contribution]=pcasample(X,m);
% 根据系数矩阵重建
X=score*coeff';
% 将样本矩阵转换为数字图像矩阵
Ipca=cast(col2im(X',block,size(I),'distinct'),class(I));
% 计算压缩比
ratio=n*p/(n*m+p*m);
```

为了比较不同参数条件下执行 PCA 图像压缩的效果，本案例选择在循环结构中调用 pcaimage 函数，并配置不同数量的主成分参数对图像进行压缩和重构，比较压缩比和贡献率，具体代码如下：

```
I=imread('liftingbody.png');
k=1;
for p=1:5:20
    [Ipca,ratio,contribution]=pcaimage(I,p,[24 24]);
    subplot(2,2,k);
    imshow(Ipca)
    title([' 主成分个数=',num2str(p),...
        ', 压缩比=',num2str(ratio),...
        ', 贡献率=',num2str(contribution)],'fontsize',14);
    k=k+1;
end
```

运行以上代码，得到不同主成分参数条件下的压缩重构效果，具体如图 9-1 所示。

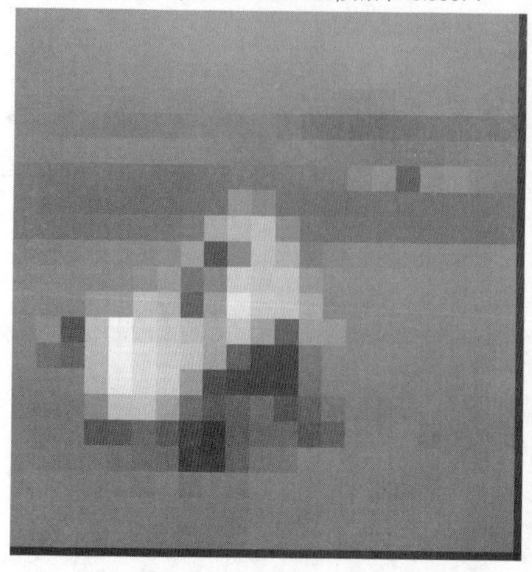

主成分个数=1,压缩比=263.0038,贡献率=0.96674

主成分个数=11,压缩比=23.9094,贡献率=0.99647

图 9-1

可以看出，基于主成分分析的图像压缩具有很高的压缩比，同时达到高信噪比。例如，主成分个数为 16 时，压缩比达到约 16.43；主成分个数为 50 时，压缩比达到约 5.26，此时肉眼基本无法辨识失真。

将 pcaimage 应用于不同的图像进行实验，选择不同的主成分个数进行压缩并计算相关参数，显示结果图像，如图 9-2 和图 9-3 所示。

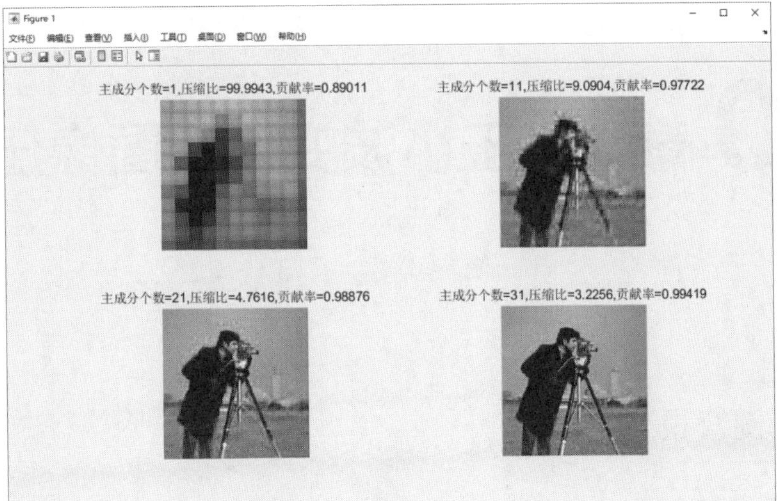
Figure 1
文件(F) 编辑(E) 查看(V) 插入(I) 工具(T) 桌面(D) 窗口(W) 帮助(H)
主成分个数=1,压缩比=99.9943,贡献率=0.89011
主成分个数=11,压缩比=9.0904,贡献率=0.97722
主成分个数=21,压缩比=4.7616,贡献率=0.98876
主成分个数=31,压缩比=3.2256,贡献率=0.99419

图 9-2

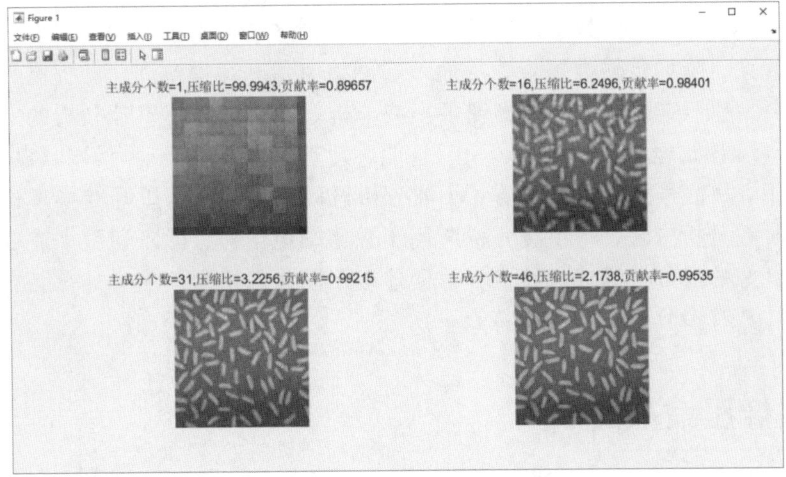
Figure 1
文件(F) 编辑(E) 查看(V) 插入(I) 工具(T) 桌面(D) 窗口(W) 帮助(H)
主成分个数=1,压缩比=99.9943,贡献率=0.89657
主成分个数=16,压缩比=6.2496,贡献率=0.98401
主成分个数=31,压缩比=3.2256,贡献率=0.99215
主成分个数=46,压缩比=2.1738,贡献率=0.99535

图 9-3

第 10 章 基于小波变换的图像压缩

10.1 案例背景

随着图像拍摄技术的发展及移动智能设备的普及，获取高分辨率的实时图像变得容易，并能够实现即时传输。但是，原始数字图像往往具有一定的信息冗余，如像素编码冗余、像素相关冗余等，这给数字图像的存储和传输带来了很大的压力。图像压缩旨在分析并减少这些冗余，降低传输数据量，从而节省网络流量和存储空间，并提高传输速度。20 世纪 80 年代，基于应用数学研究出现了小波分析。这是现代傅里叶分析的一个里程碑，在图像处理、语音处理、模式识别、人工智能、地理勘探、航天动力学、金融学等领域均有重要的应用。从信号处理角度来看，小波分析可以作为基于傅里叶变换理论发展起来的一种有效的时频分析方法，将小波分析应用于数字图像信号，可以利用小波变换在时域和频域均具有良好的局部化描述的特点，方便地表示图像的平滑区域和局部特征（如图像边缘）区域，并具有多分辨率分解的特点。

10.2 图像压缩基础

数字图像可以被视为有效信息和冗余信息的组合，冗余可以分为数据冗余和视觉冗余等。

◎ 基于数据冗余的图像压缩：在数字图像中存在大量冗余数据可进行压缩编码，并且这种冗余在图像解压缩后可以无损地恢复。

◎ 基于视觉冗余的图像压缩：以人的视觉影像为基础，在不影响人的主观视觉的前提下，通过降低图像信号的数据精度，以一定的客观失真为代价进行数据压缩。

基于小波变换的图像压缩指对图像应用小波变换算法进行多分辨率分解，通过对小波系数进行编码来实现图像压缩，处理流程如下。

（1）对图像进行多级小波分解，得到相应的小波系数。读取图像后，通过设置的小波类型可将图像分解成不同的频率分量，包含低频和高频。其中，低频捕获图像的主要特征和细节，高频则包含图像的细节和噪声。随着分解级数的增加，图像的尺寸减少，但其描述的细节也随之减少。

（2）对每一层的小波系数都进行量化，得到量化系数对象。对图像进行多级小波分解后，得到的小波系数包含了图像的大部分信息。然而，这些系数并不都是同等重要的。为了达到压缩效果，可以对这些系数进行量化。这涉及将连续的小波系数转换为有限数量的离散值，这通常通过设置一个阈值实现，小于该阈值的系数通常被舍弃，有助于达到更高的压缩比。

（3）对经过量化的小波系数进行编码，得到压缩结果。对经过量化的小波系数还可以进一步压缩。在这一步，经过量化的小波系数被编码成二进制格式。常用的编码方法包括霍夫曼编码和算术编码等。这些编码方法旨在用尽可能少的比特来表示最常见的系数，从而实现进一步的压缩。

基于小波变换的图像压缩是当前图像压缩的重要研究方向，已经在不同领域得到广泛应用，并形成了基于小波变换的国际压缩标准，如经典的 JPEG2000、MPEG-4 压缩标准。

通过对图像进行多层小波变换，可以得到有不同特点的子带，包括能反映图像近似信息的低频子带，以及能反映水平、垂直、对角线方向信息的高频子带，这也符合人类视觉系统对影像进行空间方向分解的特性。对图像进行小波变换后可得到频域信息，并按照其频谱能量与频率进行分布排列，通过对频域平面量化器进行合理的非均匀化比特分配，对高能量区配置高比特数，对低能量区配置低比特数，可以提高压缩原始数据的能力。对图像进行小波变换后，可以将原始图像的大部分能量都集中在小波系数的少数部分，因此在将阈值引入小波系数的量化过程中，将高于阈值的部分保留，将低于阈值的部分赋予常数，就可以方便地实现图像数据压缩。

10.3 程序实现

小波变换是一种在时域和频域均能保持良好局部特性的分析方法，尤其适用于对非平稳信号的处理。在一般情况下，对信号通过不同的小波基及尺度进行处理会产生不同的分析结果。因此，应用小波变换进行图像压缩，一个非常关键的步骤就是选择小波基。常见的小波基有：haar（Haar）、db（Daubechies）、dmey（Discrete Meyer）、sym（Symlets）、coif（Coiflet）、bior（Biorthogonal）和 rbio（Reverse Biorthogonal）等，其中，Haar 是所有小波基中最简单的，是一个分段函数。Haar 函数的定义如下：

$$\Psi=\begin{cases}1, & 0\leqslant x\leqslant 1/2\\ -1, & 1/2\leqslant x<1\\ 0, & \text{其他}\end{cases}$$

本实验选择图像处理领域中的经典图例 lena.tif 进行处理，其维度为 512×512，如图 10-1 所示。

图 10-1

本实验选择 Haar 作为小波基，选择 2 级分解尺度。首先执行小波分解，然后设定全局阈值进行压缩并重建，最后将结果图像输出到 png 文件并比较压缩前后占用的存储空间大小及 PSNR 值。其中，主函数的实现代码如下：

```
clc; clear all; close all;
% 加载图像
filename = fullfile(pwd, 'images', 'lena.tif');
x = imread(filename);
% 级数
num = 2;
% 小波分解
[cf_vec, dim_vec] = wavedec_process(x, num, 'haar');
% 全局阈值
th = 10;
% 小波重构
y = waverec_process(cf_vec, dim_vec, 'haar', th);
% 输出 png 文件
output_img(x, y, filename, th, 'png');
% 计算 PSNR 值
p = PSNR(x,y);
disp(p);
```

小波分解函数通过接收原始图像矩阵、分解级数、小波类型进行小波压缩操作。具体代码如下：

```
function [cf_vec, dim_vec] = wavedec_process(x, num, wave_name)
% 对图像按指定小波基和级数进行小波分解
```

```
% 输入参数：
%   I——图像矩阵
%   num——分解级数
%   wave_name——小波基的名称
% 输出参数：
%   cf_vec——系数矩阵
%   dim_vec——维度信息

% 默认处理二维图像矩阵
if ndims(x) == 3
    x = rgb2gray(x);
end
% 获取分解滤波器
[lf, hf] = wfilters(wave_name, 'd');
% 数据类型转换
o = x;
x = double(x);
% 初始化
cf_vec = [];
dim_vec = size(x);
for i = 1 : num
    % 第 i 级小波分解
    [ya, yv, yh, yd] = dwt2_process(x, lf, hf);
    % 存储的细节部分
    tmp = {yv; yh; yd};
    % 存储分解维度
    dim_vec = [size(yv); dim_vec];
    % 存储系数结构
    cf_vec=[tmp; cf_vec];
    % 迭代更新近似部分
    x = ya;
end
% 存储最后所得的细节部分
cf_vec = [ya; cf_vec];
% 绘图
figure; imshow(o, []); title('原图像');
% 绘制系数矩阵
plot_wave_coef(cf_vec);
% 塔式绘制系数矩阵
plot_wave_coef_join(cf_vec, dim_vec);
```

执行小波分解后得到了小波系数矩阵，为了直观地演示小波系数的特点，这里采用 MATLAB 的子图绘制技术和图像矩阵合并技术来分别绘制小波系数的分布图像、塔式图像，如图 10-2 和图 10-3 所示。

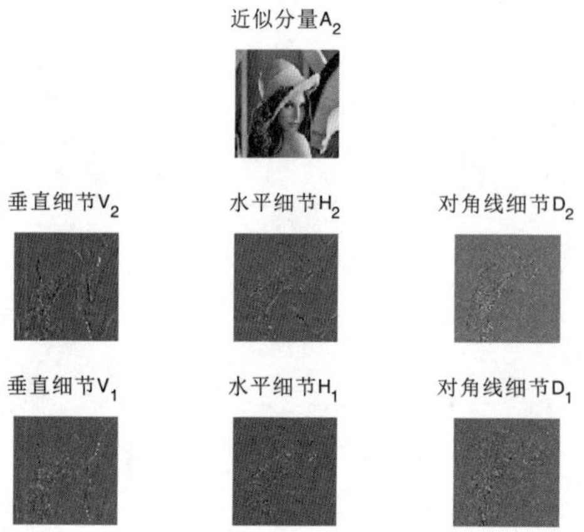

图 10-2

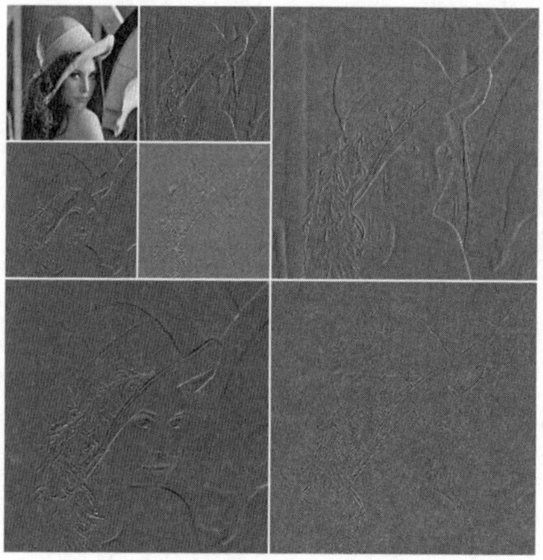

图 10-3

其代码如下：

```
function plot_wave_coef(cf_vec)
% 绘制小波分解的系数矩阵
% 输入参数:
%   cf_vec——系数矩阵

% 计算分解级数
dn = 3;
num = (length(cf_vec)-1)/dn;
figure;
% 绘制近似分量
subplot(num+1, 3, 2);
yt = im2uint8(mat2gray(cf_vec{1}));
imshow(yt, []);
title(sprintf('近似分量 A_{%d}', num));

% 绘制高频系数
info = {'垂直细节 V', '水平细节 H', '对角线细节 D'};
ps = 2;
for i = 1 : num
    for j = 1 : dn
        yt = im2uint8(mat2gray(cf_vec{ps}));
        subplot(num+1, dn, ps+2);
        imshow(yt, []);
        title(sprintf('%s_{%d}', info{j}, num-i+1));
        ps = ps+1;
    end
end

function plot_wave_coef_join(cf_vec,dim_vec)
% 画出小波系数塔式图
```

```
% 计算分解级数
dn = 3;
num = (length(cf_vec)-1)/dn;
% 初始化
tmpa = wkeep(cf_vec{1}, dim_vec(1, :), 'c');
tmpa = im2uint8(mat2gray(tmpa));
tmpa(1, :) = 255; tmpa(end, :) = 255;
tmpa(:, 1) = 255; tmpa(:, end) = 255;
for j = 1:num
   tmpv = wkeep(cf_vec{(j-1)*dn+2}, dim_vec(j, :), 'c');
   tmph = wkeep(cf_vec{(j-1)*dn+3}, dim_vec(j, :), 'c');
   tmpd = wkeep(cf_vec{(j-1)*dn+4}, dim_vec(j, :), 'c');
   tmpv = im2uint8(mat2gray(tmpv));
   tmph = im2uint8(mat2gray(tmph));
   tmpd = im2uint8(mat2gray(tmpd));
   tmpv(1, :) = 255; tmpv(end, :) = 255;
   tmpv(:, 1) = 255; tmpv(:, end) = 255;
   tmph(1, :) = 255; tmph(end, :) = 255;
   tmph(:, 1) = 255; tmph(:, end) = 255;
   tmpd(1, :) = 255; tmpd(end, :) = 255;
   tmpd(:, 1) = 255; tmpd(:, end) = 255;
   tmp = [tmpa,tmpv;tmph,tmpd];
   stc = size(tmp);
   if stc >= dim_vec(j+1, :)
      tmpa = tmp(1:dim_vec(j+1, 1), 1:dim_vec(j+1,2));
   else
      tmp = tmp([1:end-1, end-2:end-1], [1:end-1, end-2:end-1]);
      tmpa = tmp(1:dim_vec(j+1, 1), 1:dim_vec(j+1,2));
   end
   tmpa = im2uint8(mat2gray(tmpa));
   tmpa(1, :) = 255; tmpa(end, :) = 255;
   tmpa(:, 1) = 255; tmpa(:, end) = 255;
end
figure;
imshow(tmpa, []);
title('小波系数塔式图');
```

小波重构函数通过接收小波分解所得到的系数矩阵、维数信息及小波基类型进行小波重构。本实验采用最简便的全局阈值设定方法，在进行重建前对小波高频系数进行阈值滤波压缩，之后进行小波重构来得到压缩图像。具体代码如下：

```
function x = waverec_process(cf_vec, dim_vec, wave_name, th)
% 对图像按指定的小波基和维数进行小波重构
% 输入参数：
%   cf_vec——系数矩阵
%   dim_vec——维度信息
%   wave_name——小波基名称
%   th——全局阈值
% 输出参数：
```

```
%   x——重构结果
if nargin < 4
    th = 10;
end
% 获取重建的滤波器
[lf, hf] = wfilters(wave_name, 'r');
% 计算分解级数
dn = 3;
num = (length(cf_vec)-1)/dn;
% 近似部分
ya = cf_vec{1};
for i = 1 : num
    % 高频部分
    yv = cf_vec{(i-1)*3+2};
    yh = cf_vec{(i-1)*3+3};
    yd = cf_vec{(i-1)*3+4};
    yv(abs(yv)<th) = 0;
    yh(abs(yh)<th) = 0;
    yd(abs(yd)<th) = 0;
    % 重构低频部分
    ya = idwt2_process(ya, yv, yh, yd, lf, hf, dim_vec(i+1,:));
end
x = im2uint8(mat2gray(ya));
% 绘图
figure; imshow(x, []); title('重构图像');
```

程序运行结果如图 10-4 所示，通过设定全局阈值为 10 所得到的重构图像在视觉效果上并无明显损失。

图 10-4

为了对小波变换前后的图像进行比较，本实验通过编写函数来将原始图像矩阵和重建的图像矩阵存储到指定文件夹中，并对文件大小进行了对比。具体代码如下：

```
function output_img(x, y, filename, th, ext)
% 输出文件
% 输入参数：
%   x、y——图像矩阵
%   filename——原图像名称
```

```
%   th——全局阈值
%   ext——默认输出的格式

if nargin < 5
    ext = 'png';
end
% 获取文件名的关键字
[~, file, ~] = fileparts(filename);
% 目录检测
foldername = fullfile(pwd, 'output');
if ~exist(foldername, 'dir')
    mkdir(foldername);
end
% 写出到文件中
file1 = fullfile(foldername, sprintf('%s_origin.%s', file, ext));
file2 = fullfile(foldername, sprintf('%s_wave_%.1f.%s', file, th, ext));
imwrite(x, file1);
imwrite(y, file2);
% 比较
info1 = imfinfo(file1);
info2 = imfinfo(file2);
fprintf('\n 压缩前图像所需存储空间为%.2fbytes', info1.FileSize);
fprintf('\n 压缩后图像所需存储空间为%.2fbytes', info2.FileSize);
fprintf('\n 文件大小比为%.2f', info1.FileSize/info2.FileSize);
```

主函数在执行小波分解、全局阈值设定、小波重构后，通过调用文件输出函数、PSNR 计算函数进行对比，所得结果如下：

```
压缩前图像所需存储空间为 151199.00bytes
压缩后图像所需存储空间为 70396.00bytes
文件大小比为 2.15
压缩前后图像的 PSNR 值为 34.75
```

因此，本案例采用的全局阈值为 10，并执行 Haar 小波基的 2 级分解和重建，所得的压缩图像在存储空间上仅占原始图像存储空间的 46.51%，而且 PSNR 值为 34.75，压缩后的图像相对于原始图像在视觉上并没有出现明显的瑕疵。更进一步，如果采用的全局阈值为 20，并执行相同的操作，则所得到的压缩图像在存储空间上仅占原始图像存储空间的 30.4%，这也在更大程度上节约了图像存储和传输所需的资源。

将小波图像压缩与还原流程应用于不同的图像，检验压缩效果，具体结果如图 10-5 至图 10-8 所示。

图 10-5

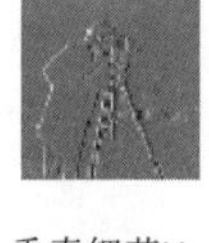
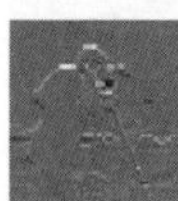
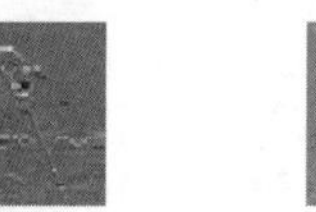
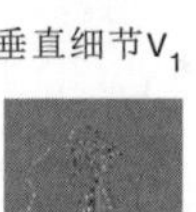

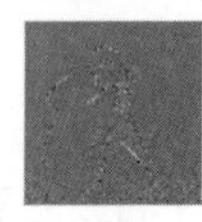

图 10-6

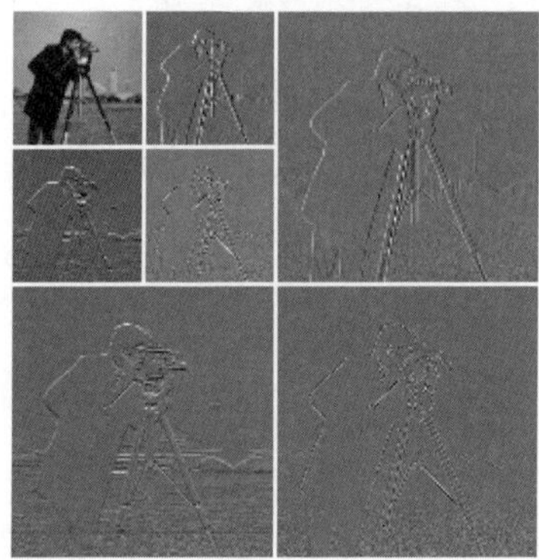

图 10-7

图 10-8

该程序最后将图像生成png文件并存储到指定的文件夹中，提取文件的具体参数信息，其结果如下：

```
压缩前图像所需存储空间为 38267.00bytes
压缩后图像所需存储空间为 21779.00bytes
文件大小比为 1.76
压缩前后图像的 PSNR 值为 33.28
```

第 11 章 基于 GUI 搭建通用的视频处理工具

11.1 案例背景

视频处理技术指将一系列静态图像以信号方式加以采集、标记、处理、保存、传输和重现等各种技术的综合。经验证，若画面由每秒超过 24 帧的连续图像组成时，则根据视觉暂留原理，人眼将无法辨别单幅静态画面，在视觉上会产生平滑、连续的视觉效果，即出现连续的画面，这就是视频的产生原理。视频生成技术，就是利用视觉暂留原理，将多幅画面以超过一定速度的方式进行序列播放，形成连续不断的视频图像，达到视频播放的效果。

视频处理首先要解决的问题就是如何读取信息、获取视频信息和提取帧图像等。MATLAB 包含一个强大的视频及图像处理工具箱，本章将综合利用 MATLAB 图像处理和图形展示等多元化功能，设计通用的 MATLAB 视频处理 GUI（Graphical User Interface，图形用户界面）程序，实现对视频文件的帧图像序列的提取、播放、软件截屏等功能，为视频处理项目提供基础的框架服务。

11.2 视频解析

视频是记录多媒体信息的重要载体，可以同时包含图像、声音、备注等；数字视频是以数字形式进行记录的视频，有着不同的产生、存储及播放方式。本案例基于 MATLAB 开发了一套用于处理视频的 GUI 程序，通过调用 MATLAB 的视频处理函数 VideoReader 进行视频文件的载入与分帧，还可方便地扩展，并对不同应用场景下的视频处理算法进行仿真实验。

在 GUI 中，用户的命令和对程序的控制是通过“选择”各种图形对象来实现的。

基本图形对象分为控件对象和用户界面菜单对象，简称控件和菜单。控件对象是事件响应的图形界面对象，当某事件发生时，应用程序会做出响应并执行某些预定的功能子程序（Callback）。菜单对象的事件响应则是通过名称、标识、选中标记等关联到功能子程序进行事件发生的响应。因此，通过界面设计及相关的回调函数开发，可以定制生成具有特定应用的 GUI 程序，便于用户交互和功能演示。

MATLAB 图像视频处理工具箱通过 VideoReader 函数可以兼容多种格式的视频，能方便地获取视频的维度、帧数等属性信息，也可以进行视频的分帧处理，可方便地获取视频相应的图像序列。在实际应用中，通过 obj = VideoReader（fileName）可以建立视频读取对象，obj 中包含视频的各种属性参数，并可以直接通过结构体的方式进行访问，例如 obj.NumberOfFrames 可以获取视频的帧数信息，obj.FrameRate 可以获取视频的帧速信息等，更多的参数信息如表 11-1 所示。

表 11-1

属性名	意　义
Name	视频文件名
Path	视频文件路径
Duration	视频的总时长（秒）
FrameRate	视频帧速（帧/秒）
NumberOfFrames	视频帧数
Height	视频帧的高度
Width	视频帧的宽度
BitsPerPixel	视频帧像素的数据类型（比特）
VideoFormat	视频的类型，如 RGB24
Tag	视频对象标识符，默认为空字符串
Type	视频对象类名，默认为 VideoReader
UserData	用户自定义接口，默认为空

11.3　程序实现

本节以 MATLAB 作为测试环境，设计 GUI，实现对视频文件的读取、信息获取、图像序列获取、播放、暂停、停止、抓图等通用功能，界面美观，易于拓展，可作为视频处理系统的初始工程。

11.3.1　设计 GUI

通过在 Command 窗口中运行 guide 命令，可直接打开 GUI 设计工具箱，也可以通过单击 New→Graphic User Interface 菜单进入“GUIDE 快速入门”界面，如图 11-1 所示。

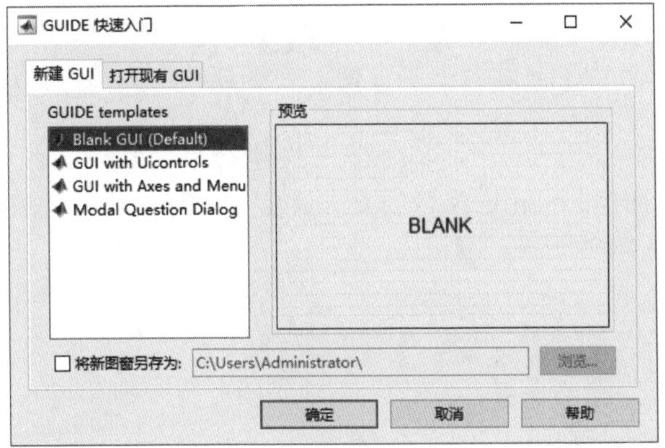

图 11-1

创建新的 GUI 工程，将其命名为 MainFrame，保存后可以看到生成了两个文件，分别为 MainFrame.fig 和 MainFrame.m，简称它们为窗体文件和代码文件。这里为了进行视频处理，先选用了 MATLAB 图像处理工具箱自带的视频文件 traffic.avi，并将其复制到工程目录的 video 文件夹下，然后设计 GUI，如图 11-2 所示。

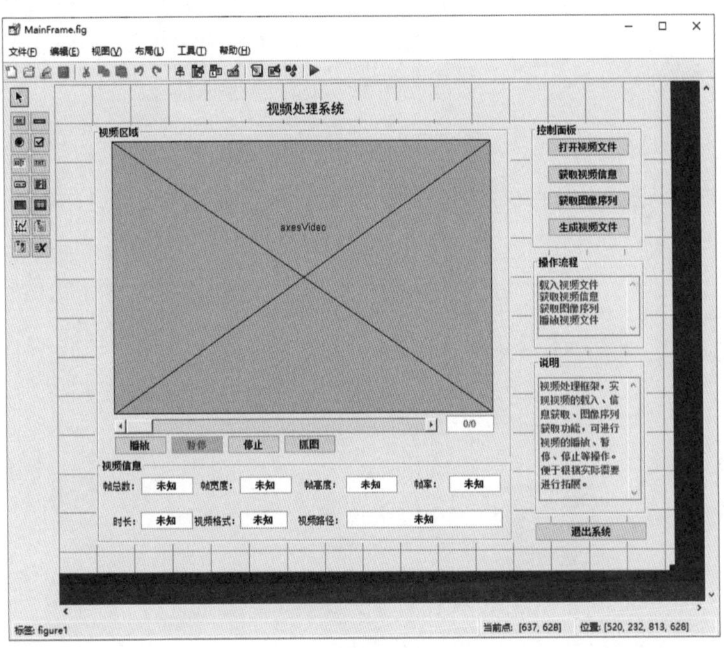

图 11-2

可以看到，该界面包括视频区域、视频信息、控制面板、操作流程及说明等，用于实现对视频的显示、信息获取、操作及说明等功能。

11.3.2　实现 GUI

根据 11.3.1 节介绍的 GUI 设计框架，这里对其主要功能进行实现，用到的视频为 video 文件夹下的 traffic.avi，为了显示及处理方便，会将其转换为帧图像序列并进行保存。

1. 视频文件读取

打开视频文件，调用 uigetfile 函数，交互式载入视频文件，获取视频文件的路径并返回，核心代码如下：

```
function filePath = OpenVideoFile()
% 打开视频文件
% 输出参数：
% filePath——视频文件路径

videoFilePath = fullfile(pwd, 'video\traffic.avi');
[filename, pathname, filterindex] = uigetfile( ...
    {  '*.avi','视频文件 (*.avi)'; ...
    '*.mpeg','视频文件 (*.mpeg)'; ...
    '*.*',  '所有文件 (*.*)'}, ...
    '选择视频文件', ...
    'MultiSelect', 'off', ...
    videoFilePath);
filePath = 0;
if isequal(filename, 0) || isequal(pathname, 0)
    return;
end
filePath = fullfile(pathname, filename);
```

关联 uigetfile 函数到“打开视频文件”按钮，执行时会弹出选择文件的对话框，如图 11-3 所示。

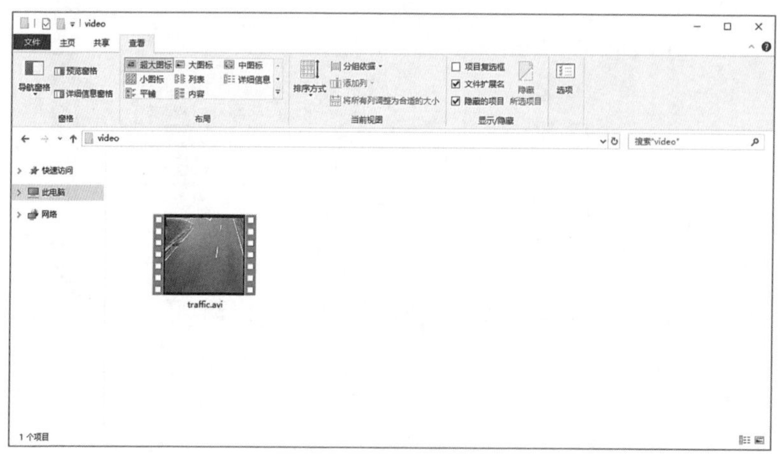

图 11-3

2. 获取视频信息

可通过调用 MATLAB 库函数 VideoReader 来获取视频信息并进行保存，通过提取指定的信息到 GUI 的 Edit Text 控件进行显示，核心代码如下：

```
% 获取视频信息按钮
if handles.videoFilePath == 0
    msgbox('请载入视频文件！', '提示信息');
    return;
end
% 获取视频信息并保存
videoInfo = VideoReader(handles.videoFilePath);
handles.videoInfo = videoInfo;
guidata(hObject, handles);
% 提取视频信息并将其显示到界面
set(handles.editFrameNum, 'String', sprintf('%d', videoInfo.NumberOfFrames));
set(handles.editFrameWidth, 'String', sprintf('%d px', videoInfo.Width));
set(handles.editFrameHeight, 'String', sprintf('%d px', videoInfo.Height));
set(handles.editFrameRate, 'String', sprintf('%.1f f/s',
videoInfo.FrameRate));
set(handles.editDuration, 'String', sprintf('%.1f s', videoInfo.Duration));
set(handles.editVideoFormat, 'String', sprintf('%s', videoInfo.VideoFormat));
msgbox('获取视频信息成功！', '提示信息');
```

关联库函数 VideoReader 到“获取视频信息”按钮，执行时会在后台获取已载入的视频信息，并将所需的信息字段在界面的相应控件中进行显示，如图 11-4 所示。

图 11-4

3. 获取视频帧图像序列

MATLAB 处理视频文件的关键是获取视频帧图像并进行相关处理，因此对视频帧图像序列的获取尤为重要。我们可调用 MATLAB 库函数 VideoReader 进行循环处理来提取视频帧图像序列，并将其保存到本地文件夹，核心代码如下：

```
function Video2Images(videoFilePath)
clc;
nFrames = GetVideoImgList(videoFilePath);
function nFrames = GetVideoImgList(videoFilePath)
% 获取视频帧图像序列
% 输入参数:
%  vidioFilePath——视频路径信息
% 输出参数:
%  videoImgList——视频图像序列

xyloObj = VideoReader(videoFilePath);
% 视频信息
nFrames = xyloObj.NumberOfFrames;
video_imagesPath = fullfile(pwd, 'video_images');
if ~exist(video_imagesPath, 'dir')
   mkdir(video_imagesPath);
end
% 检查是否处理完毕
files = dir(fullfile(video_imagesPath, '*.jpg'));
if length(files) == nFrames
   return;
end
% 进度条提示框
h = waitbar(0, '', 'Name', '获取视频帧图像序列...');
steps = nFrames;
for step = 1 : nFrames
   % 提取图像
   temp = read(xyloObj, step);
   % 自动保存
   temp_str = sprintf('%s\\%03d.jpg', video_imagesPath, step);
   imwrite(temp, temp_str);
   % 显示进度
   pause(0.01);
   waitbar(step/steps, h, sprintf('已处理: %d%%', round(step/nFrames*100)));
end
close(h)
```

关联库函数 VideoReader 到“获取图像序列”按钮，在执行时会弹出进度条，并在本地文件夹下自动生成 video_images 文件夹来存储视频帧图像序列，如图 11-5 所示。

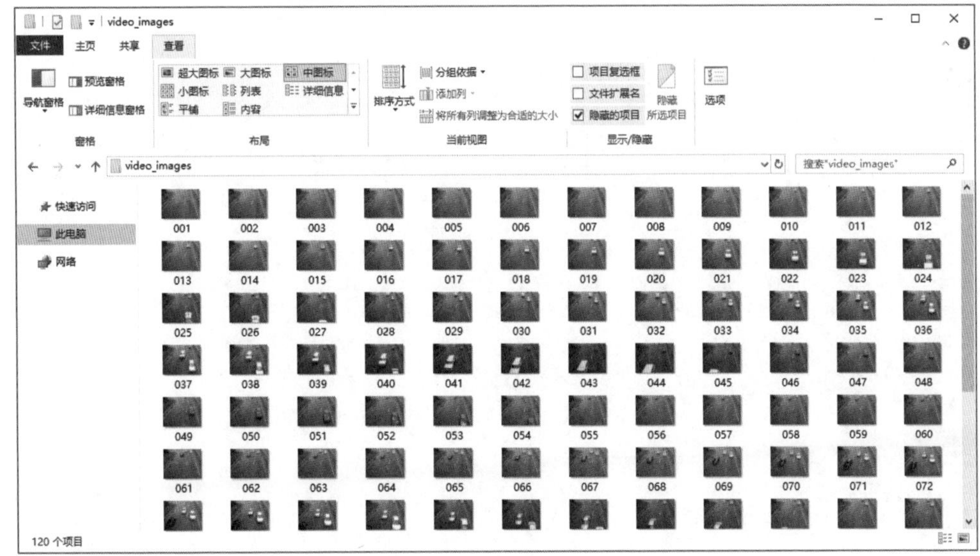

图 11-5

4. 视频播放控制

在视频帧图像序列后，为了显示视频的内容，要求进行视频播放等操作。在 GUI 设计中加入了视频显示区域，并设置了“播放”“暂停”“停止”等功能按钮，为视频播放提供了一般的控制，其核心代码如下：

```
    % --- Executes on button press in pushbuttonPlay.
    function pushbuttonPlay_Callback(hObject, eventdata, handles)
    % hObject    handle to pushbuttonPlay (see GCBO)
    % eventdata  reserved - to be defined in a future version of MATLAB
    % handles    structure with handles and user data (see GUIDATA)
    % “播放”按钮
    set(handles.pushbuttonPause, 'Enable', 'On');
    set(handles.pushbuttonPause, 'tag', 'pushbuttonPause', 'String', '暂停');
    set(handles.sliderVideoPlay, 'Max', handles.videoInfo.NumberOfFrames, 'Min',
0, 'Value', 1);
    set(handles.editSlider, 'String', sprintf('%d/%d', 0,
handles.videoInfo.NumberOfFrames));
    % 循环载入视频帧图像并显示
    for i = 1 : handles.videoInfo.NumberOfFrames
        waitfor(handles.pushbuttonPause,'tag','pushbuttonPause');
        I = imread(fullfile(pwd, sprintf('video_images\\%03d.jpg', i)));
        try
            imshow(I, [], 'Parent', handles.axesVideo);
            % 设置进度条
            set(handles.sliderVideoPlay, 'Value', i);
            set(handles.editSlider, 'String', sprintf('%d/%d', i,
handles.videoInfo.NumberOfFrames));
```

```
        catch
            return;
        end
        drawnow;
    end
    % 控制“暂停”按钮
    set(handles.pushbuttonPause, 'Enable', 'Off');

    % --- Executes on button press in pushbuttonPause.
    function pushbuttonPause_Callback(hObject, eventdata, handles)
    % hObject    handle to pushbuttonPause (see GCBO)
    % eventdata  reserved - to be defined in a future version of MATLAB
    % handles    structure with handles and user data (see GUIDATA)
    % “暂停”按钮
    % 获取响应标记
    str = get(handles.pushbuttonPause, 'tag');
    if strcmp(str, 'pushbuttonPause') == 1
        set(handles.pushbuttonPause, 'tag', 'pushbuttonContinue', 'String', '继续
');
        pause on;
    else
        set(handles.pushbuttonPause, 'tag', 'pushbuttonPause', 'String', '暂停');
        pause off;
    end

    % --- Executes on button press in pushbuttonStop.
    function pushbuttonStop_Callback(hObject, eventdata, handles)
    % hObject    handle to pushbuttonStop (see GCBO)
    % eventdata  reserved - to be defined in a future version of MATLAB
    % handles    structure with handles and user data (see GUIDATA)
    % “停止”按钮
    axes(handles.axesVideo); cla; axis on; box on;
    set(gca, 'XTick', [], 'YTick', [], ...
        'XTickLabel', '', 'YTickLabel', '', 'Color', [0.7020 0.7804 1.0000]);
    set(handles.editSlider, 'String', '0/0');
    set(handles.sliderVideoPlay, 'Value', 0);
    set(handles.pushbuttonPause, 'tag', 'pushbuttonContinue', 'String', '继续');
    set(handles.pushbuttonPause, 'Enable', 'Off');
    set(handles.pushbuttonPause, 'String', '暂停');
```

关联以上函数到“播放”“暂停”“停止”按钮即可对视频进行播放控制，进度条可以实时变化，用于标记视频的播放进度，如图 11-6 所示。

图 11-6

5. 视频文件生成

在获取视频帧图像序列后，可应用相关图形处理算法得到输出图形序列。视频帧图像具有连续性，为了更好地对比视频处理效果，将视频帧图像序列生成为视频文件具有重要意义。其核心代码如下：

```
% --- Executes on button press in pushbutton15.
function pushbutton15_Callback(hObject, eventdata, handles)
% hObject    handle to pushbutton15 (see GCBO)
% eventdata  reserved - to be defined in a future version of MATLAB
% handles    structure with handles and user data (see GUIDATA)
% 选择路径
video_path = out_put_videofile();
if isequal(video_path, 0)
    % 选择失效，返回
    return;
end
% 输出文件
image_folder = fullfile(pwd, 'video_images');
Images2Video(image_folder, video_path);
% 提示
msgbox('导出成功！', '提示信息');

function video_path = out_put_videofile()
% 设置路径
foldername_out = fullfile(pwd, 'video_out');
if ~exist(foldername_out, 'dir')
```

```
    % 如果文件夹不存在，则创建
    mkdir(foldername_out);
end
% 设置文件名
video_default_path = fullfile(foldername_out, 'out.avi');
% 打开对话框，设置路径
[video_file_name, video_folder_name, ~] = uiputfile( ...
    {  '*.avi','VideoFile (*.avi)'; ...
    '*.wmv','VideoFile (*.wmv)'; ...
    '*.*',  'All Files (*.*)'}, ...
    'VideoFile', ...
    video_default_path);
% 初始化
video_path = 0;
if isequal(video_file_name, 0) || isequal(video_folder_name, 0)
    % 如果选择失效，则返回
    return;
end
% 路径整合
video_path = fullfile(video_folder_name, video_file_name);

function Images2Video(image_folder, video_file_name)
% 默认的起始帧
start_frame = 1;
% 默认的结束帧
end_frame = size(ls(fullfile(image_folder, '*.jpg')), 1);
% 创建对象句柄
hwrite = VideoWriter(video_file_name);
% 设置帧率
hwrite.FrameRate = 24;
% 开始打开
open(hwrite);
% 进度条
hwaitbar = waitbar(0, '', 'Name', '生成视频文件...');
% 总帧数
steps = end_frame - start_frame;
for num = start_frame : end_frame
    % 当前序号的名称
    image_file = sprintf('%03d.jpg', num);
    % 当前序号的位置
    image_file = fullfile(image_folder, image_file);
    % 读取
    image_frame = imread(image_file);
    % 转换为帧对象
    image_frame = im2frame(image_frame);
    % 写出
    writeVideo(hwrite,image_frame);
    % 刷新
    pause(0.01);
```

```
    % 进度
    step = num - start_frame;
    % 显示
    waitbar(step/steps, hwaitbar, sprintf('已处理：%d%%', round(step/steps*100)));
end
% 关闭句柄
close(hwrite);
% 关闭进度条
close(hwaitbar);
```

关联以上函数到“生成视频文件”按钮即可选择视频文件导出路径，并将视频帧图像序列导出，生成视频文件，进度条可以实时变化，用于标记视频的生成进度，如图 11-7 和图 11-8 所示。

图 11-7

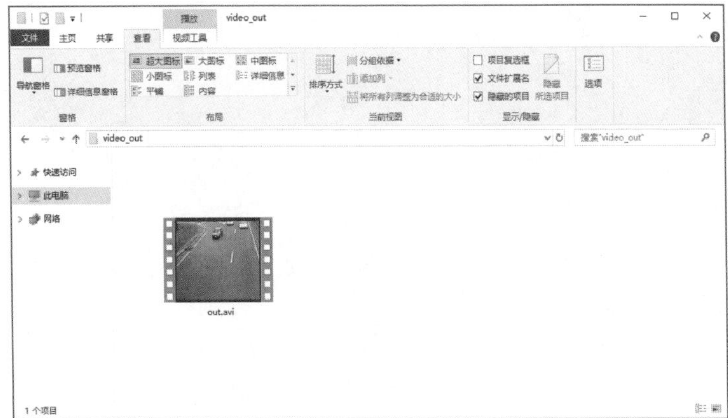

图 11-8

6. 其他通用功能

在视频处理流程中，常见的有抓图、退出系统提示等通用功能，在本 GUI 中加入了这些功能，核心代码如下：

```
    function SnapImage()
    % 抓拍截图
    video_imagesPath = fullfile(pwd, 'snap_images');
    if ~exist(video_imagesPath, 'dir')
       mkdir(video_imagesPath);
    end
    % 生成保存路径
    [FileName,PathName,FilterIndex] = uiputfile({'*.jpg;*.tif;*.png;*.gif','All
Image Files';...
            '*.*','All Files' },'保存截图',...
            fullfile(pwd, 'snap_images\\temp.jpg'));
    if isequal(FileName, 0) || isequal(PathName, 0)
       return;
    end
    fileStr = fullfile(PathName, FileName);
    % 截图
    f = getframe(gcf);
    f = frame2im(f);
    imwrite(f, fileStr);
    msgbox('抓图文件保存成功！', '提示信息');

    % --- Executes on button press in pushbuttonExit.
    function pushbuttonExit_Callback(hObject, eventdata, handles)
    % hObject    handle to pushbuttonExit (see GCBO)
    % eventdata  reserved - to be defined in a future version of MATLAB
    % handles    structure with handles and user data (see GUIDATA)
    % 退出系统按钮
    choice = questdlg('确定要退出系统?', ...
       '退出', ...
       '确定','取消','取消');
    switch choice
       case '确定'
          close;
       case '取消'
          return;
    end
```

分别关联以上函数到“抓图”“退出系统”按钮，可实现自动抓图并保存、退出系统提示等功能，如图 11-9 所示。

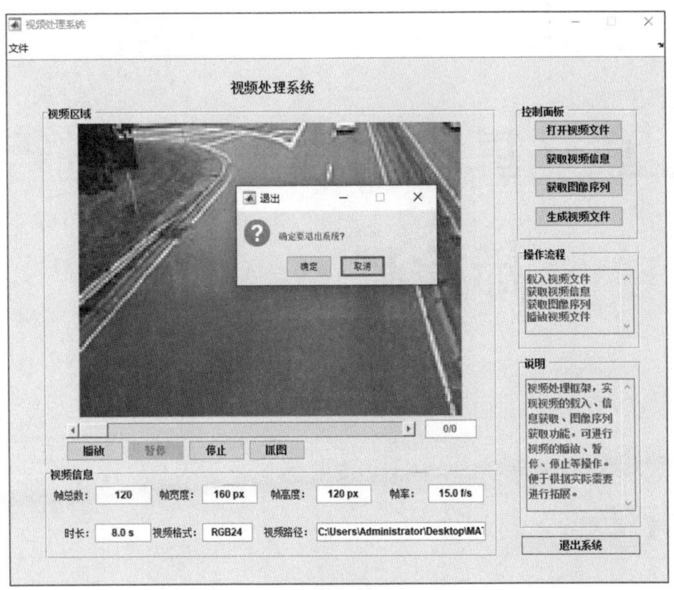

图 11-9

此外，为了便于该 GUI 读取及处理不同的视频，避免其他视频处理流程的干扰，这里也引入了 GUI 中用来清空视频显示区域的初始化函数，以便设置图像显示区域、控件内容等，具体代码如下：

```
    function InitAxes(handles)
    clc;
    axes(handles.axesVideo); cla reset;
    set(handles.axesVideo, 'XTick', [], 'YTick', [], ...
       'XTickLabel', '', 'YTickLabel', '', 'Color', [0.7020 0.7804 1.0000], 'Box',
'On');
```

该函数一般在系统打开及载入文件的流程中使用，用于清空视频显示区域。

第12章 基于帧间差分法进行运动目标检测

12.1 案例背景

运动目标检测是对运动目标进行检测、提取、识别和跟踪的技术。基于视频序列的运动目标检测，一直以来都是机器视觉、智能监控系统、视频跟踪系统等领域的研究重点，是整个计算机视觉的研究难点之一。运动目标检测的结果正确性对后续的图像处理、图像理解等工作的顺利开展具有决定性作用，所以能否将运动物体从视频序列中准确地检测出来，是运动估计、目标识别、行为理解等高层次视频分析模块能否成功的关键。

运动目标检测技术在实际应用上更能体现人们对移动目标的定位和跟踪需求，因此在许多领域有着广泛应用。关于这个课题的研究有很多，比较经典的算法有帧间差分法、背景差分法和光流法等。运动目标检测算法往往都是面向于特定应用场景的，不存在一个算法能适用于所有场景的情况，也就是说每个算法都有其一定的适用范围。从算法应用对象的角度来看，经典的运动目标检测算法主要有两种：基于图像差分的算法和基于光流场的算法。基于图像差分的算法又可以分为帧间差分法和背景差分法。其中，帧间差分法由于运算量较小，易于硬件实现，已得到广泛应用。

12.2 帧间差分法

帧间差分法一般通过判断相邻两帧或若干帧图像之间的像素灰度值之差是否大于某一阈值来识别物体的运动：如果差的绝对值小于某一阈值 T，则未检测到运动目标，反之发现运动目标。以车辆模型运动序列为例，采用帧间差分法进行检测的效果如图 12-1 所示。

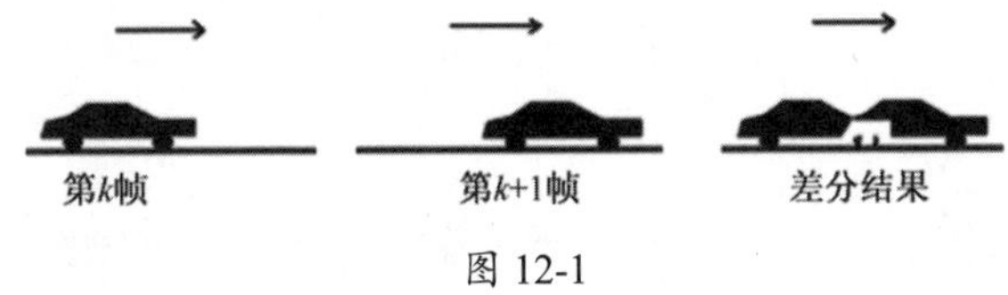

图 12-1

假设取相邻两帧灰度图像 I_k、I_{k+1}，并且两帧之间具有良好的配准效果，图像上某个像素点(i,j)在 k 时刻的灰度值记为 $f(I,j,k)$，在 k+1 时刻的灰度值记为 $f(i,j,k+1)$，差分图像记为 $B(i,j)$，则有：

$$B(i,j)=\begin{cases}1, & \left|f(i,j,t)-f(i,j,t+1)\right|>T_1\\ 0, & \text{其他}\end{cases}$$

因此，差分结果 $B(i,j)$是一个二值图像，值 1 表示该像素在不同时刻的灰度发生了很大的变化，说明有运动物体；值 0 表示该像素的灰度没有发生变化或者变化很小，说明没有运动物体。其中，T_1 类似于二值化过程中所使用的阈值，该值的选取非常关键，决定了检测目标区域的准确度和灵敏度。

基于帧间差分法进行视频目标检测的主要优点是算法简单，程序设计复杂度低，易于实现，并且对背景或者光线的缓慢变化不太敏感，能根据帧序的移动来较快适应，对运动目标的检测灵敏度较高。基于帧间差分法进行视频目标检测的主要缺点是检测位置不够精确，特别是当目标运动速度较快，相邻帧之间的目标运动位移较大时，会影响运动目标区域的定位及其特征参数的准确提取。此外，对帧间差分法阈值的选取对其检测结果也有直接的影响，往往会决定目标检测的区域范围。特别是，如果预先定义某阈值而不是自适应计算阈值，则会提高差分图像中运动目标点和噪声点的误判概率。虽然帧间差分法可能提取不到完整的目标图像，但帧间差分法简单，计算量小，速度快，也容易优化，适合 DSP 实现，所以目前被广泛应用。

12.3　背景差分法

背景差分法是利用当前帧图像与背景图像进行差分运算，并提取运动区域的一种目标检测算法，一般能够提供完整的目标数据。背景差分法的基本思想：首先，用预先存储或者实时更新的背景图像序列对图像的每个像素都统计建模，得到背景图像 $f_b(x,y)$；然后，将当前每一帧的图像 $f_k(x,y)$和背景图像 $f_b(x,y)$相减，得到图像中偏离背景图像较大的像素点；最后，使用类似于帧间差分法的处理方式，循环前两步直至确定目标的矩形定位信息。其中，运算过程的具体公式如下：

$$D_k(x,y)=\begin{cases}1, & |f_k(x,y)-f_b(x,y)|>T\\ 0, & \text{其他}\end{cases}$$

式中，$f_k(x,y)$为某一帧图像，$f_b(x,y)$为背景图像，$D_k(x,y)$为帧差图像，T 为阈值。若相减值大于 T，则认为像素出现在目标上，$D_k(x,y)$值为 1；反之，$D_k(x,y)$值为 0，认为像素在背景中。通过以上步骤遍历处理每个像素，能够完整地分割出运动目标。

但是，当背景图像发生长时间的细微变化时，如果一直使用预先存储的背景图像，那么随着时间的增加，累积误差会逐渐增大，最终可能会造成原背景图像与实际背景图像存在较大偏差，检测失败。因此，背景差分法中的一个关键要素就是更新背景，自适应的背景图像更新算法往往会大大提高目标检测的准确性及背景差分法的应用效率。基于像素分析的背景图像更新是常用的背景更新算法之一，该算法在更新背景图像之前，先把背景图像和运动目标区分开：对于出现运动目标的背景图像区域不进行图像更新，对于其他区域则进行实时图像更新。因此，通过该算法所得到的背景图像不会受到运动目标的干扰。但是基于像素分析的背景图像更新算法对噪声具有一定的敏感性，特别是在光线突变时，可能不会实时更新背景图像。

背景差分法的优点是算法简单，易于实现。在实际处理过程中，根据实际情况确定阈值后，所得结果直观反映了运动目标的位置、大小和形状等信息，能够得到比较精确的运动目标信息。该算法适用于背景固定或变化缓慢的情况，其关键是如何获得场景的静态背景图像，其缺点是容易受到噪声等外界因素的干扰，如果光线发生变化或者背景中的物体瞬时移动，都会对最终的检测结果造成影响。

12.4　光流法

光流指图像中亮度模式的运动速度，属于二维瞬时速度场的范畴。基于光流检测运动目标的基本原理：首先，对图像中的每一个像素点都初始化一个速度矢量，形成图像运动场；然后，在运动中的某个特定时刻，将图像的点与三维物体的点根据投影关系一一进行映射；最后，根据各个像素点的速度矢量特征，对图像进行动态分析。在此过程中，如果在图像中没有运动目标，则光流矢量在整个图像区域呈现连续变化的态势；如果在图像中存在物体和图像背景的相对运动，则运动物体所形成的速度矢量必然和邻域背景的速度矢量不同，从而检测出运动物体的位置。在实际应用中，光流法的计算量大，容易受到噪声干扰，不利于实时处理。

光流法在近几年发展迅速，出现了很多种改进算法，常用的有时空梯度法、模块匹配法、基于能量的分析算法和基于相位的分析算法。其中，时空梯度法以经典的 Horn&Schunck 算法为代表，应用最为普遍。该算法利用图像灰度的时空梯度函数来计算每一个图像点的速度矢量，构建光流场。假设 $I(x,y,t)$ 为 t 时刻图像点 (x,y) 的灰度；u 、v 分别为该点光流矢量 x 和 y 方向的两个分量，且 $u=\mathrm{d}x/\mathrm{d}t$ ，$v=\mathrm{d}y/\mathrm{d}t$ ，则根据计算光流的条件 $\mathrm{d}I(x,y,t)/\mathrm{d}t=0$ ，可得到光流矢量的梯度约束方程为

$$I_x u+I_y v+I_t=0 \tag{12.1}$$

改写为矢量形式：

$$\nabla I/v+I_t=0 \tag{12.2}$$

式（12.1）中，I_x 、I_y 、I_t 分别为参考像素点的灰度值 x 、y 、t 方向的偏导数，$\nabla I=(I_x,I_y)^{\mathrm{T}}$ 为图像灰度的空间梯度，$v=(u,v)^{\mathrm{T}}$ 为光流矢量。

梯度约束方程限定了 I_x 、I_y 、I_t 与光流矢量的关系，但是该方程的两个分量 u 和 v 并非唯一解，需要附加另外的约束条件来求解这两个分量。常用的约束条件是假设光流在整个图像区域上的变化具有平滑性，称之为平滑约束条件：

$$\min\left(\begin{cases}(\partial u/\partial x)^2+(\partial u/\partial y)^2\\(\partial v/\partial x)^2+(\partial v/\partial y)^2\end{cases}\right)$$

因此，通过一系列的数学运算，可获取 (u,v) 的递归解。

光流法的优点是能够在未预先知道场景的任何消息的前提下检测独立的运动目标；光流法的缺点是在大多数情况下计算复杂度都较高，容易受光线等因素的影响，在实时性和实用性上处于劣势。

12.5 程序实现

本案例采用了帧间差分法，利用视频序列中连续的两帧或几帧图像的差异进行目标检测和提取。在处理过程中为了提高兼容性，采用 MeanShift 算法作为跟踪算法的补充，以提高检测效果。由于此方式对动态环境具有较强的自适应性，所以检测效果还是可以接受的，不足之处在于当检测目标的运动速度较快时不能精确地定位目标。

为了增强软件设计的交互性，提高演示效果，本案例通过设计 GUI 的方式来实现软件框架，如图 12-2 所示。

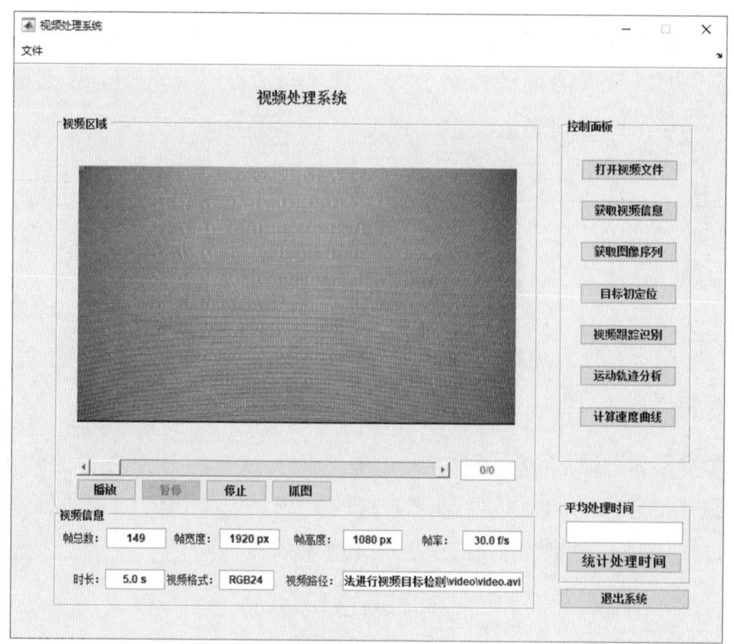

图 12-2

该软件以之前介绍的经典视频处理框架为基础进行开发，加入了目标检测定位、跟踪识别、轨迹分析、速度曲线等功能模块。其中，目标定位过程综合了视频图像序列本身的特点。为了提升演示效果，在程序设计之初会对不同的目标位置序号进行分析，并将帧间特征与 MeanShift 算法相结合，进行目标定位函数的开发，具体代码如下：

```
    function [Xpoints1, Ypoints1, Xpoints2, Ypoints2, tms, yc] =
ProcessVideo(videoFilePath)
    % 目标定位
    % 输入参数：
    %   videoFilePath——视频路径
    % 输出参数：
    %   Xpoints1, Ypoints1——目标 1 的位置信息
    %   Xpoints2, Ypoints2——目标 2 的位置信息
    %   tms, yc——运行参数
    if nargin < 1
        videoFilePath = fullfile(pwd, 'video/video.avi');
    end
    % 初始化
    time_start = cputime;
    [pathstr, name, ext] = fileparts(videoFilePath);
    foldername = fullfile(pwd, sprintf('%s_images', name));
    T = 1;
    P = 5;
    W1 = [75 95];
    L1 = [360 17];
```

```
W2 = [55 55];
L2 = [35 1565];
Xpoints1 = [];
Ypoints1 = [];
Xpoints2 = [];
Ypoints2 = [];
Xpointst1 = [];
Ypointst1 = [];
Xpointst2 = [];
Ypointst2 = [];
% 显示窗口
figure('Position', get(0, 'ScreenSize'));
hg1 = subplot(1, 2, 1);
hg2 = subplot(1, 2, 2);
for frame = 1:151
    % 循环处理
    filename = fullfile(foldername, sprintf('%04d.jpg', frame));
    R = imread(filename);
    Imi = R;
    xc1 = 0;
    yc1 = 0;
    xc2 = 0;
    yc2 = 0;
    if frame > 75
        % 开始检测
        I = rgb2hsv(Imi);
        I = I(:,:,1);
        I = roicolor(I, 0.1, 0.17);
        MeanConverging1 = 1;
        while MeanConverging1
            % 循环处理目标 1
            M00 = 0.0;
            for i = L1(1)-P : (L1(1)+W1(1)+P),
                for j = L1(2)-P : (L1(2)+W1(2)+P),
                    if i > size(I,1) || j > size(I,2) || i < 1 || j < 1
                        continue;
                    end
                    M00 = M00 + double(I(i,j));
                end
            end
            % 提取特征
            M10 = 0.0;
            for i = L1(1)-P : (L1(1)+W1(1)+P),
                for j = L1(2)-P : (L1(2)+W1(2)+P),
                    if i > size(I,1) || j > size(I,2) || i < 1 || j < 1
                        continue;
                    end
                    M10 = M10 + i * double(I(i,j));
                end
```

```
            end
            M01 = 0.0;
            for i = L1(1)-P : (L1(1)+W1(1)+P),
                for j = L1(2)-P : (L1(2)+W1(2)+P),
                    if i > size(I,1) || j > size(I,2)|| i < 1 || j < 1
                        continue;
                    end
                    M01 = M01 + j * double(I(i,j));
                end
            end
            xc1 = round(M10 / M00);
            yc1 = round(M01 / M00);
            oldL = L1;
            L1 = [floor(xc1 - (W1(1)/2)) floor(yc1 - (W1(2)/2))];
            % 阈值判断
            if abs(oldL(1)-L1(1)) < T || abs(oldL(2)-L1(2)) < T
                MeanConverging1 = 0;
            end
        end
        % 更新
        s = round(1.1 * sqrt(M00));
        W1 = [ s floor(1.2*s) ];
        L1 = [floor(xc1 - (W1(1)/2)) floor(yc1 - (W1(2)/2))];
        Xpoints1 = [Xpoints1 xc1];
        Ypoints1 = [Ypoints1 yc1];
        yc1t = yc1+randi(2,1,1)*25;
        xc1t = xc1+randi(2,1,1)*25;
        Xpointst1 = [Xpointst1 xc1t];
        Ypointst1 = [Ypointst1 yc1t];
    else
        Xpoints1 = [Xpoints1 NaN];
        Ypoints1 = [Ypoints1 NaN];
        Xpointst1 = [Xpointst1 NaN];
        Ypointst1 = [Ypointst1 NaN];
    end
    if frame > 94 && frame < 151
        % 开始检测
        R = Imi;
        I = rgb2ycbcr(R);
        I = I(:,:,1);
        I = mat2gray(I);
        I = roicolor(I, 0.05, 0.3);
        MeanConverging2 = 1;
        while MeanConverging2
            % 循环处理目标 2
            M00 = 0.0;
            M00 = 0.0;
            for i = L2(1)-P : (L2(1)+W2(1)+P),
                for j = L2(2)-P : (L2(2)+W2(2)+P),
```

```
            if i > size(I,1) || j > size(I,2) || i < 1 || j < 1
               continue;
            end
            M00 = M00 + double(I(i,j));
         end
      end
      M10 = 0.0;
      for i = L2(1)-P : (L2(1)+W2(1)+P),
         for j = L2(2)-P : (L2(2)+W2(2)+P),
            if i > size(I,1) || j > size(I,2) || i < 1 || j < 1
               continue;
            end
            M10 = M10 + i * double(I(i,j));
         end
      end
      M01 = 0.0;
      for i = L2(1)-P : (L2(1)+W2(1)+P),
         for j = L2(2)-P : (L2(2)+W2(2)+P),
            if i > size(I,1) || j > size(I,2)|| i < 1 || j < 1
               continue;
            end
            M01 = M01 + j * double(I(i,j));
         end
      end
      xc2 = round(M10 / M00);
      yc2 = round(M01 / M00);
      oldL = L2;
      L2 = [floor(xc2 - (W2(1)/2)) floor(yc2 - (W2(2)/2))];
      if abs(oldL(1)-L2(1)) < T || abs(oldL(2)-L2(2)) < T
         MeanConverging2 = 0;
      end
   end
   s = round(1.1 * sqrt(M00));
   W2 = [ s     floor(1.2*s) ];
   L2 = [floor(xc2 - (W2(1)/2)) floor(yc2 - (W2(2)/2))];
   Xpoints2 = [Xpoints2 xc2];
   Ypoints2 = [Ypoints2 yc2];
   yc2t = yc2+randi(2,1,1)*25;
   xc2t = xc2+randi(2,1,1)*25;
   Xpointst2 = [Xpointst2 xc2t];
   Ypointst2 = [Ypointst2 yc2t];
else
   Xpoints2 = [Xpoints2 NaN];
   Ypoints2 = [Ypoints2 NaN];
   Xpointst2 = [Xpointst2 NaN];
   Ypointst2 = [Ypointst2 NaN];
end
% 绘制中间结果
axes(hg1); cla;
```

```
        imshow(Imi, []); hold on;
        if xc1 > 0 && yc1 > 0
            plot(yc1, xc1, 'go', 'MarkerFaceColor', 'g');
            plot(yc1t, xc1t, 'g+', 'MarkerFaceColor', 'g');
        end
        if xc2 > 0 && yc2 > 0
            plot(yc2, xc2, 'bo', 'MarkerFaceColor', 'b');
            plot(yc2t, xc2t, 'b+', 'MarkerFaceColor', 'b');
        end
        hold off; title(sprintf('%04d帧', frame));
        bg = true(size(Imi,1), size(Imi,2));
        axes(hg2); cla; imshow(bg);
        hold on; box on;
        plot(Ypoints1, Xpoints1, 'go-', 'MarkerFaceColor', 'g');
        plot(Ypoints2, Xpoints2, 'bo-', 'MarkerFaceColor', 'b');
        hold off; title(sprintf('%04d帧', frame));
        pause(0.001);
    end
    % 信息存储
    time_end = cputime;
    tms = time_end - time_start;
    yc.Xpointst1 = Xpointst1;
    yc.Ypointst1 = Ypointst1;
    yc.Xpointst2 = Xpointst2;
    yc.Ypointst2 = Ypointst2;
```

关联该功能到“目标初定位”按钮，对已拆分的离散图像序列进行循环处理，定位乒乓球目标，并绘制实时的位置节点，演示检测效果，如图 12-3 所示。

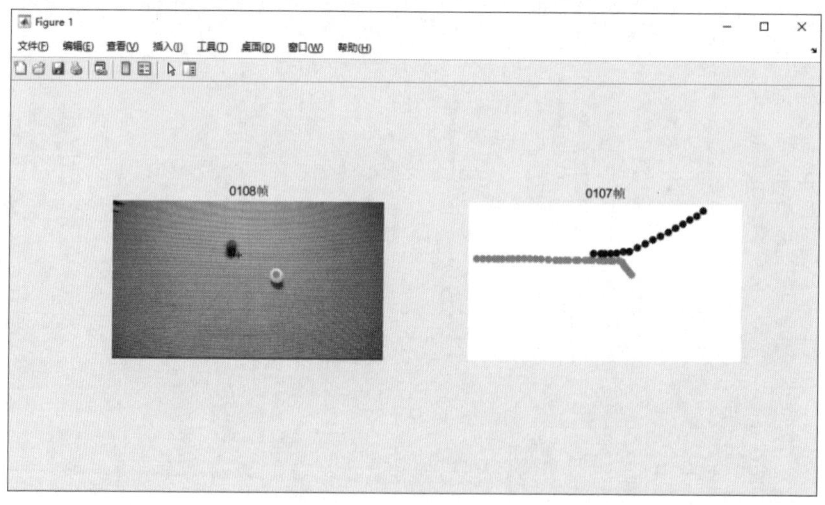

图 12-3

在目标定位结束后，返回具体的定位结果并将其存储到本地 Mat 文件中。为了提升程序演示效果，主界面的“视频跟踪识别”按钮关联了定位结果的标记显示功能，具体代码如下：

```
    % --- Executes on button press in pushbuttonStopCheck.
    function pushbuttonStopCheck_Callback(hObject, eventdata, handles)
    % hObject    handle to pushbuttonStopCheck (see GCBO)
    % eventdata  reserved - to be defined in a future version of MATLAB
    % handles    structure with handles and user data (see GUIDATA)
    % 视频分析
    if isequal(handles.pts, 0)
        msgbox('请先获取定位信息', '提示信息');
        return;
    end
    pts = handles.pts;
    pts1 = pts{1}; pts2 = pts{2};
    [pathstr, name, ext] = fileparts(handles.videoFilePath);
    set(handles.pushbuttonPause, 'Enable', 'On');
    set(handles.pushbuttonPause, 'tag', 'pushbuttonPause', 'String', '暂停');
    set(handles.sliderVideoPlay, 'Max', handles.videoInfo.NumberOfFrames, 'Min',
0, 'Value', 1);
    set(handles.editSlider, 'String', sprintf('%d/%d', 0,
handles.videoInfo.NumberOfFrames));
    for i = 1 : handles.videoInfo.NumberOfFrames
        waitfor(handles.pushbuttonPause,'tag','pushbuttonPause');
        I = imread(fullfile(pwd, sprintf('%s_images\\%04d.jpg', name, i)));
        imshow(I, [], 'Parent', handles.axesVideo);
        set(handles.sliderVideoPlay, 'Value', i);
        set(handles.editSlider, 'String', sprintf('%d/%d', i,
handles.videoInfo.NumberOfFrames));
        axes(handles.axesVideo); hold on;
        plot(pts1(i, 1), pts1(i, 2), 'go-', 'MarkerFaceColor', 'g');
        plot(pts2(i, 1), pts2(i, 2), 'bo-', 'MarkerFaceColor', 'b');
        hold off;
        drawnow;
    end
    set(handles.pushbuttonPause, 'Enable', 'Off');
```

运行目标定位流程后，返回主界面，单击“视频跟踪识别”按钮，演示具体的定位跟踪效果，如图 12-4 所示。

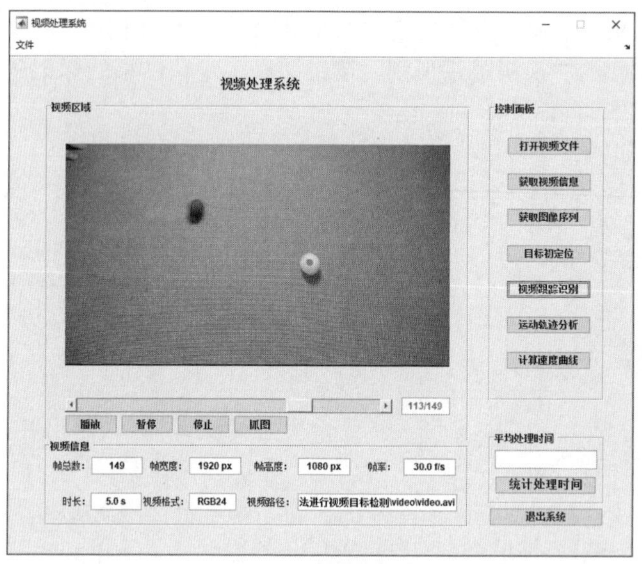

图 12-4

在视频目标定位及跟踪完毕后，为了比较视频中两个乒乓球目标的运行轨迹，设计“运动轨迹分析”按钮用于调用位置信息并绘制运行轨迹曲线，具体代码如下：

```
% --- Executes on button press in pushbutton15.
function pushbutton15_Callback(hObject, eventdata, handles)
% hObject    handle to pushbutton15 (see GCBO)
% eventdata  reserved - to be defined in a future version of MATLAB
% handles    structure with handles and user data (see GUIDATA)
if isequal(handles.pts, 0)
   msgbox('请先获取定位信息', '提示信息');
   return;
end
pts = handles.pts;
yc = handles.yc;
pts1 = pts{1}; pts2 = pts{2};
[ptsr1, ptsr2] = GetRealLocation();
t = 1 : handles.videoInfo.NumberOfFrames;
xt1 = spline(t, pts1(:, 1), t);
yt1 = spline(t, pts1(:, 2), t);
xt2 = spline(t, pts2(:, 1), t);
yt2 = spline(t, pts2(:, 2), t);
axis(handles.axesVideo); cla; axis ij;
hold on;
h1 = plot(pts1(:, 1), pts1(:, 2), 'b.-');
h2 = plot(pts2(:, 1), pts2(:, 2), 'b.-');
h3 = plot(ptsr1(:, 1), ptsr1(:, 2), 'mo-');
h4 = plot(ptsr2(:, 1), ptsr2(:, 2), 'mo-');
h5 = plot(yc.Ypointst1, yc.Xpointst1, 'c+-');
```

```
h6 = plot(yc.Ypointst2, yc.Xpointst2, 'c+-');
legend([h1 h3 h5], {'测量值', '实际值', '预测值'}, 'Location', 'Best');
hold off;
```

在主界面单击“运动轨迹分析”按钮，根据定位结果绘制运动轨迹曲线，具体运行结果如图 12-5 所示。

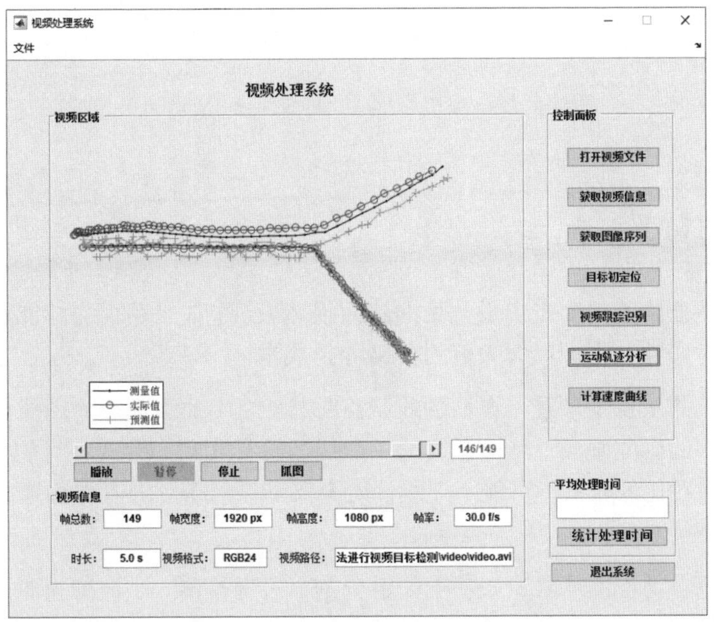

图 12-5

我们还可以对视频运动轨迹进行速度计算、统计运行时间等操作，获取跟踪的性能参数，为后续的视频处理提供辅助材料，进一步提高视频分析结果的可靠性。

第 13 章 路面裂缝检测识别系统设计

13.1 案例背景

路面裂缝是公路养护工作中最常见的路面损坏表现，如果路面裂缝能够在被恶化成坑槽之前得到及时修补，则可以大大节约公路养护成本。

路面裂缝检测从视觉来看是典型的线状目标检测，因此路面裂缝图像的增强与定位属于线状目标检测的研究领域。路面裂缝与一般线状目标相比，有其自身的特点：目标宽度相对较小、图像对比度较低、可能不连续、有分叉和杂点等，并且路面裂缝只是在视觉总体上呈现线状特征。

传统的裂缝自动检测算法，如基于阈值分割、边缘检测、小波变换等，往往假设路面裂缝在整幅图像中具有较高的对比度和较好的连续性，但在一般情况下，对裂缝图像的采集需要涉及室外作业，所得图片难免会存在一定的噪声干扰、畸变等各种问题，直接进行裂缝目标的检测和提取往往会遇到困难。因此，本案例首先对裂缝图像进行预处理，改善图像质量，进而提高实验的优化效果。

13.2 图像灰度化

自然界中绝大部分的可见光谱均能通过红（R）、绿（G）、蓝（B）三色光按不同比例和强度进行混合而得到，我们将其称为 RGB 色彩模式。该模式以 RGB 模型为基础，为图像的每个像素值的 R、G、B 分量均分配一个 Uint8 类型（0 ~ 255）的强度值，如图 13-1 所示。例如，纯红色的 R 值为 255，G 值为 0，B 值为 0；品红色的 R 值为 255，G 值为 0，B 值为 255。RGB 图像的红、绿、蓝分量各占 8 位，因此是 24 位图像，并且不同亮度的基色混合后，会产生出 256×256×256=16 777 216 种颜色。离散化的 RGB 图形如图 13-2 所示。

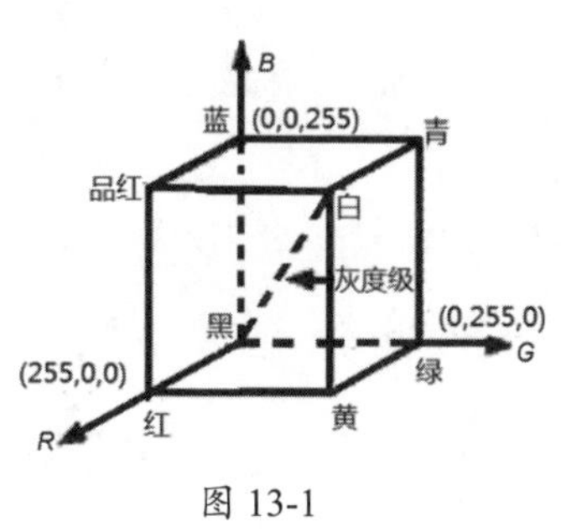

图 13-1

图 13-2

假设$F(i,j)$为 RGB 模型中的某像素，若其三种基色的亮度值相等，则会产生灰度颜色，将该$R=G=B$的值称为灰度值（或者称为强度值、亮度值）。因此，灰度图像就是包含多个量化灰度级的图像。假设该灰度级用 Uint8 类型数值表示，则图像的灰度级就是 256（即$2^8=256$）。本案例所选择的灰度图像灰度级均为 256，其像素灰度值为 0～255 的某个值，当亮度值都是 255 时产生纯白色，当亮度值都是 0 时产生纯黑色，并且亮度从 0 到 255 呈现逐渐增加的趋势。RGB 图像包含了由红、绿、蓝三种分量组成的大量的色彩信息，灰度图像只有亮度信息而没有色彩信息。针对路面裂缝图像的检测要求，一般需要去除不必要的色彩信息，将所采集到的 RGB 图像转换为灰度图像，算法有以下几种。

1. 分量值

选取像素$F(i,j)$的 R、G、B 分量中的某个值作为该像素的灰度值，即

$$F_g(i,j)=\left\{x\middle|x\in\left[R(i,j)\quad G(i,j)\quad B(i,j)\right]\right\} \tag{13.1}$$

式（13.1）中，$F_g(i,j)$为转换后的灰度图像在(i,j)处的灰度值。

2. 最大值

选取像素$F(i,j)$的 R、G、B 分量中的最大值作为该像素的灰度值，即

$$F_g(i,j)=\max\left\{R(i,j)\quad G(i,j)\quad B(i,j)\right\} \tag{13.2}$$

3. 平均值

选取像素$F(i,j)$的 R、G、B 分量的亮度均值作为该像素的灰度值，即

$$F_g(i,j)=\frac{R(i,j)+G(i,j)+B(i,j)}{3} \tag{13.3}$$

4. 加权平均值

选取像素$F(i,j)$的 R、G、B 分量的亮度加权平均值作为该像素的灰度值，一般是根

据分量的重要性等指标，将三种分量以加权平均的方式进行计算得到灰度值。人眼在视觉主观上一般对绿色分量敏感度较高，对蓝色分量敏感度较低，因此对 R、G、B 分量进行加权平均能得到较合理的灰度图像，常用的计算公式如下：

$$F_g(i,j)=0.299\times R(i,j)+0.587\times G(i,j)+0.114\times B(i,j) \tag{13.4}$$

采用加权平均计算灰度图像的方式对裂缝图像进行灰度化，所得结果如图 13-3 所示。

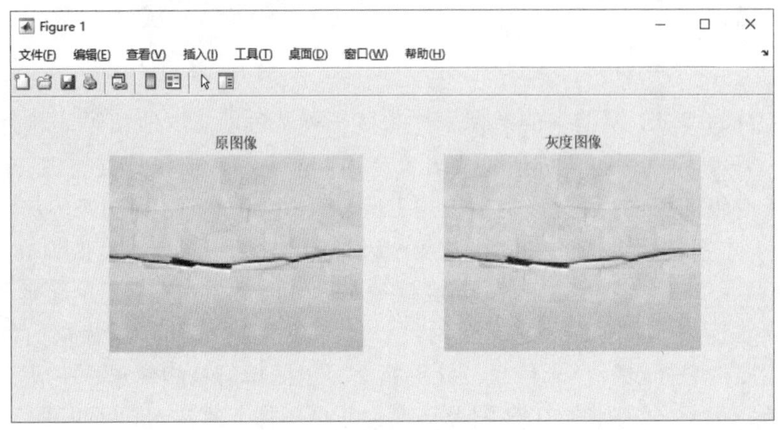

图 13-3

13.3　图像滤波

裂缝图像在采集或传输的过程中往往会受到成像设备与传输介质等因素的干扰而产生噪声，因此待处理的裂缝图像可能会存在边缘模糊、黑白杂点等问题，这在一定程度上会对裂缝目标的检测和识别产生影响，干扰对实验结果的判断，因此需要对裂缝图像进行滤波去噪。本节将从均值滤波和中值滤波两方面对图像进行去噪处理。

均值滤波也称为邻域平均滤波，该算法假设待处理图像是由许多灰度值为常量的小区域组成的，并且相邻区域间存在较高的空间相关性，而噪声则显得相对独立。因此，通过将单个像素及其指定邻域内的所有像素按某种规则计算平均灰度值，再作为新图像中的对应像素值，可达到滤波去噪的目的，这一过程被称为均值滤波。邻域平均法属于非加权邻域平均范畴，是最常用的均值滤波操作。假设 $f(x,y)$ 为一幅大小为 $M\times N$ 的图像，$g(x,y)$ 为经邻域平均法得到的图像，则：

$$g(x,y)=\frac{1}{\text{num}(S)}\sum_{(i,j)\in S} f(i,j) \quad S=\{(x,y)\text{邻域}\} \tag{13.5}$$

非加权邻域平均可以通过模板形式加以描述，通过卷积进行计算。当进行模板与图像卷积计算时，模板中系数的中间位置对应于图像的像素位置。这就要求模板需要在待处理图像中逐点移动，计算模板系数与图像中邻域内像素的乘积之和，将其作为新图像的像素值。假设模板尺寸为$m \times n$，m、n 均为奇数，如图 13-4（a）所示为3×3模板，如图 13-4（b）所示为图像在(x,y)处的3×3邻域矩阵。

$$\begin{bmatrix} \omega(-1,-1) & \omega(-1,0) & \omega(-1,1) \\ \omega(0,-1) & \omega(0,0) & \omega(0,1) \\ \omega(1,-1) & \omega(1,0) & \omega(1,1) \end{bmatrix} \qquad \begin{bmatrix} f(x-1,y-1) & f(x,y-1) & f(x+1,y-1) \\ f(x-1,y) & f(x,y) & f(x+1,y) \\ f(x-1,y+1) & f(x,y+1) & f(x+1,y+1) \end{bmatrix}$$

（a）　　　　　　　　　　（b）

图 13-4

采用如图 13-4a 所示的3×3模板对图像进行滤波，假设模板窗口移动到(x,y)处，即$\omega(0,0)$对应于$f(x,y)$，则其计算公式如下：

$$\begin{aligned} R(x,y) &= \begin{bmatrix} \omega(-1,-1) & \omega(-1,0) & \omega(-1,1) \\ \omega(0,-1) & \omega(0,0) & \omega(0,1) \\ \omega(1,-1) & \omega(1,0) & \omega(1,1) \end{bmatrix} \begin{bmatrix} f(x-1,y-1) & f(x,y-1) & f(x+1,y-1) \\ f(x-1,y) & f(x,y) & f(x+1,y) \\ f(x-1,y+1) & f(x,y+1) & f(x+1,y+1) \end{bmatrix} \\ &= \omega(-1,-1)\times f(x-1,y-1)+\omega(-1,0)\times f(x-1,y)+\omega(-1,1)\times f(x-1,y+1)+ \\ &\quad \omega(0,-1)\times f(x,y-1)+\omega(0,0)\times f(x,y)+\omega(0,1)\times f(x,y+1)+ \\ &\quad \omega(1,-1)\times f(x+1,y-1)+\omega(1,0)\times f(x+1,y)+\omega(1,1)\times f(x+1,y+1) \end{aligned}$$

图像边缘一般集中了图像的细节和高频信息，如果通过邻域平均法进行去噪，则往往会引起图像边缘的模糊，这也会给裂缝目标的检测带来不利影响。中值滤波是常用的非线性滤波算法，其主要思想是对像素邻域向量化取中值进行滤波，具有运算简单、高效，能有效去除脉冲噪声的特点，在去噪的同时它可以有效地保护图像的边缘细节信息。因此，本案例将采用中值滤波算法对裂缝图像进行去噪处理，其处理步骤如下。

（1）定位：在图像中移动模板，将模板中心与图像中的某个像素重合。

（2）计算：选择模板对应于图像的各像素灰度值，进行向量化，并将其排序。

（3）赋值：选择序列的中间值，作为输出赋予模板中心对应的像素。

如图 13-5 所示，根据中值滤波器形状和维数的不同，中值滤波模板有线形、十字形、方形、菱形等，不同形状的滤波器会产生不同的滤波效果。在对裂缝图像进行中值滤波处理时，其关键在于选择合适的模板形状和模板大小。

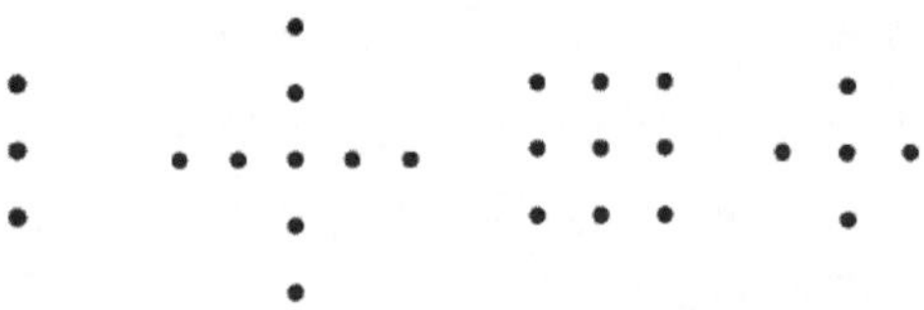

图 13-5

在如图 13-6 所示的原始裂缝图像中包含众多颗粒噪声，选用 3×3 的方形模板对其进行中值滤波后的效果如图 13-7 所示，可以消除大部分颗粒噪声，提高图像背景的平滑度，同时保留了裂缝的边缘细节等信息，更加清晰地突出了裂缝特征。

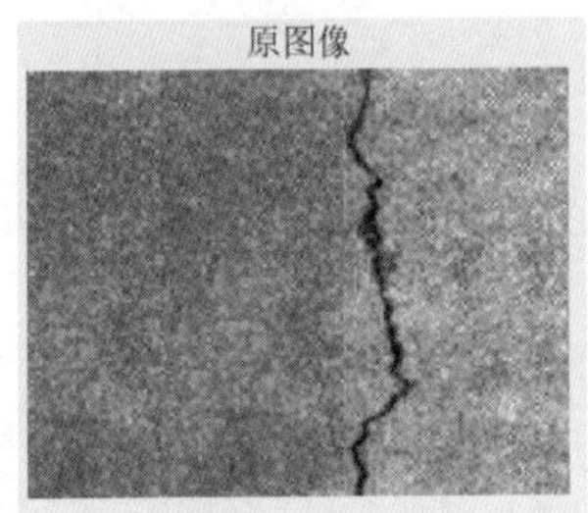

图 13-6

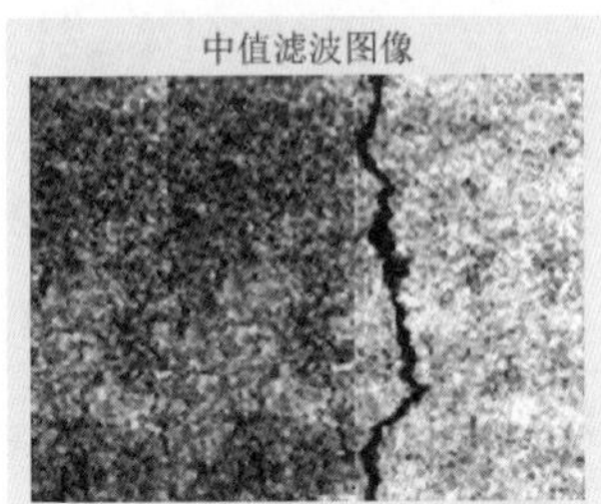

图 13-7

13.4　图像增强

路面裂缝图像的采集一般在室外进行，容易受到大气、光照、机械振动等因素的影响，采集到的裂缝图像可能存在整体偏暗或偏亮等问题，进而产生对比度较低的图像。此类图像的特点是灰度分布范围较小，集中在少量的灰度区间内，这也给后续的裂缝检测和识别带来了不利影响，因此需要对此类图像进行增强处理来提高对比度。

直方图作为图像灰度级分布的统计表，能在一定程度上反映图像的对比度详情。图像的灰度直方图表示该图像所属灰度类型中不同灰度级像素出现的相对频率，并且直方图的横坐标表示灰度，纵坐标表示灰度出现的次数或概率。直方图均衡化利用灰度直方图进行图像对比度的调整，以达到增强图像视觉效果的目标。直方图均衡化的基本思想是通过某种变换，将原始图像的灰度直方图从集中于某个较小的灰度区间变成在更大灰度区间内均匀分布的形式，得到灰度级差式分布，从而达到增强图像整体对比度的目标。

裂缝图像区域通常属于颜色较暗的灰度区间，背景区域则属于相对较亮的灰度区间。但在采集裂缝图像的过程中，往往会因天气干扰、曝光不足等而造成图像整体偏暗，使裂缝区域与背景区域亮度特征相近而不易辨别，如图 13-8 所示。图 13-9 为原始裂缝图像的灰度直方图，可以看出，其灰度值分布主要集中在 100~160 这个区间。因此，为了提高裂缝与背景的对比度，需要将原图像的灰度值范围扩大，形成较为明显的灰度级差，进而增加裂缝图像的对比度。经过灰度直方图均衡化处理，裂缝图像的灰度范围扩大到了 0～255，如图 13-10 所示。对比度增强后的裂缝图像如图 13-11 所示，可以看出，裂缝与背景的差异程度更加突出。

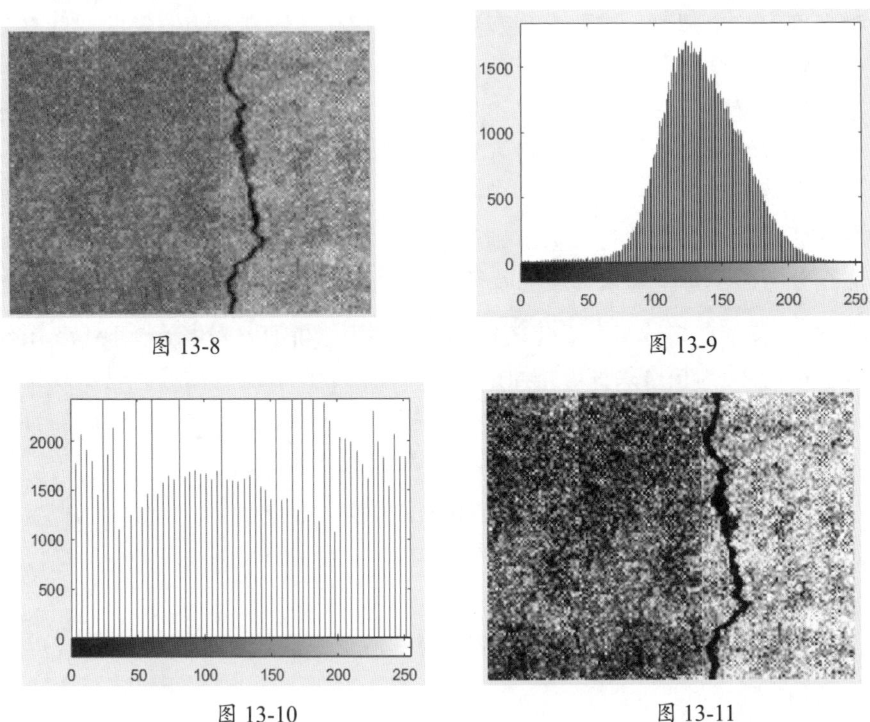

图 13-8　图 13-9

图 13-10　图 13-11

13.5　图像二值化

灰度图像二值化指通过约定一个灰度阈值来分割目标与背景，在阈值之内的像素属于目标即记为 1，属于背景即记为 0。在裂缝目标检测与识别的过程中，既可以采用裂缝边缘、面积等特征进行判别，也可以采用裂缝目标与周围背景的灰度差异值作为判别依据，这就要求引入阈值进行图像二值化处理。假设一幅灰度裂缝图像用 $f(x,y)$ 表示，其中，(x,y) 表示图像中像素的位置坐标，T 为阈值，则进行阈值分割后的二值图像 $b(x,y)$ 满足：

$$b(x,y)=\begin{cases}1, & f(x,y)\geqslant T\\0, & f(x,y)<T\end{cases}$$

裂缝目标或背景区域的像素灰度通常是高度相关的，但裂缝目标与背景区域之间的灰度值则通常存在较大差异，一般包含明显的边缘等特征。因此，为了从更大程度上分割裂缝目标与背景，需要对其进行灰度阈值分割，即选取合适的阈值。阈值计算方法根据其计算过程可以分为两种：全局阈值和基本自适应阈值，如下所述。

◎ 全局阈值是最常见的阈值计算方法，它一般以图像的直方图或灰度空间分布为基础来确定一个阈值，进而实现灰度图像二值化。特别是当图像的灰度直方图分布呈双峰时，全局阈值可以明显地将目标和背景分离，得到较为理想的图像分割效果。但裂缝图像一般具有光照不均匀、存在噪声干扰等特点，其灰度直方图往往不会呈双峰分布，因此全局阈值分割效果较差。

◎ 基本自适应阈值是一种比较基础的图像自适应分割算法，它一般以图像像素自身及其邻域灰度变化的特征为基础进行阈值分割，进而实现灰度图像二值化。该算法充分考虑了每个像素邻域的特征，所以一般能更好地突出目标和背景的边界。

裂缝图像的背景在多数情况下比较固定，如路面、桥面、墙体等。但由于图像采集一般在室外进行，会受到拍摄条件、路面杂物等因素的影响，所以图像容易出现退化或噪声干扰。本案例通过分析裂缝图像目标和背景的特点，采用基本自适应阈值中的自定义阈值法和迭代自适应法相结合的方式来计算阈值，具体步骤如下。

（1）初值：统计裂缝图像的最小灰度值 $T_{\min}$、最大灰度值 $T_{\max}$，计算二者平均值为初始阈值 $T=\dfrac{T_{\min}+T_{\max}}{2}$。

（2）分割：根据阈值 T 对图像进行分割，得到两个像素集合，分别为 $G_1=\{f(x,y)\geqslant T\}$ 和 $G_2=\{f(x,y)<T\}$。

（3）均值：计算像素集合 G_1 和 G_2 的灰度平均值 μ_1 和 μ_2：

$$\mu_1=\frac{1}{\operatorname{num}(G_1)}\sum_{(x,y)\in G_1} f(x,y) \tag{13.6}$$

$$\mu_2=\frac{1}{\operatorname{num}(G_2)}\sum_{(x,y)\in G_2} f(x,y) \tag{13.7}$$

（4）迭代：根据 μ_1 和 μ_2 计算新的阈值 $T=\dfrac{\mu_1+\mu_2}{2}$，重复步骤 2 ~ 步骤 4，直至阈值 T 收敛到某一范围为止。

图 13-12 为一幅裂缝灰度图像，利用自定义阈值法和迭代自适应法对该图像进行阈值分割后，得到的结果如图 13-13 所示。

图 13-12

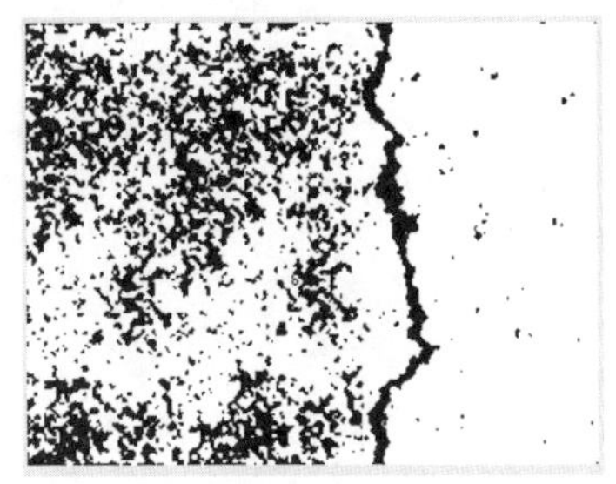

图 13-13

13.6 程序实现

根据裂缝图像的特点，在对其进行目标检测和识别之前，需要进行图像预处理，主要步骤包括：直方图均衡化增强、中值滤波去噪、对比度增强、二值化处理和二值图像滤波等。其中，在二值化处理过程中选择自定义阈值法与迭代自适应法相结合的方式来计算阈值；二值图像滤波主要是连通区域的面积滤波，通过去除小面积的杂点噪声进行滤波去噪。

裂缝图像经过预处理可以得到突出裂缝目标的二值图像，然后可以根据形态学区域特征来获取裂缝目标并进行检测识别。对于裂缝的形状识别可以通过计算图像中裂缝目标的外接矩形长宽比来确定。

在实验过程中，为了能清晰地演示各处理步骤的实验结果，本案例按照上述处理流程设计了 GUI，提高了程序使用的简易性。软件设计界面如图 13-14 所示，左侧控制面板可以逐步调取主算法流程的分步处理结果，右侧显示区域可以显示图像处理、投影曲线等结果。

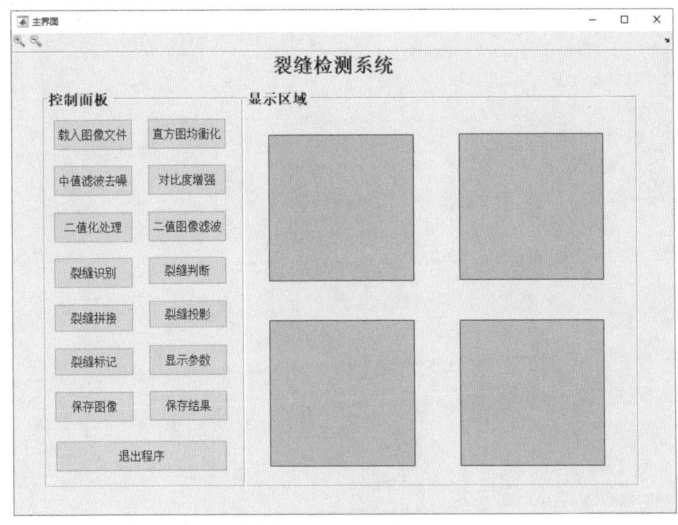

图 13-14

在实际处理过程中，通过执行主函数来得到各中间步骤的相关变量并存入结构体传递到 GUI 窗体，控制面板中各控件通过调用各步骤的相关成员变量即可进行显示、存储等操作。其中，主函数代码如下：

```
function Result = Process_Main(I)
% 主函数
% 输入参数:
%  I——输入图像
% 输出参数:
%  Result——结果图像

% 灰度化
if ndims(I) == 3
    I1 = rgb2gray(I);
else
    I1 = I;
end
% 直方图增强
I2 = hist_con(I1);
% 中值滤波
I3 = med_process(I2);
% 图像增强
I4 = adjgamma(I3, 2);
% 迭代自适应法求阈值
[bw, th] = IterProcess(I4);
bw = ~bw; % 反色
% 二值图像滤波
bwn1 = bw_filter(bw, 15);
% 裂缝识别
bwn2 = Identify_Object(bwn1);
% 裂缝投影
[projectr, projectc] = Project(bwn2);
[r, c] = size(bwn2);
% 裂缝判断
bwn3 = Judge_Crack(bwn2, I4);
% 裂缝拼接
bwn4 = Bridge_Crack(bwn3);
% 裂缝形状识别
[flag, rect] = Judge_Direction(bwn4);
if flag == 1
    str = '横向裂缝';
    wdmax = max(projectc);
    wdmin = min(projectc);
else
    str = '纵向裂缝';
    wdmax = max(projectr);
    wdmin = min(projectr);
end
% 输入图像
```

```
Result.Image = I1;
% 直方图均衡化增强
Result.hist = I2;
% 中值滤波去噪
Result.Medfilt = I3;
% 图像增强
Result.Enance = I4;
% 二值图像
Result.Bw = bw;
% 二值图像滤波
Result.BwFilter = bwn1;
% 裂缝识别
Result.CrackRec = bwn2;
% 裂缝投影
Result.Projectr = projectr;
Result.Projectc = projectc;
% 裂缝判断
Result.CrackJudge = bwn3;
% 裂缝拼接
Result.CrackBridge = bwn4;
% 裂缝形状
Result.str = str;
% 裂缝标记
Result.rect = rect;
% 最后的二值图像
Result.BwEnd = bwn4;
% 面积信息
Result.BwArea = bwarea(bwn4);
% 长度信息
Result.BwLength = max(rect(3:4));
% 最大宽度信息
Result.BwWidthMax = wdmax;
% 最小宽度信息
Result.BwWidthMin = wdmin;
% 阈值信息
Result.BwTh = th;
```

在预处理过程中，直方图均衡化增强、中值滤波去噪、图像增强（Gamma 校正）等步骤比较简单，实验结果如图 13-15 所示。

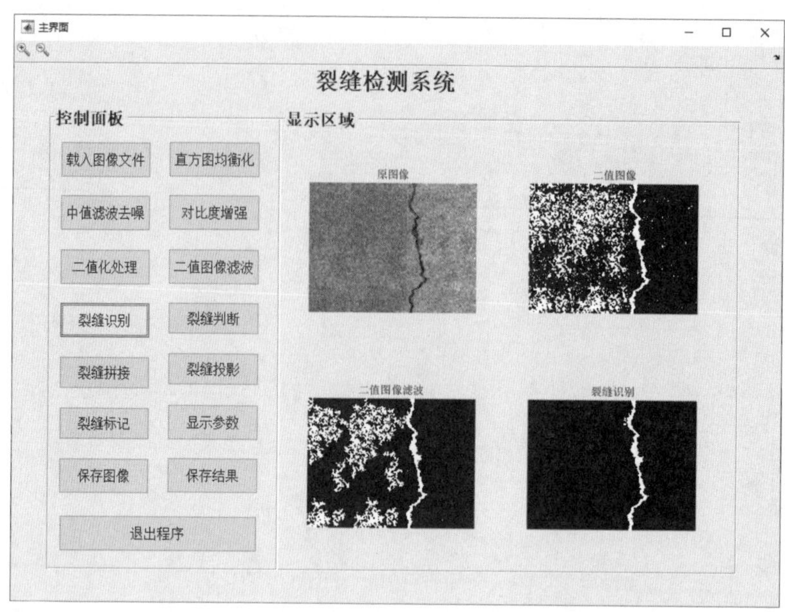

图 13-15

本节重点叙述全局阈值与基本自适应阈值计算阈值的过程及二值图像滤波去噪的过程，具体函数如下：

```
function [bw, th] = IterProcess(Img)
% 使用迭代自适应法进行二值化
% 输入参数：
%  Img——图像矩阵
% 输出参数：
%  bw——二值图像
%  th——阈值

% 图像灰度处理
if ndims(Img) == 3
    I = rgb2gray(Img);
else
    I = Img;
end

% 初始化阈值
T0 = (double(max(I(:))) + double(min(I(:))))/2;
% 循环控制
flag = 1;

while flag
    % 阈值分割
    ind1 = I > T0;
    ind2 = ~ind1;
```

```
    % 计算新阈值
    T1 = (mean(double(I(ind1))) + mean(double(I(ind2))))/2;
    % 判断条件
    flag = abs(T1-T0) > 0.5;
    % 更新阈值
    T0 = T1;
end
% 赋值
bw = ind1;
th = T1;
function bwn = bw_filter(bw, keepnum)
% 二值图像去噪函数
% 输入参数:
%  bw——二值图像
%  keepnum——保留数量
% 输出参数:
%  bwn——去噪后的二值图像
if nargin < 2
    keepnum = 15;
end
% 标记
[L, num] = bwlabel(bw, 8);
% 记录像素个数
Ln = zeros(1, num);
% 面积属性
stats = regionprops(L, 'Area');
Ln = cat(1, stats.Area);
% 排序
[Ln, ind] = sort(Ln);
if num>keepnum || num==keepnum
    for i = 1 : num-keepnum
        % 消除
        bw(L == ind(i)) = 0;
    end
end
% 赋值
bwn = bw;
```

裂缝图像二值化及滤波去噪后可以突出裂缝目标，根据裂缝的“线状”特点，本实验采用二值化连通区域长短轴的比例特征进行判别，具体代码如下：

```
function bwn = Identify_Object(bw, MinArea, MinRate)
% 识别裂缝目标
% 输入参数:
%  bw——二值图像
%  MinArea——最小面积
%  MinRate——最小长短轴比例阈值
% 输出参数:
%  bwn——识别结果
```

```
if nargin < 3
    % 最小长短轴比例阈值
    MinRate = 3;
end
if nargin < 2
    % 最小面积
    MinArea = 20;
end
% 区域标记
[L, num] = bwlabel(bw);
% 计算区域属性信息
stats = regionprops(L, 'Area', 'MajorAxisLength', ...
    'MinorAxisLength');
% 统计面积信息
Ap = cat(1, stats.Area);
% 统计长轴信息
Lp1 = cat(1, stats.MajorAxisLength);
% 统计短轴信息
Lp2 = cat(1, stats.MinorAxisLength);
% 长短轴之比
Lp = Lp1./Lp2;
% 面积滤波
for i = 1 : num
    if Ap(i) < MinArea
        bw(L == i) = 0;
    end
end
% 长短轴之比滤波
MinRate = max(Lp)*0.4;
for i = 1 : num
    if Lp(i) < MinRate
        bw(L == i) = 0;
    end
end
bwn = bw;
```

裂缝识别结果如图 13-16 所示。

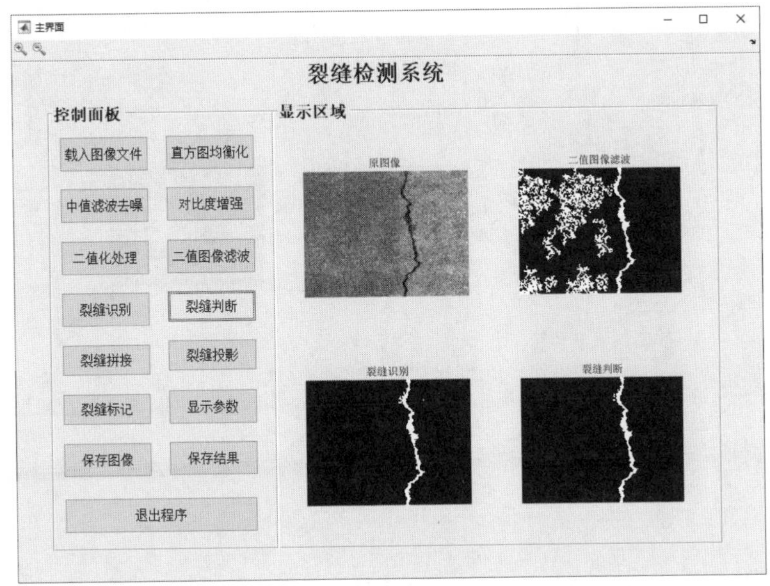

图 13-16

裂缝目标经过检测定位后，为了能精确地获取裂缝的区域信息，本实验采取经典的像素积分投影思想获得裂缝的行、列投影，并绘制投影曲线，进而定位裂缝的具体区域和参数信息，具体代码如下：

```
function [projectr, projectc] = Project(bw)
% 计算行、列投影
% 输入参数：
%  bw——二值图像
% 输出参数：
%  projectr——行投影
%  projectc——列投影
% 行投影
projectr = sum(bw, 2);
% 列投影
projectc = sum(bw, 1);
```

裂缝投影如图 13-17 所示。

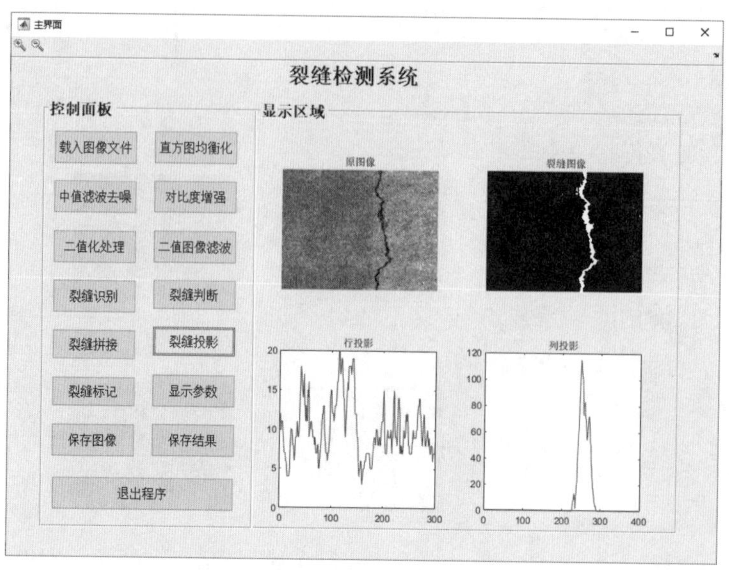

图 13-17

为了判断裂缝的方向，获取裂缝的特征，本实验采用最简捷的外接矩形长宽比的方式进行判断，具体代码如下：

```
function [flag, rect] = Judge_Direction(bw)
% 判断横向、纵向裂缝
% 输入参数：
%  bw——二值图像
% 输出参数：
%  flag——方向标记
%  rect——裂缝矩形框
% 区域标记
[~, num] = bwlabel(bw);
% 区域属性
stats = regionprops(bw, 'Area', 'BoundingBox');
% 面积信息
Area = cat(1, stats.Area);
% 最大面积
[~, ind] = sort(Area, 'descend');
if num == 1
    rect = stats.BoundingBox;
else
    rect1 = stats(ind(1)).BoundingBox;
    rect2 = stats(ind(2)).BoundingBox;
    s1 = [rect1(1); rect2(1)];
    s2 = [rect1(2); rect2(2)];
    s = [min(s1) min(s2) rect1(3)+rect2(3) rect1(4)+rect2(4)];
    rect = s;
end
```

```
% 比率
rate = rect(3)/rect(4);
if rate > 1
    % 横向裂缝
    flag = 1;
else
    % 纵向裂缝
    flag = 2;
end
```

裂缝标记如图 13-18 所示，参数信息如图 13-19 所示。

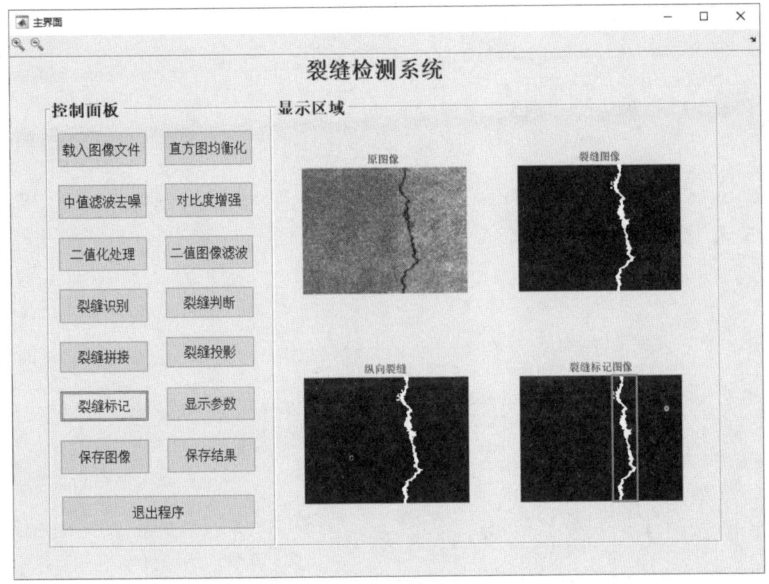

图 13-18

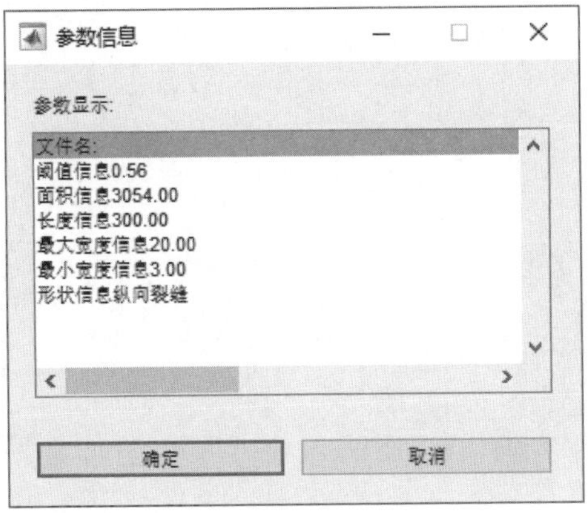

参数信息

参数显示:

文件名:
阈值信息0.56
面积信息3054.00
长度信息300.00
最大宽度信息20.00
最小宽度信息3.00
形状信息纵向裂缝

确定　取消

图 13-19

为了能有效地保存裂缝的特征参数，便于对某一批次的裂缝图像集合进行取样分析，本实验通过将裂缝特征参数写入.xls 表格的方式进行存储，便于用户对检测结果进行统计分析，具体代码如下：

```
% --- Executes on button press in pushbuttonSaveResult.
function pushbuttonSaveResult_Callback(hObject, eventdata, handles)
% hObject    handle to pushbuttonSaveResult (see GCBO)
% eventdata  reserved - to be defined in a future version of MATLAB
% handles    structure with handles and user data (see GUIDATA)
try
    if ~isempty(handles.File)
        raw = [];
        foldername = fullfile(pwd, 'Result');
        if ~exist(foldername, 'dir')
           mkdir(foldername);
        end
        xlsfile = fullfile(pwd, 'Result/result.xls');
        if exist(xlsfile, 'file')
           [num, txt, raw] = xlsread(xlsfile);
        end

        F = [];
        F{1, 1} = '文件名';
        F{1, 2} = '阈值信息';
        F{1, 3} = '面积信息';
        F{1, 4} = '长度信息';
        F{1, 5} = '最大宽度信息';
        F{1, 6} = '最小宽度信息';
        F{1, 7} = '形状信息';

        F{2, 1} = handles.File;
        F{2, 2} = handles.Result.BwTh;
        F{2, 3} = handles.Result.BwArea;
        F{2, 4} = handles.Result.BwLength;
        F{2, 5} = handles.Result.BwWidthMax;
        F{2, 6} = handles.Result.BwWidthMin;
        F{2, 7} = handles.Result.str;

        F = [raw; F];
        xlswrite(xlsfile, F);

        msgbox('保存结果成功！', '信息提示框');
    end
catch
    msgbox('保存结果失败，请检查程序！', '信息提示框');
end
```

将裂缝参数保存到文件的界面如图 13-20 所示。

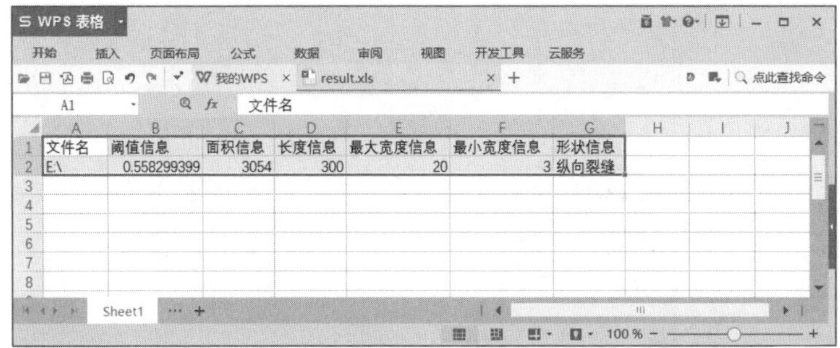

文件名	阈值信息	面积信息	长度信息	最大宽度信息	最小宽度信息	形状信息
E:\	0.558299399	3054	300	20	3	纵向裂缝

图 13-20

将实验应用于不同的裂缝图像进行处理，横向裂缝判断结果如图 13-21 所示，横向裂缝标记结果如图 13-22 所示，参数信息如图 13-23 所示。

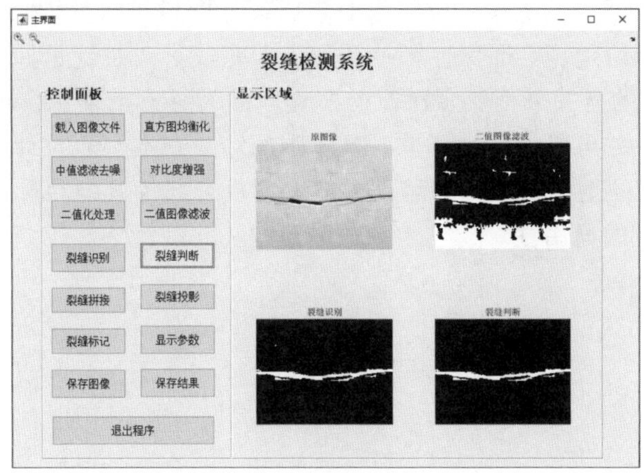

图 13-21

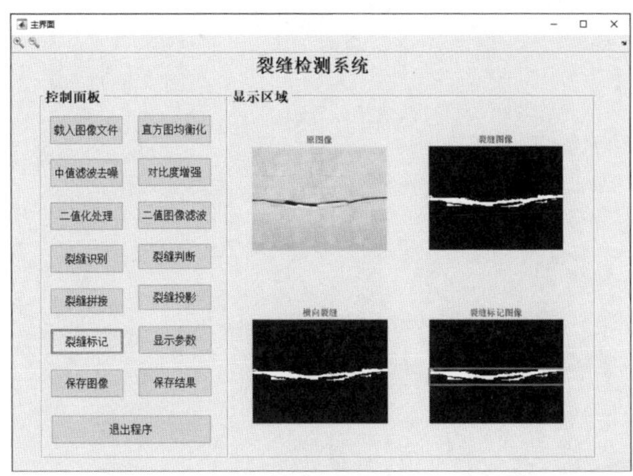

图 13-22

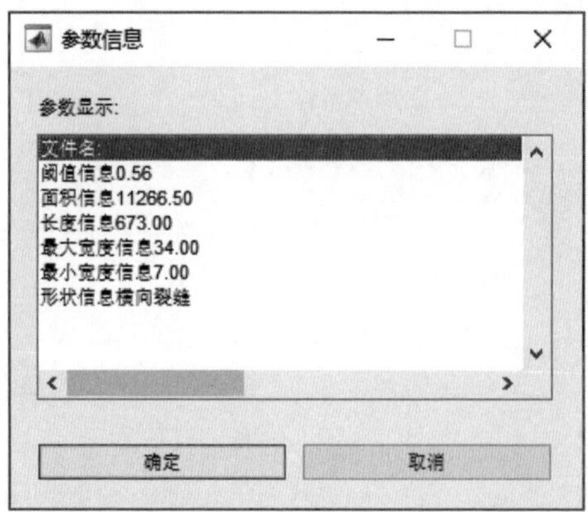

图 13-23

本实验采用比较通用的图像处理技术对路面裂缝图像进行处理，通过预处理、目标检测、特征提取、目标识别、特征保存等一系列步骤完成了对裂缝目标的检测和识别，通过存储结果到.xls 表格的方式来汇集多次试验所提取的裂缝参数信息，最后通过设计 GUI 来集成各个关键步骤，并可以方便地调取、显示中间结果。本实验设计流程清晰，处理方法简捷、易懂，可以方便地拓展到诸如墙面裂缝、钢板裂缝等其他目标检测识别系统的设计和开发中，具有一定的通用性。

第 14 章　基于光流场的车流量计数

14.1　案例背景

光流场（Optical Flow Field，OFF）指图像灰度模式下的视觉运动，属于像素级运动的范畴。光流场通常被表示为二维矢量场，包含各像素点的瞬时运动速度和方向。因此，通过对图像帧序列进行光流场分析，可以预估图像序列的运动场，实现目标运动检测和分析。本案例针对某个交通路口的车辆通行视频进行了分析，提取了关键帧序列，并通过对这些帧进行光流场分析来获取车辆的运动状态，从而对道路的车流量进行统计分析，建立交通路口的车流量分析应用。

14.2　光流法检测运动物体的基本原理

光流法检测运动物体的基本原理是：根据各个像素点的速度矢量特征，可以对图像进行动态分析。如果在图像内没有运动的目标，那么图像的光流场会保持相对一致性；但当有运动目标介入时，光流场就会出现明显的不同，这使得我们可以辨别出运动目标及其位置。光流法的优点在于，光流不仅携带了运动物体的运动信息，还携带了有关三维结构的丰富信息，它能够在不知道任何场景信息的情况下，检测出运动的图像。基于光流场的运动检测步骤如图 14-1 所示。

在理想情况下，光流场和二维运动场互相吻合，但这一命题不总是对的。如图 14-2 所示，一个均匀球体在某一光源照射下，亮度呈现一定的明暗模式。当球体绕中心轴旋转时，明暗模式并不随着表面运动，所以图像没有变化，此时光流在任意地方都等于零，然而运动场却不等于零。如果球体不动而光源运动，则明暗模式将随着光源运动，此时光流不等于零，但运动场为零。

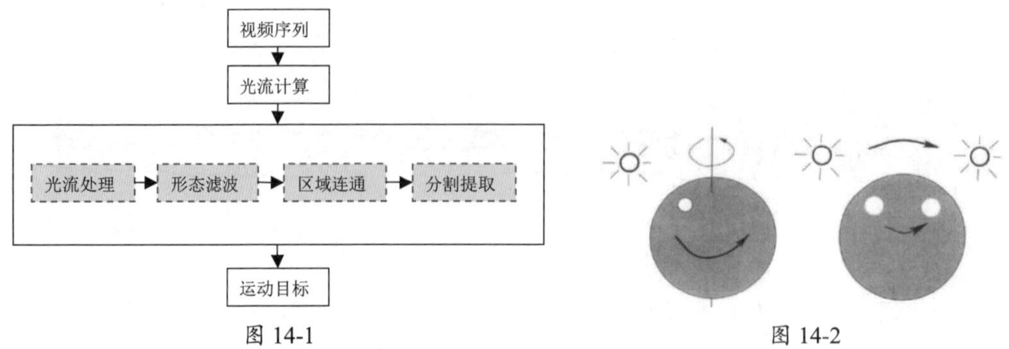

图 14-1　　　　图 14-2

光流场的计算方法能够较好地用于二维运动估计，它也可以同时给出全局点的运动估计，但是光流场并不等价于运动场，因此其本身必然存在着一些问题：遮挡问题、孔径问题、光照问题等。

14.3　光流场的计算方法

光流场的计算方法主要有基于梯度的算法、基于匹配的算法、基于能量的算法和基于相位的算法。另外，近几年神经网络动力学也颇受学者重视。

基于梯度的算法利用图像灰度的梯度来计算光流，是研究得最多的算法，比如 Horn-Schunck 算法、Lucas-Kanade 算法和 Nagel 算法。基于梯度的算法以运动前后图像灰度保持不变作为先决条件，导出光流约束方程。由于光流约束方程并不能唯一地确定光流，因此需要导入其他约束。

基于匹配的算法包括基于特征匹配和基于区域匹配两种。基于区域匹配技术在视频编码中得到了广泛应用，它通过对图像序列中相邻两帧图像间的子块匹配进行运动估值。在区域匹配算法中，图像被分割为子块，子块中所有像素的运动被认为是相同的，由于复杂的运动可以被近似地分解为一组平移运动之和，所以区域匹配算法采用的运动模型假设图像中的运动物体由做平移运动的刚体组成，且假设在图像场景中没有大的遮挡物。

基于能量的算法首先要对输入图像序列进行时空滤波处理，这是一种对时间和空间的整合。对于均匀的流场，想要获得正确的速度估计，这种时空整合是非常必要的。然而，这样做会降低光流估计的空间和时间分辨率。尤其是当时空整合区域包含几个运动成分（如运动边缘）时，估计精度将会恶化。此外，基于能量的光流技术涉及大量的滤波器，因此存在高计算负荷的问题。然而可以预期，随着相应硬件的发展，在不久的将来，滤波将不再是一个严重的限制因素，所有这些技术都可以在正常帧率播放的情况下得以实现。

基于相位的算法由 Fleet 和 Jepson 提出，该算法根据带通滤波器输出的相位特性来确定光流。通过与带通滤波器输出中的等相位轮廓相垂直的瞬时运动来定义分速度。带通滤波器按照尺度、速度和定向来分离输入信号。基于相位的光流技术的综合性能比较优秀，光流估计比较精确且具有较高的空间分辨率，对图像序列的适用范围也比较宽。

对于光流场计算来讲，如果说前面的基于能量或相位的模型有一定的生物合理性，那么近几年出现的利用神经网络建立的视觉运动感知的神经动力学模型则是对生物视觉系统功能与结构的更为直接的模拟。尽管现有的神经动力学模型还不成熟，然而这些算法及其结论为进一步研究打下了良好的基础，是将神经机制引入运动计算方面所做的极有意义的尝试。

目前，对光流的研究方兴未艾，新的计算方法还在不断涌现。这里对光流技术的发展趋势与方向提出以下看法。

（1）现有技术有各自的优点与缺点，方法之间相互结合，优势互补，建立光流计算的多阶段或分层模型是光流技术发展的一个趋势。

（2）通过深入的研究发现，现有的光流场的计算方法之间有许多共通之处。如微分法和匹配法的前提假设极为相似，某些基于能量的算法等效于区域匹配技术，而基于相位的算法则将相位梯度用于法向速度的计算。

（3）尽管用于光流场计算的神经网络算法还很不成熟，然而对它的研究却具有极其深远的意义。随着生物视觉研究的不断深入，神经网络算法无疑会不断完善，也许光流计算乃至计算机视觉的根本出路就在于神经机制的引入。

14.4 梯度光流场约束方程

假定像素点(x,y)在t时刻的灰度值为$I(x,y,t)$，在$t+\mathrm{d}t$时刻，该像素点运动到新的位置$(x+\mathrm{d}x,y+\mathrm{d}y)$，此时对应的灰度值为$I(x+\mathrm{d}x,y+\mathrm{d}y,t+\mathrm{d}t)$。根据图像的一致性假设，当$\mathrm{d}t\to 0$时，图像沿着运动轨迹的亮度保持不变，即：

$$I(x,y,t)=I(x+\mathrm{d}x,y+\mathrm{d}y,t+\mathrm{d}t) \tag{14.1}$$

如果图像灰度随(x,y,t)缓慢变换，则将式（14.1）进行泰勒级数展开：

$$I(x+\mathrm{d}x,y+\mathrm{d}y,t+\mathrm{d}t)\approx I(x,y,t)+\frac{\partial I}{\partial x}\mathrm{d}x+\frac{\partial I}{\partial y}\mathrm{d}y+\frac{\partial I}{\partial t}\mathrm{d}t \tag{14.2}$$

于是

$$\frac{\partial I}{\partial x}\frac{\mathrm{d}x}{\mathrm{d}t}+\frac{\partial I}{\partial y}\frac{\mathrm{d}y}{\mathrm{d}t}+\frac{\partial I}{\partial t}=I_x u+I_y v+I_t=0 \tag{14.3}$$

式(14.3)中，$I_x = \dfrac{\partial I}{\partial x}$、$I_y = \dfrac{\partial I}{\partial y}$ 和 $I_t = \dfrac{\partial I}{\partial t}$ 分别代表参考点灰度随着 x、y、t 的变化率；$u = \dfrac{\mathrm{d}x}{\mathrm{d}t}$ 和 $v = \dfrac{\mathrm{d}y}{\mathrm{d}t}$ 分别表示参考点沿着 x 和 y 方向的移动速度，即光流。式（14.3）就是光流基本方程，写成向量形式为

$$\nabla \boldsymbol{I} \cdot \boldsymbol{U} + I_t = 0 \tag{14.4}$$

式（14.4）中，$\nabla \boldsymbol{I} = \left[I_x, I_y \right]$ 表示梯度方向；$\boldsymbol{U} = [u,v]^{\mathrm{T}}$ 表示光流。式（14.4）叫作光流约束方程，是所有基于梯度的算法的基础。

由于 u 和 v 组成的是二维空间，因此式（14.4）定义了一条直线，所有满足约束方程的 $\boldsymbol{U} = [u,v]^{\mathrm{T}}$ 都在该直线上，如图 14-3 所示，该直线和梯度 $\nabla \boldsymbol{I} = \left[I_x, I_y \right]$ 垂直。由于光流约束方程包含 u 和 v 两个未知量，显然通过一个方程并不能唯一确定这两个未知量，为了求解光流场，必须引入新的约束条件。

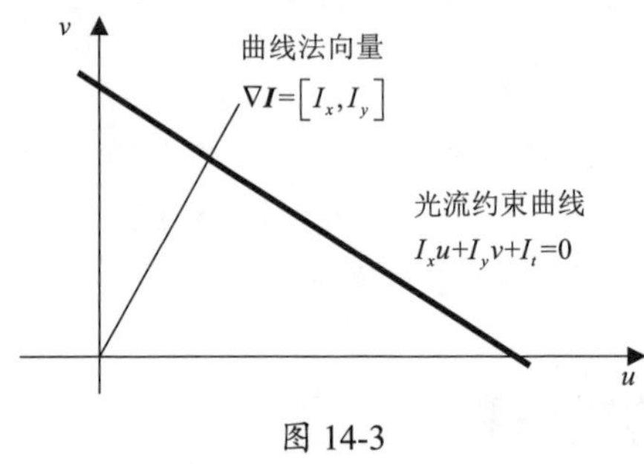

图 14-3

根据约束条件的不同，梯度光流法又分为全局约束和局部约束。全局约束假定光流在整个图像范围内满足一定的约束条件，而局部约束假定在给定像素点周围的一个小区域内，光流满足一定的约束条件。常用的基于梯度的算法如下。

1. 运动场平滑

Horn-Schunck 算法假设光流在整个图像区域上平滑变化，即运动场既满足光流约束方程，又满足全局平滑性。它将光滑性测度与加权微分约束测度相结合，通过一个加权参数来调节两者之间的平衡。

2. 预测校正

Lucas-kanade 算法假设在一个小的空间邻域上运动矢量保持恒定，然后使用加权最小二乘的思想来估计光流，它是一种基于像素递归的光流算法，就是预测校正型的位移估算器。预测值可以作为前一个像素位置的运动估算值，或作为当前像素邻域内的运动估算线性组合。依据该像素上的位移帧差的梯度最小值，对预测做进一步的修正。

3. 平滑约束

与 Horn-Schunck 算法一样，Nagel 算法也使用了全局平滑约束来建立光流误差测度函数，但是 Nagel 算法提出的是一种面向平滑的约束，并不是强加在亮度梯度变化最剧烈的方向（比如边缘方向）上的，这样做的目的是处理遮挡。

14.5 Horn-Schunck 算法

Horn-Schunck 算法是一种全局约束，其提出了光流的平滑性约束条件，即图像上任一点的光流并不是独立的，光流在整个图像范围内平滑变化。所谓平滑，就是在给定邻域内其速度分量平方和积分最小：

$$S=\iint\left(u_x^2+u_y^2+v_x^2+v_y^2\right)\mathrm{d}x\mathrm{d}y \tag{14.5}$$

在实际情况下，式（14.5）可以使用下面的表达式代替：

$$E=\iint\left(u-\overline{u}\right)^2+\left(v-\overline{v}\right)^2\mathrm{d}x\mathrm{d}y \tag{14.6}$$

式（14.6）中，$\overline{u}$ 和 $\overline{v}$ 分别表示 u 邻域和 v 邻域中的均值。

根据光流基本方程式（14.4）考虑光流误差，Horn-Schunck 算法将光流求解归结为如下极值问题：

$$F=\iint\left[\left(I_xu+I_yv+I_t\right)^2+\lambda\left(\left(u-\overline{u}\right)^2+\left(v-\overline{v}\right)^2\right)\right]\mathrm{d}x\mathrm{d}y \tag{14.7}$$

式（14.7）中，λ 控制平滑度，它的取值要考虑图中的噪声情况。如果噪声较强，则说明图像数据本身的置信度较低，需要更多地依赖光流约束，所以 λ 可以取较大的值；反之，可以取较小的值。

将式（14.7）分别对 u 和 v 求导，当导数为零时该式取极值：

$$\begin{aligned}2I_x\left(I_xu+I_yv+I_t\right)+2\lambda\left(u-\overline{u}\right)=0\\2I_y\left(I_xu+I_yv+I_t\right)+2\lambda\left(v-\overline{v}\right)=0\end{aligned} \tag{14.8}$$

采用松弛迭代法对式（14.8）进行求解，迭代方程为

$$\begin{aligned}u^{(k+1)}&=\overline{u}^{(k)}-I_x\frac{I_x\overline{u}^{(k)}+I_y\overline{v}^{(k)}+I_t}{\lambda^2+I_x^2+I_y^2}\\v^{(k+1)}&=\overline{v}^{(k)}-I_y\frac{I_x\overline{u}^{(k)}+I_y\overline{v}^{(k)}+I_t}{\lambda^2+I_x^2+I_y^2}\end{aligned} \tag{14.9}$$

在求解式（14.9）的过程中需要估计灰度对的时间和空间微分。如果下标 i、j、k 分别对应 x、y、t，则 3 个偏导数可以用一阶差分来替代，相应滤波系数为[-1,1;-1,1]，式（14.10）采用前后两帧的一阶差分结果的平均值来近似估计灰度对的时间和空间微分。

$$
\begin{aligned}
I_x &= \frac{1}{4}\left(I_{i+1,j,k} + I_{i+1,j+1,k} + I_{i+1,j,k+1} + I_{i+1,j+1,k+1}\right) - \frac{1}{4}\left(I_{i,j,k} + I_{i,j+1,k} + I_{i,j,k+1} + I_{i,j+1,k+1}\right) \\
I_y &= \frac{1}{4}\left(I_{i,j+1,k} + I_{i+1,j+1,k} + I_{i,j+1,k+1} + I_{i+1,j+1,k+1}\right) - \frac{1}{4}\left(I_{i,j,k} + I_{i+1,j,k} + I_{i,j,k+1} + I_{i+1,j,k+1}\right) \\
I_t &= \frac{1}{4}\left(I_{i,j,k+1} + I_{i+1,j,k+1} + I_{i,j+1,k+1} + I_{i+1,j+1,k+1}\right) - \frac{1}{4}\left(I_{i,j,k} + I_{i+1,j,k} + I_{i,j+1,k} + I_{i+1,j+1,k}\right)
\end{aligned}
\tag{14.10}
$$

14.6 程序实现

本案例通过视频关键帧抽取、光流场构建和目标检测的技术路线进行程序设计。同时，为对比实验效果，本案例采用了 MATLAB 的 GUI 框架建立软件主界面，通过关联功能函数的方式来实现各个模块。

14.6.1 计算视觉系统工具箱简介

计算视觉系统工具箱（Computer Vision System Toolbox）是图像处理工具箱（Image Processing Toolbox）的扩展，包括用于特征提取匹配、目标检测跟踪、立体视觉、相机标定和运动检测等算法。计算视觉系统工具箱还提供了文件读写、视频显示、绘图标注等视频处理工具。这些算法和功能以 MATLAB 函数、系统对象、Simulink 模块形式提供。另外，针对快速原型和嵌入式系统设计，计算视觉系统工具箱还支持定点运算和 C 代码自动产生。工具箱主要包含以下关键特色。

（1）对象检测：包括 Viola-Jones 及其他训练好的检测算法。

（2）特征检测：用于提取和匹配，包括 FAST、BRISK、MSER 和 HOG 等算法。

（3）相机校准：包括自动棋盘检测等。

（4）立体视觉：包括三维重建等。

（5）仿真模块：指图像处理相关的 Simulink 模块，加速了图像处理算法的建模仿真。

计算视觉系统工具箱的很多功能算法都放在+vision 这个 package 下。package 是 MATLAB 面向对象编程的一个术语，相当于 C/C++中的 namespace。在调用 package 下的函数或者类对象时必须添加 package 名称，如使用 VideoFileReader 对象视频读取时首先要创建 VideoFileReader 对象：

```
hReader=vision.VideoFileReader('viptraffic.avi'); %其中 vision 不能少
%表示 VideoFileReader 类是属于 vision 包下面的
```

然后，调用 step 函数执行视频帧读取：

```
frame=step(hReader);  % step 是 VideoFileReader 类的一个成员函数
% 也可以使用 hReader.step()方式进行调用
```

最后，需要释放类对象资源：

```
release(hReader);
```

可以使用 get/set(hobj)方式查询或者设置+vision 类对象的成员变量，使用 methods(hobj)方式查询成员函数。+vision 类对象一般包含表 14-1 中列出的成员函数。

表 14-1

成员函数	说 明
clone	将对象重新复制一份，包含一样的属性值。不能通过 hobjb=hojba 赋值创建一个新的 handled 类实例，hobj 和 hobja 指向同一个实例
getNumInputs	step 函数期望输入变量的个数
getNumOuputs	step 函数输出变量的个数
isLocked	是否锁定输入特性和不可调属性，一般 release 以后返回 false
release	释放类对象资源，此时允许修改某些属性
reset	重置部分属性，如返回文件头部、重新恢复默认值等
step	逐步执行检测流程

14.6.2 基于光流场检测汽车运动

道路交通流量分析的主要内容就是计算指定区域内的车流量，通过设定监测范围，计算单位时间内的车辆通行信息得到车流量，进而判断道路拥堵情况并进行相应的调度决策。本案例对待测的道路交通视频计算 HS 光流场检测车辆并提取初始的候选目标，再对其通过形态学后处理方法消除噪声干扰，最终定位出车辆位置并计算车流量信息。

如图 14-4 所示，基于光流场的车流量分析流程按处理模块分为初始化、帧序分析、车流量分析三部分，设置虚拟杆线，通过光流场变化检测通过杆线的车辆位置，最终得到待测视频的车流量变化曲线。

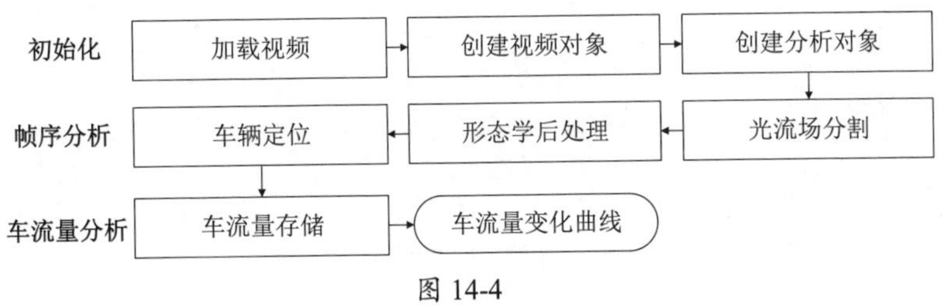

图 14-4

1. 初始化

初始化步骤主要包括加载视频、创建视频对象和分析对象，核心代码如下：

```
video_filename = 'viptraffic.avi';
% 获取视频属性
info = mmfileinfo(video_filename);
cols =info.Video.Width;
rows = info.Video.Height;
% 读取视频文件
vid = VideoReader(video_filename);
% 创建 Horn-Schunck 光流对象
hFlow = opticalFlowHS;
% 阈值计算对象-当前均值
hMean1 = vision.Mean;
% 阈值计算对象-累计平均值
hMean2 = vision.Mean('RunningMean', true);
% 均值滤波对象
hFilter = fspecial('average', [3 3]);
% 形态学滤波对象
hClose = strel('line',5,45);
hErode = strel('square',5);
% 车辆筛选对象
hBlob = vision.BlobAnalysis(...
    'CentroidOutputPort', false,...
    'AreaOutputPort', true, ...
    'BoundingBoxOutputPort', true,...
    'OutputDataType', 'double', ...
    'MinimumBlobArea', 250,...
    'MaximumBlobArea', 3600,...
    'MaximumCount', 80);
% 绘图对象
hShape1 = vision.ShapeInserter(...
    'BorderColor', 'Custom', ...
    'CustomBorderColor', [255 0 0]);
hShape2 = vision.ShapeInserter(...
    'Shape','Lines', ...
    'BorderColor', 'Custom', ...
    'CustomBorderColor', [255 255 0]);
% 虚拟杆线的位置
virtual_loc = 22;
% 输出目录
fd = fullfile(pwd, 'tmp');
if ~exist(fd, 'dir')
    mkdir(fd);
end
```

运行此段代码，可创建视频对象和分析对象，包括光流场计算、图像分割和形态学分析对象，并设置了虚拟杆线的位置，如图 14-5 所示。

图 14-5

2. 帧序分析

帧序分析步骤主要包括视频帧图像光流场计算、阈值分割和形态学后处理等内容，核心代码如下：

```
    % 显示光流矢量的像素点
    [xpos,ypos]=meshgrid(1:5:cols,1:5:rows);
    xpos=xpos(:); ypos=ypos(:);
    locs=sub2ind([rows,cols],ypos,xpos);
    k = 0;
    while hasFrame(vid)
        k = k + 1;
        % 遍历读取帧序列
        img  = readFrame(vid);
        % 将图像转换为灰度图
        gray = rgb2gray(img);
        %1 计算光流场矢量
        flow = estimateFlow(hFlow,gray);
        % 将光流绘制到帧图像
        lines = [xpos, ypos, xpos+20*real(flow.Vx(locs)),
ypos+20*imag(flow.Vy(locs))];
        img_flow = step(hShape2, single(img), lines);
        %2 计算光流场幅值
        magnitude = flow.Magnitude;
        % 计算光流场幅值的平均值，表征速度阈值
        threshold = 1 * step(hMean2, step(hMean1, magnitude));
        % 阈值分割
        carobj = magnitude >= threshold;
        carobj = imfilter(carobj, hFilter, 'replicate');
        % 形态学后处理
        carobj = imerode(carobj, hErode);
        carobj = imclose(carobj, hClose);
        carobj(end-5:end,:) = 0;
        carobj(:,[1:5 end-5:end]) = 0;
        %3 连通域分析
        [area, bbox] = step(hBlob, carobj);
```

```
        % 超出虚拟杆线
        idx = bbox(:,2)+bbox(:,4)*0.5 > virtual_loc;
        ratio = zeros(length(idx), 1);
        ratio(idx) = single(area(idx,1))./single(bbox(idx,3).*bbox(idx,4));
        % 符合筛选条件的保留
        flag = ratio > 0.4;
        % 统计视频帧中的车辆数量
        count(k) = sum(flag);
        bbox(~flag, :) = int32(-1);
        %4 输出结果
        img_car = step(hShape1, single(img), bbox);
        img_car(virtual_loc-1:virtual_loc+1,:,:) = 255;
        img_car = insertText(mat2gray(img_car),[1
1],sprintf('%d',count(k)),'TextColor','w', 'FontSize', 11);
        imwrite(mat2gray(img_flow), fullfile(fd, sprintf('%03d.png', k)));
        imwrite(mat2gray(img_car), fullfile(fd, sprintf('%03d.jpg', k)));
    end
```

运行此段代码，可遍历处理视频的每一帧图像，计算光流场幅值并进行阈值分割，通过形态学后处理得到通过虚拟杆线的车辆位置，进而可得到车流量信息。程序运行将生成帧图像的光流场分布图和车辆检测位置图，其中，第 70 帧的光流场分布图如图 14-6 所示，第 70 帧的车辆检测位置图如图 14-7 所示。可以看出，视频帧的运动变化区域呈现明显的光流分布，经过处理后可定位出符合条件的车辆位置并统计车辆数量。

图 14-6

图 14-7

3. 车流量分析

在车流量分析步骤中，将前面统计得到的车流量数据进行绘图显示，统计车流量的分布情况，所得到的车流量变化曲线如图 14-8 所示，车流量统计曲线如图 14-9 所示。

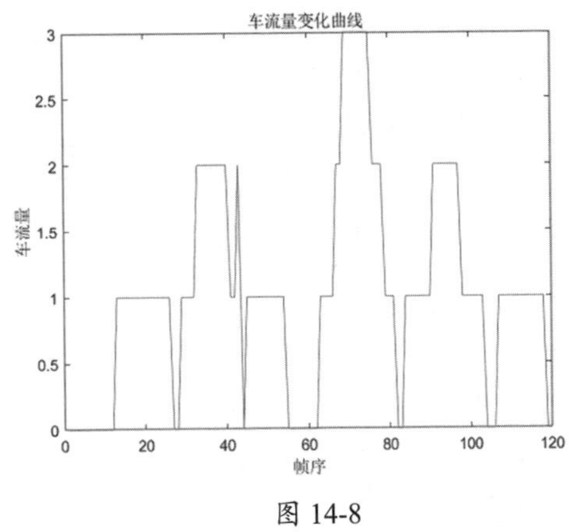

图 14-8

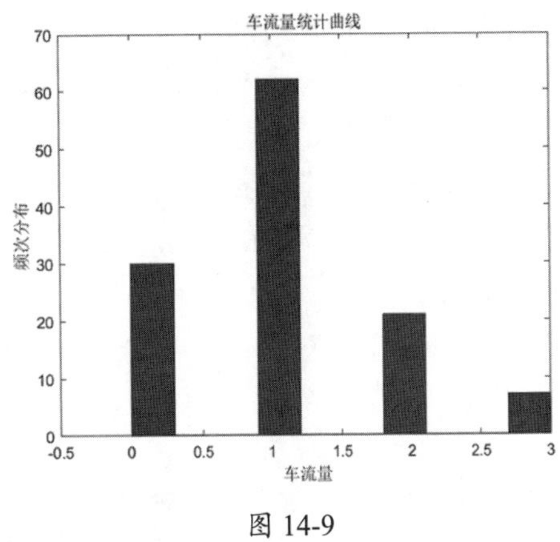

图 14-9

综上，通过对待测视频计算光流场并分析运动目标的变化，经形态学后处理可得到符合条件的车辆位置，进而可统计车流量信息。实验最后对车流量进行了直方图统计，读者也可以引入其他的数据分析方法，例如聚类、预测等进行交通流量分析的延伸应用。

为了更好地集成对比不同步骤的处理效果，贯通整体的处理流程，本案例开发了一个GUI，集成视频加载、光流场计算、交通流量分析等关键步骤，并显示处理过程中产生的中间结果图像。其中，主界面设计如图 14-10 所示。

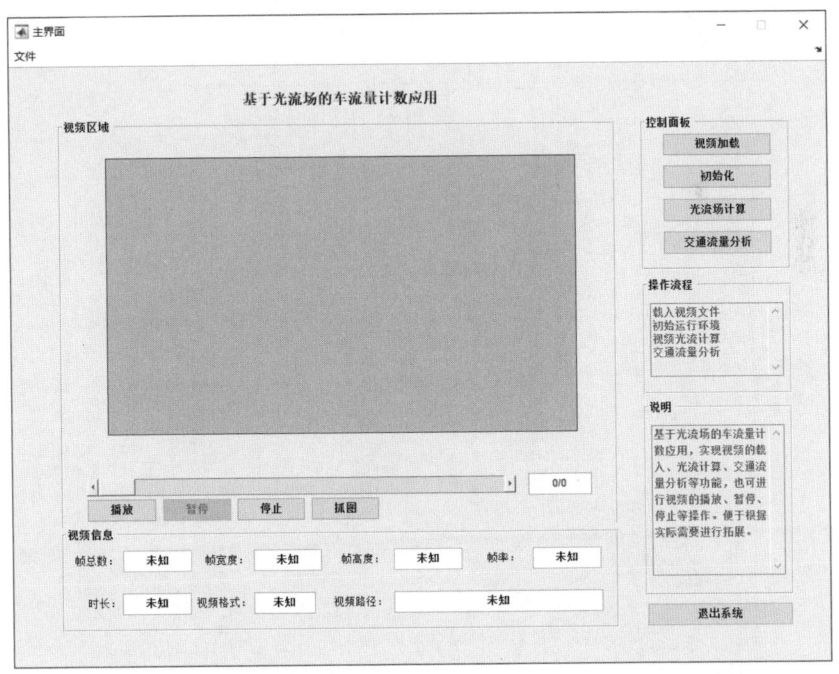

图 14-10

如图 14-10 所示，加载视频后进行初始化操作，提取视频的基本信息并创建光流对象，应用于视频帧序列获取帧图像的光流场变化并进行形态学后处理，定位车辆目标，统计车辆数量，最后完成交通流量分析。此外，主界面中提供了视频处理的常用操作，包括播放、暂停、停止和抓图等，便于进一步的功能拓展。为了验证处理流程的有效性，我们采用前面提到的测试视频进行实验，光流场计算效果如图 14-11 所示，交通流量分析效果如图 14-12 所示。

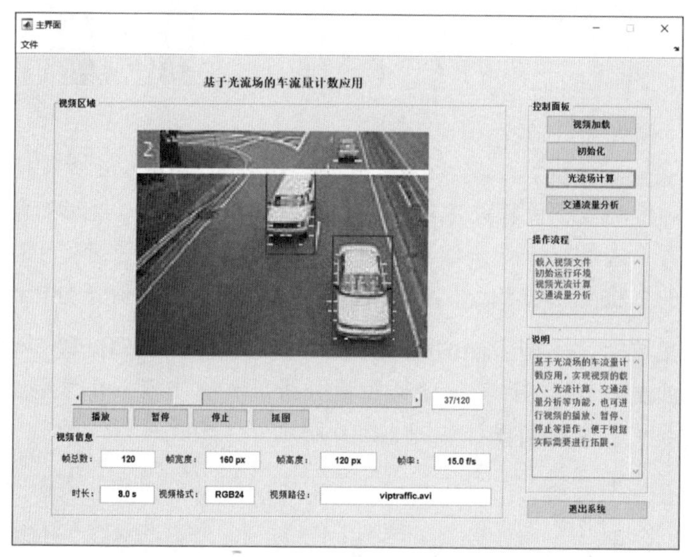

图 14-11

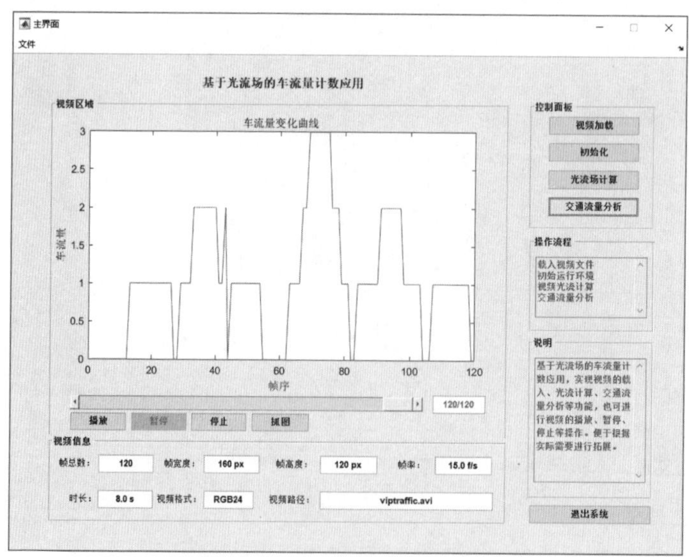

图 14-12

如图 14-11 和图 14-12 所示，对待测视频计算光流场，获取通过虚拟杆线的车辆目标，统计道路区域内的车辆数量并在视频左上角显示，运行期间将记录视频帧序列的车辆数量向量，最终绘制车流量曲线，完成交通流量分析的功能。

读者可以尝试其他的光流法，例如 Lucas-Kanade 光流、Farneback 光流等，也可以考虑用不同的数据挖掘算法对交通流量数据进行预测、聚类等分析，做进一步的应用延伸。

第 15 章　基于邻域支持的三维网格模型特征点提取

15.1　案例背景

现代社会已进入信息化时代，数字化是这个时代的鲜明特征。大量的信息采集与表达、重建与处理等数字化技术为应用基础研究提出了许多新的研究课题。随着三维扫描获取技术的发展，三维数字几何模型已经成为一种新兴的数字媒体，在多个领域取得了广泛应用，同时给数字几何处理带来了机遇和挑战。本案例将针对三维数字几何处理中的三维网格模型特征点提取展开研究。

在模型的分析、理解与编辑中，特征通常起着重要的作用，例如特征保持的网格去噪、网格简化、网格分割、网格修补等。在本案例中，特征指位于两个或多个光滑曲面相交位置的点，也被称为不连续点。对于现有的大部分网格特征提取算法，准确估计网格模型上的微分几何量是特征提取的关键。由于获取的数据不可避免地受到噪声的干扰，导致估算得到的微分几何信息不准确，无法得到理想的结果。此外，网格特征提取过程中不连续地方的微分几何量是奇异的，例如在角点处没有合适的主方向，曲率的定义也没有意义。因此，噪声和不连续是本案例在网格特征提取方面主要解决的两个问题。

15.2　网格特征提取

本案例算法包含以下 4 个主要步骤。

（1）初始特征点提取：基于改进的法向投票张量算法，提取初始特征点，并进行特征点的分类。

（2）显著性度量计算：对于每个尖锐特征类型的点，基于邻域支持的思想计算显著性度量。

（3）弱特征增强技术：为了尽可能多地保留和提取相对较弱的特征，提出了一种弱特征增强技术。

（4）特征线连接处理：基于增强后的显著性度量，提取最终的特征点并将其连接成特征线。

在初始特征点的提取过程中，为了防止特征信息的丢失，我们尽可能多地提取初始特征点。然后，利用后续的显著性度量计算、弱特征增强技术等进一步区分噪声和特征点，同时提取相对较弱的特征。

网格特征提取算法流程如图 15-1 所示，左图为带有噪声的 Fandisk 模型，中间图和右图分别是显著性度量增强前后的对比图。

图 15-1

15.2.1 邻域支持

本案例提出的邻域支持的思想受以下观察的启发：脊点是在对应主方向上具有局部极大主曲率的点，相应的由脊点连接形成的脊线自然地顺应了最小主曲率对应的主方向。也就是说，特征点落在特定的主曲率线上，例如图 15-2 的左图中特征点落在了 Fandisk 模型的特征线上。实际上，如果一个点是特征点，那么在该点的周围沿着相应的主曲率方向可以找到更多同类型的特征点，以支持该点成为真正的特征点。相反，如果一个点是噪声点或者伪特征点，则在该点相应的主曲率方向上无法找到相应类型的特征点或只能找到数量很少的相应类型特征点，无法支持该点成为真正的特征点，即从周围邻域点得到弱支持或得不到支持，图 15-2 的右图很好地体现了这一点。这种特征点相互支持的现象在本案例中被称为邻域支持。

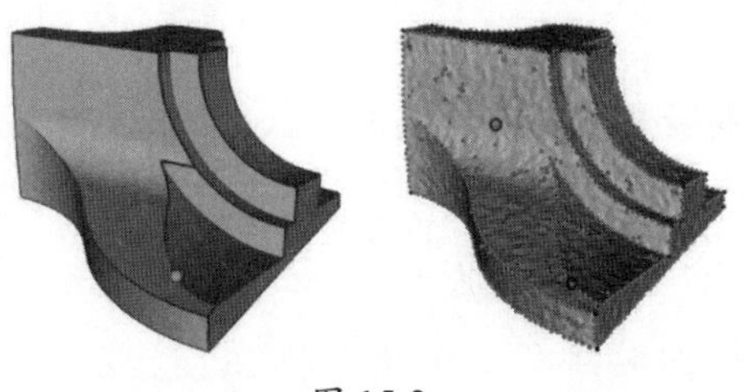

图 15-2

15.2.2　网格特征点提取

15.2.2.1　初始特征点提取

在本案例中，我们将利用改进的法向张量投票算法来提取网格模型上的初始特征点，改进的法向张量投票算法能够使我们更好地处理不规则的网格模型，下面先简要介绍一下法向张量投票算法。

1. 法向张量投票算法

三角形网格上一点的法向投票张量可由其邻域三角形面片的法向量计算得到。具体地，定义三角形面片 f_i 上的协方差矩阵 $\boldsymbol{V}_v^{f_i}$ 为

$$\boldsymbol{V}_v^{f_i} = \boldsymbol{n}_{f_i}\boldsymbol{n}_{f_i}^{\mathrm{T}} = \begin{bmatrix} a^2 & ab & ac \\ ab & b^2 & bc \\ ac & bc & c^2 \end{bmatrix} \tag{15.1}$$

其中，$\boldsymbol{n}_{f_i} = (a,b,c)^{\mathrm{T}}$ 是三角形面片 f_i 的单位法向量。

在得到邻域三角形面片的协方差矩阵之后，定义一点 v 处的法向投票张量为

$$\boldsymbol{T}_v = \sum_{f_i \in N_f(v)} \mu_{f_i}\boldsymbol{n}_{f_i}\boldsymbol{n}_{f_i}^{\mathrm{T}} \tag{15.2}$$

其中，μ_{f_i} 为权重：

$$\mu_{f_i} = \frac{A(f_i)}{A_{\max}}\exp\left(\frac{\left\|c_{f_i} - v\right\|}{\sigma/3}\right), \tag{15.3}$$

$A(f_i)$ 是三角形面片 f_i 的面积，$A_{\max}$ 是当前点 v 一环三角形面片 $N_f(v)$ 中的最大面积，c_{f_i} 是三角形面片 f_i 的质心，σ 是包含当前点邻域面片最小立方体的边长。

$\boldsymbol{T}_v$ 是一个对称半正定矩阵，可表示为

$$\boldsymbol{T}_v = \lambda_1\boldsymbol{e}_1\boldsymbol{e}_1^{\mathrm{T}} + \lambda_2\boldsymbol{e}_2\boldsymbol{e}_2^{\mathrm{T}} + \lambda_3\boldsymbol{e}_3\boldsymbol{e}_3^{\mathrm{T}} \tag{15.4}$$

其中，$\lambda_1 \geqslant \lambda_2 \geqslant \lambda_3 \geqslant 0$，是该矩阵的 3 个特征值，$\boldsymbol{e}_1$、$\boldsymbol{e}_2$、$\boldsymbol{e}_3$ 是特征值对应的特征向量。

2. 特征点的分类

依据法向投票张量的特征值，网格顶点可以被分成 3 种类型：平面点、尖锐点和角点。我们将尖锐点和角点统称为特征点。

◎ 平面点：λ_1 占主导，λ_2 和 λ_3 接近 0。

◎ 尖锐点：λ_1 λ_1 和 λ_2 λ_2 占主导，λ_3 接近 0。

◎ 角点：λ_1 λ_1、λ_2 和 λ_3 λ_3 数值大小相当。

通过大量实验可以发现，当网格中存在不规则三角形面片时，式（15.3）定义的权重 μ_{f_i} 容易产生不好的结果，例如在图 15-3 的左图中使用该权重的结果是遗失了必要的特征点，尽管网格模型中存在面积较小的三角形面片，它们对网格模型的表示也起到了重要的作用。为了克服这一缺点，我们使用当前点到邻域面片的质心距离的最大距离来控制高斯权重的指数递减速度。新的权重被定义为

$$\mu_{f_i} = \frac{A(f_i)}{A_{\max}} \exp\left(-\frac{\|c_{f_i} - v\|}{\max(\|c_f - v\|)}\right) \tag{15.5}$$

其中，$f \in N_f(v)$。该权重均衡了面积大小和距离大小之间的关系，取得了较好的实验结果，如图 15-3 的右图所示。图 15-3 的左图和右图分别是使用式（15.3）和式（15.5）得到的结果。局部放大的结果显示在中间图中。

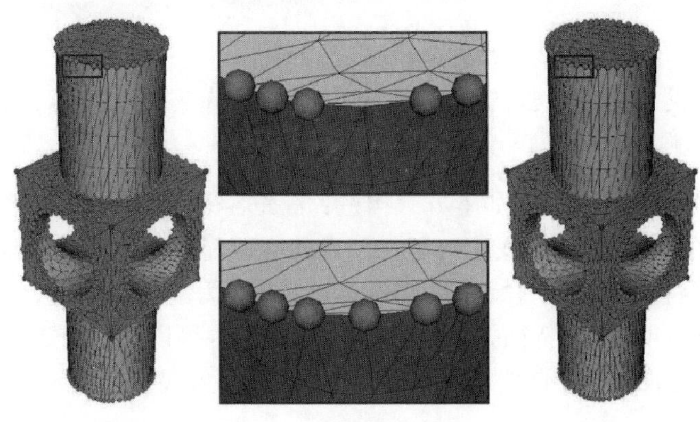

图 15-3

15.2.2.2 显著性度量计算

现有网格特征提取算法通常以各项同性的球形邻域来定义一点是否能成为特征点的度量。各项同性的特征度量忽略了特征本身固有的线性特征结构，不能很好地区分真正的特征点和噪声点。为此，本节基于邻域支持的思想提出了一种各项异性的线性特征度量。

每个网格顶点都对应于法向投票张量的 3 个特征值 λ_1、λ_2 和 λ_3，以及相应的特征向量 $\boldsymbol{e}_1$、$\boldsymbol{e}_2$ 和 $\boldsymbol{e}_3$。我们可以利用法向投票张量的特征值来度量每个点的特征强度：

$$\Omega = \frac{\lambda_1 + \lambda_2 + \lambda_3}{2} - \frac{1}{2} \tag{15.6}$$

该度量在尖锐点和角点处具有较大的数值，相反，在平面点处该度量为 0。为了方便后续进行数据处理，我们将计算得到的特征度量归一化到[0, 1]区间。立方体网格数据上 3 种不同类型点的特征值及特征度量见表 15-1。

表 15-1

类型	λ_1	λ_2	λ_3	Ω
面	1	0	0	0
边	0.7071	0.7071	0	0.2071
角	0.5774	0.5774	0.5774	0.3661

在得到初始特征点的特征度量之后，我们依照邻域支持的思想重新定义各向异性的线性特征度量：

$$S(v)=\sum_{v_j\in N(v)}W(v_i)\Omega(v_i) \tag{15.7}$$

其中，$N(v)$是点 v 的邻域支持点集。权重$W(v_i)$为

$$W(v_i)=\exp(-\frac{\left\|c_{f_i}-v\right\|}{2\delta^2}) \tag{15.8}$$

其中，可设置 δ 为网格平均边长的 1.5 倍。相对于初始特征度量 $\Omega(v)$，基于邻域支持的特征度量 $S(v)$ 具有更强的区分噪声点和特征点的能力。

邻域支持点集 $N(v)$可以通过如下方式构造：首先，将当前点 v 加入空集 $N(v)$中作为波前点。沿着该点的特征方向 t，我们可以在该点的一环邻域点中寻找初始特征点。如果找到初始特征点，就将该点加入邻域支持点集 $N(v)$，并作为新的波前点，重复上述过程寻找更多的领域支持点。同样沿着特征方向的反方向$-t$，我们也可以寻找一定数量的初始特征点。在此过程中，特征方向 t 可以自然地取法向投票张量的最小特征值对应的特征向量方向。

为了得到各项异性的支持邻域，我们约定当前波前点的特征方向与一环邻域点中初始特征点的特征方向之间夹角小于一定的阈值，例如 15°。如果同时存在两个初始特征点具有相同的夹角并满足角度上的要求，我们选取距离当前点最近的初始特征点作为新的波前点。如果这两个初始特征点与当前点的距离相同，则我们任意选择其中一个作为新的波前点。在选取一定数量的支持邻域点之后，该邻域搜索过程结束，在本节的所有结果中，支持邻域点的个数上限为 5。

图 15-4 给出了支持邻域选取过程及相应的特征方向，其中右图是左图的局部放大图。

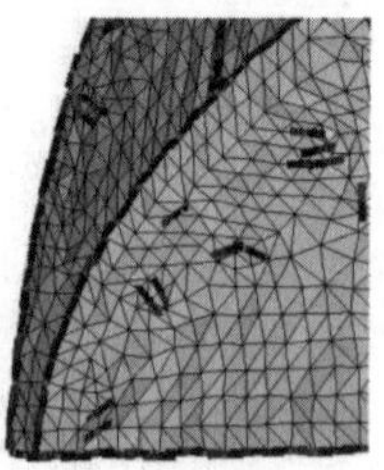

图 15-4

15.2.2.3 弱特征增强技术

通常情况下，显著特征点提取可以解决大部分的应用问题，但在有些情况下也会要求提取网格模型中相对较弱的特征信息。尽管经过邻域支持得到的特征度量可以得到一定程度的提升，但是这些相对较弱的特征依然存在被当作噪声过滤掉的风险。

为了尽可能多地提取弱特征，我们在噪声点过滤之前进行弱特征增强。当初始特征点 v 满足支持邻域点数量大于一定的阈值（当支持邻域点上限为 5 时，该阈值可被设置为 3）并且 $\Omega(v)$ 和支持邻域点的初始特征度量 Ω 小于一定的阈值（例如小于 0.45）时，我们对该初始特征点进行如下方式的增强：

$$S(v) \leftarrow K \cdot \exp(-\Omega(v)) \cdot S(v) \tag{15.9}$$

弱特征增强进一步扩大了真实特征点和伪特征点特征度量的差距。图 15-1 的中间图和左图展示了弱特征增强的效果。此时，基于增强后的特征度量，设置阈值过滤掉噪声点之后，得到我们的特征提取结果，如图 15-1 的右图所示。

15.2.2.4 特征线连接处理

在本节中，我们将提取到的特征点连接成特征线。如果在同一个三角形面片上检测到两个特征点，则直接将它们用线段连接。如果在同一个三角形面片上检测到 3 个特征点，则将 3 个特征点和该三角形面片的质心连接。同时检测到 3 个特征点的情况通常在角点附近发生，如果将特征点和三角形面片的质心相连，则特征线会出现分叉现象，不能很好地表示原有模型的特征结构。实际上，在特征提取过程中，我们已经显式地标记了角点位置。因此，当在同一个三角形面片上检测出 3 个特征点时，如果包含角点，我们赋予角点更高的优先级，直接将角点和剩余的两个特征点相连。如果一个被检测到的特征点无法和一环邻域点中的任何点相连，则该点将被当作噪声点删除。通过上述过程，我们得到了网格模型的特征线，同时进一步去除了伪特征点。

对于一些存在大噪声的模型，在特征筛选之后依然会存在少量伪特征点，并导致连接之后的特征线出现细枝分叉现象，如图 15-5（d）所示。出现这种情况是因为存在靠近特征点的伪特征点，它们呈现扎堆现象，如图 15-5（a~c）所示，相互邻域支持，仅靠邻域支持定义的特征度量无法有效将它们完全去除。为了得到简单干净的特征线，我们采用枝杈修剪算法对得到的特征线进行处理。在本案例中，我们不仅考虑了特征线长度信息，同时加入了特征线的特征强度信息，边的特征度量 ST 定义如下：

$$\mathrm{ST}(jk) = S(v_j) \cdot S(v_k) \cdot \#N(v_j) \cdot \#N(v_k) \tag{15.10}$$

其中，v_j 和 v_k 是构成特征边的两个特征点。$S(v_j)$ 是点 v_j 的特征度量，$\#N(v_j)$ 是支持邻域点集 v_j 元素的个数。通过该枝杈修剪过程，我们得到了更加简单干净的特征线，见图 15-5，其中（a）初始特征点，（b）显著性度量，（c）过滤后的特征点，（d）初始特征线，

（e）细枝去除后的特征线，（f）最终特征线。

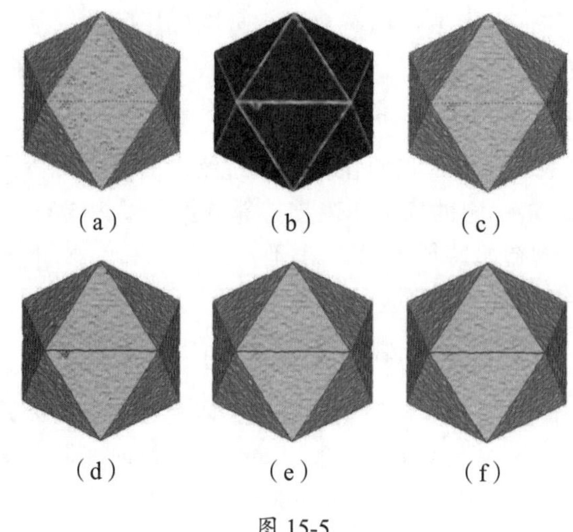

图 15-5

15.3　程序实现

针对噪声环境下的三角形网格特征提取问题，本案例提出了基于邻域支持的特征提取算法。该算法首先利用改进的法向投票张量算法提取初始特征点。为了进一步区分真实特征点和噪声点，本节提出了基于邻域支持的显著性度量。该度量在提升真实特征点的显著度量的同时，相对抑制了噪声点的显著性度量，为有效提取特征点提供了保证。为了尽可能多地保留和提取相对较弱的特征，我们提出了弱特征增强技术。核心代码如下。

```
% 三角形网格上的特征检测
%%
%% PART 0: 读取网格
%%
clear,clc,close all
path(path,'toolbox');
%% filename = '../data/octa-flower.off';
% filename = '../data/cube_me_noise_h_face.off';
filename = '../data/cube_6000_005_h_face.off';
name=filename((max(findstr(filename,'/'))+1):(max(findstr(filename,'.'))-1));
outputspace = ['../result/' name '/'];
if not(exist(outputspace))
   mkdir(outputspace);
end
% 读取网格
[V,F] = read_mesh(filename);
[V,F] = my_check_vertex_face(V,F);
% 创建半边数据结构
```

```
    Mifs = indexedfaceset(V,F);
    M = halfedge(Mifs);
    % 顶点的一个环顶点
    D.one_ring_vertex = M.vertex_neighbors;
    % 顶点的一个环面
    D.one_ring_face = compute_vertex_face_ring(F);
    % 计算网格边长的平均长度
    D.thgm = compute_average_length(V,F);
    % 计算顶点，三角形面片法向量
    [normal,normalf] = compute_normal(V,F);
    D.normal = normal';
    % 顶点大小
    D.nov = size(V,1);
    % 显示网格
    figure
    plot_mesh(V,F);

    %%
    %% PART 1: 基于法向投票张量的初始特征点检测
    %%
    % 参数
    alpha = 0.065; % 控制角点的数量，若第三个特征值大于该阈值，则成为角点
    beta = 0.020; % 控制边界特征点的数量，若第二个特征值大于该阈值，则成为边界特征点
    % 法向投票张量
    [Sharp_edge_v,Corner_v,EVEN,PRIN] = normal_tensor_voting(V,F,D,alpha,beta);
    % 显示网格和特征点
    show_feature_vertex(V,F,Sharp_edge_v, Corner_v);
    %%
    %% PART 2: 显著性度量计算
    %%
    [Salience  EHSalience LENTH] =
compute_enhanced_salience_measure(V,F,D,PRIN,EVEN,Sharp_edge_v, Corner_v);
    % 显示显著性度量
    TH = [];Id = []; Temp = [];
    Temp = sort(Salience(Sharp_edge_v));
    TH = Temp(floor(length(Temp)*0.80):end);
    Salience(Corner_v) = mean(TH);
    TH = [];Id = []; Temp = [];
    Temp = sort(EHSalience(Sharp_edge_v));
    TH = Temp(floor(length(Temp)*0.80):end);
    EHSalience(Corner_v) = mean(TH);
    % 显示增强前的显著性
    show_vertex_salience(V,F,-Salience);
    % 显示增强后的显著性
    show_vertex_salience(V,F,-EHSalience);
    %% 设置阈值以过滤噪声特征点
    temp = sort(EHSalience(Sharp_edge_v));
    % temp = sort(Salience(Sharp_edge_v));
    x = linspace(0,1,length(temp));
```

```
    x = x';
    figure;hold on
    plot(x,temp,'r'); hold on
    % 交互式选择阈值
    while 1
        TH = input('Input a threshold based on salience measure:--');
        plot(x,repmat(TH,1,length(x)),'b');hold on
        Id = find(EHSalience(Sharp_edge_v) > TH);
        F_R_P = Sharp_edge_v(Id);

        % 显示角点
        show_feature_vertex(V,F,F_R_P, Corner_v);
        Door = input('Filter Non Feature Vertex -- The result is OK? Input: y or
n:--','s');
        if Door == 'y'|| Door == 'Y'
            break;
        else
            continue;
        end
    end

    %%
    %% PART 3: 连接特征点，形成特征线
    %%
    [Sharp_edge_v,Corner_v,Edge] = connect_feature_line(M,F_R_P,Corner_v);
    % 显示特征线
    show_feature_line(V,F,Edge);
    %%
    %% PART 4: 通过边缘测量过滤特征线
    %%
    noe = size(Edge,1);
    % 赋予曲线特权
    LENTH(Corner_v) = 5;
    % 计算每个边的显著性度量
    ELENT = zeros(noe,1);
    for i = 1: noe
        ELENT(i) = EHSalience(Edge(i,1))*EHSalience(Edge(i,2))*LENTH(Edge(i,1))*
LENTH(Edge(i,2));
    end
    temp = sort(ELENT);
    x = linspace(0,1,length(temp));
    x = x';
    figure;hold on
    plot(x,temp,'r'); hold on
    % 交互式选择阈值
    while 1
        TH = input('Input a threshold based on edge strength:-- ');
        plot(x,repmat(TH,1,length(x)),'b');hold on
        Id = find(ELENT > TH);
```

```
        Edge1 = Edge(Id,:);

        % 显示特征线
        show_feature_line(V,F,Edge1);
        Door = input('Filter Non Feature Edge -- The result is OK? Input: y or
n:--','s');
        if Door == 'y'|| Door == 'Y'
           break;
        else
           continue;
        end
    end
    Edge = [];
    Edge = Edge1;
    %% 通过交互方式进一步过滤额外的特征边线
    % 处理联合特征边
    Edge = postprocessing_filter_joints(V,F,Edge,D,Corner_v);
    % 显示显著角点
    show_feature_line(V,F,Edge);
    %%
    %% PART 6: 删除小圆圈
    %%
    % delte small circles
    Edge = posprocessing_delete_small_circle(Edge,D);
    % show feature lines
    show_feature_line(V,F,Edge);
    %%
    %% PART 7: 保存数据
    %%
    cd(outputspace)
    save FeatureDate V F Edge
```

第 16 章 基于小波变换的数字水印技术

16.1 案例背景

数字水印（Digital Watermarking）技术就是将一些标识信息（即水印）直接嵌入数字宿主（包括多媒体、文档、软件等）中或者间接表示（修改特定区域的结构），不影响原宿主的使用价值，也不容易被探知和再次修改，但可以被生产方识别和辨认。通过这些隐藏在宿主中的信息，可以达到确认内容创建者、购买者、传送隐秘信息或者判断宿主是否被篡改等目的。数字水印是实现版权保护的有效办法，是信息隐藏技术研究领域的重要分支。

离散小波变换（Discrete Wavelet Transform，DWT）不仅可以较好地匹配人类视觉系统的特性，而且兼容 JPEG 2000 和 MPEG-4 压缩标准，利用小波变换产生的水印具有良好的视觉效果和可抵抗多种攻击的能力，因此基于 DWT 的数字水印技术是目前的主流研究方向。本案例围绕基于小波变换的数字水印技术，对数字水印的原理、算法、流程进行讲解，并进行数字水印攻击分析。

数字水印通常可被分为鲁棒数字水印和易损数字水印两类。从狭义上讲，数字水印一般特指鲁棒数字水印。本章主要针对鲁棒数字水印进行案例讲解与分析。

鲁棒数字水印主要用于在数字作品中标识著作权信息，可利用这种水印技术在多媒体内容的数据中嵌入标识信息。在发生版权纠纷时，标识信息可用于保护数据的版权所有者。用于版权保护的数字水印要求有很强的鲁棒性和安全性。

易损数字水印与鲁棒数字水印的要求相反，主要用于完整性保护，这种水印同样是在内容数据中嵌入不可见的信息。当内容发生改变时，这些水印信息会发生相应的变化，从而可以鉴定原始数据是否被篡改。易损数字水印必须对信息的变化很敏感，人们根据易损数字水印的状态就可以判断数据是否被篡改过。

不同领域对数字水印有不同的要求，但一般而言，鲁棒数字水印应具备如下特点。

（1）不可感知性。嵌入水印后的图像和未嵌入水印的图像，必须满足人们感知上的需求，在视觉上没有任何差别，不影响产品的质量和价值。

（2）鲁棒性。嵌入水印后的图像在受到攻击时，水印依然存在于宿主数据中，并可被恢复和检测处理。

（3）安全性。嵌入的水印难以被篡改或伪造，只有授权机构才能检测出水印信息，非法用户不能检测、提取或者去除水印信息。

（4）计算复杂度。在不同的应用中，对于水印的嵌入算法和提取算法的计算复杂度要求是不同的，计算复杂度直接与水印系统的实时性相关。

（5）水印容量。水印容量是指宿主数据中可嵌入多少水印信息，可以从几比特到几兆字节不等。

16.2 数字水印技术原理

数字水印技术实际上是通过对水印宿主的分析、水印信息的处理、水印嵌入点的选择、嵌入方式的设计、嵌入调制的控制和提取检测方法等相关技术环节进行合理优化，寻求满足不可感知性、鲁棒性和安全性等约束条件下的准最优化设计问题。在实际应用中，一个完整水印系统的设计通常包括水印的生成、嵌入、检测和提取 4 个部分，下面分别进行介绍。

1. 水印生成

通常基于伪随机数发生器或混沌系统来产生水印信息。从水印的鲁棒性和安全性方面来考虑，常常需要对原始水印进行预处理来适应水印嵌入算法。

2. 水印嵌入

在尽量保证水印不可感知性的前提下，嵌入最大强度的水印，可提高水印的稳健性。水印的嵌入过程如图 16-1 所示，其中，虚线框表示嵌入算法不一定需要该数据。常用的水印嵌入准则有加法准则、乘法准则和融合准则。

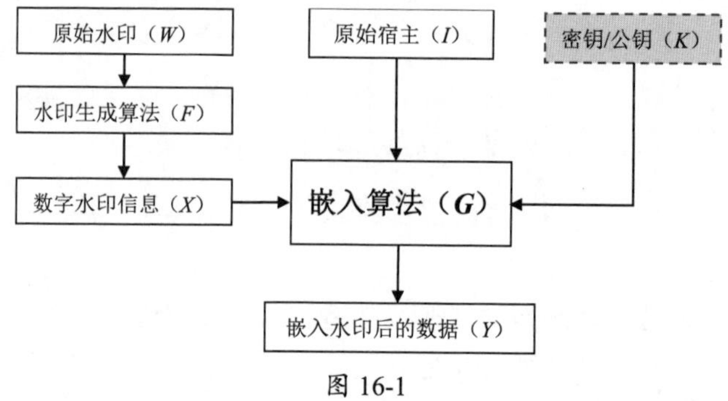

图 16-1

加法准则是一种普遍的水印嵌入算法，嵌入水印时没有考虑到原始宿主图像各像素之间的差异，因此，用此算法嵌入水印后图像质量在视觉上变化较大，影响了水印的稳健性。

$$Y = I + \alpha W \tag{16.1}$$

上式中，I 是原始宿主；W 是原始水印；α 是水印嵌入强度，该值的设置必须考虑图像的实际情况和人类的视觉特性。

乘法准则考虑了原始宿主图像各像素之间的差异，因此，乘法准则的性能在很多方面要优于加法准则。

$$Y = I\left(1 + \alpha W\right) \tag{16.2}$$

融合准则综合考虑了原始宿主图像和水印图像，在不影响视觉效果的前提下，对原始宿主图像进行一定程度的修改。

$$Y = \left(1 - \alpha\right)I + \alpha W \tag{16.3}$$

3. 水印检测

水印检测指判断水印宿主中是否存在水印的过程。水印的检测过程如图 16-2 所示，虚线框表示水印检测时不一定需要这些数据。

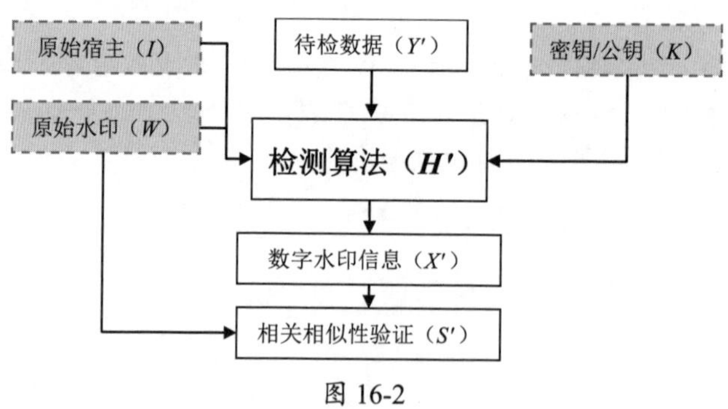

图 16-2

4. 水印提取

水印提取指水印被比较精确地提取的过程。原始宿主图像可以参与（明检测）水印的提取和检测，也可以不参与（盲检测）。水印的提取过程如图 16-3 所示，虚线框表示提取水印时不一定需要这些数据。

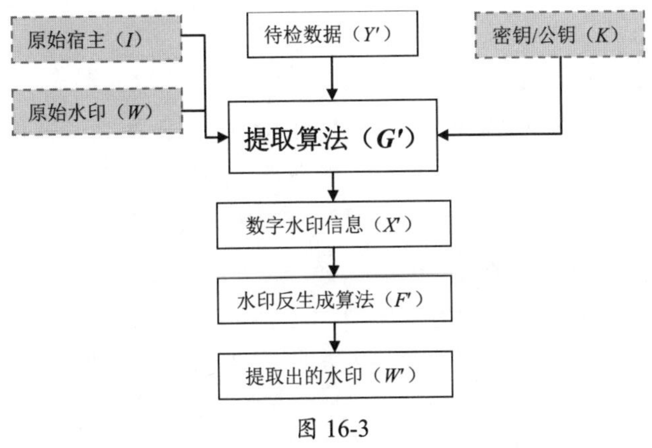

图 16-3

16.3 典型的数字水印算法

当今的数字水印技术已经涉及多媒体信息的各个方面，数字水印技术研究也取得了很大的进展，尤其是针对图像数据的水印算法繁多，下面对一些经典算法进行分析介绍。

1. 空间域算法

空间域算法是数字水印技术最早的一类算法，它阐明了关于数字水印的一些重要概念。空间域算法一般通过改变图像的灰度值来加入数字水印，大多采用替换法，用水印信息替换宿主中的数据，主要有 LSB（Least Significant Bit）、Patchwork、纹理块映射编码等方法。

（1）LSB 方法的主要原理是，利用人眼视觉特性对数字图像亮色等级分辨的有限性，将水印信息替换原始宿主图像中像素灰度值的最不重要位或者次不重要位。这种方法简单易行，能嵌入较多信息，但是抵抗攻击的能力较差，攻击者简单地利用信息处理技术就能完全破坏水印信息。正是由于这一点，LSB 方法能够有效地确定一幅图像的何处被修改了。

（2）Patchwork 方法是一种基于统计学的方法，它是将图像分成两个子集，其中一个子集的亮度增加，另一个子集的亮度减少同样的量，这个量以不可见为标准，整幅图像的平均灰度值保持不变，在这个调整过程中完成水印的嵌入。在 Patchwork 方法中，一个密钥用来初始化一个伪随机数，而这个伪随机数将产生宿主中放置水印的位置。Patchwork

方法的隐蔽性好，对有损压缩和 FIR 滤波有一定的抵抗力，但其缺点是嵌入信息量有限，对多复制平均攻击的抵抗力较弱。

（3）纹理块映射编码方法是将一个基于纹理的水印嵌入图像中具有相似纹理的部分，该方法基于图像的纹理结构，因而水印很难被察觉，同时对滤波、压缩和旋转等操作具有抵抗力。

2. 变换域算法

目前变换域算法主要包括傅里叶变换域（DFT）、离散余弦域（DCT）和离散小波变换（DWT）。基于频域的数字水印技术相对于基于空间域的数字水印技术通常具有更多优势，抗攻击能力更强，比如一般的几何变换对空间域算法影响较大，而对频域算法影响较小。但是变换域算法嵌入和提取水印的操作复杂，隐藏信息量不能太大。

（1）傅里叶变换是一种经典而有效的数学工具，DFT 水印技术是利用图像的 DFT 相位和幅值嵌入信息，一般利用相位信息嵌入水印信息比利用幅值信息嵌入的鲁棒性更好，而利用幅值信息嵌入水印信息则对旋转、缩放、平移等操作具有不变性。DFT 水印技术的优点是具有仿射不变性，还可以利用相位信息嵌入水印信息，但 DFT 水印技术与国际压缩标准不兼容，导致抗压缩能力弱，而且算法比较复杂、效率较低，因此限制了它的应用。

（2）DCT 水印技术的主要思想是在图像的 DCT 变换域上选择中低频系数叠加水印信息，选择中低频系数是因为人眼的感觉主要集中在这一频段，攻击者在破坏水印信息的过程中，不可避免地会导致图像质量的严重下降，而一般的图像处理过程不会改变这部分数据。该算法不仅在视觉上具有很强的隐蔽性、鲁棒性和安全性，而且可经受一定程度的有损压缩、滤波、裁剪、缩放、平移、旋转、扫描等操作。

（3）DWT 是一种“时间–尺度”信号的多分辨率分析算法，它具有良好的空频分解和模拟人类视觉系统的特性，而且嵌入式零树小波编码（EZW）在新一代的压缩标准（JPEG 2000、MPEG-4/7 等）中被采用，符合国际压缩标准，小波域的水印算法具有良好的发展前景。DWT 水印技术的优点是水印检测按子带分级扩充水印序列进行，即如果先检测出的水印序列已经满足水印存在的相似函数要求，则检测可以终止，否则继续搜寻下一子带扩充水印序列，直至相似函数出现一个峰值或使所有子带搜索结束。因此含有水印的宿主在质量破坏不大的情况下，水印检测可以在搜索少数几个子带后终止，这提高了水印检测的效率。

3. 其他水印算法

其实数字水印算法正在不断地发展和前进中日益完善，但是仍然存在许多不足，具有更加深入的发展空间，这就需要我们在不断地学习和探索中寻找具有更好性能的新算法。

16.4 数字水印攻击和评价

数字水印攻击是指带有损害性、毁坏性的，或者试图移去水印信息的处理过程。鲁棒性是指水印信息在经历无意或有意的信息处理后，仍能被准确检测或提取的特征。鲁棒性好的水印应该能够抵抗各种水印攻击行为。水印攻击分析是对现有的数字水印系统进行攻击，以检验其鲁棒性，分析其弱点所在及其易受攻击的原因，以便在以后的数字水印系统的设计中加以改进。

对数字水印的攻击一般是针对水印的鲁棒性提出的挑战。按照攻击原理，对数字水印的攻击一般可以被划分为简单攻击、同步攻击和混淆攻击，而常见的攻击操作有滤波、压缩、噪声、量化、裁剪、缩放、抽样等。

（1）简单攻击指试图对整个嵌入水印后的宿主数据减弱嵌入水印的幅度，并不识别或者分离水印，导致数字水印提取发生错误，甚至提取不出水印信息。

（2）同步攻击指试图破坏宿主数据和水印的同步性，使水印的相关检测失效或不可能恢复嵌入的水印。被攻击的作品中水印仍然存在，而且幅值没有变化，但是水印信息已经错位，不能维持正常提取过程中所需的同步性。

（3）混淆攻击指试图生成一个伪水印化的数据来混淆含有真正水印的数字作品。虽然宿主数据是真实的，水印信息也存在，但是由于嵌入了一个或多个伪造水印，所以混淆了第一个水印，失去了唯一性。

评价数字水印的被影响程度，除了利用人们感知系统的定性评价，还可以采用定量的评价标准。通常对含有水印的数字作品进行定量评价的标准有：峰值信噪比（Peak Signal to Noise Ratio，PSNR）和归一化相关系数（Normalized Correction）。

（1）峰值信噪比。设 $I_{i,j}$ 和 $\hat{I}_{i,j}$ 分别表示原始宿主图像和嵌入水印后的图像，m 和 n 分别是图像的行数和列数，则峰值信噪比被定义为

$$\mathrm{PSNR}=10\times\lg\frac{mn\times\max\left(I^2{}_{i,j}\right)}{\sum(I_{i,j}-\hat{I}_{i,j})^2} \tag{16.4}$$

峰值信噪比的典型值一般为 25 ~ 45dB，不同的算法得出的值不同，但是一般而言，PSNR 值越大，图像的质量保持得就越好。

（2）归一化相关系数。为定量地评价提取的水印信息与原始水印信息的相似性，可采用归一化相关系数作为评价标准，其定义为

$$\mathrm{NC}=\frac{\sum W_i\hat{W}}{\sqrt{\sum W_i^2}\sqrt{\sum \hat{W}_i^2}} \tag{16.5}$$

对于鲁棒数字水印，要求归一化相关系数越大越好（接近 1.0）；而对于易损数字水印，则希望归一化相关系数越小越好。

16.5　基于小波变换的水印技术

小波变换把一个信号分解成由基本小波经过移位和缩放后的一系列小波，它是一种"时间–尺度"信号的多分辨率分析算法，在时域和频域都具有表征信号局部特征的能力。小波图像处理把图像进行多分辨率分解，得到不同空间、频率的子图像，然后对图像的小波系数进行处理。一般而言，小波变换在信号的高频部分可以获得比较好的时间分辨率，而在信号的低频部分可以获得比较好的频率分辨率，这样能够有针对性地从信号中提取所需的目标信息。

小波数字水印技术首先对图像进行小波变换，并对水印信息进行预处理，然后将处理后的水印信息通过一定的算法嵌入选定的小波系数中，最后对含有水印的小波系数进行小波逆变换，得到含有水印的数字图像。检测和提取的过程正好是以上过程的逆变换。

1. 宿主图像小波变换

数字图像经过小波分解后被分割成 4 个子带：水平方向（LH）、垂直方向（HL）、对角线方向（HH）和低频部分（LL），其中低频部分可以继续分解，如图 16-4 所示。图像能量主要集中于低频部分，是原始宿主图像的逼近子图，具有较强的抵抗外来影响的能力，稳定性较好；其他 3 个子带表征了原始宿主图像在水平、垂直和对角线方向的边缘细节信息，容易受外来噪声、图像操作等影响，稳定性较差。

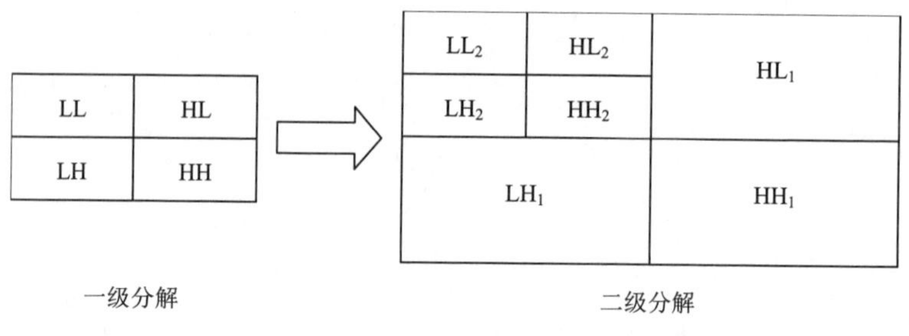

图 16-4

选择不同的小波基对嵌入水印的性能有很大的影响，刘九芬等人研究了水印算法中小波基的选择和正交小波基的性质与鲁棒性的关系，其研究结果表明正交基的正则性、消失矩阶数、支撑长度及小波能量在低频部分的集中程度对水印鲁棒性的影响极小。另外，其研究结果还表明 Haar 小波比较适合图像水印。这两个结论对于利用 DWT 技术嵌入水印时如何选择小波基有重要意义。

2. 水印图像的预处理

为了保证水印的安全性，在嵌入水印前需要对水印进行加密处理。置乱预处理是一种简单常用的加密算法，水印图像置乱可以消除像素间的相关性，从而提高水印的鲁棒性。图像置乱算法有很多，如 Arnold 变换、Hilbert 变换、随机数变换。本节采用 Arnold 变换算法，将有意义的水印内容掩盖。

Arnold 变换在对图像置乱时就是把(x,y)点的像素信息置换给(x',y')点。对于一幅维度为 $N\times N$ 的水印图像，执行 n 次 Arnold 变换算法的结果为

$$\begin{bmatrix} x' \\ y' \end{bmatrix} = \begin{bmatrix} 1 & 1 \\ 1 & 2 \end{bmatrix}^n \begin{bmatrix} x \\ y \end{bmatrix} \bmod N \quad x,y \in \{0,1,\cdots,N-1\} \tag{16.6}$$

某参考文献给出并证明了一种改进的 Arnold 逆变换，无须计算图像周期，在置乱状态下迭代相同步数即可恢复原图，即

$$\begin{bmatrix} x \\ y \end{bmatrix} = \begin{bmatrix} 2 & -1 \\ -1 & 0 \end{bmatrix}^n \begin{bmatrix} x' \\ y' \end{bmatrix} \bmod N \quad x,y \in \{0,1,\cdots,N-1\} \tag{16.7}$$

变换次数 n 是数字水印的密钥 1，还将用于后续的水印检测和提取。

3. 小波数字水印的嵌入

根据人类视觉系统的照明和纹理掩蔽特性，将水印嵌入图像的纹理和边缘（HH、HL 和 LH 细节子图中的一些有较大值的小波系数）不易被觉察，但对图像执行滤波和有损压缩操作时容易丢失信息。小波变换低频部分（LL）集中了图像的大部分能量，它是视觉上最重要的部分，在这部分嵌入水印容易导致图像失真。但从鲁棒性出发，水印应当被嵌入视觉最重要的区域。本节选择在 LL2 子带嵌入数字水印信息。

对宿主图像进行二级小波变换后，从低频系数 ca2 中随机选择 $N\times N$ 个系数 ca2r（随机数种子为密钥 2）嵌入二进制水印信息，具体算法为

$$Z = \text{mod}(\text{ca2r}, N)$$
$$\text{ca2r}' = \begin{cases} \text{ca2r}' + S/4 - Z & W = 0\text{且}Z < 3S/4 \\ \text{ca2r}' + 5S/4 - Z & W = 0\text{且}Z \geqslant 3S/4 \\ \text{ca2r}' + S/4 - Z & W = 1\text{且}Z < S/4 \\ \text{ca2r}' + 3S/4 - Z & W = 1\text{且}Z \geqslant S/4 \end{cases} \tag{16.8}$$

上式中，ca2r 是随机选择的二级低频小波系数，W 是置乱以后的二值水印信息，N 是水印图像像素的高度或宽度，ca2r′ 是嵌入水印后的系数。

将嵌入水印后的小波系数做离散小波逆变换，即可获得嵌入水印后的图像。

4. 小波数字水印的检测和提取

对含所有水印的宿主图像做二级小波变换，再根据密钥 2，从低频系数 ca2′ 中提取添加了水印信息的系数 ca2r′，然后从该系数中获取水印信息：

$$Z = \mathrm{mod}\left(\mathrm{ca2r}', N\right)$$
$$\hat{W} = \begin{cases} 0 & Z < S/2 \\ 1 & Z \geqslant S/2 \end{cases} \tag{16.9}$$

上式中，$\hat{W}$ 就是提取的水印信息。该算法实现了数字水印的盲提取，在恢复水印时无须使用原始宿主图像。

最后根据密钥 1，对 $\hat{W}$ 执行随机逆变换，通过 Arnold 逆变换得到我们需要提取的水印信息。

16.6 程序实现

本案例通过水印嵌入、提取和攻击的技术路线进行程序设计。同时，为对比实验效果，采用函数方式进行了功能模块封装，读者可设置不同的参数来观察小波数字水印的效果。

16.6.1 准备宿主图像和水印图像

首先从磁盘中读取宿主图像 office_5.jpg，并将其转换为灰度图；然后读取水印图像 logo.tif，并将其转换为二值图，同时将水印图像的长宽调整为一致。宿主图像和水印图像如图 16-5 所示。

宿主图像

水印图像

LYQ

图 16-5

具体代码如下。

```
clc;clear all;close all
% 读取宿主图像
I = imread('office_5.jpg');
```

```
% 转换为灰度图
I = rgb2gray(I);
% 读取水印图像
W = imread('logo.tif');
% 转换为二值图
% level = graythresh(W);
% W = im2bw(W,level);
% 裁剪为长宽相等
W=W(12:91,17:96);
figure('Name','宿主图像')
imshow(I);
title('宿主图像')
figure('Name','水印图像')
imshow(W);
title('水印图像')
```

16.6.2 小波数字水印的嵌入

水印嵌入主要包括宿主图像小波变换、水印图像预处理、将水印信息嵌入小波系数、由小波系数重建图像等几个主要步骤，可以使用峰值信噪比定量判断水印嵌入的质量。下面为上述算法流程的 MATLAB 代码，用于执行小波数字水印的嵌入工作。

```
function [Iw,psnr]=setdwtwatermark(I,W,ntimes,flag)
% 基于小波变换嵌入数字水印
% I：宿主图像，灰度图
% W：水印图像，二值图，且长宽相等
% ntimes：密钥，Arnold 变换次数
% flag：是否显示图像，0 表示不显示，1 表示显示
% Iw：添加了水印信息后的图像
% pnsr：峰值信噪比，值越大说明水印质量越好
% 数据类型
type=class(I);
% 将数据类型强制转换为 double 和 logical
I=double(I);
W=logical(W);
[mI,nI]=size(I);
[mW,nW]=size(W);

% 由于 Arnold 变换只能对方阵进行处理
if mW~=nW
    error('SETDWTWATERMARK:ARNOLD','Arnold 变换要求水印图像长宽必须相等！')
end

%% 1. 对宿主图像进行小波分解
% 一级 Haar 小波分解
% 低频，水平，垂直，对角线
[ca1,ch1,cv1,cd1]=dwt2(I,'haar');
% 二级 Haar 小波分解
```

```
[ca2,ch2,cv2,cd2]=dwt2(ca1,'haar');

if flag
    figure('Name','宿主小波分解')
    subplot(121)
    imagesc([wcodemat(ca1),wcodemat(ch1);wcodemat(cv1),wcodemat(cd1)])
    title('一级小波分解')
    subplot(122)
    imagesc([wcodemat(ca2),wcodemat(ch2);wcodemat(cv2),wcodemat(cd2)])
    title('二级小波分解')
end

%% 2. 对水印图像进行预处理
% 初始化置乱数组
Wa=W;
% 对水印图像执行 Arnold 变换
H=[1,1;1,2]^ntimes; % ntimes 是密钥 1，Arnold 变换次数
% Arnold 逆变换
% H=[2 -1;-1,1]^ntimes;
for i=1:nW
    for j=1:nW
        idx=mod(H*[i-1;j-1],nW)+1;
        Wa(idx(1),idx(2))=W(i,j);
    end
end

if flag
    figure('Name','水印置乱效果')
    subplot(121)
    imshow(W)
    title('原始水印')
    subplot(122)
    imshow(Wa)
    title(['置乱水印，变换次数=',num2str(ntimes)]);
end

%% 3. 小波数字水印的嵌入
% 初始化嵌入水印的 ca2 系数
ca2w=ca2;
% 从 ca2 中随机选择 mW*nW 个系数
rng('default')
idx=randperm(numel(ca2),numel(Wa));
% 将水印信息嵌入 ca2 中
for i=1:numel(Wa)
    % 二级小波系数
    c=ca2(idx(i));
    z=mod(c,nW);
    % 添加水印信息
    if Wa(i) % 水印对应二进制位 1
```

```
        if z<nW/4
            f=c-nW/4-z;
        else
            f=c+nW*3/4-z;
        end
    else  % 水印对应二进制位 0
        if z<nW*3/4
            f=c+nW/4-z;
        else
            f=c+nW*5/4-z;
        end
    end
    % 嵌入水印后的小波系数
    ca2w(idx(i))=f;
end

%% 4. 根据小波系数重构图像
% 通过 Haar 小波逆变换重构图像
ca1w=idwt2(ca2w,ch2,cv2,cd2,'haar');
Iw=idwt2(ca1w,ch1,cv1,cd1,'haar');
% 必要的时候调整 Iw 维度
Iw=Iw(1:mI,1:nI);

%% 5. 计算水印图像峰值信噪比
mn=numel(I);
Imax=max(I(:));
psnr=10*log10(mn*Imax^2/sum((I(:)-Iw(:)).^2));

%% 6. 输出嵌入水印图像的最后结果
% 转换原始数据类型
I=cast(I,type);
Iw=cast(Iw,type);

if flag
    figure('Name','嵌入水印的图像')
    subplot(121)
    imshow(I);
    title('原始宿主图像')
    subplot(122);
    imshow(Iw);
    title(['添加水印，PSNR=',num2str(psnr)]);
end
```

下面使用 16.6.1 节中准备好的宿主图像和水印图像，进行小波数字水印嵌入演示。先设置密钥 ntimes 和 rngseed，然后调用 setdwtwatermark 函数进行水印嵌入，在运行过程中显示中间图像。

```
% 密钥，Arnold 变换次数
ntimes=20;
```

```
% 是否显示中间图像
flag=1;
% 进行水印嵌入
[Iw,PSNR]=setdwtwatermark(I,W,ntimes,flag);
```

宿主图像经过二级小波分解后的系数矩阵，如图 16-6 所示。其中左上角是低频系数矩阵，它集中了宿主图像的主要能量，是原始宿主图像的逼近子图。

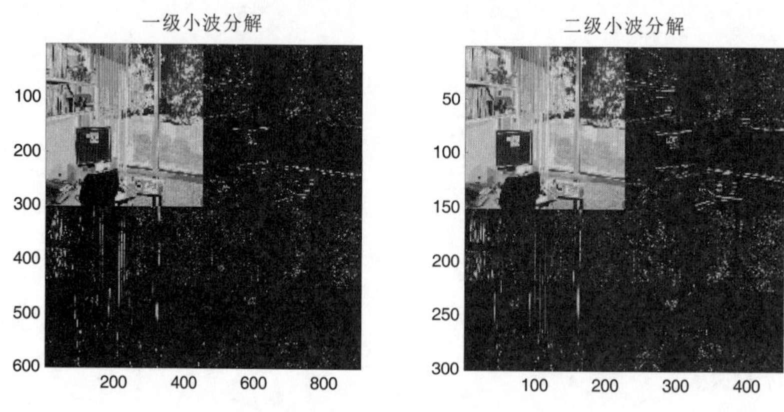

图 16-6

为了保证数字水印的安全性，如图 16-7 所示，对原始水印图像执行 20 次 Arnold 变换来置乱水印，原始有意义的水印内容被掩盖，得到毫无意义和规律的“乱码”。

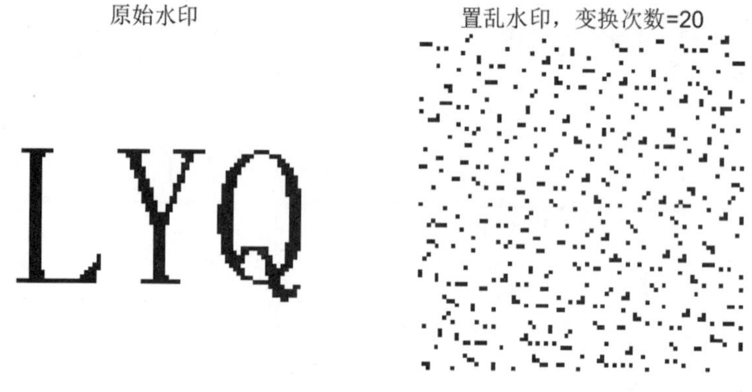

图 16-7

将置乱以后的数字水印信息嵌入二级小波系数，然后进行小波逆变换，得到图 16-8。比较原始宿主图像和嵌入水印后的图像，PSNR 的值为 40.1823。一般 PSNR 值越大，图像质量保持得就越好。

原始宿主图像

添加水印，PSNR=40.1823

图 16-8

16.6.3 小波数字水印的检测和提取

水印检测和提取主要包括含有水印图像的小波变换、从小波系数中提取水印信息，以及对水印信息进行逆变换这 3 个步骤，可以使用归一化相关系数评价提取水印的质量。下面的 MATLAB 代码将执行上述 3 个步骤。

```
function [Wg,nc]=getdwtwatermark(Iw,W,ntimes,flag)
%% 小波数字水印提取，本程序不需要使用原始宿主图像和水印图像
% Iw：带水印的图像
% W：原始水印图像，只为了计算相关性
% ntimes：密钥，Arnold 变换次数
% flag：是否显示中间图像
% Wg：提取出的水印信息
% nc：相关性系数

[mW,nW]=size(W);
% 由于 Arnold 变换只能对方阵进行处理
if mW~=nW
   error('GETDWTWATERMARK:ARNOLD','Arnold 变换要求水印图像的长宽必须相等！')
end
Iw=double(Iw);
W=logical(W);
%% 1. 计算二级小波系数
% [c,s]=wavedec2(Iw,2,'haar');
% ca2w=appcoef2(c,s,'haar',2);
% 一级 Haar 小波分解
% 低频，水平，垂直，对角线
ca1w=dwt2(Iw,'haar');
% 二级 Haar 小波分解
ca2w=dwt2(ca1w,'haar');
%% 2. 从小波系数中提取水印信息
% 初始化水印矩阵
Wa=W;
rng('default');
```

```
idx=randperm(numel(ca2w),numel(Wa));
% 逐个针对系数提取信息
for i=1:numel(Wa)
    c=ca2w(idx(i));
    z=mod(c,nW);
    if z<nW/2
        Wa(i)=0;
    else
        Wa(i)=1;
    end
end
%% 3. 对信息执行 Arnold 逆变换
Wg=Wa;
% ntimes 是密钥 1, Arnold 变换次数
H=[2 -1;-1,1]^ntimes;
for i=1:nW
    for j=1:nW
        idx=mod(H*[i-1;j-1],nW)+1;
        Wg(idx(1),idx(2))=Wa(i,j);
    end
end

%% 4. 对提取的水印和原始水印计算相关性
nc=sum(Wg(:).*W(:))/sqrt(sum(Wg(:).^2))/sqrt(sum(W(:).^2));

% 绘图显示结果
if flag
    figure('Name','数字水印提取结果')
    subplot(121)
    imshow(W)
    title('原始水印')
    subplot(122)
    imshow(Wg)
    title(['提取水印, NC=',num2str(nc)]);
end
```

16.6.2 节将水印嵌入宿主图像中，下面演示使用 getdwtwatermark 函数将水印重新提取出来，并计算归一化相关系数。

```
% 密钥, Arnold 变换次数
ntimes=20;
% 是否显示中间图像
flag=1;
% 嵌入水印
[Iw,psnr]=setdwtwatermark(I,W,ntimes,flag);
% 提取水印
[Wg,nc]=getdwtwatermark(Iw,W,ntimes,flag);
```

如图 16-9 所示，将原始水印和提取出的水印进行对比，两者的相关系数为 0.99547。

相关系数越接近 1，提取出的水印和原始水印就越相似。

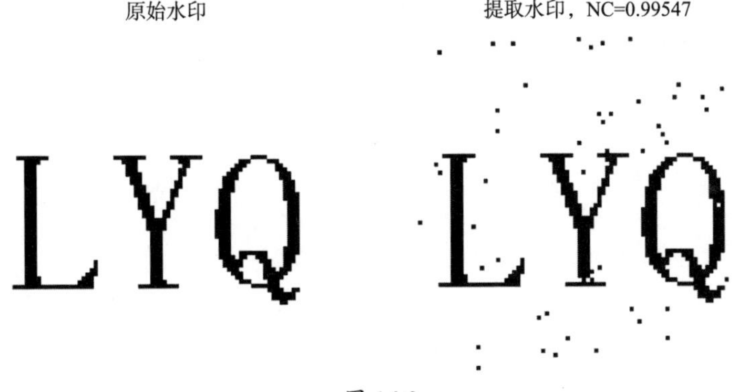

图 16-9

16.6.4 小波数字水印的攻击实验

通过水印攻击分析，可以检验水印算法的鲁棒性，分析其弱点所在及其易受攻击的原因，以便在以后的数字水印系统的设计中加以改进。下面的代码将分析滤波、缩放、噪声、裁剪和旋转等攻击对数字水印的影响。

```
function dwtwatermarkattack(action,Iw,W,ntimes)
% 水印攻击实验
% action：攻击类型
% Iw：嵌入水印的图像
% W：原始水印图像，用来计算相关性
% ntimes：水印算法密钥

% 模拟水印攻击
switch lower(action)
    case 'filter'
        Ia=imfilter(Iw,ones(3)/9);
    case 'resize'
        Ia=imresize(Iw,0.5);
        Ia=imresize(Ia,2);
    case 'noise'
        Ia=imnoise(Iw,'salt & pepper',0.01);
    case 'crop'
        Ia=Iw;
        Ia(50:400,50:400)=randn();
        % Ia=imcrop(Iw,[50,50,400,400]);
    case 'rotate'
        Ia=imrotate(Iw,45,'nearest','crop');
        Ia=imrotate(Ia,-45,'nearest','crop');
end
% 从遭受攻击的图像中提取水印
[Wg,nc]=getdwtwatermark(Ia,W,ntimes,0);
```

```
% 显示攻击前后的比较结果
figure('Name',['数字水印 ',upper(action),' 攻击实验'])
subplot(221)
imshow(Iw)
title('嵌入水印图像')
subplot(222)
imshow(Ia)
title(['遭受 ',upper(action), ' 攻击'])
subplot(223)
imshow(W)
title('原始水印图像')
subplot(224)
imshow(Wg)
title(['提取水印, NC=',num2str(nc)]);
```

循环比较 5 种攻击对数字水印的影响，效果如图 16-10 至图 16-14 所示。

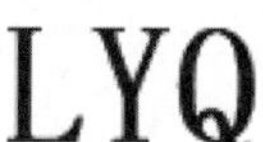

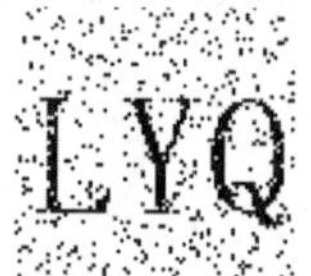

图 16-10

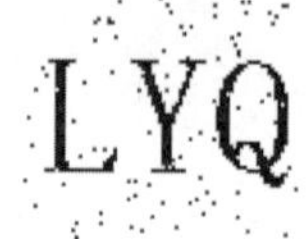

图 16-11

嵌入水印

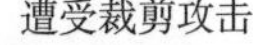

遭受裁剪攻击

原始水印

LYQ

提取水印，NC=0.87309

图 16-12

嵌入水印

遭受噪声攻击

原始水印

LYQ

提取水印，NC=0.93436

图 16-13

嵌入水印

遭受旋转攻击

原始水印

LYQ

提取水印，NC=0.87212

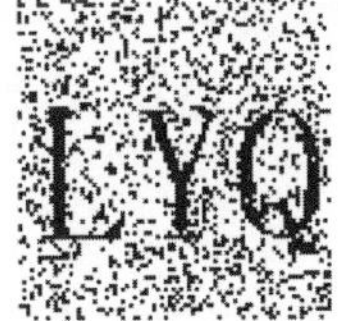

图 16-14

具体代码如下。

```
% 噪声实验
action={'filter','resize','crop','noise','rotate'};
for i=1:numel(action)
    dwtwatermarkattack(action{i},Iw,W,ntimes,rngseed);
end
```

第17章 基于BEMD与Hilbert曲线的图像水印技术

17.1 案例背景

近年来，随着互联网技术的高速发展，多媒体信息量呈爆炸式增长，人们的信息安全与知识产权保护意识逐步增强。为避免数字媒体信息被非法复制和恶意传播，数字水印技术在数字媒体版权认定、防伪识别等方面发挥着重要作用，并得到了广泛的研究。

现有数字图像水印算法依据水印嵌入形式的不同大致可分为时域水印算法和变换域水印算法。时域水印算法直接将水印嵌入宿主图像中，通过修改宿主图像像素信息实现水印嵌入，这类水印算法实现相对简单，但鲁棒性较弱。变换域水印算法需要先将原始宿主图像变换到特定的频域空间，再将水印嵌入频域空间，最后通过相应的逆变换得到嵌入水印后的图像。变换域水印算法在实现上略为复杂，由于其嵌入在频域中，不可见性和鲁棒性优于时域水印算法，因而得到了广泛的研究。

随着二维经验模态分解（Bi-dimensional Empirical Mode Decomposition，BEMD）算法在图像处理中的成功应用，它也引起了数字图像水印研究者的关注。本案例提出了一种结合 BEMD 与 Hilbert 曲线的图像水印算法。该算法首先将宿主图像进行 BEMD 分解，并确定将与宿主图像相关性较低的第一个内蕴模态函数 IMF_1 的极值点作为水印图像的嵌入位置；其次对水印图像执行 Arnold 变换，以达到加密的目的；然后利用 Hilbert 曲线将置乱后的水印图像拉伸成一维水印信息；最后将拉伸的水印信息乘以嵌入强度系数，并将其依次、重复嵌入 IMF_1 的极值点位置，实现水印信息的嵌入。

17.2 BEMD与Hilbert曲线

本案例基于 BEMD 与 Hilbert 曲线进行图像水印算法设计，首先介绍 BEMD、Arnold

变换、Hilbert 曲线和评价指标的相关工作，然后引入水印嵌入和提取算法，为后面的程序实现提供理论支撑。

17.2.1　相关工作

1. BEMD

经验模态分解（Empirical Mode Decomposition，EMD）算法最早由 Huang 等人提出，被用于一维非平稳、非线性信号的分析与处理。与傅里叶分析、短时傅里叶分析及小波分析等传统时频分析算法不同，它是一种完全由数据驱动的自适应分析算法。EMD 算法通过迭代筛分过程将给定的信号分解为频率由高到低的 IMF 和余量的形式，即给定一维信号，经过 EMD 得到

$$f=\sum_{i=1}^{k}\mathrm{IMF}_i+r \tag{17.1}$$

其中，r 为分解的余量；IMF_i 为第 i 个 IMF。IMF 须满足两个条件：（1）在整个数据集中过零点和极值点个数必须相等或最多相差一个；（2）对于任意一点，局部极大值点和局部极小值点形成的上下包络，其平均值为 0。

EMD 算法能够摆脱传统时频分析算法本质上对平稳数据处理算法的依赖，不再依赖于事先设定的基函数。EMD 算法自提出以来，得到了不同领域的关注和应用，如语音处理、图像融合、环境预测及三维数字几何处理等领域。

为了实现对二维图像的处理，Nunes 等人将一维 EMD 算法推广到二维图像中，提出了 BEMD 算法。给定一个二维图像 $I(x,y)$，执行 BEMD 算法的步骤如下。

（1）检测维度为 $m\times n$ 的图像 $I(x,y)$ 的局部极大值点和局部极小值点。

（2）利用插值算法分别求取极大值点和极小值点的上下包络 U 和 L。

（3）通过上下包络计算平均包络 $M=(U+L)/2$，并从原始图像中减去平均包络得到 $I'=I-M$。

（4）将标准差（Standard Deviation，SD）作为筛分终止条件，即

$$\mathrm{SD}=\sum_{x=1}^{m}\sum_{y=1}^{n}\frac{\left|I'_{j-1}(x,y)-I'_j(x,y)\right|^2}{I'_j(x,y)^2} \tag{17.2}$$

其中，$I'_{j-1}(x,y)$ 与 $I'_j(x,y)$ 为相邻两次筛分得到的结果。

如果 I 不满足 IMF 的条件，可以对 I 重复执行（1）至（3），直到 SD 小于一定的阈值，通常取值范围为 [0.1,0.3]；否则，将获得的第 1 个 IMF 记为 IMF_1。用原始图像 $I(x,y)$ 减去

IMF_1，得到第 1 层的余量 I_{r1}，对该余量重复执行上面 4 步，直到筛分出一定数量的 IMF 及余量，最终原始图像 $I(x,y)$ 可被表示为

$$I(x,y)=\sum_{i=1}^{k}\mathrm{IMF}_i+r \tag{17.3}$$

其中，r 为分解的余量，IMF_i 为第 i 个内蕴模态函数。

2. Arnold 变换

Arnold 变换又被称为猫脸变换，Arnold 变换算法简单，具有周期性，当迭代到某一步时又将得到原始图像，其被广泛应用于图像置乱。设固定周期为 T，变换次数为 n，则复原水印图像时继续置换 $T-n$ 次便可得到原始图像。数字图像可被看作一个二维矩阵，对于一个维度为 $N\times N$ 的图像，二维离散化的 Arnold 变换公式为

$$\begin{bmatrix}x_{n+1}\\y_{n+1}\end{bmatrix}=\begin{bmatrix}1&1\\1&2\end{bmatrix}\begin{bmatrix}x_n\\y_n\end{bmatrix}\bmod N \tag{17.4}$$

其中，(x_n,y_n) 表示变换前图像像素点的位置，(x_{n+1},y_{n+1}) 表示变换后图像像素点的位置，n 表示当前变换的次数。

3. Hilbert 曲线

Hilbert 曲线是众多空间填充曲线中的一种，由德国数学家 Hilbert 在 1891 年提出。对于二维图像，Hilbert 曲线不间断、无交叉地遍历图像中的每个像素，形成填充整幅图像的一维曲线，描述了从二维空间到一维空间的映射，常被应用于数据降维和算法加速中。Hilbert 曲线符合分形结构中自相似原则和迭代生成原则，是一种有规则分形结构，该曲线生成算法简单、高效。与其他空间填充曲线相比，Hilbert 曲线能够最大程度地保持空间局部关系。因此，本案例将采用 Hilbert 曲线对待嵌入的二维水印图像进行数据降维，得到对应的一维水印信息。图 17-1 为边数分别取 8 和 16 时对应的 Hilbert 曲线，可以看到 Hilbert 曲线不重复、不交叉地遍历了所有像素点。

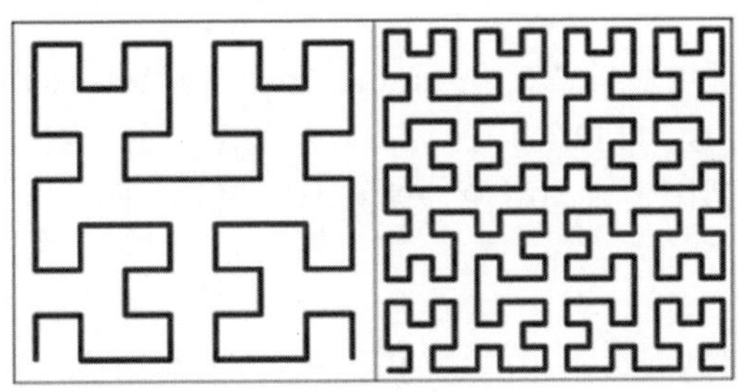

图 17-1

4. 评价指标

（1）归一化相关系数

水印的检测一般是通过归一化相关系数（Normalized Correlation Coefficient，NC）来衡量提取的水印图像 $\tilde{K}$ 和原始水印图像 K 的相似程度，NC 的计算公式为

$$\mathrm{NC}=\frac{\sum_{x=1}^{p}\sum_{y=1}^{q}K(x,y)\tilde{K}(x,y)}{\sqrt{\sum_{x=1}^{p}\sum_{y=1}^{q}K(x,y)^2}\sqrt{\sum_{x=1}^{p}\sum_{y=1}^{q}\tilde{K}(x,y)^2}} \tag{17.5}$$

其中，$K(x,y)$ 为水印图像第 x 行第 y 列的像素值，$\tilde{K}(x,y)$ 为提取的水印图像第 x 行第 y 列的像素值。NC 值越大，图像越相似。当提取的水印图像与原始水印图像的 $\mathrm{NC}>0.9$ 时，则提取水印的质量较高。

（2）峰值信噪比

衡量隐蔽载体的算法一般采用峰值信噪比，其用于对比添加水印的图像 $I'(x,y)$ 与原始图像 $I(x,y)$ 之间的差异程度，PSNR 的计算公式为

$$\mathrm{PSNR}=10\times\lg\left(\frac{255^2}{\frac{1}{m\times n}\sum_{x=1}^{m}\sum_{y=1}^{n}(I(x,y)-I'(x,y))^2}\right) \tag{17.6}$$

其中，$m\times n$ 是图像维度，$I(x,y)$ 为宿主图像在 (x,y) 位置的像素值，$I'(x,y)$ 为嵌入水印后的图像在 (x,y) 位置的像素值。PSNR 通常被用来评价嵌入水印后图像的不可感知性，其值越大，图像失真程度越低，不可感知性越高。

17.2.2　案例算法

本案例以 BEMD 为理论基础，结合 Arnold 变换、Hilbert 曲线，提出了一种鲁棒的图像水印算法。本节将以维度为 512×512 的 Lena 灰度图为宿主图像，以维度为 32×32 的带有“CADCG”字样的二值图为水印图像，展示本案例的水印嵌入和提取算法。

1. 水印嵌入算法

在嵌入水印前，为提高嵌入水印信息的安全性，本案例首先利用 Arnold 变换将输入的水印图像进行置乱处理。经过 Arnold 变换后，图像的像素位置会重新排列，使得图像杂乱无章，打破原来相邻像素之间的关联性，实现对图像置乱加密的效果。其次，为 Arnold

变换后的水印图像生成 Hilbert 曲线，将二维水印图像转换为一维水印信息。这样将有效地解决水印嵌入过程中宿主图像和水印图像在图像尺寸上匹配的局限问题，提高水印在嵌入尺寸上的灵活性的同时，Hilbert 曲线在将置乱后的图像转换成一维信息的过程中也进一步增强了现有水印的置乱效果，使得生成的水印图像具有更高的隐蔽性。

对于宿主图像，将通过 BEMD 进行分解来得到不同尺度信息的 IMF，通常前几个 IMF 包含原始图像的高频信息，体现的是图像纹理细节特征；后几个 IMF 及余量包含原始图像的低频信息，体现的是图像的整体几何特征。水印信息嵌入的位置将直接影响水印图像的鲁棒性和不可感知性。根据人类视觉系统原理，水印嵌入低频部分鲁棒性较好，水印嵌入高频部分不可感知性较好。但现实情况很难同时获得鲁棒性高、可见性低的嵌入效果。

为此，本案例从分解得到的多尺度表示信息中分别去除某一个 IMF，计算使用剩余 IMF 和余量信息重建后的图像与原始宿主图像的归一化相关系数，寻找归一化相关系数最大的一组图像对应的 IMF，将其作为水印嵌入的宿主。对两幅图像进行相似程度的衡量，除了基于视觉观察，还可以更加精确地用数据来客观评价。图 17-2 给出了依次缺失某一个 IMF_i（$i=1,\cdots,5$）时的重建图像。

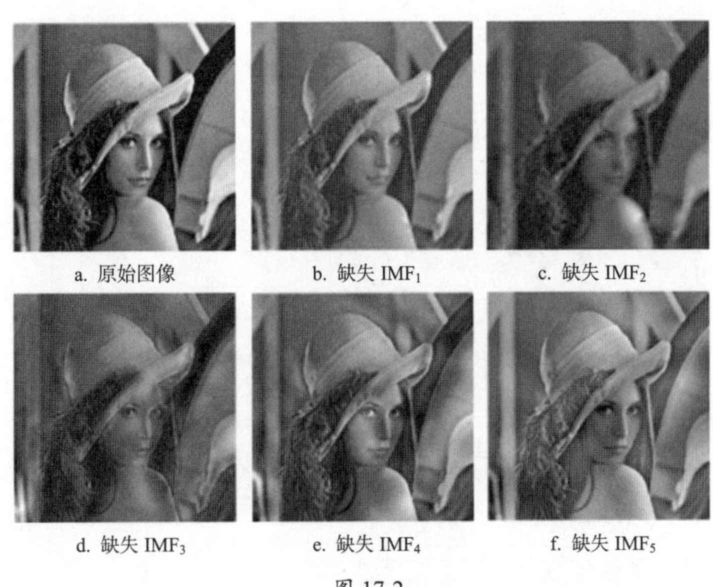

图 17-2

表 17-1 给出了 3 种不同宿主图像在缺失某一个 IMF 的情况下重建得到的图像与原始宿主图像的归一化相关系数。由表 17-1 可知，在缺失第 1 个IMF 时，重建得到的图像与原始宿主图像最为接近，其NC 值最大，说明缺失 IMF_1 信息时对宿主图像的重建影响较小。另外，根据人类视觉系统的纹理掩蔽特性，将水印嵌入图像的纹理和边缘等位置不易被察觉。因此，为了增强水印的不可感知性，减少水印图像对宿主图像的干扰和破坏，本案例

算法将水印图像嵌入宿主图像经 BEMD 分解后的第 1 个IMF 中。

表 17-1

宿主图像	缺失 IMF_1	缺失 IMF_2	缺失 IMF_3	缺失 IMF_4	缺失 IMF_5
Lenna	0.992	0.982	0.950	0.963	0.938
Peppers	0.996	0.995	0.990	0.974	0.967
Sailboat	0.991	0.992	0.987	0.988	0.962

在确定水印图像嵌入的宿主图像之后，需要将置乱后的一维水印信息进行嵌入。为此，我们首先检测嵌入层 IMF_1 中的所有极值点，将置乱后的一维水印信息从 IMF_1 的左上角开始逐行嵌入检测到的极值点位置。在此过程中，由于通过 BEMD 分解得到的 IMF_1 蕴含原始图像的高频信息，表示的是图像几何细节，故检测到的极值点统计值要远远大于置乱后一维水印信息的长度。因此，本案例算法可以在进行水印信息嵌入的同时实现水印信息的重复嵌入，这样做大大增加了水印嵌入算法的容量。同时，将二维水印图像转换为一维水印信息并嵌入 IMF_1 的极值点中，这在一定程度上可以解决宿主图像与水印图像在嵌入时尺寸匹配上的局限性，增加了水印嵌入的灵活性。

至此，将修改后的 IMF_1 连同其他 IMF 和余量相加得到的嵌入水印后的图像，完成整个水印图像的嵌入，具体算法步骤如图 17-3 所示。

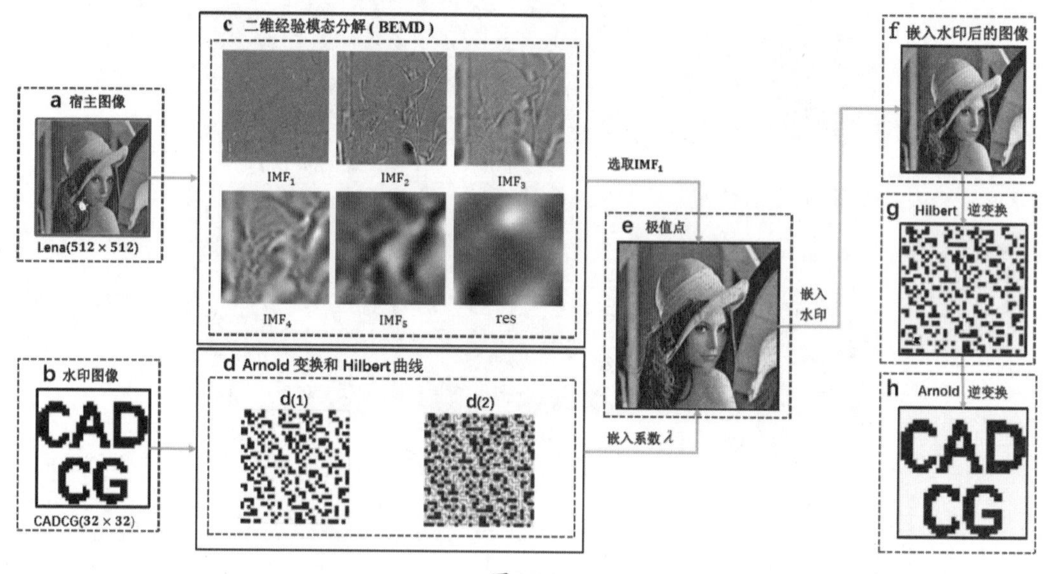

图 17-3

（1）读取水印图像 K，对其进行 Arnold 变换，得到图像 K'。

（2）使用 Hilbert 曲线对图像 K' 进行遍历，得到维度为 $1\times pq$ 的一维水印信息 K''。

（3）读取宿主图像 I，对图像进行 BEMD 分解，得到图像的多尺度分解 $\mathrm{IMF}_i\,(i=1,\cdots,k)$ 和余量 r，即 $I=\sum_{i=1}^{k}\mathrm{IMF}_i+r$。

（4）计算缺少某一个 $\mathrm{IMF}_i\,(i=1,\cdots,k)$ 时重建得到的图像与宿主图像 I 的 NC_i（$i=1,\cdots,k$），见式（17.5）。

（5）选取归一化相关系数最大的 NC_i 值对应的 IMF_i 为嵌入层。通过大量实验计算发现，NC_1 值最大，因此选取 IMF_1 为水印信息的嵌入层。

（6）检测 IMF_i 中的所有极值点，将其作为水印的嵌入位置。从左到右、从上至下，依次将一维水印信息 K'' 乘以嵌入强度系数 λ 并重复嵌入 IMF_1 的极值点位置，得到 $\mathrm{IMF}_1'=\mathrm{IMF}_1+\lambda K''$。

（7）将 IMF_i 与剩余的 IMF_i（$i=1,\cdots,k$）和余量 r 相结合，重建得到嵌入水印后的图像 $I'=\mathrm{IMF}_1'+\sum_{i=2}^{k}\mathrm{IMF}_i+r$。

2. 水印提取算法

水印提取算法为水印嵌入算法的逆过程，该过程中需要用到原始宿主图像及水印置乱过程中的密钥，具体算法步骤如下。

（1）读取嵌入水印后的图像 I' 与原始宿主图像 I。

（2）对原始宿主图像 I 进行 BEMD 分解，并检测 IMF_i 的极值点位置。

（3）将嵌入水印后的图像 I' 与原始宿主图像 I 相减，得到包含水印信息的图像 $W=I'-I$。

（4）将 W 依照 IMF_i 中极值点的位置顺序提取之前重复嵌入的水印信息，并综合形成一条维度为 $1\times pq$ 的一维水印信息 K''。

（5）针对综合提取的一维水印信息 K''，利用 Hilbert 曲线，将一维水印信息 K'' 还原成二维置乱后的二维水印图像 K'。

（6）针对得到的二维水印图像 K'，利用 Arnold 逆变换，并进行二值化处理，得到最终提取的水印图像 K。

由于在水印信息嵌入阶段进行了水印的重复嵌入，因此在（4）中会获得多条重复嵌入的一维水印信息，为此需要综合形成一条水印信息。通常，对提取得到的多条水印信息进行叠加处理，计算平均信息，并将其作为综合提取的一维水印信息。如果图像受到裁剪攻击，则需要根据提取到的可能带有残缺的多条一维水印信息，提取或整合出一条完整的一维水印信息，并将其作为综合提取的一维水印信息。该处理方式在一定程度上有效地降低了噪声及裁剪等攻击对提取水印图像的影响，增强了本案例水印提取算法对噪声及裁剪攻击的鲁棒性。

17.3　程序实现

本案例基于 BEMD 与 Hilbert 曲线算法进行水印嵌入、提取和攻击的程序仿真。同时，为对比实验效果，采用函数方式进行了功能模块封装，读者可设置不同的参数来观察小波数字水印的效果。

17.3.1　实验结果与分析

本节首先介绍图像质量评价指标和本案例算法中的主要参数信息；然后对本案例算法进行多种不同参数的攻击实验，以测试其对抗攻击的鲁棒性；最后将通过大量对比实验来说明本案例水印算法较现有水印算法的优势。

本案例算法中的主要参数包括 Arnold 变换次数、BEMD 分解的终止条件及分解层数、水印嵌入强度。实验中 Arnold 变换次数为 5 次；BEMD 分解过程的终止条件为 SD 的取值范围为[0.1,0.3]，一般情况 SD 取值越小，则分解得到的 IMF 个数越多，但算法耗时越长。因此，为了平衡算法时长与多尺度分解 IMF 的个数，默认分解终止条件为 $SD=0.2$，将 IMF 的个数统一取值 5。

一般来说，水印嵌入强度越大，提取得到的水印越清晰，鲁棒性越高；但随着嵌入强度的增大，水印图像也将对宿主图像造成较小的破坏，这降低了水印图像的不可见性，使 PSNR 值变低。另一方面，水印嵌入强度较小，虽然嵌入后图像的不可见性较高，但易受各种攻击的影响，鲁棒性较低。为了平衡水印嵌入算法的不可见性和鲁棒性，本案例在大量实验的基础上，选取默认水印嵌入强度 $\lambda=5$，这样做可以得到较好的实验结果。

本案例实验主要用到的宿主图像为 Lena、Peppers 和 Sailboat 灰度图，所使用的水印图像是维度为 32×32 的带有“天津工大”字样的二值图、带有“CADCG”字母的二值图及卡通小猪二值图。

1. 不可见性实验

首先，对本案例算法得到的嵌入后的水印图像进行不可见性分析。图 17-4 展示了不同宿主图像、不同水印图像在本案例算法框架下嵌入并提取后的实验结果。由实验结果可以看到，在未受到任何攻击的情况下，提取水印图像的 PSNR 约为 60dB，具有非常高的不可见性；同时，提取的水印图像与原始水印图像的 $NC=1$，即可以完整提取水印图像。

另外，从视觉上也可以看到嵌入水印后的图像与原始宿主图像基本一致，提取得到的水印图像完整清晰，与原始水印图像相同。

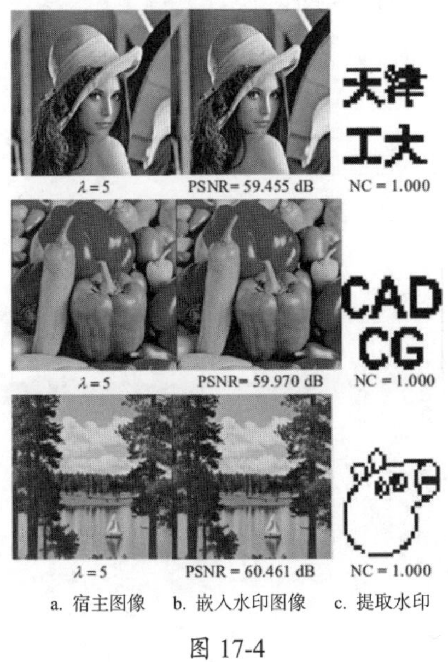

图 17-4

2. 鲁棒性实验

为了检测算法的鲁棒性，下面将对嵌入水印后的宿主图像在遭受各种类型攻击后进行水印提取，包括裁剪攻击、椒盐噪声攻击和高斯噪声攻击等。图 17-5 展示了不同裁剪比例攻击下的水印提取结果。可以看到，对 Lena 图像的中间部分和左上角分别进行了 33.4%和 34.3%的裁剪，本案例算法可以准确地提取完整的水印图像，NC=1；对 Lena 图像的中间部分进行 28.8%的十字形裁剪，提取水印图像的 NC＝0.994；对 Lena 图像左下角进行 50.0%的裁剪，提取水印图像的 NC 值依然可以高达 0.995。实验结果表明，本案例算法对大比例、复杂形状的裁剪攻击具有较强的抗攻击能力，鲁棒性较高，提取的水印图像清晰可见。

图 17-6 展示了嵌入水印后的 Lena 图像在受到 1.0%、5.0%、10.0%和 20.0%比例的椒盐噪声攻击下的水印提取结果。由实验结果可以看到，随着椒盐噪声攻击强度的增加，Lena 图像中的椒盐噪声逐渐增多，受椒盐噪声的影响，提取水印图像的 NC 值由 0.999 降低至 0.995。尽管提取水印图像的 NC 值呈现下降趋势，但在 20.0%比例椒盐噪声的攻击下，提取水印图像的 NC 值依然能够达到 0.995，水印信息辨识度较高，对椒盐噪声具有很好的鲁棒性。

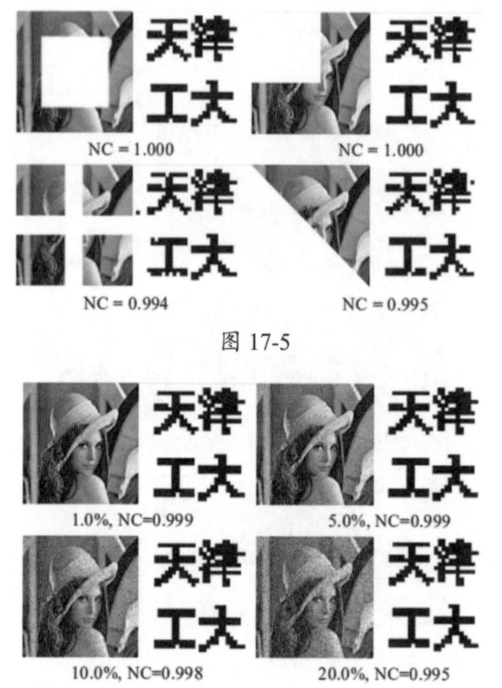

图 17-5

图 17-6

图 17-7 给出了在均值为 0，方差分别为 0.001、0.002、0.005 和 0.01 的高斯噪声攻击下的水印提取结果。可以看出，在方差为 0.001 和 0.002 的高斯噪声攻击下，均可以完整地提取清晰可见的水印图像，NC 值分别达到了 0.988 和 0.975。随着高斯噪声攻击强度的增加，嵌入水印的图像受到了较大程度的破坏，导致提取得到的水印图像的 NC 值逐渐降低，并不可避免地出现了噪点。在方差为 0.01 的大强度高斯噪声攻击下，提取得到的水印图像的NC值大于0.93，依然可以辨别水印图像中的“天津工大”。本案例算法对高斯噪声攻击具有一定的抗干扰能力，鲁棒性较好。

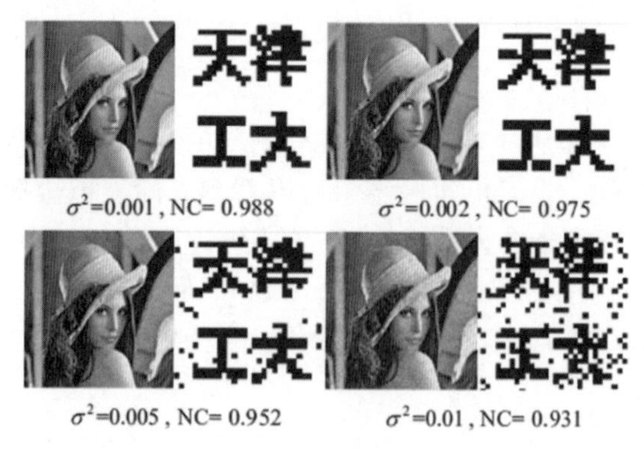

图 17-7

17.3.2 核心程序

根据上述章节的阐述，水印嵌入与提取主要包括含有水印图像的 BEMD 变换、Arnold 变换与 Hilbert 曲线等步骤，并且可以使用归一化相关系数评价提取水印的质量。下面的 MATLAB 代码将演示如何实现主要的算法步骤。

1. 水印嵌入与提取

水印嵌入与提取的代码如下。

```
clear all;clc;close all
% 导入 BEMD 分解之后的数据
load('jizhi.mat')
tic
biaoqian = {'高斯 0.001','高斯 0.002','高斯 0.005','高斯 0.01'};
% 设置在哪一层 IMF 嵌入
ceng = 1;
NCresult = zeros(size(HostName,2),size(biaoqian,2));
fengzhi = zeros(size(HostName,2),size(biaoqian,2));
logo = imbinarize(rgb2gray(imread('cadcg32.png')));
figure
imshow(uint8(logo),[])
logooriginal = logo;
% 对水印图像进行 Arnold 变换
logo = arnold(logo,2,3,5);
% 对水印图像进行 Hilbert 曲线变换
[row0,col0] = size(logo);
num = row0;
Y = hilbert(num);
[R,S] = hlbrtcrv(num,num);
% 添加 LOGO 水印
Number = row0*col0;
% 设置权系数[0,1];
c = 5;
img = double(rgb2gray(imread('lena.jpg')));
New_img = img;
[h,l] = find(jizhidata(:,:, q)==1);
% 乘以权系数 c，并添加水印图像
for j = 1:size(h,1)
    New_img(h(j),l(j)) = img(h(j),l(j))+...
        c*double(logo(S(rem(j,Number)+1),R(rem(j,Number)+1)));
end
imshow(uint8(New_img), [])

% 调用函数进行攻击
attackdata = Test2attack(New_img);
figure
for i = 1:4
    subplot(2,2,i)
```

```
    temp = attackdata{i};
    imshow(uint8(temp), [])
end
figure
for i = 1:size(attackdata,2)
    % 提取水印
    fengzhi(q,i) = PSNR(double(attackdata{i}),double(img));
    ge = ceil(size(h,1)/Number);
    huan = zeros(row0, col0, ge);
    logoback = zeros(row0, col0, ge);
    logo_hilbert = (double(attackdata{i}) - double(img))/c;
    for j = 1:size(h,1)
        huan(S(rem(j, Number)+1),R(rem(j,Number)+1),...
            fix(j/Number)+1) = logo_hilbert(h(j),l(j));
    end
    xiangguan = zeros(1,ge);
    jiaquan = zeros(size(logo));
    for j = 1:ge-1
        logoback(:,:,j) = rearnold(huan(:,:,j),2,3,5);
        % 二值化处理
        logoback(:,:,j) = imbinarize(logoback(:,:,j));
        jiaquan = jiaquan + logoback(:,:,j);
        xiangguan(j) = nc(double(logoback(:,:,j)),double(logooriginal));
    end
    % 删除冗余数据，选择最好的提取效果
    jiaquan = jiaquan/(ge-1);
    jiaquan = imbinarize(jiaquan);
    daxiao = nc(double(jiaquan),double(logooriginal));
    subplot(2, 2, i)
    imshow(uint8(jiaquan), [])
    title([biaoqian{i}])
    xlabel(['NC=',num2str(daxiao)])
    NCresult(q, i) = daxiao;
end
toc
jieguo = NCresult';
```

2. NC 函数

NC 函数代码如下。

```
function guiyi = nc(image1,image2)
    [m1,n1] = size(image1);
    [m2,n2] = size(image2);
    if m1~=m2||n1~=n2
       error('输入的图像维度不一致')
    end
    AB = sum(sum(image1.*image2));
    AA = sum(sum(image1.*image1));
    BB = sum(sum(image2.*image2));
```

```
    guiyi = AB/(sqrt(AA).*sqrt(BB));
end
```

3. Arnold 变换函数

Arnold 变换函数代码如下。

```
% img 为灰度图像，a、b 为参数，n 为变换次数
function arnoldImg= arnold(img,a,b,n)
[h,w] = size(img);
N=h;
arnoldImg = zeros(h,w);
for i=1:n
    for y=1:h
        for x=1:w
            % 防止取余过程中出现错误，先把坐标系变换成从 0 到 N-1
            xx=mod((x-1)+b*(y-1),N)+1;
            yy=mod(a*(x-1)+(a*b+1)*(y-1),N)+1;
            arnoldImg(yy,xx)=img(y,x);
        end
    end
    img=arnoldImg;
end
arnoldImg = uint8(arnoldImg);
end
```

4. Hilbert 曲线函数

Hilbert 曲线函数代码如下。

```
function Y=hilbert_curve(X)
if (size(X,1)==1 && size(X,2)==1)
    x=ceil(log10(X)/log10(2));
    Y=[1 2
        0 3];
    for l=1:x-1
        Y=hilbert(Y);
    end
    return;
end
[M, N]=size(X);
if (M~=2 && N~=2)
    Y=[hilbert(X(1:M/2  ,1:N/2)) hilbert(X(1:M/2  ,N/2+1:N))
        hilbert(X(M/2+1:M,1:N/2)) hilbert(X(M/2+1:M,N/2+1:N))];
else
    offset=min(min(X));
    X=X-offset;
    A=[1 2
        0 3];
    B=[5  6  9  10
        4  7  8  11
```

```
        3  2  13 12
        0  1  14 15];
    C=rot90(A);
    D=rot90(B);
    if     (all(all(X==A)))
        Y=B;
    elseif (all(all(X==fliplr(A))))
        Y=fliplr(B);
    elseif (all(all(X==flipud(A))))
        Y=flipud(B);
    elseif (all(all(X==rot90(A,2))))
        Y=rot90(B,2);
    elseif (all(all(X==C)))
        Y=D;
    elseif (all(all(X==fliplr(C))))
        Y=fliplr(D);
    elseif (all(all(X==flipud(C))))
        Y=flipud(D);
    elseif (all(all(X==rot90(C,2))))
        Y=rot90(D,2);
    end
    Y=Y+offset*4;
end
return;
```

5. hilbert 函数

hilbert 函数代码如下。

```
function Y=hilbert(X)
if (size(X,1)==1 && size(X,2)==1)
    x=ceil(log10(X)/log10(2));
    Y=[1 2
       0 3];
    for l=1:x-1
        Y=hilbert(Y);
    end
    return;
end
[M, N]=size(X);
if (M~=2 && N~=2)
    Y=[hilbert(X(1:M/2  ,1:N/2)) hilbert(X(1:M/2  ,N/2+1:N))
       hilbert(X(M/2+1:M,1:N/2)) hilbert(X(M/2+1:M,N/2+1:N))];
else
    offset=min(min(X));
    X=X-offset;
    A=[1 2
       0 3];
    B=[5  6  9  10
       4  7  8  11
```

```
        3  2  13 12
        0  1  14 15];
    C=rot90(A);
    D=rot90(B);
    if     (all(all(X==A)))
        Y=B;
    elseif (all(all(X==fliplr(A))))
        Y=fliplr(B);
    elseif (all(all(X==flipud(A))))
        Y=flipud(B);
    elseif (all(all(X==rot90(A,2))))
        Y=rot90(B,2);
    elseif (all(all(X==C)))
        Y=D;
    elseif (all(all(X==fliplr(C))))
        Y=fliplr(D);
    elseif (all(all(X==flipud(C))))
        Y=flipud(D);
    elseif (all(all(X==rot90(C,2))))
        Y=rot90(D,2);
    end
    Y=Y+offset*4;
end
return;
```

6. hlbrtcrv 函数

hlbrtcrv 函数代码如下。

```
function [R, S]=hlbrtcrv(M,N)
Y=hilbert(max([M N]));
Y=Y(1:M,1:N);
Y=Y(1:M*N)';
[s,I]=sort(Y);
if (nargout==2)
    [R,S]=meshgrid(1:N,1:M);
    R=R(I);
    S=S(I);
else
    R=I;
end
return;
```

7. 实验攻击函数

实验攻击函数代码如下。

```
function attackdata = Test2attack(image)
% 椒盐噪声
qiangdu = [0.01, 0.05, 0.1, 0.2];
% salt_img = cell(1,size(qiangdu,2));
```

```
salt_image = image;
salt_img1 =imnoise(uint8(salt_image),'salt & pepper',qiangdu(1));
salt_img2 =imnoise(uint8(salt_image),'salt & pepper',qiangdu(2));
salt_img3 =imnoise(uint8(salt_image),'salt & pepper',qiangdu(3));
salt_img4 =imnoise(uint8(salt_image),'salt & pepper',qiangdu(4));
attackdata = {salt_img1,salt_img2,salt_img3,salt_img4};
end
```

8. PSNR 计算

PSNR 计算代码如下。

```
function PSN = PSNR(image1,image2)
peakvalue = 255;
PSN = 10*log10(peakvalue^2./MSE(image1,image2));
end
```

9. Arnold 逆变换

Arnold 逆变换代码如下。

```
%参数 a、b、n 的含义与之前进行的变换中的一致
function img = rearnold(arnoldImg,a,b,n)
[h,w] = size(arnoldImg);
img = zeros(h,w);
N = h;
for i=1:n
    for y=1:h
        for x=1:w
            xx=mod((a*b+1)*(x-1)-b*(y-1),N)+1;
            yy=mod(-a*(x-1)+(y-1),N)+1  ;
            img(yy,xx)=arnoldImg(y,x);
        end
    end
    arnoldImg=img;
end
end
```

10. MSE 函数

MSE 函数代码如下。

```
function Mean_Square_Error= MSE(Reference_Image, Target_Image)
% 拍摄两幅图像（2D）并返回均方差
% 注意矩阵尺寸必须一致
Reference_Image = uint8(Reference_Image);
Target_Image = uint8(Target_Image);
[M,N] = size(Reference_Image);
error = Reference_Image - Target_Image;
Mean_Square_Error = sum(sum(error .* error)) / (M * N);
end
```

第18章 基于计算机视觉的辅助自动驾驶

18.1 案例背景

随着计算机视觉和深度学习技术的迅猛发展，自动驾驶技术也逐渐进入新的发展阶段。著名的交通网络公司Uber已在美国旧金山开通了自动驾驶汽车服务，Alphabet（Google母公司）也对外宣布将自动驾驶项目从Google X实验室拆分出来并独立运营，美国联邦政府已着手对自动驾驶汽车制定官方的行业规范。通过这一系列消息，我们可以发现自动驾驶距离走入广大普通消费者的生活越来越近。此外，世界各国的交通主管部门大多倡导“防御驾驶”的概念。防御驾驶是一种预测危机并协助远离危机的机制，要求驾驶人除了遵守交通规则，也要防范其他因自身疏忽或违规而发生的交通意外。因此，各大汽车厂商与驾驶人大多主动在车辆上安装各种先进的驾驶辅助系统（Advanced Driver Assistance System，ADAS），以降低肇事概率。

自动驾驶汽车是典型的高新技术综合应用，如图18-1所示，其关键模块可归纳为环境感知、行为决策、路径规划和运动控制，具有场景感知、优化计算、多等级辅助驾驶等功能，运用了计算机视觉、传感器、信息融合、信息通信、高性能计算、人工智能及自动控制等技术。在这些技术中，计算机视觉作为数据处理的直接入口，是自动驾驶不可或缺的一部分，本章会对以计算机视觉为基础的环境感知进行讨论和实验。

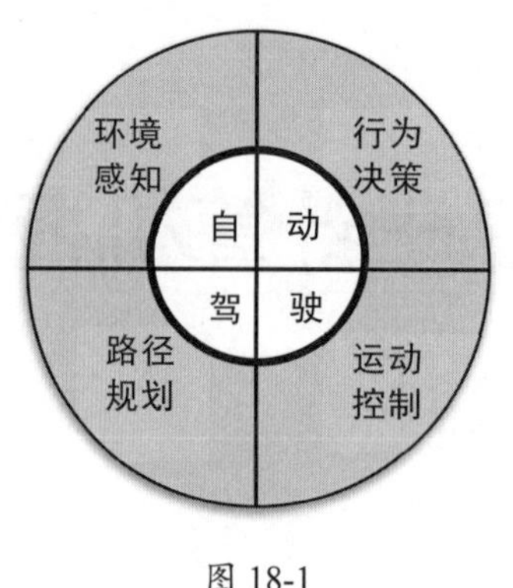

图 18-1

18.2　环境感知

自动驾驶面临的首要问题就是如何对周边的环境数据及车辆的内部数据进行有效采集和快速处理，这些也是支撑自动驾驶的基础数据，具有重要的意义。自动驾驶一般会配备各种传感器，常见的有摄像头、激光雷达、车载测距仪、智能加速度传感器等，涉及视频图像获取、车道线检测、车辆检测、行人检测、高性能计算等技术。

实际上，由于不同的传感器在设计和功能上存在差别，而且单类型的传感器在数据采集和处理上具有一定的局限性，难以实现对环境的感知处理，因此，自动驾驶的环境感知技术不能仅通过增加摄像头、雷达等传感器设备来实现，还涉及对多类型传感器的融合处理技术。目前，国内外的不同厂商在自动驾驶环境感知技术模块方面的主要差距集中在多传感器融合方面。

18.3　行为决策

自动驾驶在获得环境感知数据后，需要进一步对驾驶行为进行分析计算，这就涉及行为决策模块了。所谓行为决策，是指自动驾驶汽车根据已知的路网数据、交通规则数据、采集到的周边环境数据及车辆的内部数据，通过一系列计算来获得合理驾驶决策的过程。这本质上是通过一定的感知计算，选择合理的工作模型，获得合理的控制逻辑，并下发指令给车辆执行相应的动作来实现的。

自动驾驶过程中往往会涉及前后车距保持、车道线偏离预警、路障告警、斑马线穿越等实际问题，这就需要行为决策模块能对本车与其他车辆、车道、路障、行人等在未来一段时间内的状态进行计算并预测，获得合理的行为控制。常见的决策理论有模糊推理、强化学习、神经网络和贝叶斯预测等。

18.4 路径规划

自动驾驶通过环境感知和行为决策，获得了车辆的周边环境数据、车辆状态数据、车辆位置及路线数据，可基于最优化搜索算法进行路径规划，进而实现自动驾驶的智能导航功能。

自动驾驶的路径规划模块基于数据获取的实际情况可以分为全局和局部两个类别，即基于已获取的完整环境信息的全局路径规划算法和基于动态传感器实时获取环境信息的局部路径规划算法。全局路径规划主要基于已获取的完整数据，从全局计算推荐的路径，例如通过从北京到南京的路径规划来得到推荐的路线；局部路径规划主要基于实时获取的环境数据，从局部计算路上遇到的车辆、路障等情况，如何避开或调整车道等。

18.5 运动控制

自动驾驶经过环境感知、行为决策、路径规划后，通过对行驶轨迹和速度的计算并结合当前位置、状态，得到对汽车方向盘、油门、刹车和挡位的控制指令，这就是运动控制模块的主要内容。根据控制目标的不同，运动控制可以分为横向控制和纵向控制两个类别。横向控制是指设定一个速度并通过方向盘控制来使车辆基于预定轨迹行驶；纵向控制是指在配合横向控制达到正常行驶的同时，满足人们对安全、稳定和舒适的要求。

自动驾驶涉及特别复杂的控制逻辑，存在横向、纵向及横纵向的耦合关系，因此也提出了车辆的协同控制要求，这是控制技术的难点所在。其中，横向控制作为最基本的控制需求，是研究热点之一，常用的方法包括模糊控制、神经网络控制、最优控制和自适应控制等。

18.6 程序实现

本案例通过传感器数据载入、追踪器创建和碰撞预警的技术路线进行程序设计。同时，为对比实验效果，采用函数方式进行了功能模块封装，读者可设置不同的参数来观察车辆追踪的效果。

18.6.1 传感器数据载入

本案例使用的数据源自公开的自动驾驶汽车数据集，用到的传感器包括视觉传感器、雷达传感器、测速传感器、视频摄像机，主要功能如下所述。

（1）视觉传感器：采集车道周边的所有对象并进行分类，每秒 10 次。

（2）雷达传感器：采集中远距离未经分类的对象，每秒 20 次。

（3）测速传感器：记录车速、转弯速率等，每秒 20 次。

（4）视频摄像机：记录车前视频片段，不用于目标追踪，仅用于结果显示。

MATLAB 已经将相关数据整理和保存在 01_city_c2s_fcw_10s_sensor.mat 文件中，该文件中包含以下 4 个变量，其物理意义说明如表 18-1 所示。

表 18-1

名　　称	物理意义
vision	视觉对象，包括 timeStamp、numObjects 和 object，其中 object 是结构体数组，用于指定 ID、类别、位置、速度和维度等属性
lane	车道对象，包括 left 和 right，分别用于指定左右车道线的相关属性
radar	雷达对象，包括 timeStamp、numObjects 和 object，其中 object 是结构体数组，用于指定 ID、状态、位置、速度、幅值和模式等属性
inertialMeasurementUnit	测速对象，包括 timeStamp、velocity 和 yawRate

通过载入数据能够获取相关操作对象和参数，其核心代码如下。

```
% 读取已经处理好的传感器数据
tmp = load('01_city_c2s_fcw_10s_sensor.mat');
visionObjects = tmp.vision;
radarObjects = tmp.radar;
laneReports = tmp.lane;
inertialMeasurementUnit = tmp.inertialMeasurementUnit;
% 数据采样时间 20ms
timeStep = 0.05;
% 计算总帧数
numSteps = numel(visionObjects);
```

其中，程序可绘制视频帧和鸟瞰图，效果如图 18-2 所示。

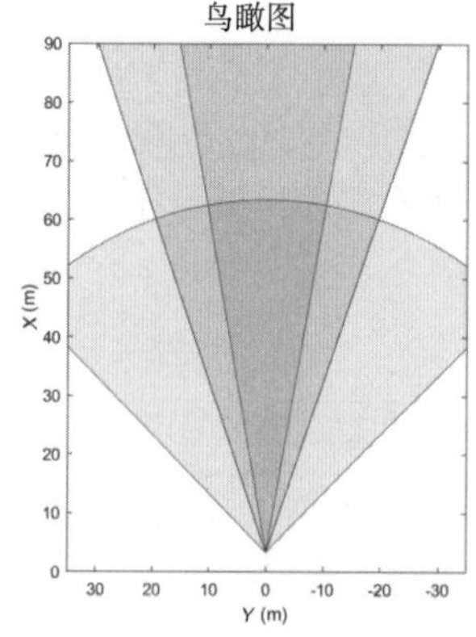

图 18-2

18.6.2 创建追踪器

在自动驾驶系统工具箱中引入了一个新的对象 multiObjectTracker，它用于创建对象追踪器，该对象最重要的 4 个参数及说明如表 18-2 所示。

表 18-2

参　数	说　明	默认值
FilterInitializationFcn	卡尔曼滤波器初始化函数，用于描述运动目标的运动方程	Initcvekf
AssignmentThreshold	最大检测距离，大于该阈值时不进行检测	30
ConfirmationParameters	检测周期[*M*,*N*]且 *M*<*N*，假设采样周期是 1s，雷达需要 3s 才能检测到运动物体，而我们期望在 5s 内就给出预报，那么 *M*=3，*N*=5	[2,3]
NumCoastingUpdates	期望检测对象消失 *N* 个采样周期后删除对象	5

在实际操作过程中，setupTracker 函数通过调用 multiObjectTracker 创建了一个多目标追踪器。这对如何设计一个合理的卡尔曼滤波器初始化函数 FilterInitializationFcn 起到了至关重要的作用，进而用于描述被检测对象的运动模型，常用的模型包括匀速运动模型和匀加速运动模型，具体如下所述。

（1）匀速运动模型

$$\begin{cases} x_{k+1} = x_k + v_{x,k}\mathrm{d}t \\ y_{k+1} = y_k + v_{y,k}\mathrm{d}t \end{cases} \tag{18.1}$$

（2）匀加速运动模型

$$\begin{cases} x_{k+1} = x_k + v_{x,k}\mathrm{d}t + v_{x,k}^2\mathrm{d}t/2 \\ y_{k+1} = y_k + v_{y,k}\mathrm{d}t + v_{y,k}^2\mathrm{d}t/2 \end{cases} \tag{18.2}$$

追踪器可用于对目标的追踪处理，对于系统的稳定运行具有重要意义，创建追踪器的核心代码如下。

```
function [tracker, positionSelector, velocitySelector] = setupTracker()
tracker = multiObjectTracker(...
    'FilterInitializationFcn', @initFilter, ...
    'AssignmentThreshold', 35, 'ConfirmationParameters', [2 3], ...
    'NumCoastingUpdates', 5);
% 匀速运动模型状态变量 [x;vx;y;vy]
% 匀加速运动模型状态变量 [x;vx;ax;y;vy;ay]
% 位置输出矩阵
positionSelector = [1 0 0 0 0 0; 0 0 0 1 0 0];
% 速度输出矩阵
velocitySelector = [0 1 0 0 0 0; 0 0 0 0 1 0];
function filter= initFilter(detection)
% 创建卡尔曼滤波器
```

```
    % 步骤 1：定义运动模型，MATLAB 定义了部分简单模型
    % 匀速运动模型 constvel 和 constveljac
    % 匀加速运动模型 constacc 和 constaccjac
    % 匀速转弯模型 constturn 和 constturnjac
    % 本节采用匀加速运动模型
    tranfcn = @constacc;     % 用于 EKF 和 UKF
    jtranfcn = @constaccjac; % 雅克比矩阵，仅用于 EKF

    % 步骤 2：定义过程噪声
    dt = 0.05; % 采样时间
    sigma = 1; % 未知加速度变化率
    % 过程噪声
    Q1d = [dt^4/4, dt^3/2, dt^2/2; dt^3/2, dt^2, dt; dt^2/2, dt, 1] * sigma^2;
    Q = blkdiag(Q1d, Q1d);
    % 步骤 3：定义测量模型，就是期望输出的变量
    measfcn = @fcwmeas;         % 用于 EKF 和 UKF
    jmeasfcn = @fcwmeasjac;   % 雅克比矩阵，仅用于 EKF
    % 步骤 4：初始化状态
    % 传感器测量是[x;vx;y;vy]，但状态变量是[x;vx;ax;y;vy;ay]，因此将加速度直接初始化为 0 即可
    state = [detection.Measurement(1); detection.Measurement(2); 0;
detection.Measurement(3); detection.Measurement(4); 0];
    % 步骤 5：初始化状态方差
    % 由于测量值中没有加速度，因此将加速度的方差自行设定为 100
    stateCov = blkdiag(detection.MeasurementNoise(1:2,1:2), 100,
detection.MeasurementNoise(3:4,3:4), 100);
    % 步骤 6：创建卡尔曼滤波器
    % 可以使用 KF、EKF 或 UKF，由于定加速度模型是线性的，所以使用 KF 即可
    FilterType = 'KF';
    noise= detection.MeasurementNoise(1:4,1:4);
    switch FilterType
        case 'EKF'
            filter = trackingEKF(tranfcn, measfcn, state,...
                'StateCovariance', stateCov, ...
                'MeasurementNoise', noise, ...
                'StateTransitionJacobianFcn', jtranfcn, ...
                'MeasurementJacobianFcn', jmeasfcn, ...
                'ProcessNoise', Q ...
                );
        case 'UKF'
            filter = trackingUKF(tranfcn, measfcn, state, ...
                'StateCovariance', stateCov, ...
                'MeasurementNoise', noise, ...
                'Alpha', 1e-1, ...
                'ProcessNoise', Q ...
                );
        case 'KF'
            % 测量 y=H*x，主要输出 x 和 y 的坐标和速度
            H = [1 0 0 0 0 0; 0 1 0 0 0 0; 0 0 0 1 0 0; 0 0 0 0 1 0];
            filter = trackingKF(...
```

```
            'MotionModel', '2D Constant Acceleration', ...
            'MeasurementModel', H, 'State', state, ...
            'MeasurementNoise', noise, ...
            'StateCovariance', stateCov);
end
```

18.6.3 碰撞预警

通过载入数据和创建追踪器，程序将对视频的每一帧数据进行循环处理，主要包括创建追踪对象、更新追踪情况、计算关键对象和更新检测结果，具体内容如下所述。

（1）创建追踪对象 processDetections()，18.6.2 节已经指定了被检测对象的运动模型，但是还需要通过 objectDetection 向卡尔曼滤波器传递被追踪对象的运动测量值、速度和位置等参数，保证卡尔曼滤波器的正常工作。

（2）更新追踪情况 updateTracks()，通过卡尔曼滤波器估计模块，可获知被追踪对象是否为同一个运动物体。

（3）计算关键对象 findMostImportantObject()，针对多运动目标检测的情况，需要通过关键对象计算来获得影响车辆行驶安全的目标，并给出警告。

（4）更新检测结果 updateFCWDisplay()，并在视频和鸟瞰图上显示运行结果，可进一步直观地检验算法的效果。

程序通过对视频的每一帧数据进行循环处理来得到多目标追踪效果，这一部分的核心代码如下。

```
time = 0;
currStep = 0;
snapTime = 9.3;
% 初始化车道，3.6m车道，车在中间
egoLane = struct('left', [0 0 1.8], 'right', [0 0 -1.8]);
while currStep < numSteps && ishghandle(videoDisplayHandle)
    % 更新时间和计数器
    currStep = currStep + 1;
    time = time + timeStep;
    % 创建追踪对象
    [detections, laneBoundaries, egoLane] = processDetections(...
        visionObjects(currStep), radarObjects(currStep), ...
        inertialMeasurementUnit(currStep), laneReports(currStep), ...
        egoLane, time);
    % 更新追踪对象
    confirmedTracks = updateTracks(tracker, detections, time);
    % 找出关键对象
    mostImportantObject = findMostImportantObject(confirmedTracks, egoLane, ...
        positionSelector, velocitySelector);
    % 更新视频和鸟瞰图
```

```
        frame = updateFCWDisplay(videoReader , videoDisplayHandle, bepPlotters, ...
            laneBoundaries, sensor, confirmedTracks, mostImportantObject,
positionSelector, ...
            velocitySelector, visionObjects(currStep), radarObjects(currStep));
    end
```

1. 创建追踪对象

在实际运行环境中，雷达和视觉系统一般会识别出多个运动物体，大部分运动物体并不会对车辆行驶安全产生影响，例如人行道上的行人、与汽车距离较远的物体、汽车后方的物体等。因此，程序需要将这些不影响车辆正常行驶的物体从追踪对象中清除，减少额外的计算量。18.6.2 节中的 multiObjectTracker 函数建立了运动对象的数学模型，并通过调用 objectDetection(time, measurement)函数来创建被追踪对象，并指定其速度和位置测量值，这样能为卡尔曼滤波器的正常运行提供被监测对象的测量值。这一部分的核心代码如下。

```
    function [detections,laneBoundaries, egoLane] = processDetections...
        (visionFrame, radarFrame, IMUFrame, laneFrame, egoLane, time)
    %   visionFrame  - 当前视觉数据
    %   radarFrame   - 当前雷达数据
    %   IMUFrame     - 当前惯导数据
    %   laneFrame    - 当前车道线的数据
    %   egoLane      - 上一拍的车道线的参数
    %   time         - 当前时间
    % 去掉不在雷达正前方的对象
    % 提取车道线的相关信息，比如曲率、转弯角
    [laneBoundaries, egoLane] = processLanes(laneFrame, egoLane);
    % 根据当前车道方向，去掉不在雷达正前方的对象
    realRadarObjects = findNonClutterRadarObjects(radarFrame.object,...
        radarFrame.numObjects, IMUFrame.velocity, laneBoundaries);
    % 雷达没有检测到目标，则直接返回
    detections = {};
    if (visionFrame.numObjects + numel(realRadarObjects)) == 0
        return;
    end

    %% 创建雷达追踪对象
    numRadarObjects = numel(realRadarObjects);
    if numRadarObjects
        classToUse = class(realRadarObjects(1).position);
        radarMeasCov = cast(diag([2,2,2,100]), classToUse); % 测量噪声
        for i=1:numRadarObjects
            object = realRadarObjects(i);
            % 追踪对象的测量值、速度[vx,vy]和位置[x,y]
            meas=[object.position(1); object.velocity(1); object.position(2);
object.velocity(2)];
            detections{i} = objectDetection(time, meas, ...
                'SensorIndex', 2, 'MeasurementNoise', radarMeasCov, ...
                % 测量函数参数，传递给 trackingEFK 的测量函数
```

```
                'MeasurementParameters', {2}, ...
                % 对象属性，直接将其添加到输出变量中，不会影响算法
                'ObjectAttributes', {object.id, object.status, object.amplitude,
object.rangeMode});
        end
    end
    %% 创建视频追踪对象
    numRadarObjects = numel(detections);
    numVisionObjects = visionFrame.numObjects;
    if numVisionObjects
        classToUse = class(visionFrame.object(1).position);
        visionMeasCov = cast(diag([2,2,2,100]), classToUse);
        for i=1:numVisionObjects
            object = visionFrame.object(i);
            detections{numRadarObjects+i} = objectDetection(time,...
                [object.position(1); object.velocity(1); object.position(2); 0], ...
                'SensorIndex', 1, 'MeasurementNoise', visionMeasCov, ...
                'MeasurementParameters', {1}, ...
                'ObjectClassID', object.classification, ...
                'ObjectAttributes', {object.id, object.size});
        end
    end
```

2. 更新追踪情况

程序通过 multiObjectTracker 指定被追踪对象的运动模型，通过 objectDetection 指定被追踪对象的速度和位置测量值，因此可以调用 updateTracks 更新卡尔曼滤波器，判断被追踪对象是否是符合要求的运动物体。这一部分的核心代码如下。

```
    confirmedTracks = updateTracks(tracker, detections, time);
```

3. 计算关键对象

程序通过 updateTracks 更新卡尔曼滤波器后，输出了符合运动要求的运动物体，但是这些运动物体中有很多并不会影响行车安全。例如，1km 以外的运动对象、行车道以外的运动对象、正在远离汽车的运动对象等。

此外，还需要根据运动物体的距离和速度，给出告警范围。例如，物体正在靠近但是距离较远，那么可给出黄色提醒；物体很近，急刹车也来不及，那么可给出红色告警。这一部分的核心代码如下。

```
    function mostImportantObject = findMostImportantObject(confirmedTracks,
    egoLane,positionSelector,velocitySelector)
    % 找出最重要的对象和提前给出碰撞告警
    %
    % 将关键对象定义为离车道不远并在车辆正前方的目标，比如 x 坐标较小的目标
    % 当检测到 MIO 时，就会计算汽车到 MIO 之间的相对距离和速度，并决定告警等级
    % (1) 安全（绿色），在车前方有物体，或者物体在安全距离以外
```

```
    % (2) 提醒 (黄色), 物体正在靠近, 但目前还安全
    % (3) 告警 (红色), 物体已经离车很近

    % 初始化输出参数
    MIO = [];                        % 默认值为空
    trackID = [];                    % 默认值也为空
    FCW = 3;                         % 默认安全
    threatColor = 'green';           % 默认值为绿色
    maxX = 1000;  % 只观察 1km 以内的物体
    maxDeceleration = 0.4 * 9.81; % 最大刹车加速度
    delayTime = 1.2; % 刹车延迟时间
    % 提取追踪对象的位置和速度(相对值,因为雷达和视觉镜头都被安装在汽车上,所以测量值是相对于汽车的)
    positions = getTrackPositions(confirmedTracks, positionSelector);
    velocities = getTrackVelocities(confirmedTracks, velocitySelector);
    for i = 1:numel(confirmedTracks)
        x = positions(i,1);
        y = positions(i,2);
        % 相对速度
        relSpeed = velocities(i,1);
        % 只考虑车前方[0 1000]m 范围内的目标
        if x < maxX && x > 0
            % x 点车道线的 y 坐标, 用来判断物体是否在车道以内
            yleftLane  = polyval(egoLane.left, x);
            yrightLane = polyval(egoLane.right, x);
            if (yrightLane <= y) && (y <= yleftLane)
                maxX = x;
                trackID = i;
                MIO = confirmedTracks(i).TrackID;
                % 只考虑相对速度小于 0 的物体, 不断靠近的物体
                if relSpeed < 0
                    % 计算刹车距离, 其实很简单, v*dt+v^/2a
                    d = abs(relSpeed) * delayTime + relSpeed^2 / 2 / maxDeceleration;
                    if x <= d % 距离不够, 告警
                        FCW = 1;
                        threatColor = 'red';
                    else % 距离还够, 提醒
                        FCW = 2;
                        threatColor = 'yellow';
                    end
                end
            end
        end
    end
    mostImportantObject = struct('ObjectID', MIO, 'TrackIndex', trackID, 'Warning',
FCW, 'ThreatColor', threatColor);
```

4. 更新检测结果

在程序运行过程中，将对追踪器进行迭代更新，对外界环境和车内状况进行感知计算，并给出相关处理决策，具体如图 18-3 和图 18-4 所示。

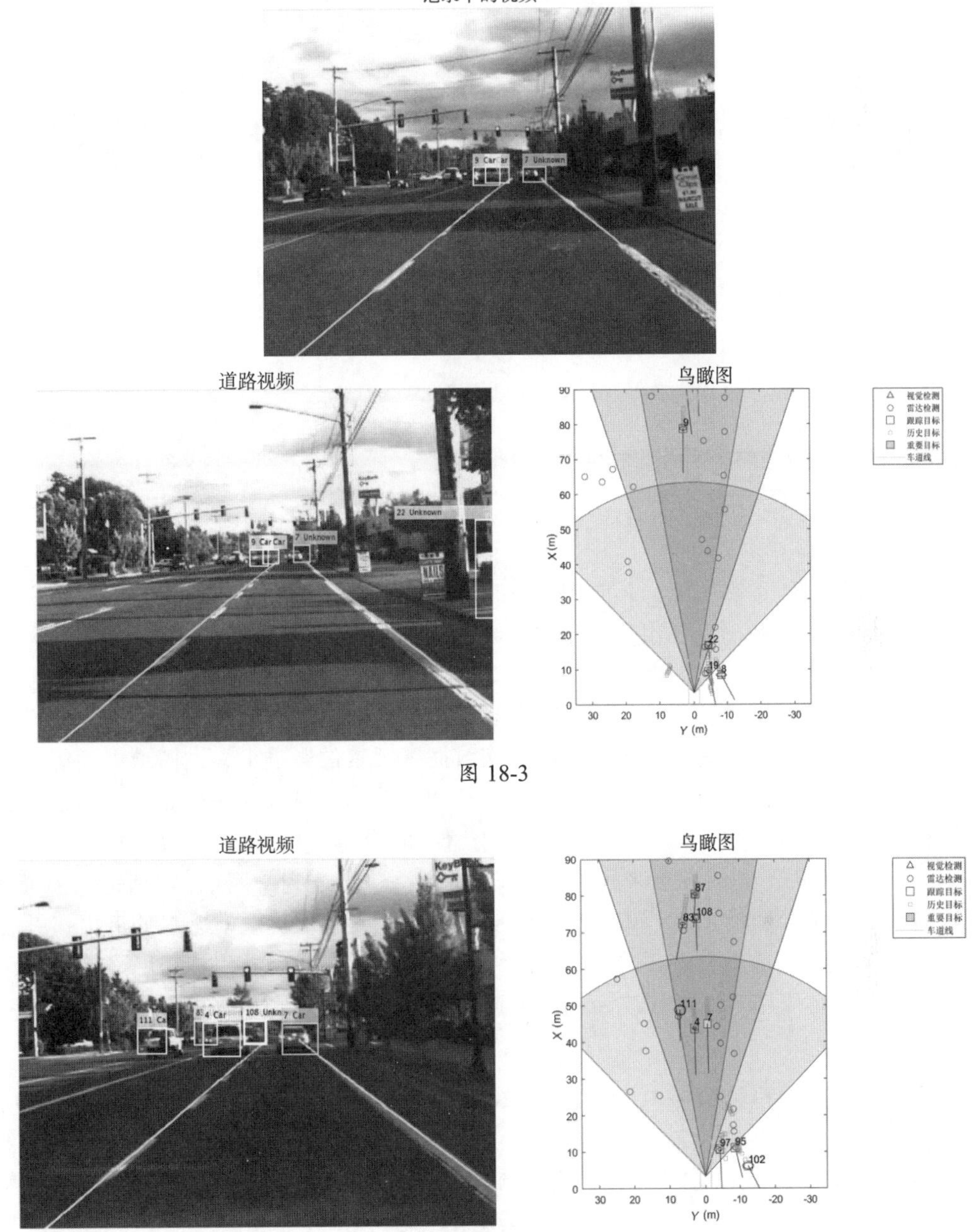

图 18-3

图 18-4

图 18-3 和图 18-4 呈现了视频处理过程的效果图，通过算法来对车辆周边的区域进行标记，区分出告警、提醒、安全区域，进一步为自动驾驶决策模块提供数据支持。

第 19 章 基于深度学习的汽车目标检测

19.1 案例背景

随着深度学习的迅猛发展，其应用也越来越广泛，特别是在视觉识别、语音识别和自然语言处理等很多领域都表现出色。卷积神经网络（Convolutional Neural Network，CNN）作为深度学习中应用最广泛的网络模型之一，也得到了越来越多的关注和研究。事实上，CNN 作为经典的机器学习算法，早在 20 世纪 80 年代就被提出并展开了一定的研究。但是，在当时硬件运算能力有限、缺乏有效训练数据等因素的影响下，人们难以训练不产生过拟合现象的高性能深度卷积神经网络模型。所以，当时 CNN 的一个经典应用场景就是识别银行支票上的手写数字，并且已实际应用。伴随着计算机硬件和大数据技术的不断进步，人们也尝试使用不同的方法来解决深度 CNN 训练中所遇到的困难，特别是 Krizhevsky 等专家提出了一种经典的 CNN 架构，论证了深度结构在特征提取问题上的潜力，并在图像识别任务上取得了重大突破，掀起了深度结构研究的浪潮。而卷积神经网络作为一种已经存在的、有一定应用案例的深度结构，也重新回到人们的视野中，得以进一步研究和应用。

随着标记数据的积累和 GPU 高性能计算技术的发展，对卷积神经网络的研究和应用也不断涌现出新的成果。本案例使用已标记的小汽车样本数据训练 RCNN（Regions with Convolutional Neural Network）神经网络得到检测器模型，并采用测试样本对训练好的检测器模型进行准确率评测，实现汽车目标检测的效果。

19.2 基本架构

如图 19-1 所示，卷积神经网络基本架构包括特征抽取器和分类器。特征抽取器通常由若干个卷积层和池化层叠加构成，卷积和池化过程不断将特征图缩小，同时会导致特征图数量增多。特征抽取器后面一般连接分类器，分类器通常由一个多层感知机构成。特别是在最后一个特征抽取器后面，将所有的特征图展开并排列成一个向量，得到特征向量，会将该特征向量作为后层分类器的输入。

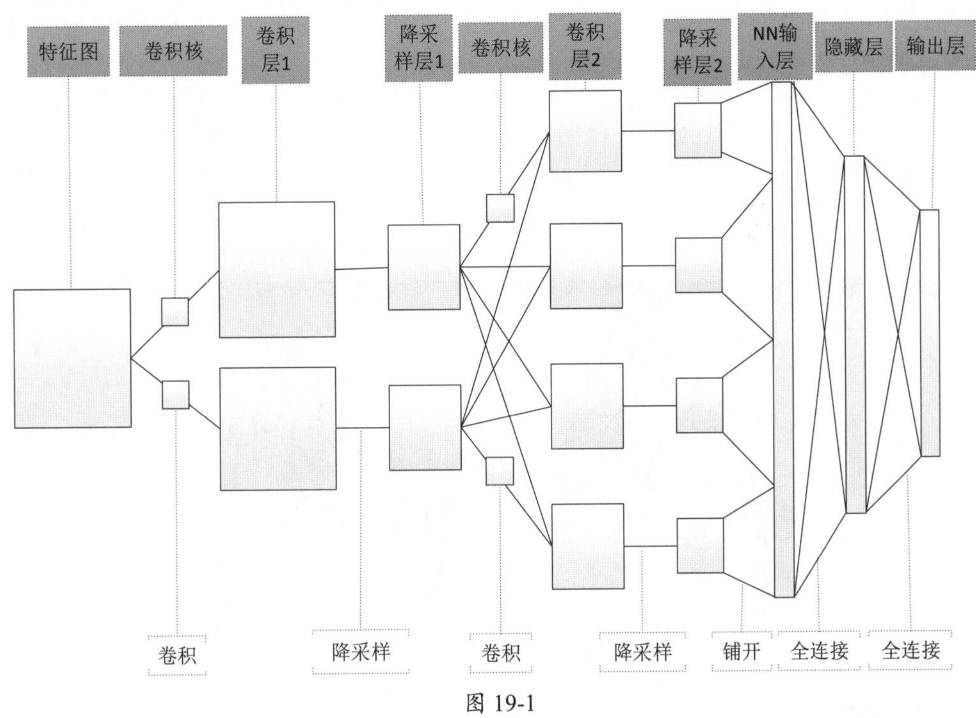

图 19-1

19.3 卷积层

卷积运算的基本操作是将卷积核与图像的对应区域进行卷积计算，得到一个值，通过在图像上不断移动卷积核来计算卷积值，进而完成对整幅图像的卷积运算。在卷积神经网络中，卷积层不仅涉及一般的图像卷积，还涉及深度和步长的概念。深度对应于同一个区域的神经元个数，即有几个卷积核对同一块区域进行卷积运算；步长对应于卷积核移动多少个像素，即前后距离的远近程度。

例如，一幅维度为 1000×1000 的图像可以被表示为一个长度为 1×10^6 的向量。如果设置隐藏层与输入层的数量同时为 10^6，则输入层到隐藏层的参数个数为 $10^6 \times 10^6=10^{12}$，这就带来了大量的参数，基本无法进行训练。所以，应用卷积神经网络来训练图像数据，必须注意减少参数来保证计算的速度。一般而言，卷积神经网络减少参数数量的方法包括局部感知、参数共享和多核卷积。

1. 局部感知

人对外界的认知一般可以被归纳为从局部到全局的过程，而图像的像素空间联系也是局部间的相关性强，远距离的相关性弱。因此，卷积神经网络的每个神经元实际上只需关注对图像局部的感知，对图像全局的感知可通过更高层综合局部信息来获得，这也说明了卷积神经网络部分连通的思想。类似于生物学中的视觉系统结构，视觉皮层的神经元用于局部接收信息，即这些神经元只响应某些特定区域的刺激，呈现出部分连通的特点。

如图 19-2 所示，左侧假设每个神经元与全部像素相连，右侧假设每个神经元只与 10×10 个像素相连。以 10^6 个神经元计算，则右侧权值数据为 100×10^6 个参数，相对于左侧的 $10^6\times10^6$ 个参数明显减少了。

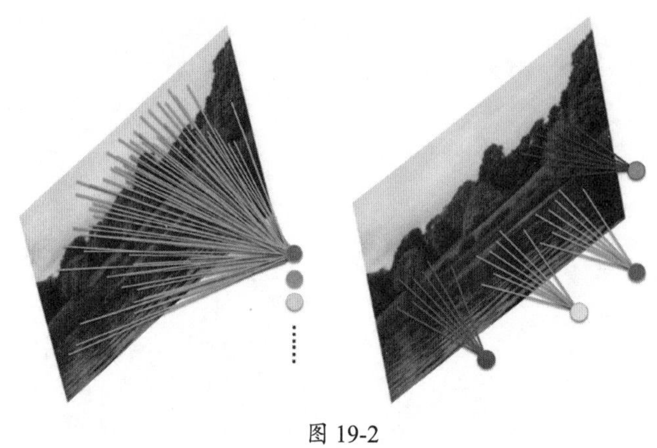

图 19-2

2. 参数共享

如图 19-2 所示，局部感知过程假设每个神经元都对应 100 个参数，共 10^6 个神经元，则参数共有 100×10^6 个，这依然是一个很大的数字。如果这 10^6 个神经元的 100 个参数相等，那么参数个数就减少为 100，即每个神经元用同样的卷积核执行卷积操作，这将大大降低运算量。因此，在这个例子中，不论隐藏层的神经元个数有多少，两层间的连接只有 100 个参数，这也说明了参数共享的意义。

3. 多核卷积

如图 19-2 所示，如果 10×10 维度的卷积核都相同，那么只能提取图像的一种特征，具有明显的局限性。可以考虑通过增加卷积核来增加特征类别，例如选择 16 个不同的卷积核用于学习 16 种特征。其中，通过计算卷积核与图像的卷积，可输出相应的特征响应结果，统称为特征图（Feature Map），所以 16 个不同的卷积核就有 16 个特征图，可以将其视作图像的不同通道。此时，卷积层包含 $10\times10\times16=1600$ 个参数。

19.4 池化层

从理论上看，经卷积层得到特征集合，可将其直接用于训练分类器（例如经典的Softmax分类器），但这往往会带来巨大计算量的问题。例如，对于一幅维度为 1000×1000 的图像，卷积层神经元有 1000×1000 个，采用 16 个卷积核，则卷积特征向量长度为 16 ×1000×1000=16×10^6，这是一个千万级别的特征分类问题，计算困难并且容易出现过拟合现象。在这类问题的实际处理过程中，可通过对不同位置的特征进行聚合统计等处理来降低数据规模，提高运行速度。例如，通过计算图像局部区域上的某特定特征的平均值或最大值等来计算概要统计特征。这些概要统计特征相对于经卷积层计算得到的特征图，不仅达到了降维目的，而且会提高训练效率。这种特征聚合的操作叫作池化（Pooling），根据统计方式的不同也可分为平均池化或最大池化。

19.5 程序实现

本案例通过加载数据、构建 CNN 和训练 CNN 的技术路线进行程序设计。同时，为对比实验效果，采用函数方式进行了功能模块封装，读者可设置不同的参数来观察车辆目标检测的效果。

19.5.1 加载数据

本案例用于演示 CNN 如何识别对象，选择小规模的图像数据集进行实验，共 295 幅图像，每幅图像中标记了一两辆小汽车。在实际应用场景中，需要更多的训练数据来提高CNN 的鲁棒性。加载数据的核心代码如下。

```
    %% 加载数据
    % vehicleDataset 是 dataset 数据类型的，第 1 列是图像的相对路径，第 2 列是图像中小汽车的位
置
    data = load('fasterRCNNVehicleTrainingData.mat');
    % 提取训练集
    vehicleDataset = data.vehicleTrainingData;
    % 提取图像路径
    dataDir = fullfile(toolboxdir('vision'),'visiondata');
    vehicleDataset.imageFilename = fullfile(dataDir,
vehicleDataset.imageFilename);
    % 随机显示 9 幅图像
    k = randi([1, length(vehicleDataset.imageFilename)], 1, 9);
    I = [];
    for i = 1:9
        % 读取图像
        tmp = imread(vehicleDataset.imageFilename{k(i)});
```

```
        % 添加标识框
        tmp = insertShape(tmp, 'Rectangle', vehicleDataset.vehicle{k(i)}, 'Color',
'r');
        I{i} = mat2gray(tmp);
    end
    % 显示
    figure; montage(I)
```

运行以上代码，将加载训练数据，随机显示 9 幅图像并添加目标矩形框进行标识，具体如图 19-3 所示。

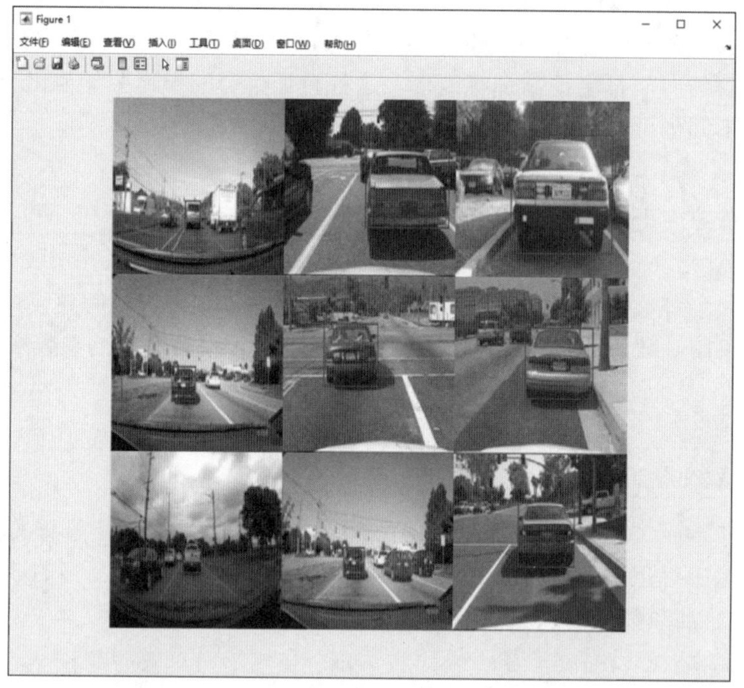

图 19-3

19.5.2　构建 CNN

CNN 是进行 CNN 目标识别的基础，MATLAB 神经网络工具箱提供了构建 CNN 的基本函数，主要由网络的输入层、中间层、输出层组成。

首先，定义网络输入层。通过 imageInputLayer 函数设定 CNN 的类型和维度。根据应用场景的不同，输入维度也有差别。其中，目标检测应用的输入维度一般等于检测对象的最小尺寸；图像分类的输入维度一般等于训练图像的尺寸。本案例是进行目标检测，并且训练数据中最小汽车区域的像素约为 32×32，所以将输入维度设置为 32×32。核心代码如下。

```
%% 构建 CNN
% 输入层，最小检测对象的尺寸约为 32×32
inputLayer = imageInputLayer([32 32 3]);
```

其次，定义网络中间层。它是卷积神经网络的核心，通常由卷积函数、激活函数和池化函数组成。中间层可以多次重复使用卷积函数，但是为了避免对图像过度下采样导致图像细节丢失，建议尽量使用最少数量池化层。这一部分的核心代码如下：

```
% 中间层
% 定义卷基层参数
filterSize = [3 3];
numFilters = 32;
middleLayers = [
    % 第一轮，只包含 CNN 和 ReLU
    convolution2dLayer(filterSize, numFilters, 'Padding', 1)
    reluLayer()
    % 第二轮，包含 CNN、ReLU 和 Pooling
    convolution2dLayer(filterSize, numFilters, 'Padding', 1)
    reluLayer()
    maxPooling2dLayer(3, 'Stride',2)
    ];
```

然后，定义网络输出层。输出层一般由经典的全连接层和分类层组成，用于结果的输出。这一部分的核心代码如下。

```
% 输出层
finalLayers = [
    % 新增一个包含 64 个输出的全连接层
    fullyConnectedLayer(64)
    % 新增一个非线性激活层
    reluLayer()
    % 新增一个含两个输出的全连接层，用于判断图像是否包含检测对象
    fullyConnectedLayer(2)
    % 添加 softmax 层和分类层
    softmaxLayer()
    classificationLayer()
    ];
```

最后，定义网络。将输入层、中间层和输出层连接在一起，即可形成最终的卷积神经网络。这一部分的核心代码如下。

```
% 组合所有层
layers = [
    inputLayer
    middleLayers
    finalLayers
    ];
```

19.5.3　训练 CNN

为了综合利用数据，在训练之前先将数据划分为训练和测试两部分。为此，按数据标号，前 60%用于训练，后 40%用于测试。这一部分的核心代码如下。

```
%% 训练 CNN
% 将数据划分为两部分
% 前 60%的数据用于训练，后 40%的用于测试
ind = round(size(vehicleDataset,1) * 0.6);
trainData = vehicleDataset(1 : ind, :);
testData = vehicleDataset(ind+1 : end, :);
```

MATLAB 神经网络工具箱提供了 trainFasterRCNNObjectDetector 来进行 CNN 训练，整个训练过程包含 4 步，每步都可以分别指定不同的训练参数，也可以使用相同的训练参数。在本案例中，设置前两步学习速率为 1e-5，后两步学习速率为 1e-6。这一部分的核心代码如下。

```
% 训练过程包括 4 步，每步可以使用单独的参数，也可以使用同一个参数
options = [
    % 第 1 步，训练 Region Proposal Network (RPN)
    trainingOptions('sgdm', 'MaxEpochs', 10,'InitialLearnRate', 1e-5,
'CheckpointPath', tempdir)
    % 第 2 步，训练 Fast R-CNN
    trainingOptions('sgdm', 'MaxEpochs', 10,'InitialLearnRate',
1e-5,'CheckpointPath', tempdir)
    % 第 3 步，重新训练 RPN
    trainingOptions('sgdm', 'MaxEpochs', 10,'InitialLearnRate',
1e-6,'CheckpointPath', tempdir)
    % 第 4 步，重新训练 Fast R-CNN
    trainingOptions('sgdm', 'MaxEpochs', 10,'InitialLearnRate',
1e-6,'CheckpointPath', tempdir)
    ];
% 设置模型的本地存储
doTrainingAndEval = 1;
if doTrainingAndEval
    % 训练 R-CNN，MATLAB 神经网络工具箱提供了 3 个函数
    % （1）trainRCNNObjectDetector，训练快且检测慢，允许指定 proposalFcn
    % （2）trainFastRCNNObjectDetector，速度较快，允许指定 proposalFcn
    % （3）trainFasterRCNNObjectDetector，优化运行性能，不需要指定 proposalFcn
    detector = trainFasterRCNNObjectDetector(trainData, layers, options, ...
        'NegativeOverlapRange', [0 0.3], ...
        'PositiveOverlapRange', [0.6 1], ...
        'BoxPyramidScale', 1.2);
else
    % 加载已经训练好的神经网络
    detector = data.detector;
end
```

经过一定时间的训练后，得到了 CNN 模型。为了快速测试，选择 highway.png 进行输入，结果表明此 CNN 模型能成功检测小汽车，并给出其位置标记，具体如图 19-4 所示。这一部分的核心代码如下。

```
clc; clear all; close all;
%% 加载数据
data = load('fasterRCNNVehicleTrainingData.mat');
detector = data.detector;
%% 测试结果
I = imread('highway.png');
% 运行检测器，输出目标位置和得分
[bboxes, scores] = detect(detector, I);
% 在图像上标记出汽车区域
I = insertObjectAnnotation(I, 'rectangle', bboxes, scores);
figure
imshow(I)
```

图 19-4

19.5.4 评估训练效果

在 19.5.3 节中使用单幅图像快速测试，得到了期望的效果。但为了验证 CNN 的训练效果，有必要进行较大规模的测试。MATLAB 计算视觉工具箱提供了平均精确度 evaluateDetectionPrecision 函数和对数平均失误率 evaluateDetectionMissRate 函数来评估检测器的训练效果。本节采用 evaluateDetectionPrecision 函数进行评估，并计算召回率和精确率指标值来作为评估标准。一般而言，针对一个目标检测问题，存在如表 19-1 所示的 4 种情况。

表 19-1

	包　含	不包含
检测到	TP（True Positives）纳真	FP（False Positives）纳伪（误报）
未检测到	FN（False Negatives）去真（漏报）	TN（True Negatives）去伪

定义精确率 P=TP/(TP+FP)，也就是检测到目标的图像中真正包含目标的比例。定义召回率 R=TP/(TP+FN)，也就是包含目标的图像被成功检测出来的比例。显然，在检测结果中期望精确率 P 和召回率 R 越高越好，但有时二者是矛盾的，需要做一个折中考虑。事实上，在深度学习中还有其他性能指标，具体请见相关参考资料。这一部分的核心代码如下。

```
%% 评估训练效果
if doTrainingAndEval
    results = struct;
    for i = 1:size(testData,1)
        % 读取测试图片
        I = imread(testData.imageFilename{i});
        % 运行 CNN 检测器
        [bboxes, scores, labels] = detect(detector, I);
        % 将结果保存到 results 结构体中
        results(i).Boxes = bboxes;
        results(i).Scores = scores;
        results(i).Labels = labels;
    end
    % 将 results 结构体转换为 table 数据类型
    results = struct2table(results);
else
    % 加载之前评估好的数据
    results = data.results;
end
% 从测试数据中提取期望的小汽车位置
expectedResults = testData(:, 2:end);
% 采用平均精确度评估检测效果
[ap, recall, precision] = evaluateDetectionPrecision(results, expectedResults);
% 绘制召回率-精确率曲线
figure;
plot(recall, precision);
xlabel('Recall');
ylabel('Precision')
grid on;
title(sprintf('Average Precision = %.2f', ap));
```

理想情况是，在所有召回率水平下精确率都是 1，本案例的平均精确率是 0.54，具体评估曲线如图 19-5 所示。可以考虑增加 CNN 层数来尝试改善精确率，但这样做同时会增加训练和检测的成本。

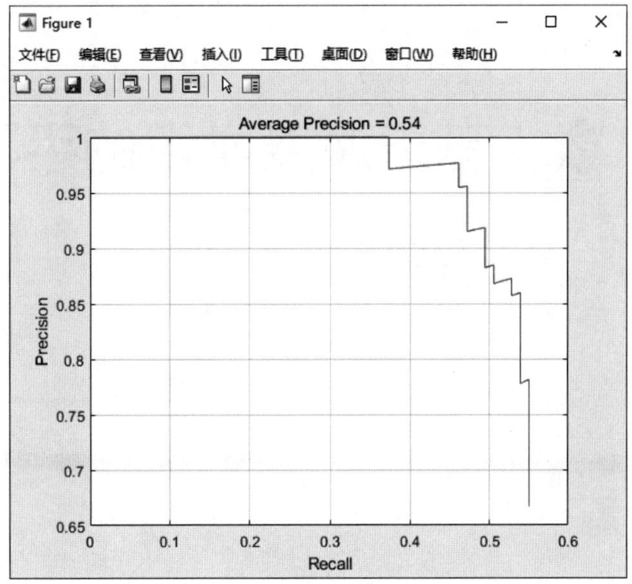
Figure 1
文件(F) 编辑(E) 查看(V) 插入(I) 工具(T) 桌面(D) 窗口(W) 帮助(H)
Average Precision = 0.54
Precision
Recall
1
0.95
0.9
0.85
0.8
0.75
0.7
0.65
0
0.1
0.2
0.3
0.4
0.5
0.6

图 19-5

第20章 基于深度学习的手写数字识别

20.1 案例背景

手写数字识别是一种经典的图像分类识别问题，也是机器学习常见的应用之一。神经网络是一种常用的模型结构，通常由输入层、隐藏层和输出层等组件组成。通过向量化的数据输入和误差传播方式，在训练过程中，神经网络能够调整中间层神经元的权重，从而获得准确的数字识别模型。

在数字识别中，卷积神经网络（Convolutional Neural Networks，CNN）是一种常用的深度学习模型。与传统神经网络不同，CNN 能够接收以矩阵形式表示的图像数据，并保持图像本身的结构化约束。CNN 利用局部感受野、降采样和权值共享等特性，能够在多个层次上自动提取和抽象图像特征，从而有效地保留图像的多尺度特征。因此，CNN 在图像分类和识别领域得到了广泛应用。

本案例选择经典的手写数字数据集 MNIST 个，设计了一个基础结构的卷积神经网络模型，通过对深度学习的工作原理进行分析，训练了一个高效的手写数字识别模型。同时，还对比分析了不同网络结构在识别效果上的差异。通过这个案例，我们可以深入理解卷积神经网络在手写数字识别应用中的优势和有效性。

20.2 卷积核

卷积层是卷积神经网络（CNN）中的一个重要组件，它引入了局部感受野（Local Receptive Field）的概念。通过局部感受野，卷积层可以从整体角度出发，提取不同的卷积核，并利用不同尺度对图像进行扫描，从而获得多层次的特征表示。以一个灰度图像矩阵为例，假设使用一个维度为 5×5 的卷积核对图像进行扫描。在这个过程中，卷积核与图像的局部子区域逐元素相乘，并将结果进行累加，最终得到一个输出，这就是局部感受野的作用。

局部感受野可以通过设置卷积核的维度来扫描上一层的局部特征，如图 20-1 所示。与之相比，全连接网络可被视为使用与输入层具有相同维度的卷积核对整个图像进行扫描，形成全局感受野。然而，随着卷积核维度的增加，计算量也会增加，并且可能引发过拟合现象。因此，在选择卷积核时，需要考虑这些因素。

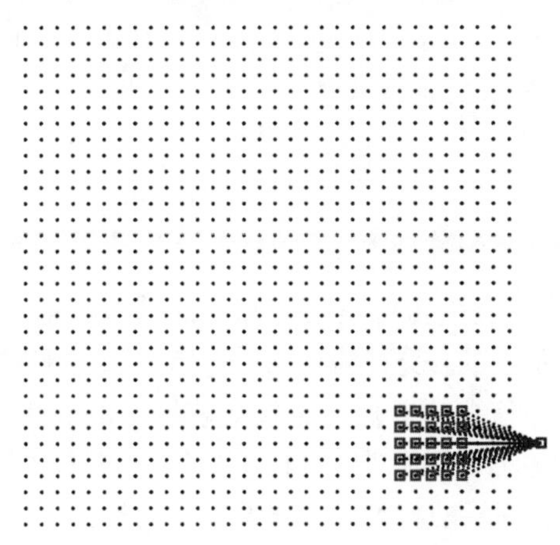

图 20-1

此外，通过设置扫描步长，感受野受到卷积核维度的限制，只能反映上一层局部区域的特征。假设步长为 1，并按照从上往下、从左往右的顺序进行扫描，我们可以根据输入层和卷积核的维度计算出输出层的维度，如图 20-2 所示。

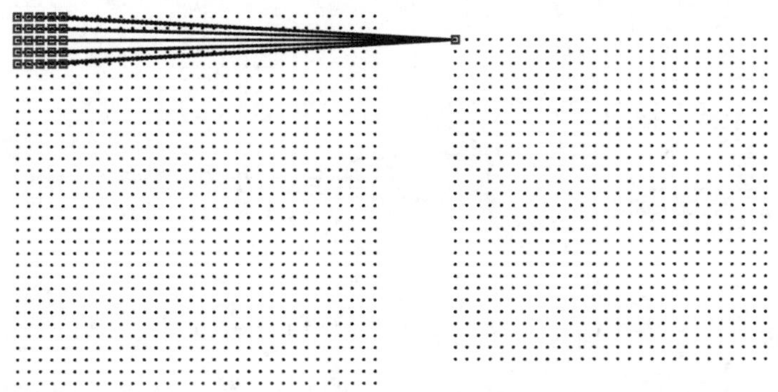

图 20-2

在图 20-2 中，输出层由上一层的局部区域和卷积核共同计算得到。每条连接都对应一个权重，从而形成一个权重矩阵，这个权重矩阵也被称为卷积核矩阵。因此，我们可以将扫描过程中产生的连接映射到卷积核矩阵上，将扫描间隔对应到步长。通过调整卷积核的维度和步长参数，我们可以对图像进行不同维度、不同尺度的特征提取。这些参数在 CNN 模型中被视为“记忆”，使得模型具备更强的鲁棒性。

此外，如果扫描超出图像边界，我们需要对边界进行填充（Padding）。常见的填充方法是将边界外的像素位置设置为 0，或者对边界进行映射延伸，以获得与输入图像相匹配的输出结果。

总之，卷积层通过对局部感受野和卷积核的设置，实现了对图像局部特征的提取和多层次的特征表示。通过调整卷积核维度、步长和填充方式，我们可以控制特征提取的维度和尺度，从而为 CNN 模型提供更强的表达能力和鲁棒性。

20.3　特征图

在 CNN 的设计过程中，我们可以根据相邻层的输入和输出来确定卷积核的维度和偏移参数，从而决定当前层的局部感受野的范围。卷积核的维度和偏移参数对应着特征提取的窗口大小和步长，对这些参数的选择会直接影响网络的表现和性能。CNN 的网络参数通常使用随机数生成初始值，然后在训练过程中根据卷积核权重矩阵进行迭代更新。对这些网络参数的调整会影响下一层的特征计算结果，也就是特征图（Feature Map），如图 20-3 所示。

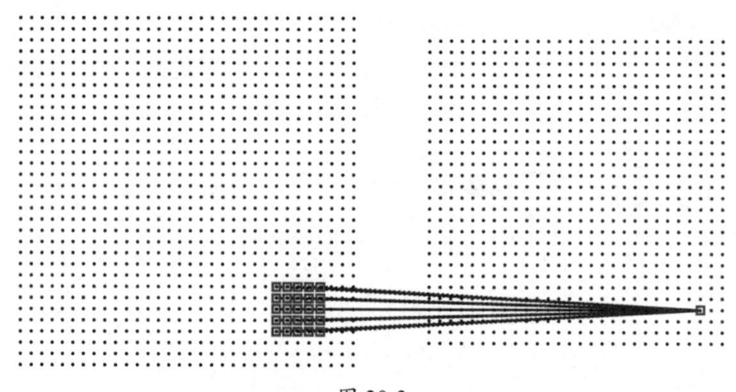

图 20-3

如图 20-3 所示，如果我们选择使用同一个卷积核进行扫描，就会生成相同维度的特征图。这种权值共享的方式使得卷积计算具有一致性，这种方式也被称为权值共享。通过共享卷积核和偏移量，可以减少计算量并提高特征的提取效率。因此，每个卷积核能够生成一个特征图，而多个卷积核则可以生成多个特征图，不同的卷积核能抽象出不同的特征。举个例子，如果我们对同一个图像矩阵使用 3 个卷积核进行扫描，就会输出 3 个特征图，如图 20-4 所示。

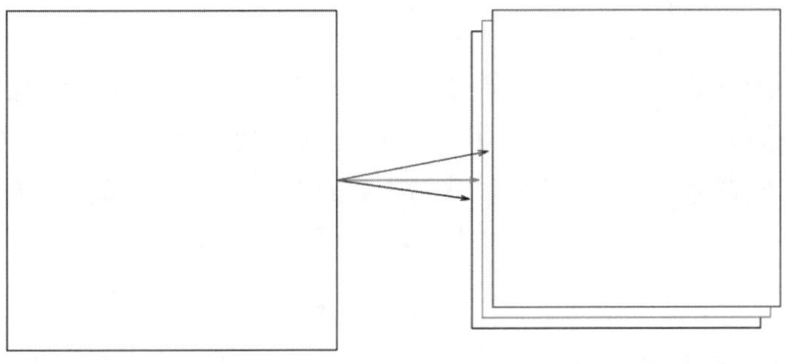

图 20-4

CNN 的输入层可以接收图像矩阵作为直接输入。我们之前分析了输入二维灰度图像的情况，但在现实生活中，大部分图像是三维 RGB 彩色图像。这样的彩色图像可被看作在输入矩阵中增加了深度信息，形成了一个三维矩阵。因此，卷积核也需要相应地增加深度信息以适应这样的输入。在计算局部感受野时，我们需要考虑深度信息，并将其添加到计算过程中，如图 20-5 所示。

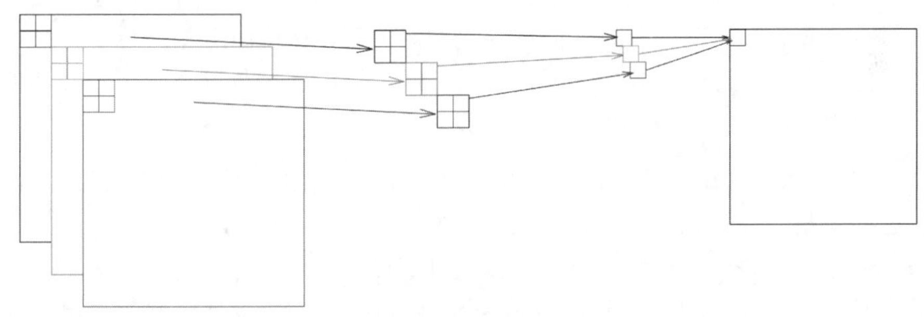

图 20-5

综上所述，在 CNN 的网络设计过程中，我们根据相邻层的输入/输出来设计卷积核的维度和偏移参数，决定当前层的局部感受野范围。通过权值共享，同一个卷积核能生成相同维度的特征图，多个卷积核能生成多个特征图，并抽象出不同的特征。对于输入的三维 RGB 彩色图像，我们需要相应地增加卷积核的深度信息，并在局部感受野计算中考虑深度信息的影响。这样的设计和计算方式使得 CNN 能够更好地处理具有深度信息的三维图像数据。

20.4 池化降维

在 CNN 结构中，卷积层之后通常会立即使用激活层和池化层。这些层的作用是对卷积层的输出进行进一步处理，以提升模型的性能和泛化能力。

1. 激活层

激活层在 CNN 中起到非线性映射的作用，通过引入非线性函数，如 ReLU（Rectified Linear Unit）、Sigmoid 等，对卷积层输出进行元素级别的非线性变换。这样可以有效地引入非线性特征，使网络能够更好地捕捉数据中的复杂模式和高级抽象。激活层的引入可以增加模型的表达能力，并且在反向传播中可以有效地传递梯度，促进训练过程的收敛。

2. 池化层

池化层是 CNN 中的另一个重要组件，它用于进行下采样操作，通过降低特征图的空间维度、减少参数数量来减轻计算负担并提高模型的鲁棒性。池化层通常通过取局部区域的最大值（最大池化）或平均值（平均池化）来减小特征图的尺寸。这种减小尺寸的操作可以实现特征的平移不变性和部分位置不变性，同时保留重要的特征信息，提高模型的局部感知能力和泛化能力。

在 CNN 的最后阶段，一般会包括全连接层和输出层。经过一系列的卷积、激活和池化等过程后，得到了维度较小且高度抽象化的特征图。此时，我们可以将特征图进行向量化，即将其展开成一维向量，以减少信息的流失。然后，这些向量化的特征将被输入全连接层，进行更加细致的特征组合和学习。最后，通过输出层进行分类、回归或其他形式的结果输出，根据具体任务的需求进行相应的设置。

此外，随着 CNN 的深度增加，我们可能会面临梯度消失、收敛困难或过拟合等问题。为了解决这些问题，常常会引入一些技巧，如 Batch Normalization 和 Dropout 等。Batch Normalization 通过对每个小批量数据进行规范化，可以加速模型训练过程，提高模型的收敛性和泛化能力。Dropout 则通过在训练过程中随机丢弃一部分神经元的输出，降低模型的过拟合风险，增强模型的泛化性能。

综上所述，CNN 结构中的卷积层、激活层、池化层、全连接层和输出层等组件相互配合，通过一系列的特征提取、非线性映射、降维和组合等操作，实现了对输入数据的高级抽象和复杂模式的捕捉，从而为各种计算机视觉任务提供了强大的建模能力。

20.5　模型定义

在本案例中，我们将使用经典的 MNIST 手写数字数据集进行手写数字的分类识别。该数据集包含了 0~9 这 10 个数字类别，共有 60 000 幅训练图像和 10 000 幅测试图像。每幅图像都是维度为 28×28 的灰度图像，表示维度为[28,28,1]的单通道图像。

我们将采用两种不同的网络设计方式进行实验分析：自定义 CNN 和 AlexNet。

1. 自定义 CNN

在 CNN 图像分类领域，深度学习工具箱提供了丰富的卷积网络设计函数。针对手写数字分类识别应用，我们将使用一系列常用的 CNN 函数来搭建网络结构。表 20-1 列出了常用的 CNN 函数及其意义。

表 20-1

函数名称	意　义
imageInputLayer	图像输入层
convolution2dLayer	卷积层
batchNormalizationLayer	正则化层
reluLayer	激活层
maxPooling2dLayer	最大池化层
fullyConnectedLayer	全连接层
softmaxLayer	softmax 层
classificationLayer	分类层

为了快速设计简单的网络结构，我们可以直接调用表 20-1 中的函数，并通过定义 get_self_cnn 函数来生成自定义网络。这一部分的核心代码如下。

```
function layers = get_self_cnn(image_size, class_number)
layers = [
    % 设置输入层
    imageInputLayer(image_size, 'Name', 'data')
    % 卷积层 1
    convolution2dLayer(3,8,'Padding','same', 'Name', 'cnn1')
    % 正则化层 1
    batchNormalizationLayer('Name', 'bn1')
    % 激活层 1
    reluLayer('Name', 'relu1')
    % 最大池化层 1
    maxPooling2dLayer(2,'Stride',2, 'Name', 'pool1')
    % 卷积层 2
    convolution2dLayer(3,16,'Padding','same', 'Name', 'cnn2')
    % 正则化层 2
    batchNormalizationLayer('Name', 'bn2')
    % 激活层 2
    reluLayer('Name', 'relu2')
    % 最大池化层 2
    maxPooling2dLayer(2,'Stride',2, 'Name', 'pool2')
    % 卷积层 3
    convolution2dLayer(3,32,'Padding','same', 'Name', 'cnn3')
    % 正则化层 3
    batchNormalizationLayer('Name', 'bn3')
    % 激活层 3
```

```
    reluLayer('Name', 'relu3')
    % 全连接层
    fullyConnectedLayer(class_number, 'Name', 'fc')
    % softmax 层
    softmaxLayer('Name', 'prob')
    % 分类层
    classificationLayer('Name', 'output')];
```

通过调用 layers = get_self_cnn([28 28 1], 10)，我们可以得到自定义的网络结构。可以进一步分析网络结构参数，并通过可视化绘图的方式呈现网络结构。

```
>> layers = get_self_cnn([28 28 1], 10);
>> analyzeNetwork(layers)
>> plot(layerGraph(layers))
```

通过运行上述代码，我们可以获得自定义 CNN 结构的详细信息，并绘制出网络结构图。自定义 CNN 结构详细信息和自定义 CNN 结构图如图 20-6 和图 20-7 所示。

Deep Learning Network Analyzer

15 layers　0 warnings　0 errors

data → cnn1 → bn1 → relu1 → pool1 → cnn2 → bn2 → relu2 → pool2 → cnn3 → bn3 → relu3 → fc → prob → output

ANALYSIS RESULT

	Name	Type	Activations	Learnables
1	data 28x28x1 images with 'zerocenter' normalization	Image Input	28×28×1	-
2	cnn1 8 3x3x1 convolutions with stride [1 1] and padding 'same'	Convolution	28×28×8	Weights 3×3×1×8 Bias 1×1×8
3	bn1 Batch normalization with 8 channels	Batch Normalization	28×28×8	Offset 1×1×8 Scale 1×1×8
4	relu1 ReLU	ReLU	28×28×8	-
5	pool1 2x2 max pooling with stride [2 2] and padding [0 0 0 0]	Max Pooling	14×14×8	-
6	cnn2 16 3x3x8 convolutions with stride [1 1] and padding 'same'	Convolution	14×14×16	Weights 3×3×8×16 Bias 1×1×16
7	bn2 Batch normalization with 16 channels	Batch Normalization	14×14×16	Offset 1×1×16 Scale 1×1×16
8	relu2 ReLU	ReLU	14×14×16	-
9	pool2 2x2 max pooling with stride [2 2] and padding [0 0 0 0]	Max Pooling	7×7×16	-
10	cnn3 32 3x3x16 convolutions with stride [1 1] and padding 'same'	Convolution	7×7×32	Weights 3×3×16×32 Bias 1×1×32
11	bn3 Batch normalization with 32 channels	Batch Normalization	7×7×32	Offset 1×1×32 Scale 1×1×32
12	relu3 ReLU	ReLU	7×7×32	-
13	fc 10 fully connected layer	Fully Connected	1×1×10	Weights 10×1568 Bias 10×1
14	prob softmax	Softmax	1×1×10	-
15	output crossentropyex	Classification Output	-	-

图 20-6

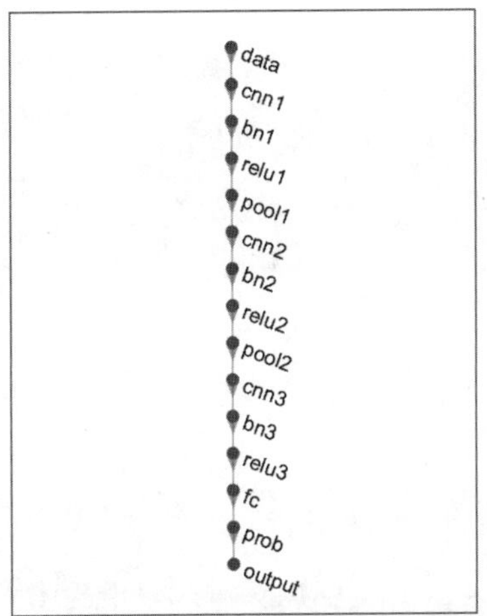

图 20-7

自定义的 CNN 结构共包括 15 层，呈现串行网络分布。它的输入层是一个维度为 28 × 28 × 1 的张量，输出层是一个维度为 1 × 10 的类别标签向量。

2. AlexNet 编辑

AlexNet 是一种经典的 CNN 模型，由著名学者 Hinton 和他的学生 Alex Krizhevsky 设计，在 2012 年的 ImageNet 竞赛中，AlexNet 以显著超过第二名的成绩夺冠，并引发了深度学习的热潮。在本案例中，我们选择 AlexNet 模型，并对其进行编辑，使其适用于手写数字识别任务。

（1）在命令行窗口中输入 net = alexnet，将加载已有的 AlexNet 模型。如果提示未安装此模型，可以按照提示点击“Add-On Explorer”进行安装。

```
>> net = alexnet

net =

  SeriesNetwork - 属性:

    Layers: [25*1 nnet.cnn.layer.Layer]

>>
```

（2）在命令行窗口中输入 deepNetworkDesigner，将弹出网络编辑工具，可以选择加载已有的网络模型，如图 20-8 所示。

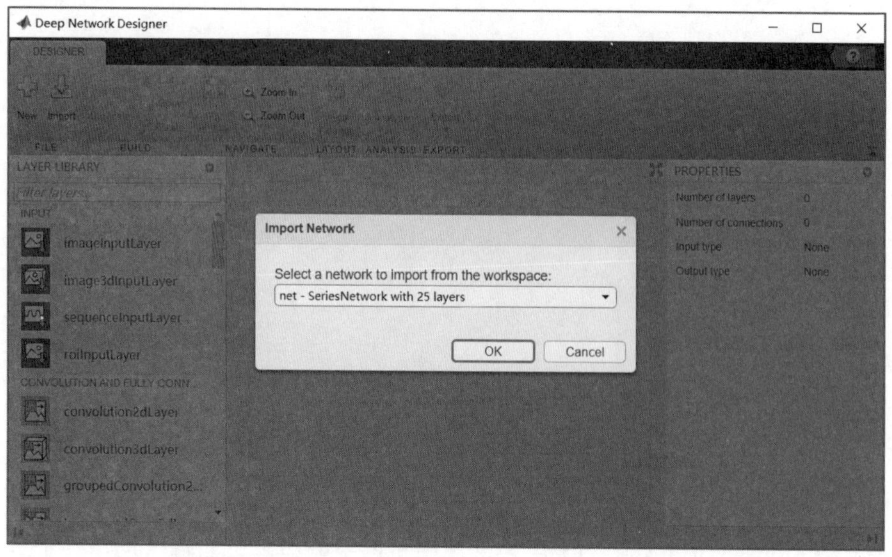

图 20-8

AlexNet 结构如图 20-9 所示，加载已有的模型后，界面左侧列出了可选择的网络模块空间，中间对网络结构进行了可视化，右侧显示了已选中网络模块的属性参数。可以编辑修改名称参数，但无法修改已设置好的维度参数。

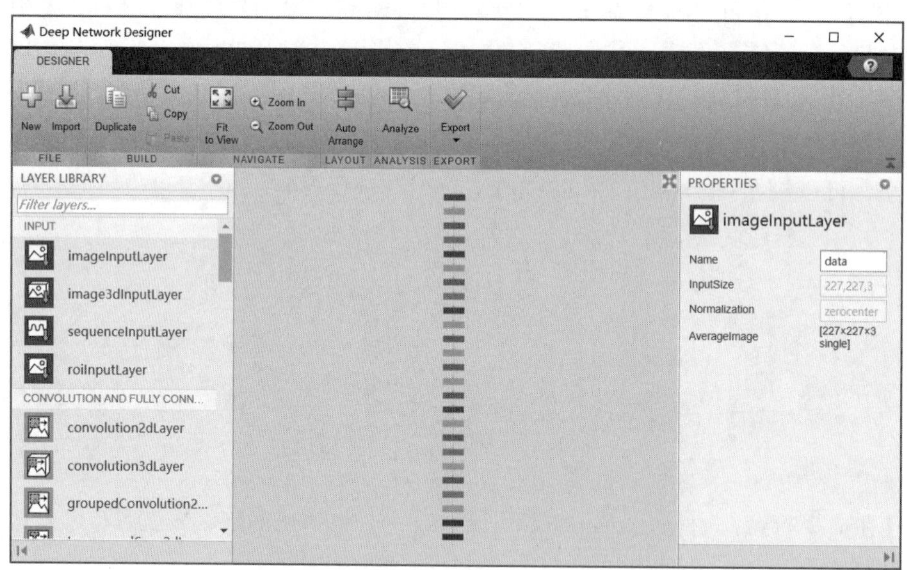

图 20-9

（3）已有的 AlexNet 模型输入层的维度为[227,227,3]，输出层的分类数为 1000，与手写数字的维度和分类数明显不一致。因此，我们需要在尽可能保持网络结构不变的前提下进行编辑，使得网络与数字图像的输入/输出保持一致。具体编辑过程如下。

第 1 步，在网络编辑器中覆盖输入层及与其相邻的卷积层，覆盖全连接层及与其相邻的输出层。覆盖输入层，设置维度为单通道，如图 20-10 所示；覆盖卷积层 1，设置卷积核参数，如图 20-11 所示；覆盖全连接层，设置类别参数，如图 20-12 所示；覆盖输出层，如图 20-13 所示。

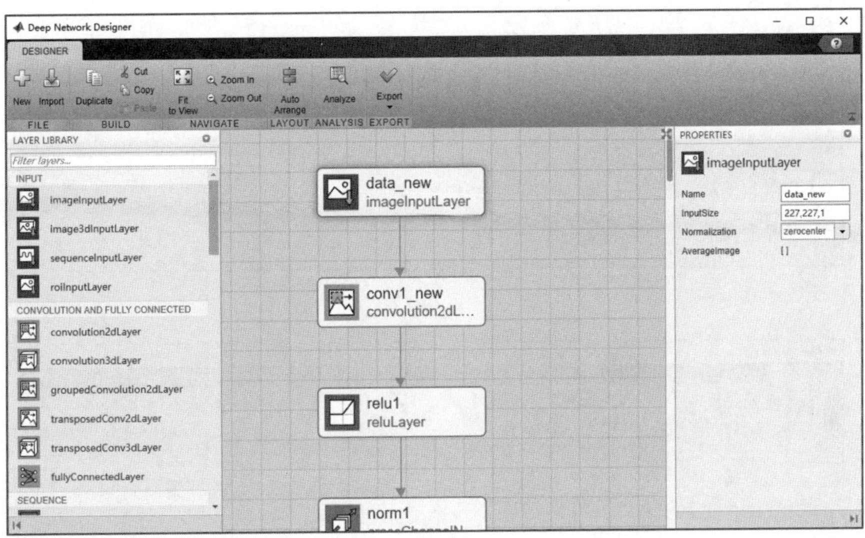

图 20-10

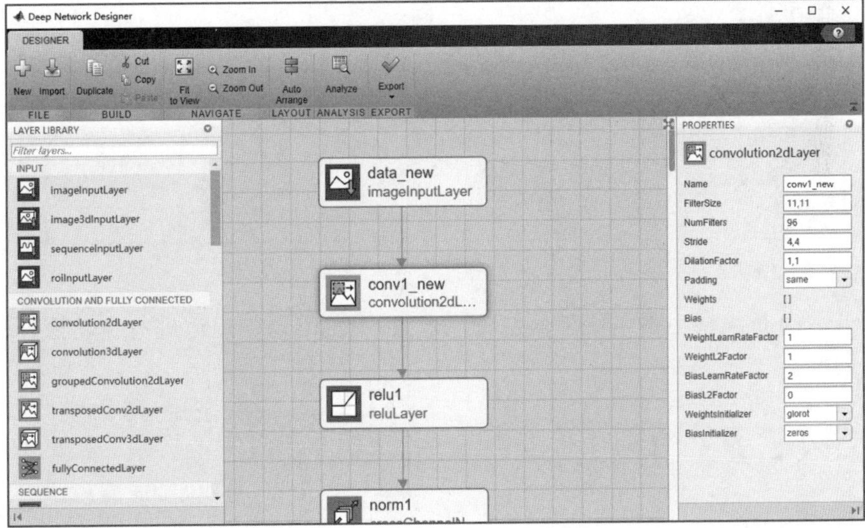

图 20-11

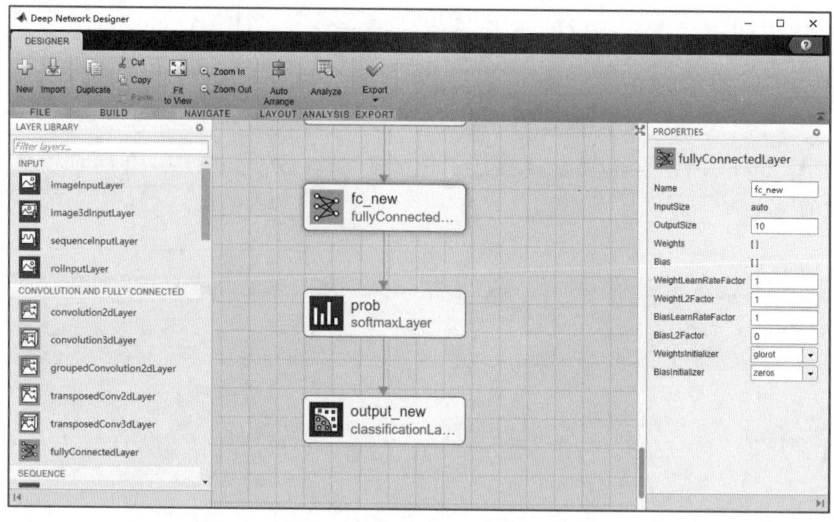

图 20-12

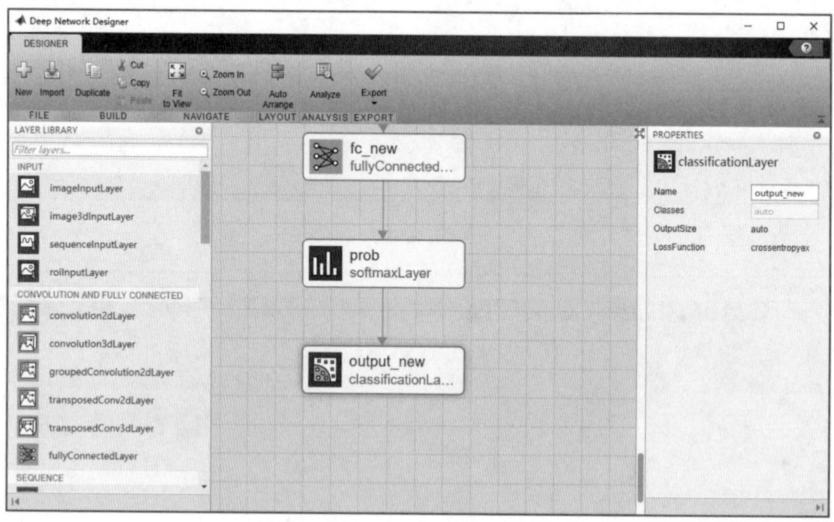

图 20-13

第 2 步，分析编辑后的 AlexNet 结构。通过“Analyze”按钮进行自动检查分析，如图 20-14 所示。

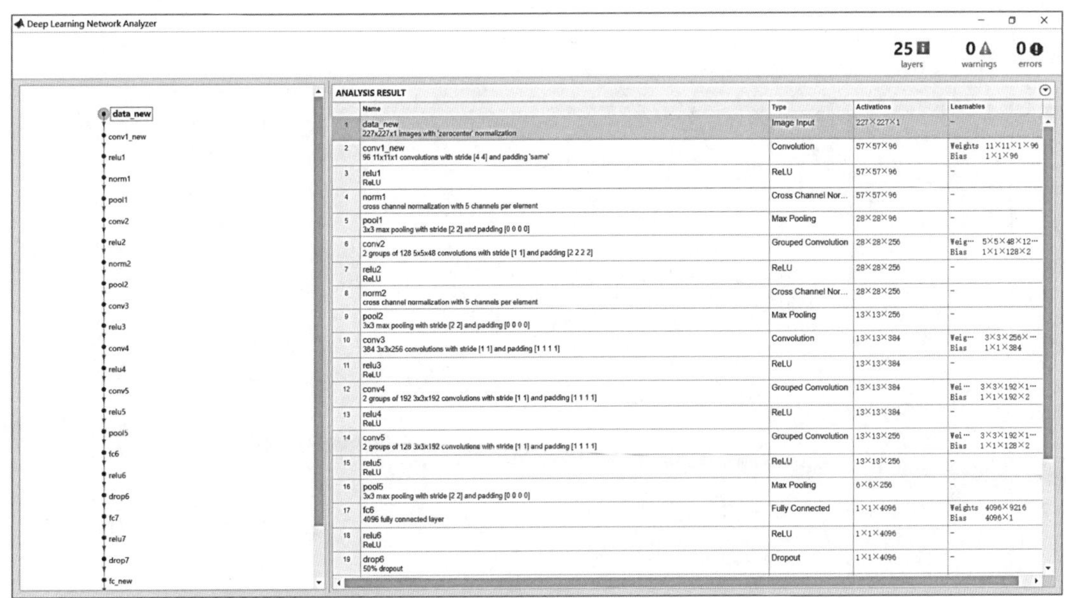

图 20-14

第 3 步，导出网络结构。在网络编辑窗口中点击“Export”按钮进行导出，选择导出网络结构代码，并将其复制、生成新的函数文件，保存为 get_alex_cnn 函数，以供后续调用，网络结构导出如图 20-15 所示，网络结构代码保存为函数文件如图 20-16 所示。

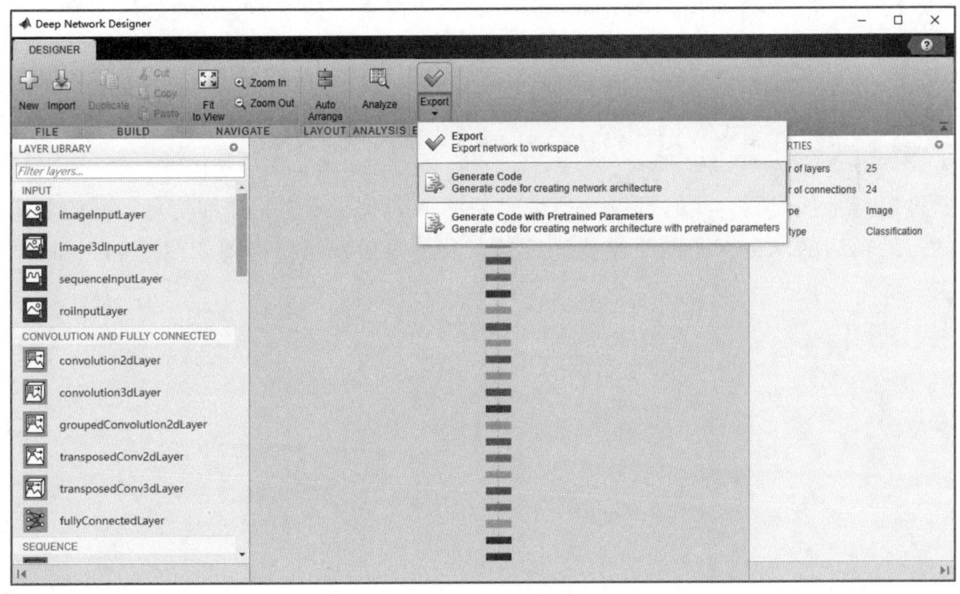

图 20-15

Create the Array of Layers

```
layers = [
    imageInputLayer([227 227 1],"Name","data_new")
    convolution2dLayer([11 11],96,"Name","conv1_new","BiasLearnRateFactor",2,"Padding","same","Stride",[4 4])
    reluLayer("Name","relu1")
    crossChannelNormalizationLayer(5,"Name","norm1","K",1)
    maxPooling2dLayer([3 3],"Name","pool1","Stride",[2 2])
    groupedConvolution2dLayer([5 5],128,2,"Name","conv2","BiasLearnRateFactor",2,"Padding",[2 2 2 2])
    reluLayer("Name","relu2")
    crossChannelNormalizationLayer(5,"Name","norm2","K",1)
    maxPooling2dLayer([3 3],"Name","pool2","Stride",[2 2])
    convolution2dLayer([3 3],384,"Name","conv3","BiasLearnRateFactor",2,"Padding",[1 1 1 1])
    reluLayer("Name","relu3")
    groupedConvolution2dLayer([3 3],192,2,"Name","conv4","BiasLearnRateFactor",2,"Padding",[1 1 1 1])
    reluLayer("Name","relu4")
    groupedConvolution2dLayer([3 3],128,2,"Name","conv5","BiasLearnRateFactor",2,"Padding",[1 1 1 1])
    reluLayer("Name","relu5")
    maxPooling2dLayer([3 3],"Name","pool5","Stride",[2 2])
    fullyConnectedLayer(4096,"Name","fc6","BiasLearnRateFactor",2)
    reluLayer("Name","relu6")
    dropoutLayer(0.5,"Name","drop6")
    fullyConnectedLayer(4096,"Name","fc7","BiasLearnRateFactor",2)
    reluLayer("Name","relu7")
    dropoutLayer(0.5,"Name","drop7")
    fullyConnectedLayer(10,"Name","fc_new")
    softmaxLayer("Name","prob")
    classificationLayer("Name","output_new")];
```

Plot the Layers

```
plot(layerGraph(layers));
```

图 20-16

经过上述处理步骤后，我们得到了编辑后的 AlexNet 结构。可以通过调用 layers = get_alex_cnn 来获取编辑后的 AlexNet。进一步分析网络结构参数，并通过绘图来可视化网络结构。

```
>> layers = get_alex_cnn;
>> analyzeNetwork(layers)
>> plot(layerGraph(layers))
```

通过运行上述代码，我们可以获得编辑后的 AlexNet 结构的详细信息，并绘制出网络结构图。编辑后的 AlexNet 网络结构详细信息和编辑后网络结构图如图 20-17 和图 20-18 所示。

Deep Learning Network Analyzer

25 layers　0 warnings　0 errors

ANALYSIS RESULT

	Name	Type	Activations	Learnables
1	data_new 227x227x1 images with 'zerocenter' normalization	Image Input	227×227×1	-
2	conv1_new 96 11x11x1 convolutions with stride [4 4] and padding 'same'	Convolution	57×57×96	Weights 11×11×1×96 Bias 1×1×96
3	relu1 ReLU	ReLU	57×57×96	-
4	norm1 cross channel normalization with 5 channels per element	Cross Channel Nor...	57×57×96	-
5	pool1 3x3 max pooling with stride [2 2] and padding [0 0 0 0]	Max Pooling	28×28×96	-
6	conv2 2 groups of 128 5x5x48 convolutions with stride [1 1] and padding [2 2 2 2]	Grouped Convolution	28×28×256	Weig… 5×5×48×12… Bias 1×1×128×2
7	relu2 ReLU	ReLU	28×28×256	-
8	norm2 cross channel normalization with 5 channels per element	Cross Channel Nor...	28×28×256	-
9	pool2 3x3 max pooling with stride [2 2] and padding [0 0 0 0]	Max Pooling	13×13×256	-
10	conv3 384 3x3x256 convolutions with stride [1 1] and padding [1 1 1 1]	Convolution	13×13×384	Weig… 3×3×256×… Bias 1×1×384
11	relu3 ReLU	ReLU	13×13×384	-
12	conv4 2 groups of 192 3x3x192 convolutions with stride [1 1] and padding [1 1 1 1]	Grouped Convolution	13×13×384	Wei… 3×3×192×1… Bias 1×1×192×2
13	relu4 ReLU	ReLU	13×13×384	-
14	conv5 2 groups of 128 3x3x192 convolutions with stride [1 1] and padding [1 1 1 1]	Grouped Convolution	13×13×256	Wei… 3×3×192×1… Bias 1×1×128×2
15	relu5 ReLU	ReLU	13×13×256	-
16	pool5 3x3 max pooling with stride [2 2] and padding [0 0 0 0]	Max Pooling	6×6×256	-
17	fc6 4096 fully connected layer	Fully Connected	1×1×4096	Weights 4096×9216 Bias 4096×1
18	relu6 ReLU	ReLU	1×1×4096	-
19	drop6 50% dropout	Dropout	1×1×4096	-

图 20-17

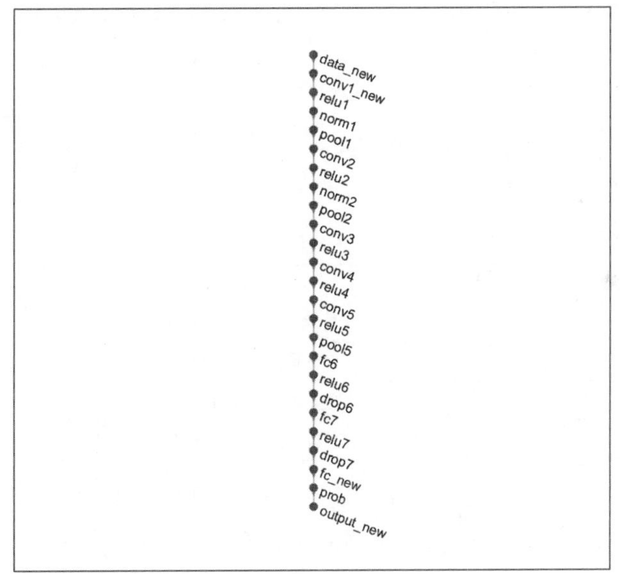

图 20-18

编辑后的 AlexNet 共包含 25 层，呈现串行网络分布。它的输入层是一个维度为 227 × 227 × 1 的张量，输出层是一个维度为 1 × 10 的类别标签向量。

20.6　MATLAB 实现

在定义了 CNN 结构之后，我们可以加载相应的手写数字数据集并对模型进行训练。在这里，我们将采用经典的 MNIST 数据集进行训练，该数据集是由著名的人工智能专家 Yann LeCun 领导创建的，包含了 60 000 幅训练图像和 10 000 幅测试图像，已成为机器学习领域中的基础数据集之一。接下来，我们将使用 MNIST 数据集来训练前面设计的两个 CNN，进行卷积神经网络的训练。最后，设计完整的实验平台，并集成各个功能模块，进行综合演示。

20.6.1　解析数据集

可以在 Yann LeCun 分享的数据集网站下载 MNIST 数据集，如图 20-19 所示。

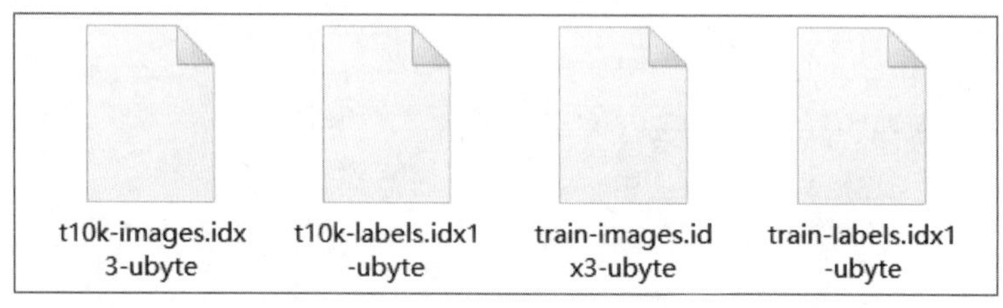

图 20-19

MNIST 数据集包含 4 个文件，分别是训练集和测试集的图像数据文件及对应的标签数据文件，主要内容如表 20-2 所示。

表 20-2

文件名称	内　容
train-images-idx3-ubyte	训练集图像数据，共 60 000 幅
train-labels-idx1-ubyte	训练集标签数据，共 60 000 条
t10k-images-idx3-ubyte	测试集图像数据，共 10 000 幅
t10k-labels-idx1-ubyte	测试集标签数据，共 60 000 条

如图 20-19 所示，这些数据文件并不是以可视化的形式呈现的，因此我们需要对它们进行解析，并将图像数据与标签数据相对应地存储起来。以下是解析文件的代码。

```
function [X,L] = sub_read_mnist_data(image_filename,label_filename)
% 打开文件流
fid = fopen(image_filename,'r','b');
% 解析文件：image 2051；label 2049
magicNum = fread(fid,1,'int32',0,'b');
if magicNum == 2051
    disp('读取 MNIST 图像数据');
end
```

```
% 读取图像数和行列数
num_images = fread(fid,1,'int32',0,'b');
num_rows = fread(fid,1,'int32',0,'b');
num_cols = fread(fid,1,'int32',0,'b');
% 按照 Uint8 格式读取图像数据
X = fread(fid,inf,'unsigned char');
% 图像重组
X = reshape(X,num_cols,num_rows,num_images);
X = permute(X,[2 1 3]);
X = reshape(X,num_rows*num_cols,num_images)';
% 关闭文件流
fclose(fid);
% 打开文件流
fid = fopen(label_filename,'r','b');
% 解析文件：image 2051；label 2049
magicNum = fread(fid,1,'int32',0,'b');
if magicNum == 2049
    disp('读取 MNIST 标签数据');
end
num_labels = fread(fid,1,'int32',0,'b');
% 按照 Uint8 格式读取标签数据
L = fread(fid,inf,'unsigned char');
% 关闭文件流
fclose(fid);
function read_mnist_data(image_filename,label_filename)
% 读取图像数据和标签数据
[X,L] = sub_read_mnist_data(image_filename,label_filename);
% 初始化
num = ones(1, 10);
[~,name,~] = fileparts(image_filename);
if ~isempty(strfind(name, 'train'))
    % 训练集
    name = 'train';
else
    % 测试集
    name = 'test';
end
for i = 1 : size(X, 1)
    % 图像格式
    xi = reshape(X(i,:), 28, 28);
    % 当前文件夹
    pni = fullfile(pwd, 'db', name, sprintf('%d', L(i)));
    if ~exist(pni, 'dir')
        % 设置文件夹路径
        mkdir(pni);
    end
    % 设置文件
    fi = fullfile(pni, sprintf('%d.jpg', num(L(i)+1)));
    imwrite(xi, fi);
```

```
    % 更新文件索引
    num(L(i)+1) = num(L(i)+1)+1;
end
```

将以上代码保存为函数 read_mnist_data 和 save_images，分别对训练集和测试集进行数据解析和图像存储。运行代码后的结果如图 20-20 和图 20-21 所示。

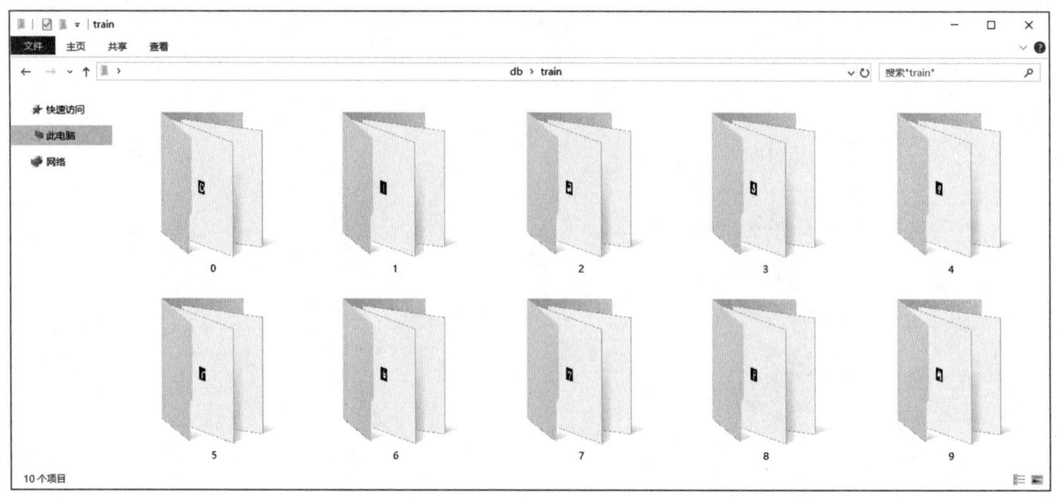

图 20-20

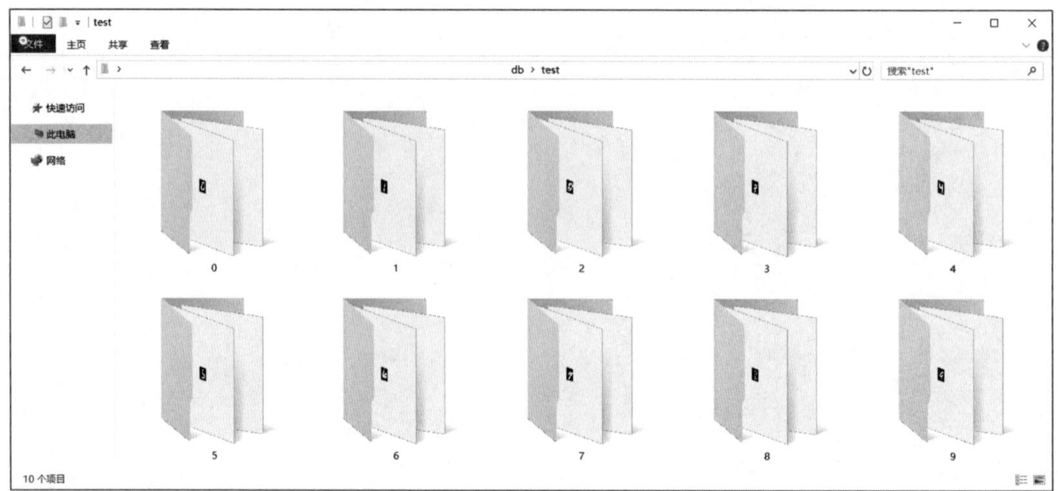

图 20-21

可以看到，训练集和测试集中包含 0~9 这 10 个类别的手写数字图像，并且文件夹的名称对应着数字的类别标签信息。

20.6.2 构建网络模型

根据之前的内容可知，我们设计了自定义 CNN 和 AlexNet 两种模型，我们将在本节对这两种模型进行训练。

首先，需要读取数据并将其拆分为训练集和验证集。

```
% 读取数据
db=imageDatastore('./db/train', ...
    'IncludeSubfolders',true,'LabelSource','foldernames');
% 拆分为训练集和验证集
[db_train,db_validation]=splitEachLabel(db,0.9,'randomize');
```

通过上述代码，我们将训练数据分成了训练集和验证集，其中验证集为训练集的 20%。接下来，可以从训练集中随机选择一部分样本图像进行可视化，以便了解数据的特征，具体如图 20-22 所示。

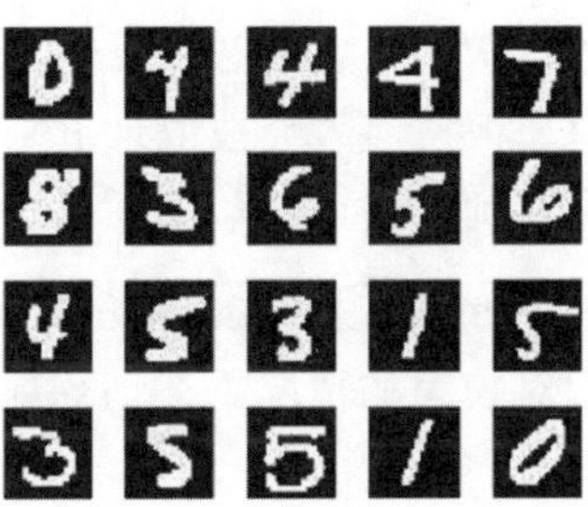

图 20-22

然后，需要提取网络训练的通用模块，并将其封装为一个网络训练函数。

```
function net = train_cnn_net(layers, db_train, db_validation)
% 统一输入尺寸
inputSize = layers(1).InputSize;
db_train = augmentedImageDatastore(inputSize(1:2),db_train);
db_validation = augmentedImageDatastore(inputSize(1:2),db_validation);
% 设置参数
options_train = trainingOptions('sgdm', ...
    'MiniBatchSize',200, ...
    'MaxEpochs',10, ...
    'InitialLearnRate',1e-4, ...
    'Shuffle','every-epoch', ...
    'ValidationData',db_validation, ...
    'ValidationFrequency',10, ...
    'Verbose',false, ...
    'Plots','training-progress', ...
    'ExecutionEnvironment', 'auto');
% 训练网络
net = trainNetwork(db_train, layers, options_train);
```

在上述代码中，我们定义了一个通用的网络训练函数 train_cnn_net，该函数接收网络结构、训练集和验证集的数据加载器作为输入，并进行模型训练。我们设置了默认的训练参数，如训练轮数（num_epochs）和学习率（learning_rate），并使用交叉熵损失函数和 sgdm 优化器进行训练。

最后，定义网络并训练和保存模型。

```
% 定义网络
layers_self = get_self_cnn([28 28 1], 10);
layers_alex = get_alex_cnn();
% 训练网络
net_self = train_cnn_net(layers_self, db_train, db_validation);
net_alex = train_cnn_net(layers_alex, db_train, db_validation);
% 保存网络
save net_self.mat net_self
save net_alex.mat net_alex
```

通过上述代码，我们定义了自定义 CNN 和 AlexNet，并使用训练函数 train_cnn_net 对它们进行了训练。训练过程中，相关参数会被记录下来，以便后续分析和可视化。训练完成后，我们将训练好的模型保存到文件中，以便后续加载和调用。

自定义 CNN 训练和 AlexNet 训练如图 20-23 和图 20-24 所示，将训练好的模型进行了保存。可以发现，在数据规模相对较大的情况下，训练耗时较久，建议搭建 GPU 环境进行训练，提高训练效率。

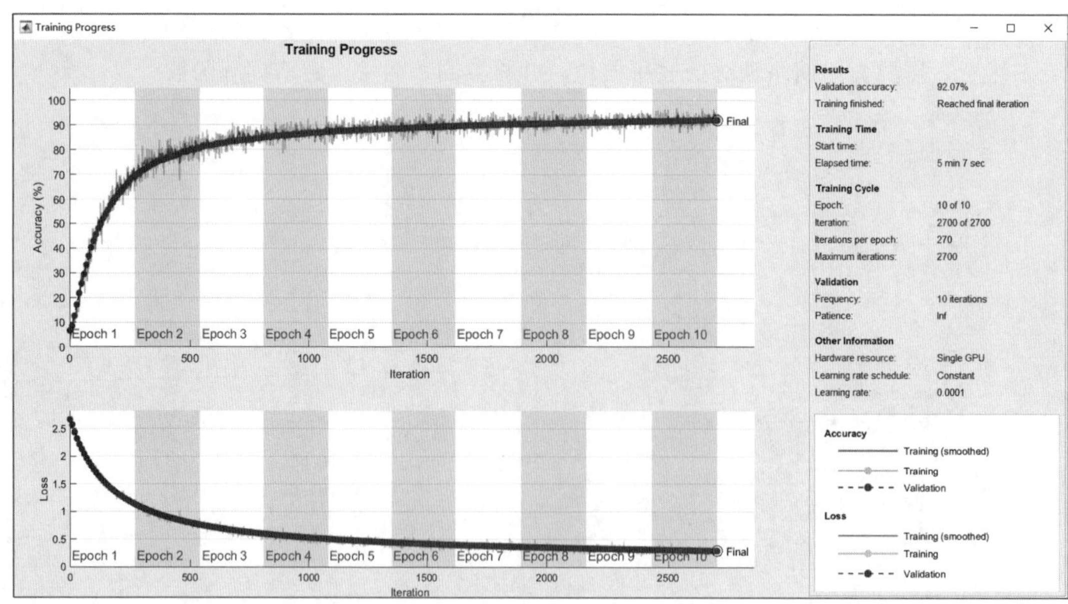

图 20-23

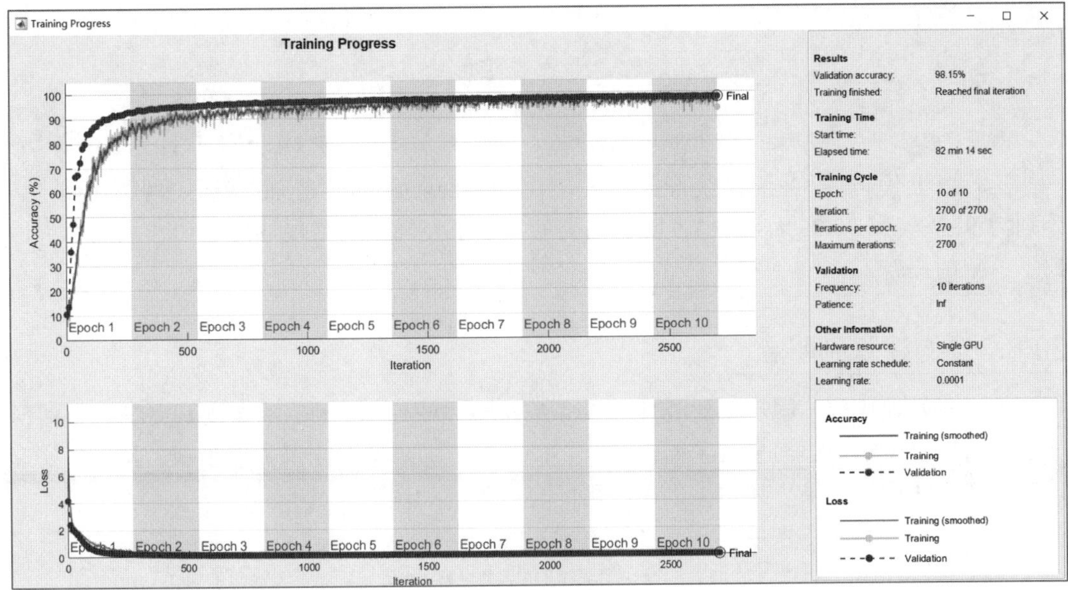

图 20-24

网络训练完毕后，可读取前面生成的测试集并加载已存储的 CNN 模型进行网络评测，查看识别率指标，具体步骤介绍如下。

首先，进行数据读取。

```
% 读取数据
db_test=imageDatastore('./db/test', ...
    'IncludeSubfolders',true,'LabelSource','foldernames');
```

然后，提取网络测试的通用模块，封装网络测试函数。

```
function accuracy=test_cnn_net(net, db_test)
inputSize = net.Layers(1).InputSize;
db_test_aug = augmentedImageDatastore(inputSize(1:2),db_test);
t1 = cputime;
% 评测
YPred = classify(net,db_test_aug,'ExecutionEnvironment', 'cpu');
accuracy = sum(YPred == db_test.Labels)/numel(db_test.Labels);
t2 = cputime;
fprintf('\n 测试%d 条数据\n 耗时=%.2f s\n 准确率=%.2f%%', numel(YPred), t2-t1,
accuracy*100);
```

通过上述代码，我们定义了测试函数 test_cnn_net，它接收网络结构和测试集的数据加载器作为输入，并返回测试得到的识别率。我们加载之前保存的自定义 CNN 和 AlexNet 模型，即可对它们展开测试。

最后，加载已训练模型并测试。

```
% 网络评测
load net_self.mat
accuracy_self=test_cnn_net(net_self, db_test);
load net_alex.mat
accuracy_alex=test_cnn_net(net_alex, db_test);
```

运行以上代码后，我们将获得自定义 CNN 和 AlexNet 模型在测试集上的识别率结果，分别为 92.73%和 98.29%。这也表明在相同的条件下，随着网络层数的增加，识别率也得到了一定的提升。

20.6.3　构建识别平台

为了更好地比较不同步骤的处理效果并贯通整体的处理流程，本案例开发了一个图形用户界面（GUI），该界面集成了网络设计、模型训练和模型评测等关键步骤，并显示处理过程中产生的中间结果。其中，集成应用的界面设计如图 20-25 所示。

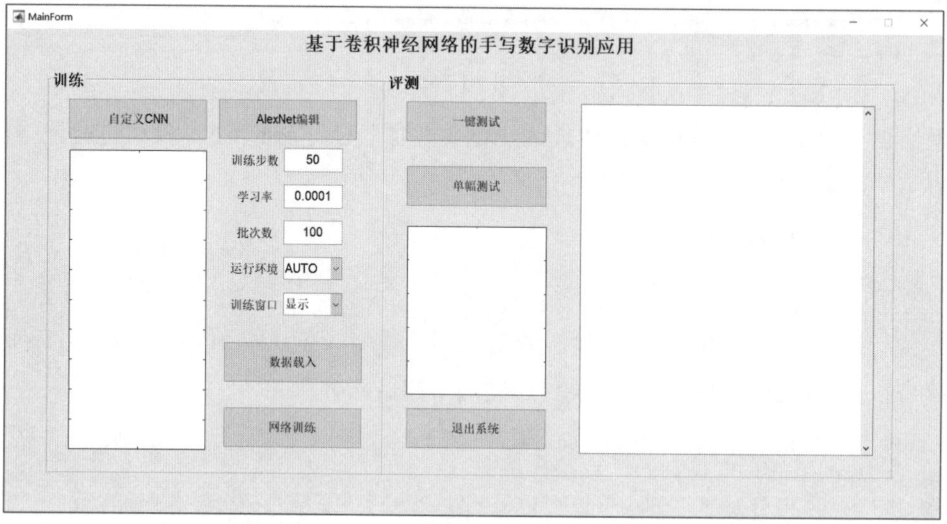

图 20-25

该应用界面分为训练区域和评测区域。在训练区域，用户可以选择自定义 CNN 和 AlexNet 两种网络，并进行相关参数的设置。用户还可以加载数据并开始训练网络。在评测区域，用户可以通过一键批量测试或单幅测试来比较模型的识别效果。

考虑到 MNIST 数据集的规模和训练耗时，本案例选择了一个小型的手写数字数据集 DigitDataset 进行实验。

如图 20-26 所示，在 DigitDataset 中，每个数字对应一个子文件夹，每个子文件夹中包含 1000 幅维度为 28 × 28 的二维灰度图像。

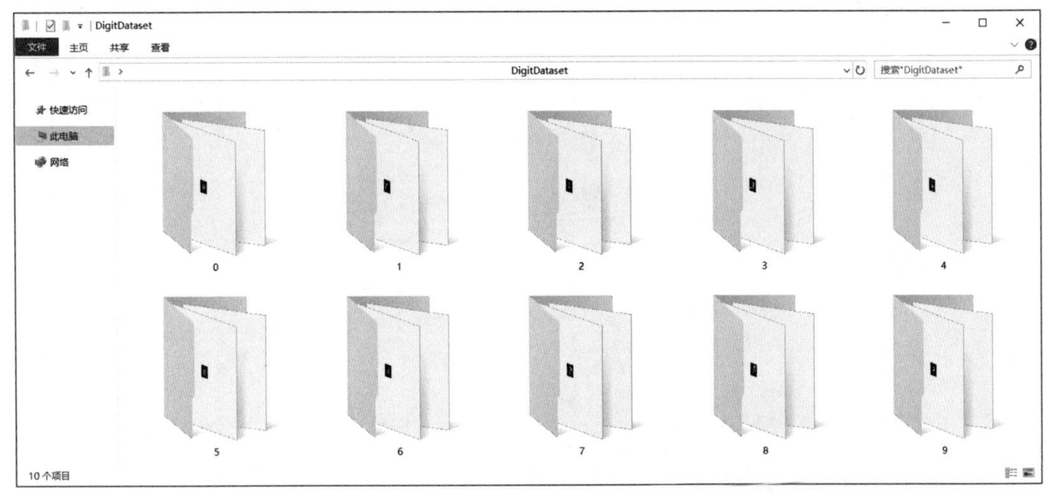

图 20-26

接下来，我们使用这个数据集对自定义 CNN 和 AlexNet 两种网络进行训练和评测。具体的评测结果如图 20-27 和图 20-28 所示。

我们使用 DigitDataset 数据集对自定义 CNN 和 AlexNet 两种网络在相同条件下进行了批量评测。结果显示，自定义 CNN 的识别率为 77.92%，而 AlexNet 的识别率为 99.60%。这表明，在相同条件下，随着网络层数的增加，识别率得到了一定程度的提升，但也伴随着更多的计算资源消耗。

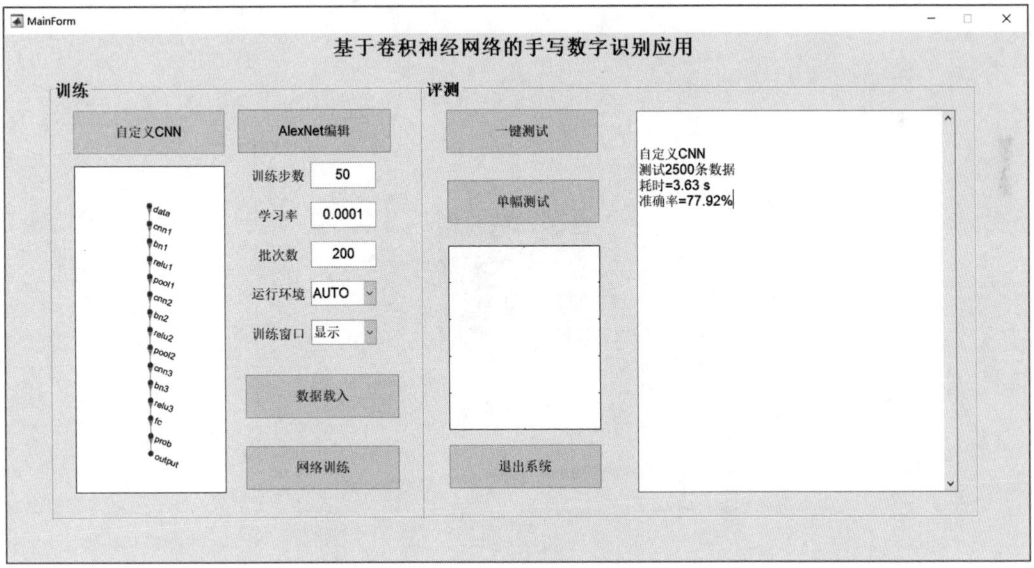

图 20-27

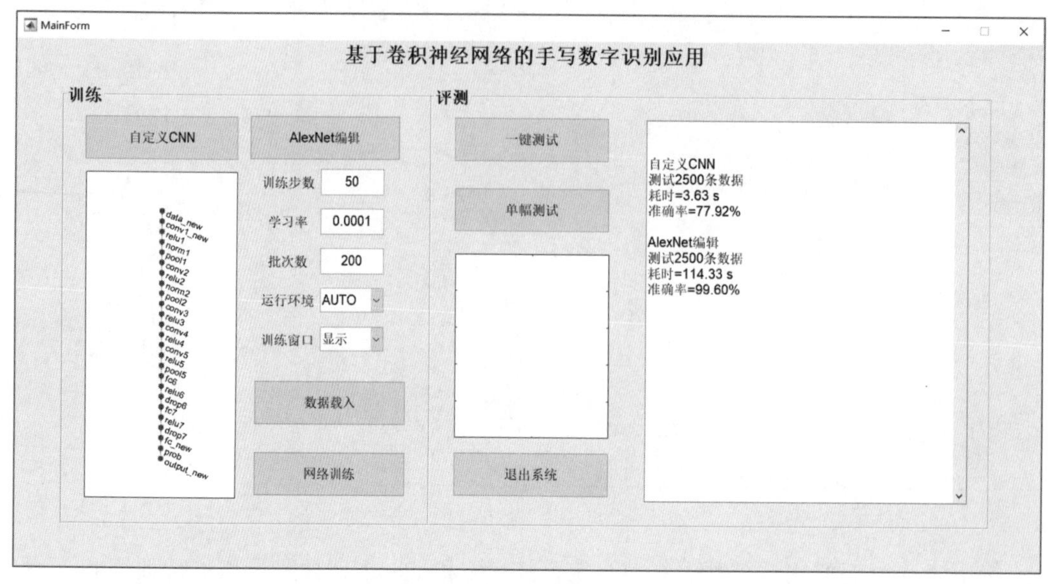

图 20-28

为了进一步验证网络的适用性，我们选择了数据集中的一幅样本图像，通过画图板模拟手绘了数字“8”。接着，我们对这幅手写数字图像使用 AlexNet 进行单幅评测。具体效果如图 20-29 和图 20-30 所示。

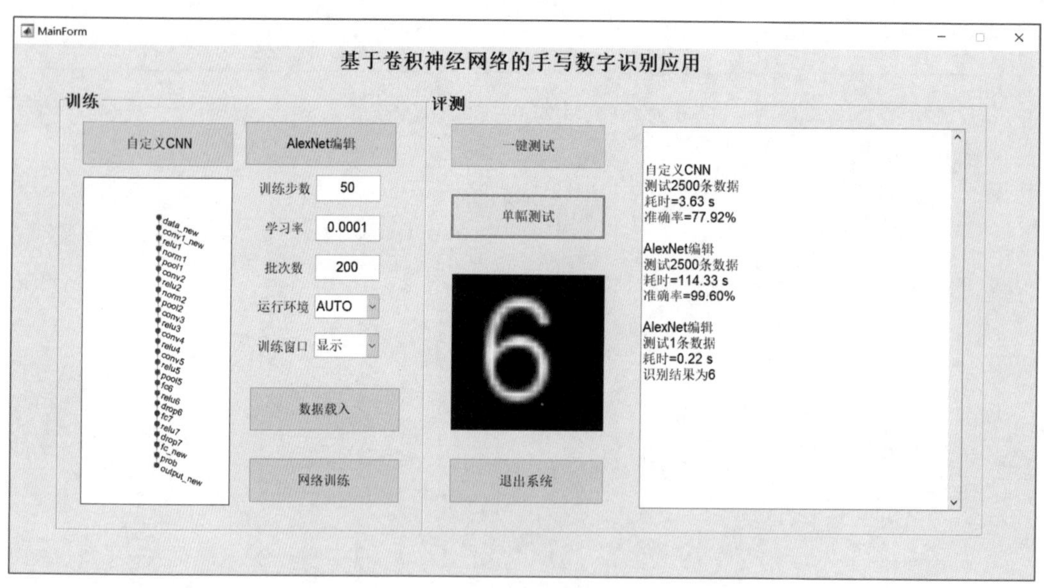

图 20-29

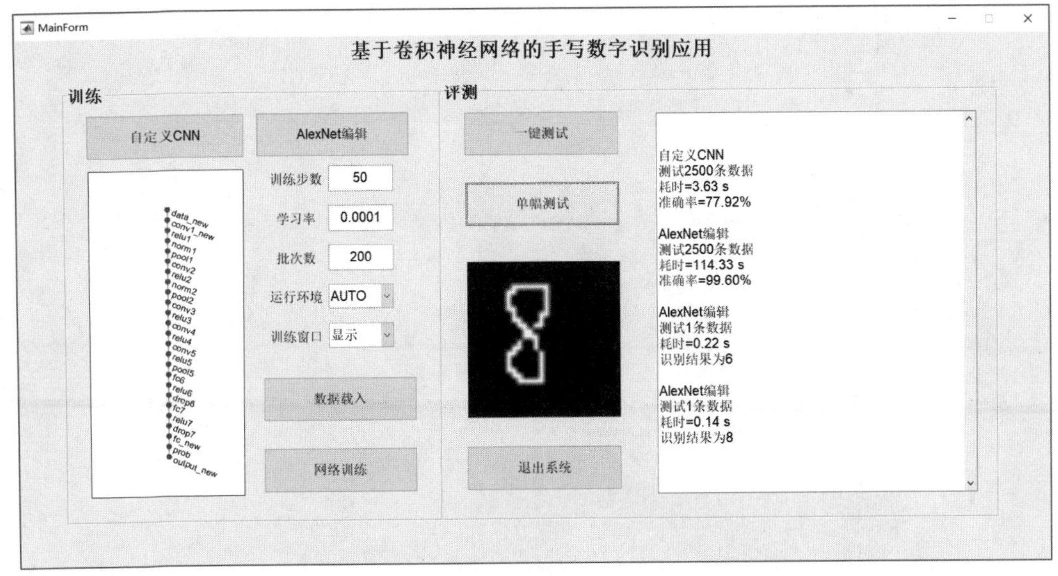

图 20-30

通过对单幅手写数字图像进行识别，我们得到了正确的识别结果，并将结果显示在日志面板上。这再次验证了卷积神经网络的通用性。

通过上述实验和评测，我们的应用界面成功地集成了网络设计、模型训练和模型评测等关键步骤，方便用户进行图像识别任务的开发和验证。

20.7 Python 实现

近年来，随着人工智能和机器学习的迅猛发展，基于 Python 的深度学习框架变得越来越流行。其中，TensorFlow 是由谷歌人工智能团队推出和维护的一款强大的机器学习产品，如今其已成为当前最主流的深度学习开源框架之一。本次实验旨在通过 Python 进行基础的卷积网络设计、训练和评测，以便更好地比较不同框架下的开发特点。

20.7.1 数据拆分

为了更直观地进行图像数据的配置，我们选择了之前提到的小型手写数字数据集 DigitDataset，并将其按比例划分为训练集和验证集。下面是核心代码示例，使用 gen_db_folder 函数来生成 train 和 val 文件夹。

```
# 按比例生成训练集、验证集
def gen_db_folder(input_db):
    sub_db_list = os.listdir(input_db)
    # 训练集比例
```

```
    rate = 0.8
    # 路径检查
    train_db = './train'
    val_db = './val'
    init_folder(train_db)
    init_folder(val_db)
    for sub_db in sub_db_list:
        input_dbi = input_db + '/' + sub_db + '/'
        # 目标文件夹
        train_dbi = train_db + '/' + sub_db + '/'
        val_dbi = val_db + '/' + sub_db + '/'
        mk_folder(train_dbi)
        mk_folder(val_dbi)
        # 遍历文件夹
        fs = os.listdir(input_dbi)
        random.shuffle(fs)
        le = int(len(fs) * rate)
        # 复制文件
        for f in fs[:le]:
            shutil.copy(input_dbi + f, train_dbi)
        for f in fs[le:]:
            shutil.copy(input_dbi + f, val_dbi)
```

调用函数 gen_db_folder，传入数据集文件夹目录，将生成 train 和 val 文件夹，如图 20-31 所示。

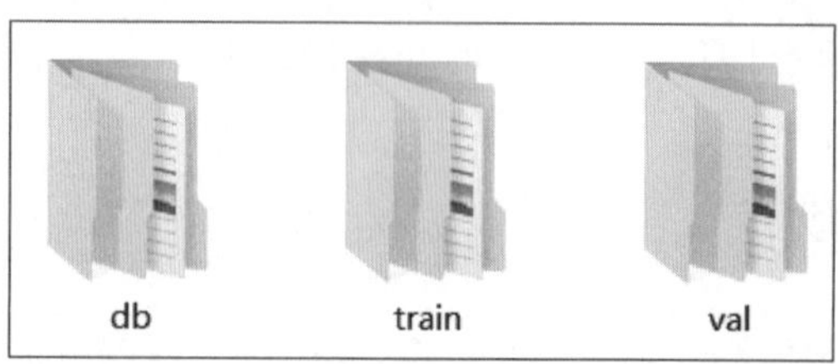

图 20-31

我们按照指定的比例对原始数据集文件夹（db 文件夹）进行拆分，生成了 train 和 val 文件夹，用于后续的网络训练和评测。这样做的好处是，可以保证在模型训练过程中使用独立的验证集进行验证，从而更准确地评估模型的性能。同时，这也有助于防止模型在训练过程中出现过拟合现象，提高模型的泛化能力。

20.7.2　训练网络

在本案例中，我们使用基础的 TensorFlow 网络设计函数来构建一个简单的 CNN 结构。我们通过使用 conv2d 卷积层、max_pooling2d 池化层、relu 激活函数和 dense 全连接层等模块来定义网络结构，设置 dropout 模块避免出现过拟合现象，并设置输出层来对应到 0~9 这 10 个类别标签。这一部分的核心代码如下。

```
# 定义 CNN
def make_cnn():
    input_x = tf.reshape(X, shape=[-1, IMAGE_HEIGHT, IMAGE_WIDTH, 1])
    # 第一层结构
    # 使用 conv2d 卷积层
    conv1 = tf.layers.conv2d(
        inputs=input_x,
        filters=32,
        kernel_size=[5, 5],
        strides=1,
        padding='same',
        activation=tf.nn.relu
    )
    # 使用 max_pooling2d 池化层
    pool1 = tf.layers.max_pooling2d(
        inputs=conv1,
        pool_size=[2, 2],
        strides=2
    )
    # 第二层结构
    # 使用 conv2d 卷积层
    conv2 = tf.layers.conv2d(
        inputs=pool1,
        filters=32,
        kernel_size=[5, 5],
        strides=1,
        padding='same',
        activation=tf.nn.relu
    )
    # 使用 max_pooling2d 池化层
    pool2 = tf.layers.max_pooling2d(
        inputs=conv2,
        pool_size=[2, 2],
        strides=2
    )
    # 全连接层
    flat = tf.reshape(pool2, [-1, 7 * 7 * 32])
    dense = tf.layers.dense(
        inputs=flat,
        units=1024,
        activation=tf.nn.relu
    )
    # 设置 dropout
    dropout = tf.layers.dropout(
        inputs=dense,
        rate=0.5
    )
    # 设置输出层
    output_y = tf.layers.dense(
```

```
            inputs=dropout,
            units=MAX_VEC_LENGHT
        )
        return output_y
```

上述代码定义了一个包含两个卷积层和一个全连接层的简单 CNN 模型。该模型的输入是维度为 28×28 的灰度图像，输出是 10 个类别的概率分布。通过使用不同的卷积核维度、池化窗口大小和激活函数，我们可以根据具体任务的需求进行灵活的网络设计。

在完成网络设计后，我们加载数据并进行模型训练和保存。这一部分的核心代码如下。

```
    with tf.Session(config=config) as sess:
        sess.run(tf.global_variables_initializer())
        step = 0
        while step < max_step:
            batch_x, batch_y = get_next_batch(64)
            _, loss_ = sess.run([optimizer, loss], feed_dict={X: batch_x, Y: batch_y})
            # 每100 step计算一次准确率
            if step % 100 == 0:
                batch_x_test, batch_y_test = get_next_batch(100, all_test_files)
                acc = sess.run(accuracy, feed_dict={X: batch_x_test, Y:
batch_y_test})

    print('第' + str(step) + '步，准确率为', acc)
            step += 1
        # 保存
        split_data.mk_folder('./models')
        saver.save(sess, './models/cnn_tf.model', global_step=step)
```

在上述代码中，我们使用 train_images 和 train_labels 作为训练数据，通过 compile 函数指定优化器、损失函数和评估指标。然后使用 fit 函数对模型进行训练，指定训练的轮数和批次大小。最后，使用 save 函数将训练后的模型参数保存到 models 文件夹下的 cnn_tf.model 文件中。

通过保存模型参数，我们可以在后续的模型评测过程中方便地加载和调用训练好的模型。如图 20-32 所示，训练后的模型参数被保存在 models 文件夹下，这使得我们能够在后续的评测过程中轻松地加载模型，并使用测试数据进行准确性和性能的评估。

通过以上步骤，我们成功地定义了一个简单的 CNN 结构，并对模型进行了训练和保存。这为后续的模型评测提供了便利，并确保了模型的可复用性。

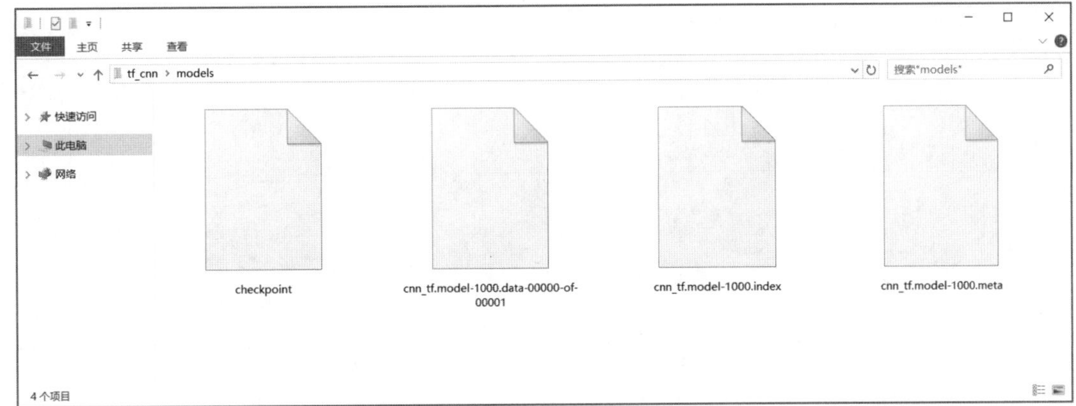

图 20-32

20.7.3 网络测试

在模型训练完成后，我们可以加载已保存的模型文件，并通过选择手写数字图像进行网络测试。下面的核心代码展示了如何使用基础的 TensorFlow 函数来加载模型文件并进行手写数字图像的识别，然后我们将使用 Python 的 GUI 来构建一个交互式界面，以便进行验证和识别。

```
# 加载模型并识别手写数字图像
def sess_ocr(im):
    output = make_cnn()
    saver = tf.train.Saver()
    with tf.Session() as sess:
        # 复原模型
        saver.restore(sess, tf.train.latest_checkpoint('./models'))
        predict=tf.argmax(tf.reshape(output,[-1,1,MAX_VEC_LENGHT]),2)
        text_list = sess.run(predict, feed_dict={X: [im]})
        text = text_list[0]
    return text
# 入口函数
def ocr_handle(filename):
    image = get_image(filename)
    image = image.flatten() / 255
    return sess_ocr(image)
```

通过以上步骤，我们可以加载已保存的模型文件并进行手写数字图像的识别。这样我们就可以通过交互式的 GUI 方便地进行验证和测试，进一步验证模型的准确性和性能。

20.7.4 集成应用

为了方便进行交互式操作和验证，我们使用基于 Python 的 tkinter 可视化工具包来设计一个简单的 GUI。这一部分的核心代码如下。

```
# 加载文件
def choosepic():
    path_ = askopenfilename()
    if len(path_) < 1:
        return
    path.set(path_)
    global now_img
    now_img = file_entry.get()
    # 读取并显示
    img_open = Image.open(file_entry.get())
    img_open = img_open.resize((360, 270))
    img = ImageTk.PhotoImage(img_open)
    image_label.config(image=img)
    image_label.image = img
# 按钮回调函数
def btn():
    global now_img
    res = test_tf.ocr_handle(now_img)
    tkinter.messagebox.showinfo('提示', '识别结果是：%s'%res)
```

在上述代码中，我们使用 tkinter 创建了一个 GUI 窗体。窗体中包含“选择图片”按钮和“CNN 识别”按钮，如图 20-33 所示。当用户点击“选择图片”按钮时，会弹出文件选择对话框，用户可以选择手写数字图像。选择完图像后，点击“CNN 识别”按钮，会对图像进行识别，并将结果进行弹窗显示，如图 20-34 所示。

图 20-33

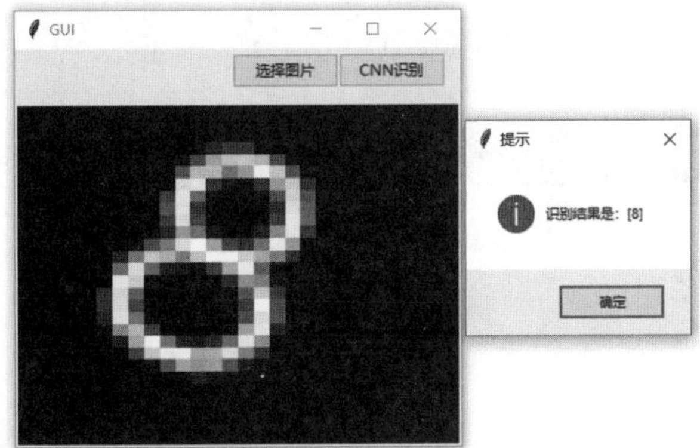

图 20-34

通过这样的交互式操作和可视化界面，我们可以更直观地验证 CNN 模型在手写数字识别任务上的准确性和鲁棒性。这使得识别结果更可靠，也方便用户进行测试和验证。

第21章 基于深度学习的以图搜图

21.1 案例背景

随着信息技术的迅速发展，图像、视频和音频等多媒体数据呈现爆发式增长，已成为人们获取日常信息的主要来源。短视频、图片和语音等方式使得人们的交流不再局限于文字，而是可以直接使用视频、图像和语音来传达信息，这种方式更加直观，但也导致视觉数据规模迅速扩大。然而，图像、视频等属于非结构化数据，难以在庞大的多媒体数据集中快速定位需要查询的数据，这进一步促进了以图搜图应用的研究。

数字图像的浅层特征与深层语义之间存在明显的“语义鸿沟”，使得无法直接利用图像像素内容进行图像检索。因此，需要建立有效的联系来连接图像的浅层特征和深层语义。深度学习技术可以通过自适应学习来“记忆”和“抽象”图像特征，从而获得浅层特征和深层语义之间的权重参数。这进一步实现了分类识别、目标检测等实际应用。以图搜图一般指获取待检索图像的特征描述，并与已构建的图像索引进行对比，根据相似度从高到低排序返回结果，从而实现直观检索，让所见即所想成为可能。目前已经有多个以图搜图的实际应用，比如百度识图、以图搜衣、以图搜车等。

本案例选择经典的深度学习模型进行网络结构分析，通过激活模型中间层的特征图并进行可视化呈现来分析深度学习的工作原理。同时，选择特定的特征层作为图像的特征描述，最终在典型数据集上实现集成应用，实现以图搜图功能。

21.2 选择模型

卷积神经网络是经典的机器学习模型之一，最早应用于解决图像分类问题。著名学者 Yann LeCun 在 20 世纪 80 年代就已设计出 CNN 模型 LeNet，应用于手写数字的分类训练，并将其应用于支票上的手写数字识别，达到了商用程度。虽然人们不断地对 CNN 分类识别应用进行探索，但受限于软硬件算力及样本数据的规模，训练 CNN 模型往往需要投入较高的成本并经常面临过拟合风险，进展相对缓慢。

近年来，随着计算机硬件，特别是 GPU、TPU 等设备的不断发展，促进了硬件算力的大幅提升，同时物联网和大数据技术的广泛应用也促进了数据规模的增长，因此 CNN 可以用更深的网络去训练更多的数据，进而实现可落地的应用，这反过来也进一步推动了 CNN 的发展。越来越多的研究人员通过深度学习来解决大数据应用中的分类、回归等基础问题。其中，著名学者 Alex Krizhevsky 设计了深度神经网络 AlexNet，并将其应用于图像大数据（ImageNet）的训练并大幅度提升了识别率，之后还出现了 VGGNet、GoogLeNet、ResNet 等经典的网络模型，它们在网络层数上越做越深，并在识别效果上取得了明显的进步，甚至超越了人类的识别率。这表明深度结构在特征提取方面具有更强的抽象能力与普适性，CNN 作为一种经典的深度网络结构，在结构设计、训练调参、模型应用等方面具有天然的大数据特性，其也得以进一步研究和应用。

本案例选择经典的 AlexNet、VGGNet 和 GoogLeNet 进行分析，激活中间层获取特征向量，并将其应用于图像检索。

21.2.1 AlexNet

2012 年可被视作深度学习崛起的元年，Alex Krizhevsky 设计了 AlexNet，并将其应用于 ImageNet 竞赛，在 Top-5 评测中其错误率仅为 15.3%，而第二名传统方法的错误率为 19.2%，最终 AlexNet 以明显的优势赢得了冠军，这在当时引起了轰动，并掀起了深度学习的热潮。下面我们加载 AlexNet 模型并可视化其网络结构，核心代码如下。

```
% 加载模型
net = alexnet;
% 模型分析
analyzeNetwork(net)
% 绘制结构
plot(layerGraph(net.Layers))
```

运行以上代码后可获得 AlexNet 模型并可视化其网络结构，具体如图 21-1 和图 21-2 所示。

Deep Learning Network Analyzer

25 layers　0 warnings　0 errors

data
conv1
relu1
norm1
pool1
conv2
relu2
norm2
pool2
conv3
relu3
conv4
relu4
conv5
relu5
pool5
fc6
relu6
drop6
fc7
relu7
drop7
fc8

ANALYSIS RESULT

	Name	Type	Activations	Learnables
1	data 227x227x3 images with 'zerocenter' normalization	Image Input	227×227×3	-
2	conv1 96 11x11x3 convolutions with stride [4 4] and padding [0 0 0 0]	Convolution	55×55×96	Weights 11×11×3×96 Bias 1×1×96
3	relu1 ReLU	ReLU	55×55×96	-
4	norm1 cross channel normalization with 5 channels per element	Cross Channel Nor...	55×55×96	-
5	pool1 3x3 max pooling with stride [2 2] and padding [0 0 0 0]	Max Pooling	27×27×96	-
6	conv2 2 groups of 128 5x5x48 convolutions with stride [1 1] and padding [2 2 2 2]	Grouped Convolution	27×27×256	Weig… 5×5×48×12… Bias 1×1×128×2
7	relu2 ReLU	ReLU	27×27×256	-
8	norm2 cross channel normalization with 5 channels per element	Cross Channel Nor...	27×27×256	-
9	pool2 3x3 max pooling with stride [2 2] and padding [0 0 0 0]	Max Pooling	13×13×256	-
10	conv3 384 3x3x256 convolutions with stride [1 1] and padding [1 1 1 1]	Convolution	13×13×384	Weig… 3×3×256×… Bias 1×1×384
11	relu3 ReLU	ReLU	13×13×384	-
12	conv4 2 groups of 192 3x3x192 convolutions with stride [1 1] and padding [1 1 1 1]	Grouped Convolution	13×13×384	Wei… 3×3×192×1… Bias 1×1×192×2
13	relu4 ReLU	ReLU	13×13×384	-
14	conv5 2 groups of 128 3x3x192 convolutions with stride [1 1] and padding [1 1 1 1]	Grouped Convolution	13×13×256	Wei… 3×3×192×1… Bias 1×1×128×2
15	relu5 ReLU	ReLU	13×13×256	-
16	pool5 3x3 max pooling with stride [2 2] and padding [0 0 0 0]	Max Pooling	6×6×256	-
17	fc6 4096 fully connected layer	Fully Connected	1×1×4096	Weights 4096×9216 Bias 4096×1
18	relu6 ReLU	ReLU	1×1×4096	-
19	drop6 50% dropout	Dropout	1×1×4096	-

图 21-1

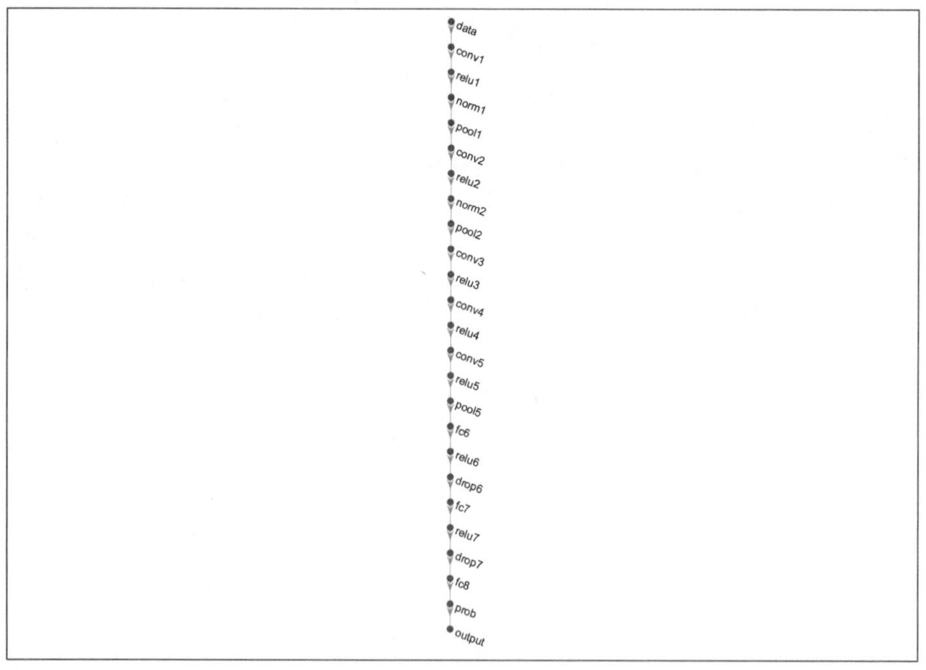

图 21-2

AlexNet 是 25 层深度卷积神经网络，呈现串行网络分布。它的输入层是一个维度为 227×227×3 的张量，输出层是一个维度为 1×1000 的类别标签向量。

21.2.2 VGGNet

2014 年，牛津大学计算机视觉组（Visual Geometry Group，VGG）与 DeepMind 公司合作推出了 VGGNet 深度卷积神经网络模型。VGGNet 在 ImageNet 竞赛中取得了分类项目的亚军和定位项目的冠军，在 Top-5 评测中其错误率为 7.5%。VGGNet 在 AlexNet 的基础上进行了改进，采用了小型的 3×3 卷积核和 2×2 最大池化层，构建了 16~19 层的卷积神经网络，其中最典型的就是 VGG16 和 VGG19。VGGNet 的结构简单，具有更强的特征学习能力，容易与其他网络结构进行融合，因此广泛应用于图像的特征提取模块。下面我们加载 VGG19 模型并可视化其网络结构，核心代码如下。

```
% 加载模型
net = vgg19;
% 模型分析
analyzeNetwork(net)
% 绘制结构
plot(layerGraph(net.Layers))
```

运行以上代码后可获得 VGGNet 模型并可视化其网络结构，具体如图 21-3 和图 21-4 所示。

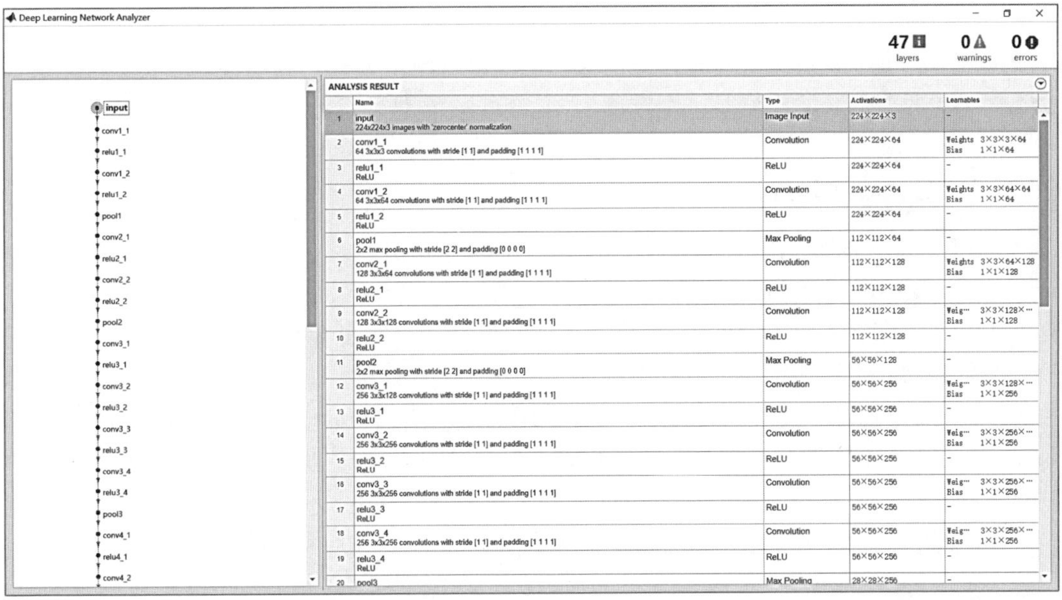

图 21-3

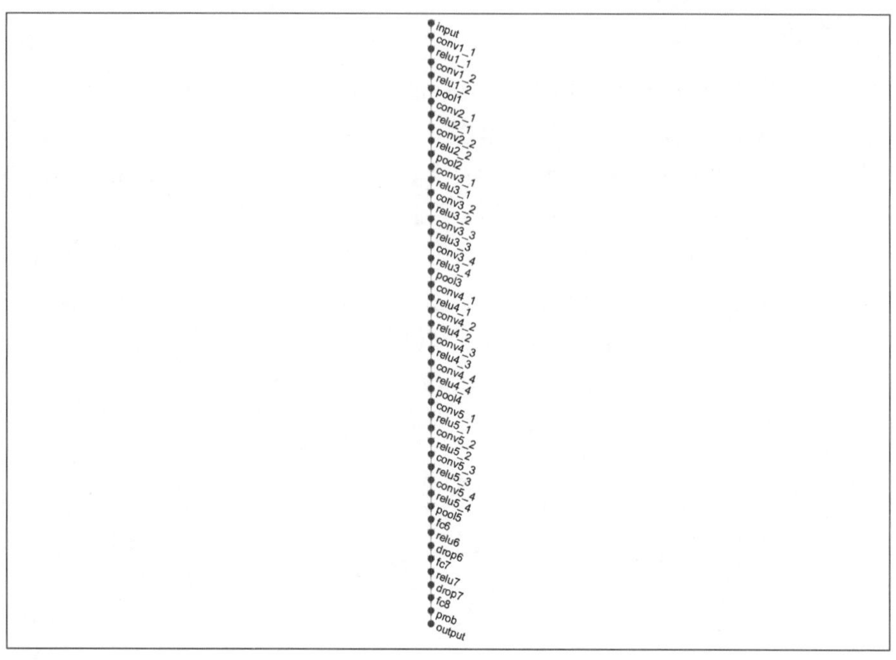

图 21-4

VGGNet 是 47 层深度卷积神经网络，呈现串行网络分布。它的输入层是一个维度为 224×224×3 的张量，输出层是一个维度为 1×1000 的类别标签向量。

21.2.3　GoogLeNet

2014 年，谷歌推出了基于 Inception 模块的深度卷积神经网络模型 GoogLeNet，将其应用于 ImageNet 竞赛并获得了分类项目的冠军，在 Top-5 评测中其错误率为 6.67%。GoogLeNet 的名字来自 Google 和经典的 LeNet 模型，它使用 Inception 模块增强了卷积的特征提取能力，在增加网络深度和宽度的同时减少了参数量。GoogLeNet 的设计团队在获得 ImageNet 竞赛冠军后对其进行了一系列的改进，形成了 Inception V2、Inception V3、Inception V4 等不同的版本。下面我们加载 GoogLeNet 模型并可视化其网络结构，核心代码如下。

```
% 加载模型
net = googlenet;
% 模型分析
analyzeNetwork(net)
% 绘制结构
plot(layerGraph(net))
```

运行以上代码后可获得 GoogLeNet 模型并可视化其网络结构，具体如图 21-5 和图 21-6 所示。

Deep Learning Network Analyzer

144 layers　0 warnings　0 errors

ANALYSIS RESULT

	Name	Type	Activations	Learnables
1	data 224x224x3 images with 'zerocenter' normalization	Image Input	224×224×3	-
2	conv1-7x7_s2 64 7x7x3 convolutions with stride [2 2] and padding [3 3 3 3]	Convolution	112×112×64	Weights 7×7×3×64 Bias 1×1×64
3	conv1-relu_7x7 ReLU	ReLU	112×112×64	-
4	pool1-3x3_s2 3x3 max pooling with stride [2 2] and padding [0 1 0 1]	Max Pooling	56×56×64	-
5	pool1-norm1 cross channel normalization with 5 channels per element	Cross Channel Nor...	56×56×64	-
6	conv2-3x3_reduce 64 1x1x64 convolutions with stride [1 1] and padding [0 0 0 0]	Convolution	56×56×64	Weights 1×1×64×64 Bias 1×1×64
7	conv2-relu_3x3_reduce ReLU	ReLU	56×56×64	-
8	conv2-3x3 192 3x3x64 convolutions with stride [1 1] and padding [1 1 1 1]	Convolution	56×56×192	Weights 3×3×64×192 Bias 1×1×192
9	conv2-relu_3x3 ReLU	ReLU	56×56×192	-
10	conv2-norm2 cross channel normalization with 5 channels per element	Cross Channel Nor...	56×56×192	-
11	pool2-3x3_s2 3x3 max pooling with stride [2 2] and padding [0 1 0 1]	Max Pooling	28×28×192	-
12	inception_3a-1x1 64 1x1x192 convolutions with stride [1 1] and padding [0 0 0 0]	Convolution	28×28×64	Weights 1×1×192×64 Bias 1×1×64
13	inception_3a-relu_1x1 ReLU	ReLU	28×28×64	-
14	inception_3a-3x3_reduce 96 1x1x192 convolutions with stride [1 1] and padding [0 0 0 0]	Convolution	28×28×96	Weights 1×1×192×96 Bias 1×1×96
15	inception_3a-relu_3x3_reduce ReLU	ReLU	28×28×96	-
16	inception_3a-3x3 128 3x3x96 convolutions with stride [1 1] and padding [1 1 1 1]	Convolution	28×28×128	Weights 3×3×96×128 Bias 1×1×128
17	inception_3a-relu_3x3 ReLU	ReLU	28×28×128	-
18	inception_3a-5x5_reduce 16 1x1x192 convolutions with stride [1 1] and padding [0 0 0 0]	Convolution	28×28×16	Weights 1×1×192×16 Bias 1×1×16
19	inception_3a-relu_5x5_reduce ReLU	ReLU	28×28×16	-
20	inception_3a-5x5	Convolution	28×28×32	Weights 5×5×16×32

图 21-5

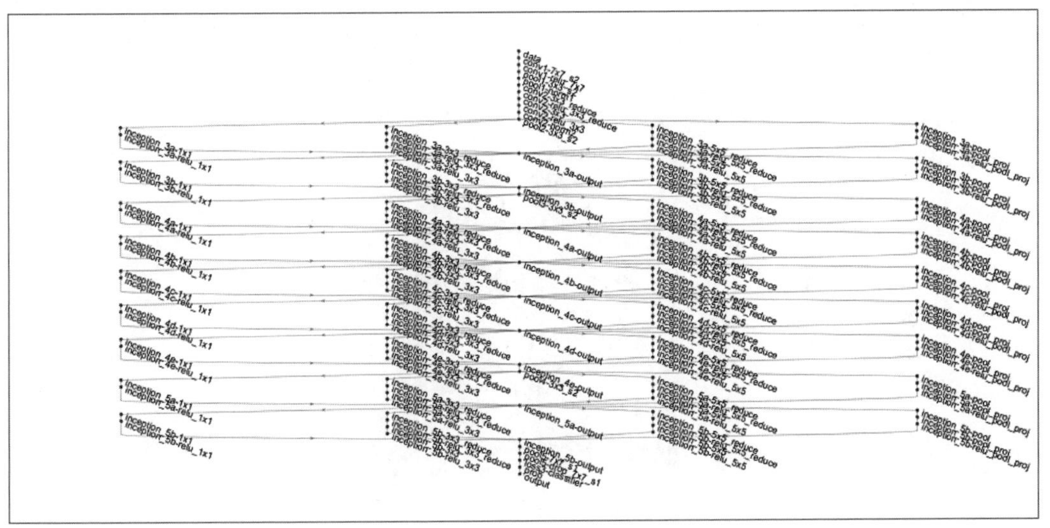

图 21-6

GoogLeNet 共有 144 层，呈现多分支网络分布。GoogLeNet 的输入层是一个维度为 227 × 227 × 3 的张量，输出层是一个维度为 1 × 1000 的类别标签向量。

综上所述，我们对 AlexNet、VGGNet 和 GoogLeNet 这 3 个经典的 CNN 模型进行了调用和可视化分析，可以发现这 3 个模型对应的输出层都是维度为 1 × 1000 的类别标签向量，这也是为了对应 ImageNet 竞赛的类别列表。

21.3　深度特征

卷积神经网络常常采用交替的卷积层和池化层设计，通过对大规模图像数据进行训练，CNN 能够提取不同层次的特征，并将这些抽象特征组合起来形成图像的卷积特征描述，以更准确地反映图像的内容特征。CNN 在许多领域都有典型应用，包括字符识别、动植物识别和人脸识别等。人脸识别已被广泛应用于现实生活中，例如人脸门禁和刷脸支付，这些应用将人脸作为唯一的生物学特征进行安全验证。

为了验证深度神经网络特征计算的有效性，我们选择了人脸图像和经典的 AlexNet 模型。我们将人脸图像输入 AlexNet 模型，激活和可视化模型的卷积层和激活层，同时绘制相应的特征图。具体步骤如下。

（1）加载模型并读取人脸图像，确保维度匹配。

```
% 加载模型
net = alexnet;
% 加载数据
im = imread('./face.png');
% 维度匹配
input_size = net.Layers(1).InputSize;
im = imresize(im, input_size(1:2), 'bilinear');
```

运行以上代码后，得到的人脸图像如图 21-7 所示。

图 21-7

（2）激活 conv1 层，并按照卷积核的数量进行维度转换，然后进行可视化呈现。

```
% 激活 conv1 层
im_conv1 = activations(net,im,'conv1');
sz = size(im_conv1);
im_conv1 = reshape(im_conv1,[sz(1) sz(2) 1 sz(3)]);
figure; montage(mat2gray(im_conv1), 'size', [8 12]);
title('conv1 特征图');
```

运行以上代码后，得到的 conv1 特征图如图 21-8 所示。

图 21-8

根据图 21-8 的结果，可以观察到 conv1 特征图展现了不同视角的梯度特性，清晰地反映了图像的内容。为了进一步分析更加抽象的特征，我们还可以尝试激活其他的卷积层并进行可视化。

（3）激活 conv5 层，并按照卷积核的数量进行维度转换，然后进行可视化呈现。

```
% 激活 conv5 层
im_conv5 = activations(net,im,'conv5');
sz = size(im_conv5);
im_conv5 = reshape(im_conv5,[sz(1) sz(2) 1 sz(3)]);
figure; montage(mat2gray(im_conv5), 'size', [16 16]);
title('conv5 特征图');
```

运行以上代码后，得到的 conv5 特征图如图 21-9 所示。

图 21-9

根据图 21-9 的结果，可以观察到 conv5 特征图展现了更为抽象的特征。这表明 AlexNet 的卷积层在不同的尺度上对图像进行了特征提取和结构化抽象，旨在尽可能地保留图像的全局特征。

（4）激活 relu5 层，并按照卷积核的数量进行维度转换，然后进行可视化呈现。

```
% 激活 relu5 层
im_conv5_relu = activations(net,im,'relu5');
sz = size(im_conv5_relu);
im_conv5_relu = reshape(im_conv5_relu,[sz(1) sz(2) 1 sz(3)]);
figure; montage(mat2gray(im_conv5_relu), 'size', [16 16]);
title('relu5 特征图');
```

运行以上代码后，得到的 relu5 特征图如图 21-10 所示。

图 21-10

根据图 21-10 的结果，可以观察到 relu5 特征图展现了经过池化后的黑白特征。有趣的是，部分图像能够与人脸的特征相对应。在接下来的分析中，我们选择了第 3 个和第 22 个分量，并对其进行突出显示，核心代码如下。

```
figure; montage(mat2gray(im_conv5_relu(:,:,:,[3 22])));
title('激活层特征子图');
```

运行以上代码后，得到的 relu5 特征子图如图 21-11 所示。

根据图 21-11 的结果，可以观察到 relu5 层的部分特征子图与人脸的特征相对应，能够匹配并响应整个人脸区域。这展示了 CNN 模型对图像深层特征进行抽象处理的能力。

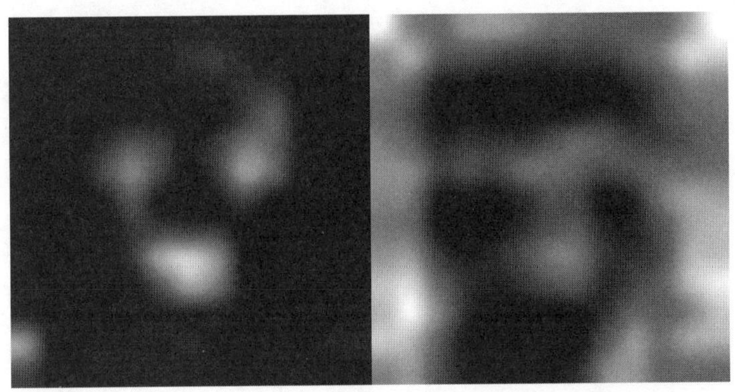

图 21-11

综上所述，通过对 CNN 模型中间层的激活情况进行观察，我们可以进行可视化分析，提高了对 CNN 模型处理过程的可解释性。实验结果显示，CNN 模型通过一系列特征提取和抽象化处理，能够保留并提取输入图像的关键特征，这正是深度学习在分类识别方面的优势所在。

21.4 程序实现

本案例通过构建深度索引、搜索引擎和搜索平台的技术路线进行程序设计。同时，为对比实验效果，采用函数方式进行了功能模块封装，读者可设置不同的参数来观察图像搜索的效果。

21.4.1 构建深度索引

在本节中，我们利用之前提到的 AlexNet、VGGNet 和 GoogLeNet 模型，采用中间层激活的方法来获取特征向量。3 个模型的选取规则如下。

（1）AlexNet，如图 21-12 所示，可选择激活 AlexNet 的 fc7 层并提取特征向量，其维度为 1×4096。

（2）VGGNet，如图 21-13 所示，可选择激活 VGGNet 的 fc7 层并提取特征向量，其维度为 1×4096。

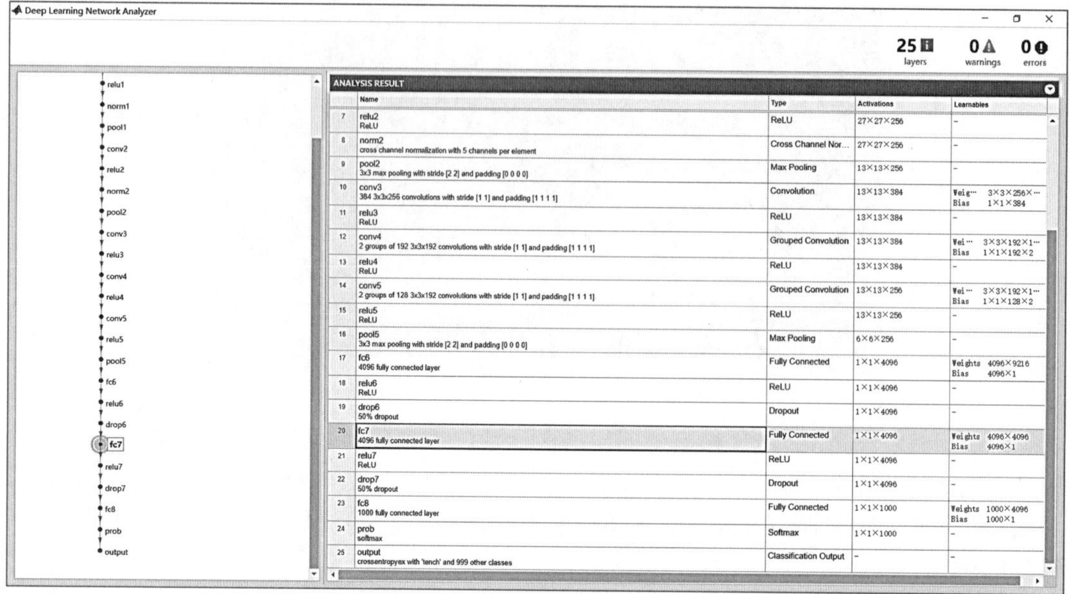

图 21-12

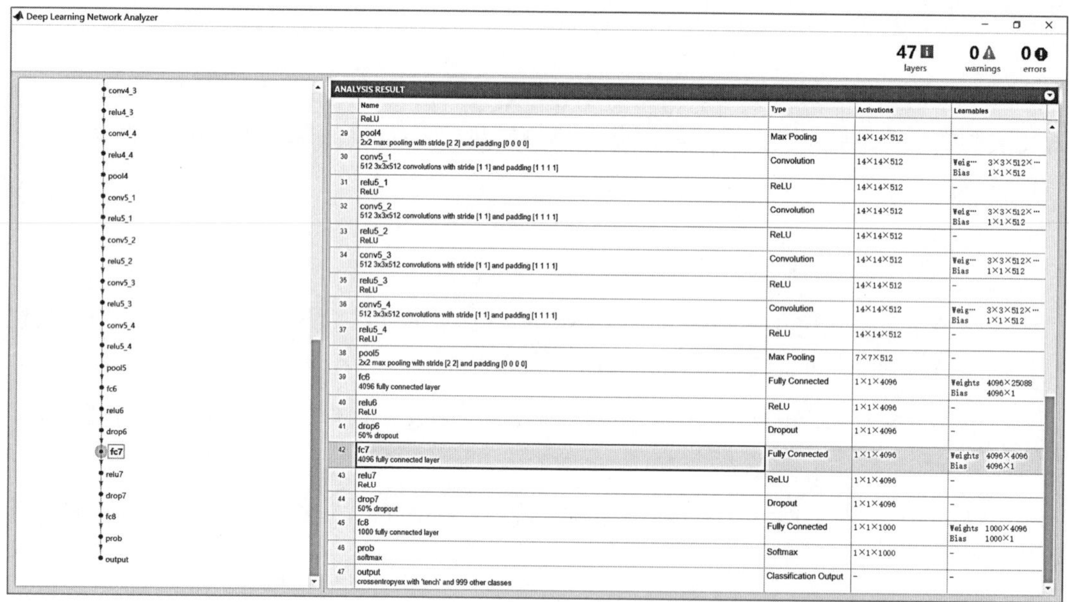

图 21-13

（3）GoogLeNet，如图 21-14 所示，可选择激活 GoogLeNet 模型的 pool5-drop_7x7_s1 层并提取特征向量，其维度为 1×1024。

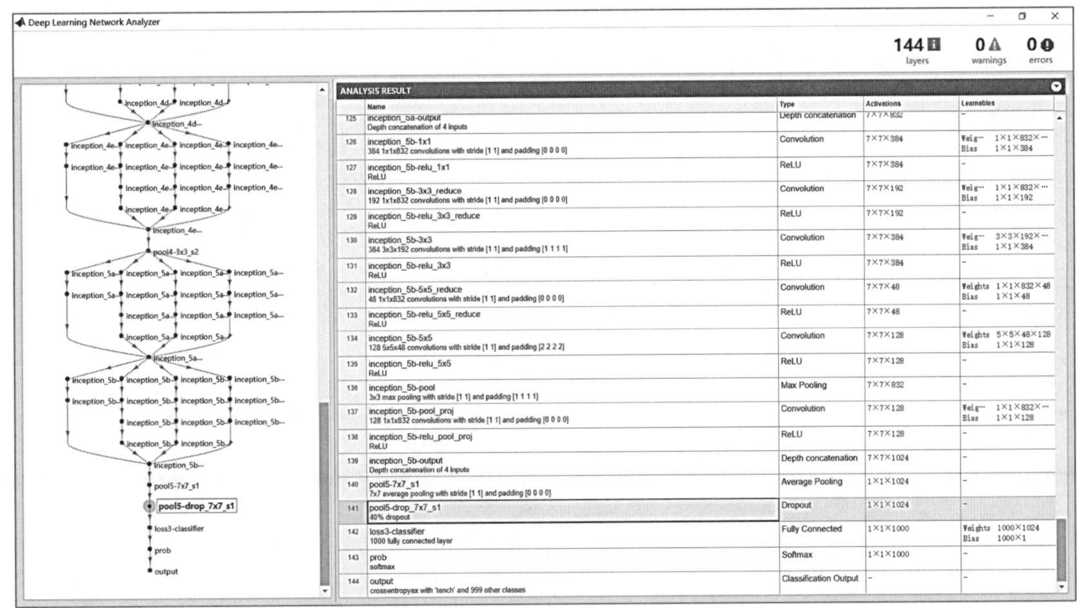

图 21-14

综上所述，我们可以根据 CNN 模型的输入层维度来调整输入图像的维度，然后通过激活和输出指定层的特征来获得相应的特征向量。为了方便处理，我们可以创建一个特征提取函数来封装这个过程，这一部分的核心代码如下。

```
function vec = get_cnn_vec(net, layer, im)
% 计算图像在 CNN 中间层的激活特征
% 图像维度匹配
im2 = augmentedImageDatastore(net.Layers(1).InputSize(1:2),im);
% 激活指定层的特征
vec = activations(net,im2,layer,'OutputAs','rows');
```

本案例选择 TensorFlow 框架提供的 flower_photos 花卉数据集进行分析，该数据集提供了 5 类花卉图像，共包括 3670 幅 JPG 格式的图像，如图 21-15 所示。

图 21-15

图 21-15 中的 5 个子文件夹分别对应了 5 类花卉，可利用前面封装的特征提取函数 get_cnn_vec 来遍历这些花卉图像，提取 AlexNet、VGGNet 和 GoogLeNet 这 3 种激活特征，核心代码如下。

```
% 设置 CNN 模型
net_alexnet = alexnet; layer_alexnet = 'fc7';
net_vggnet = vgg19; layer_vggnet = 'fc7';
net_googlenet = googlenet; layer_googlenet = 'pool5-drop_7x7_s1';
% 数据集
db = fullfile(pwd, 'db');
sub_dbs = dir(db);
hs = [];
% 遍历读取
for i = 1 : length(sub_dbs)
    if ~(sub_dbs(i).isdir && ~isequal(sub_dbs(i).name, '.') &&
~isequal(sub_dbs(i).name, '..'))
        % 如果不是有效目录
        continue;
    end
    % 图像文件列表
    files_i = ls(fullfile(sub_dbs(i).folder, sub_dbs(i).name, '*.jpg'));
    % 获取训练集和测试集
    for j = 1 : size(files_i, 1)
        % 读取当前图像
        h.fi = fullfile('db', sub_dbs(i).name, strtrim(files_i(j,:)))
        img = imread(h.fi);
        % 提取 CNN 特征
        h.vec_alexnet = get_cnn_vec(net_alexnet, layer_alexnet, img);
        h.vec_vggnet = get_cnn_vec(net_vggnet, layer_vggnet, img);
        h.vec_googlenet = get_cnn_vec(net_googlenet, layer_googlenet, img);
        % 存储
        hs = [hs; h];
    end
end
save db.mat hs
```

运行以上代码，对数据集进行遍历，分别提取 AlexNet、VGGNet 和 GoogLeNet 这 3 种激活特征并存储，得到视觉特征索引文件。

21.4.2 构建搜索引擎

视觉搜索的关键步骤是评估待搜索图像与已知图像之间的相似性，并根据设定的规则返回排序后的图像列表。视觉特征索引是由图像特征向量构成的，而图像之间的相似性可以通过计算特征向量之间的距离来度量。因此，可以选择不同的向量距离计算方法来分析图像的相似性，从而得到视觉搜索的结果。本案例选择了经典的余弦距离、闵可夫斯基距离和马氏距离进行分析。

1. 余弦距离

余弦距离（Cosine Distance），也称余弦相似度。该距离计算方法会计算两个向量之间夹角的余弦值，用于衡量两个向量之间的差异程度，距离越小表示两个向量越相似。余弦距离以向量夹角为基础进行计算，因此方向上的差异对结果影响较大，但其对向量的绝对值大小并不敏感。假设输入向量为 $\boldsymbol{x}_i$ 、 $\boldsymbol{x}_j$ ，则余弦距离计算公式为

$$d_{ij}=\cos\left(\boldsymbol{x}_i,\boldsymbol{x}_j\right)=\frac{\boldsymbol{x}_i\cdot\boldsymbol{x}_j}{\left\|\boldsymbol{x}_i\right\|\cdot\left\|\boldsymbol{x}_j\right\|} \tag{21.1}$$

2. 闵可夫斯基距离

闵可夫斯基距离（Minkowski Distance），也称闵氏距离，是一种度量两个向量之间差异程度的距离计算方法。它会计算两个向量之间差值的范数，用于衡量两个向量的相似性。较小的距离值表示两个向量更相似。闵可夫斯基距离使用向量范数作为计算基础，具有较直观的特性，但对向量的内在分布特性不太敏感，因此存在一定的局限性。假设输入向量为 $\boldsymbol{x}_i$ 、 $\boldsymbol{x}_j$ ，维度为 n ，则闵可夫斯基距离计算公式为

$$d_{ij}=L_p\left(\boldsymbol{x}_i,\boldsymbol{x}_j\right)=\left[\sum_{k=1}^{n}\left|\boldsymbol{x}_i^k-\boldsymbol{x}_j^k\right|^p\right]^{\frac{1}{p}} \tag{21.2}$$

当 p=1 时，该距离被称为城区（City-block Distance）距离，公式为

$$d_{ij}=L_1\left(\boldsymbol{x}_i,\boldsymbol{x}_j\right)=\sum_{k=1}^{n}\left|\boldsymbol{x}_i^k-\boldsymbol{x}_j^k\right| \tag{21.3}$$

当 p=2 时，该距离被称为欧氏距离（Euclidean Distance），公式为

$$d_{ij}=L_2\left(\boldsymbol{x}_i,\boldsymbol{x}_j\right)=\sqrt{\sum_{k=1}^{n}\left|\boldsymbol{x}_i^k-\boldsymbol{x}_j^k\right|^2} \tag{21.4}$$

当 $p\to\infty$ 时，该距离被称为切比雪夫距离（Chebychv Distance），公式为

$$d_{ij}=L_\infty\left(\boldsymbol{x}_i,\boldsymbol{x}_j\right)=\max_{k=1}^{n}\left|\boldsymbol{x}_i^k-\boldsymbol{x}_j^k\right| \tag{21.5}$$

3. 马氏距离

马哈拉诺比斯距离（Mahalanobis Distance），也称马氏距离，是一种度量两个向量之间分离程度的距离计算方法。较小的距离值表示两个向量更相似。马氏距离可被看作对欧氏距离的修正，能够处理各个分量具有不同尺度且相关性的情况。假设输入向量为 $\boldsymbol{x}_i$ 、$\boldsymbol{x}_j$ ，维度为 n ，则马氏距离计算公式为

$$d_{ij}=\sqrt{\left(\boldsymbol{x}_i-\boldsymbol{x}_j\right)^{\mathrm{T}}\boldsymbol{S}^{-1}\left(\boldsymbol{x}_i-\boldsymbol{x}_j\right)} \tag{21.6}$$

其中，$\boldsymbol{S}$ 为多维随机变量的协方差矩阵，可以发现如果 $\boldsymbol{S}$ 为单位矩阵，则马氏距离就变成了欧氏距离。

综上所述，在计算向量之间的相似性度量时，我们可以根据实际情况选择不同的距离计算方法，并综合考虑其特点。在特征提取过程中，我们得到了 AlexNet、VGGNet 和 GoogLeNet 这 3 种特征向量。为了处理这些特征向量，我们可以选择计算余弦距离并进行加权融合的方法。下面是关键步骤和核心代码。

（1）设定待检索的特征向量及其对应的权重。

```
    function ind_dis_sort = get_search_result(vec_alex, vec_vggnet, vec_googlenet,
rate)
    if nargin < 4
        % 默认权重
        rate = [1/3 1/3 1/3];
    end
```

（2）加载特征索引对象。

```
    load db.mat
    % 特征
    vec_alexnet_list = cat(1, hs.vec_alexnet);
    vec_vggnet_list = cat(1, hs.vec_vggnet);
    vec_googlenet_list = cat(1, hs.vec_googlenet);
```

（3）计算 AlexNet 特征的余弦距离。

```
    dis_alexnet = 0;
    if isequal(vec_alex, 0)
    else
        % 余弦距离
        dis_alexnet = pdist2(vec_alex, vec_alexnet_list, 'cosine');
    end
```

（4）计算 VGGNet 特征的余弦距离。

```
    dis_vggnet = 0;
    if isequal(vec_vggnet, 0)
    else
        % 余弦距离
        dis_vggnet = pdist2(vec_vggnet, vec_vggnet_list, 'cosine');
    end
```

（5）计算 GoogLeNet 特征的余弦距离。

```
    dis_googlenet = 0;
    if isequal(vec_googlenet, 0)
    else
        % 余弦距离
        dis_googlenet = pdist2(vec_googlenet, vec_googlenet_list, 'cosine');
    end
```

（6）计算融合特征并返回相似度排序结果。

```
    % 按比例加权融合
    dis = rate(1)*mat2gray(dis_alexnet) + rate(2)*mat2gray(dis_vggnet) +
rate(3)*mat2gray(dis_googlenet);
    % 相似度排序
    [~, ind_dis_sort] = sort(dis);
```

将以上代码保存为函数 get_search_result.m，可传入待检索图像的 AlexNet、VGGNet 和 GoogLeNet 特征向量并设置对应的特征权重，按照余弦距离计算后可返回相似度排序结果。

21.4.3 构建搜索平台

为了有效地整合并比较不同步骤的处理效果，同时为了确保处理流程的连贯性，本案例开发了一个图形用户界面（GUI），集成了图像加载、深度特征提取、权重配置、图像检索和结果展示等关键步骤。在该界面中，用户可以进行交互操作，并实时查看处理过程中生成的中间图像。集成应用的界面设计如图 21-16 所示。

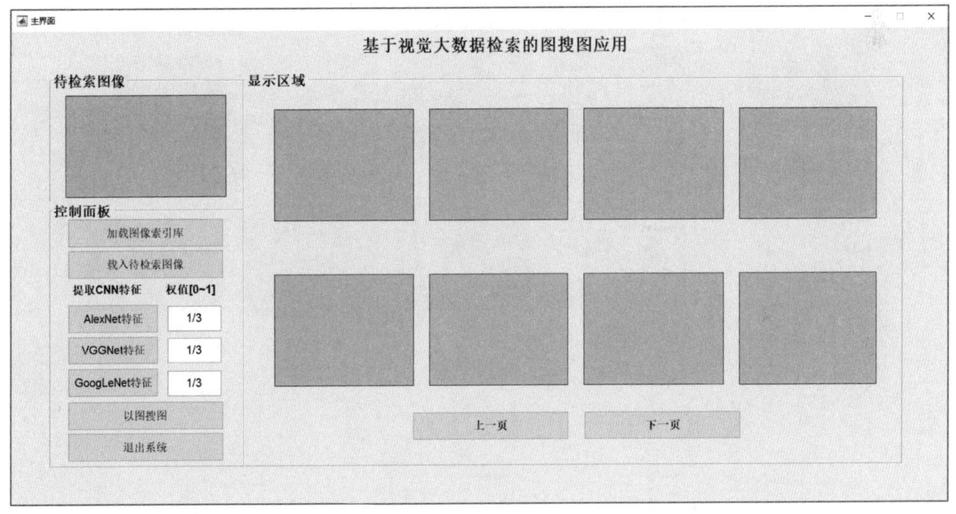

图 21-16

整个集成应用界面分为图像显示区和功能控制区。点击“加载图像索引库”按钮，可以读取已有的特征索引库。点击“载入待检索图像”按钮，可以弹出文件选择对话框，选择待处理的图像，并将其显示在上方的独立窗口中。分别点击“AlexNet 特征”、“VGGNet 特征”和“GoogLeNet 特征”按钮，可以提取 3 个 CNN 特征。点击“以图搜图”按钮，根据设置的权重进行检索，并将返回的结果列表显示在右侧区域中。为了验证处理流程的有效性，我们选择了某幅测试图像进行实验，具体的效果如图 21-17 和图 21-18 所示。

图 21-17

图 21-18

通过对待检索的郁金香图像进行检索，我们得到了正确的检索结果。这说明 CNN 特征具有良好的普适性，可以对图像进行深度抽象，得到匹配的特征表示，并且可以获得相对准确的检索结果。为了验证不同的图像和参数配置下的检索效果，我们对从互联网上采集的蒲公英图像和手绘的模拟图像进行了 CNN 特征提取和图像检索，具体运行结果如图 21-19 和图 21-20 所示。

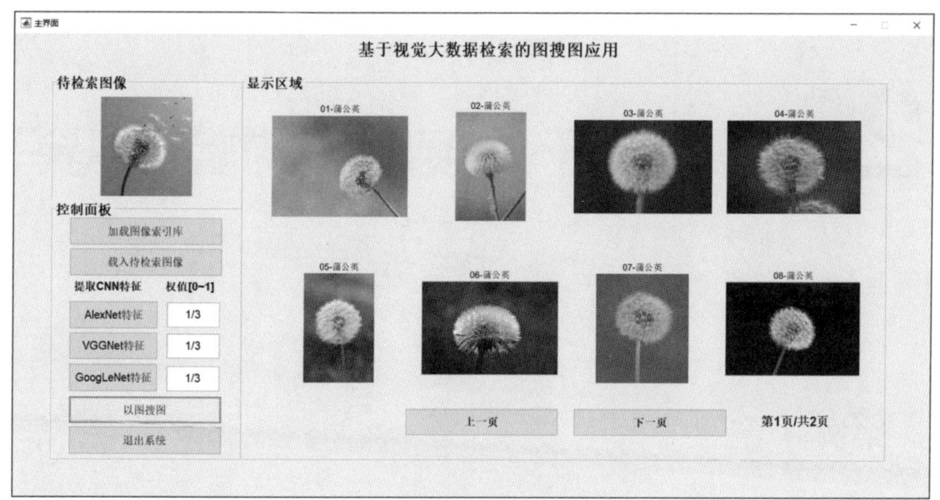

图 21-19

图 21-20

我们对新增的蒲公英图像和手绘的模拟图像进行了检索，并成功地获得了在形状和颜色上与它们相似的图像。这进一步验证了前面所提到的 CNN 深度特征的抽象能力。这种能力对于我们拓展深度学习应用具有一定的参考价值。

第22章 基于深度学习的验证码识别

22.1 案例背景

近年来，随着互联网技术的飞速发展，网络安全问题变得日益突出。虽然网络为我们提供了丰富的资源和便利，但同时也带来了许多安全隐患，例如频繁的恶意账号注册、论坛中的“灌水”帖及密码破解等行为。为了加强网络系统的安全性，防止程序化机器人的干扰，验证码机制应运而生。验证码通常以图片形式展示问题，并要求用户进行认知回答，系统会自动评估用户提交的答案，以判别出合理的访问行为。

验证码的形式千变万化，可以要求用户填写字母、数字、成语，或者求解数学计算题等。随着网络安全技术和验证码生成技术的发展，出现了更加复杂的验证码类型，例如交互式选择物体、通过滑块拖曳将局部区域移至目标位置等形式的验证码。尽管通用的验证码程序化识别服务尚未出现，但对于经典的静态验证码，通过分析其构成特点，通常可以利用图像处理算法通过一定的策略和算法来实现自动化识别，对验证码图像进行安全性评估，从而为系统的网络安全性建设提供有效的建议。

验证码天生具有大数据的特点，可以通过程序化过程收集标注数据，甚至进行模拟生成，以获得大规模的数据集。然后结合计算机视觉、机器学习等相关领域的知识，开发自动化识别的解决方案。在本案例中，我们从模拟系统攻防的角度出发，首先通过自定义模拟的方式生成特定类型的验证码数据集，然后使用深度学习框架对模型进行训练，最后将其应用于验证码的自动化识别应用中。

22.2 生成验证码数据

文本验证码是应用较为广泛的一种验证码形式，通常显示由多个字符构成的图像，要求用户输入相应的字符内容，当所有字符都输入正确时，验证通过。如图 22-1 所示，文本验证码通常由英文字母和数字组成，同时结合颜色、干扰噪声和重叠扭曲等方式，增加了自动化识别的难度。文本验证码通常不区分英文字母的大小写，具有生成简单、操作高效和传输速度快等特点，适用于大多数网站系统。

图 22-1

本案例选择英文字母和数字并结合颜色和干扰点来生成 4 位字符的文本验证码。验证码的主要生成过程见图 22-2。

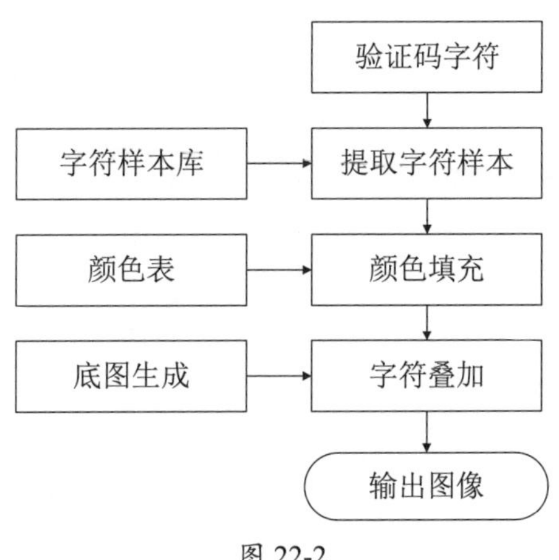

图 22-2

本案例的文本验证码生成过程包括 3 个主要步骤：生成验证码字符样本库、生成文本验证码图像和生成验证码样本数据库。根据设置的字符样本和输入的验证码字符，我们可以生成底图，并利用颜色填充和字符叠加的方法生成最终的验证码图像。最后，我们可以将生成的验证码图像保存到数据库中以供后续使用。

1. 生成验证码字符样本库

在本案例中，我们选择了字符集合 a~z、A~Z 和 0~9，并设置了字体格式。为了自动化生成验证码字符样本库，我们采用了截屏和存储的方式。这一部分的核心代码如下：

```
% 设置字符列表:大写字母、小写字母、数字
cns = [char(97:97+25) char(65:65+25) char(48:48+9)];
db = fullfile(pwd, 'db');
if ~exist(db, 'dir')
   mkdir(db);
end
% 临时窗口
hfig = figure();
% 设置底色为白色
set(hfig, 'Color', 'w')
for i = 1 : length(cns)
```

```
    clf; hold on; axis([-1 1 -1 1]);
    % 显示指定的英文字符
    text(0,0,cns(i), 'FontSize', 14, 'FontName', '黑体'); axis off;
    % 截屏
    f = getframe(gcf);
    % 转换为图像
    f = frame2im(f);
    % 灰度化
    f = rgb2gray(f);
    % 二值化并反色
    f = ~im2bw(f, graythresh(f));
    % 裁剪有效字符区域
    [r, c] = find(f);
    f = f(min(r):max(r), min(c):max(c));
    % 统一高度尺寸
    f = imresize(f, 20/size(f, 1), 'bilinear');
    % 存储
    imwrite(f, fullfile(db, sprintf('%02d.jpg', i)));
end
% 关闭临时窗口
close(hfig);
```

通过运行以上代码，可以生成包含字符集合 a~z、A~Z 和 0~9 的标准字符样本图像，并将其保存到指定的文件夹，形成验证码字符样本库，如图 22-3 所示。

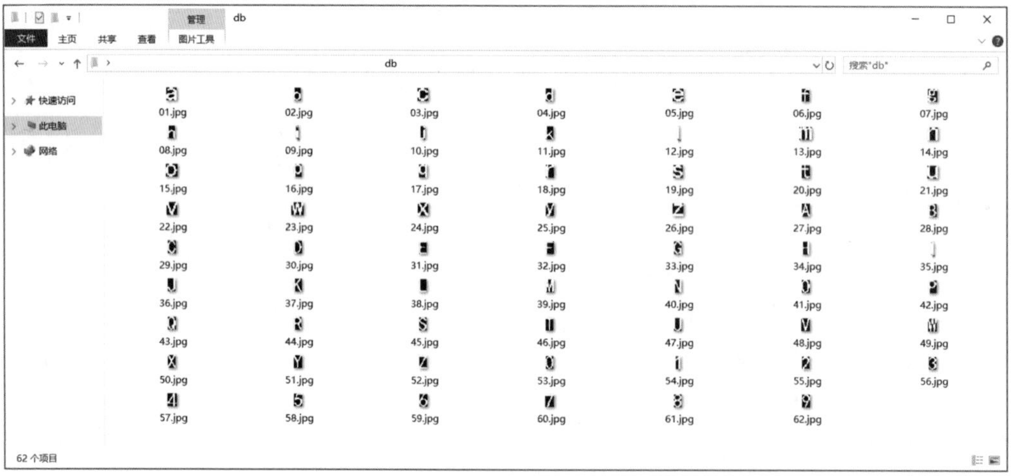

图 22-3

我们成功生成了一组统一高度的标准字符样本图像。这些图像采用了黑底白字的二值化形式，方便进行字符组合和颜色设置，为接下来的生成文本验证码图像打好了基础。

2. 生成文本验证码图像

在本案例中，我们模拟生成了包含 4 个字符的验证码图像，并增加了斑点型的噪声干扰，最终得到统一尺寸的文本验证码图像。

（1）生成一幅指定维度的底图，并在底图上添加噪声点来增加干扰效果。

```
% 设置斑点
bd = ones(2,2,3);
bd(:,:,1) = 139;
bd(:,:,2) = 139;
bd(:,:,3) = 0;
% 设置白色底图
sz = [30 93 3];
bg = uint8(ones(sz)*255);
% 设置随机斑点的位置
num = 35;
r = randi([1 sz(1)-1], num, 1);
c = randi([1 sz(2)-1], num, 1);
im = bg;
for i = 1 : num
% 叠加斑点到底图上
    im(r(i):r(i)+1, c(i):c(i)+1, :) = bd;
end
```

通过运行以上代码，得到了高 93、宽 30 的白色底图，且增加了设定密度的噪声点，如图 22-4 所示。

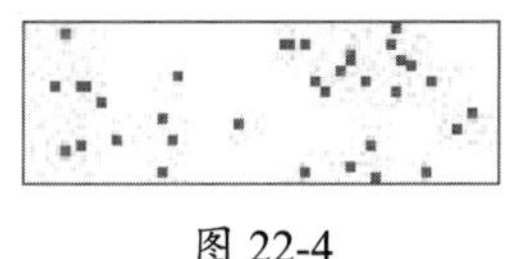

图 22-4

（2）设置验证码字符内容，并将其对应到验证码字符样本。

```
% 设置字符列表:大写字母、小写字母、数字
cns = [char(97:97+25) char(65:65+25) char(48:48+9)];
% 验证码字符内容
char_info = '8CG4';
% 对应到字符样本
for i = 1 : length(char_info)
    int_info(i) = find(cns==char_info(i));
end
```

将设置的验证码字符内容与验证码字符样本对应，例如“8CL4”对应的字符样本图像文件名称为“61”“29”“33”“57”，如图 22-5 所示。

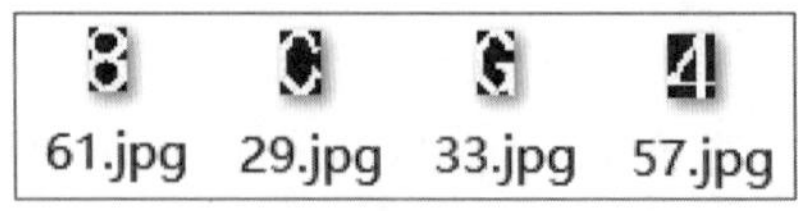

图 22-5

通过将设置的验证码字符内容与字符样本进行对应，可以对每个字符进行颜色和位置的调整，并将它们叠加到之前生成的底图上，从而得到文本验证码图像。

（3）设置字符填充参数，并生成字符颜色列表。

```
% 起始列位置
x_s = 5;
% 颜色库
colors = [0 0 255
    58 95 205
    105 89 205
    131 111 255
    0 0 139
    16 78 139
    54 100 139];
```

如上处理过程选择从第 5 列开始填充，并生成了 7 种颜色，用于字符样本图像的颜色设置。

（4）遍历每个字符生成彩色的验证码字符图像，并将其叠加到底图上。

```
for i = 1 : length(int_info)
    % 读取字符样本
    filenamei = fullfile(pwd, sprintf('db/%02d.jpg', int_info(i)));
    Ii = imread(filenamei);
    % 统一高度
    Ii = imresize(Ii, 15/size(Ii, 1), 'bilinear');
    % 字符二值化模板
    maski = im2bw(Ii);
    % 随机提取颜色库的颜色
    co = colors(randi([1 size(colors,1)], 1, 1), :);
    % 设置 R 颜色分量
    imi_r = ones(size(maski))*255; imi_r(maski) = co(1);
    % 设置 G 颜色分量
    imi_g = ones(size(maski))*255; imi_g(maski) = co(2);
    % 设置 B 颜色分量
    imi_b = ones(size(maski))*255; imi_b(maski) = co(3);
    % 合并 R、G、B 三分量
    imi = cat(3, imi_r, imi_g, imi_b);
    % 设置纵向位置
    r_si = randi([5 sz(1)-size(Ii,1)-2], 1, 1);
    c_si = x_s;
    im2 = im;
    % 将字符样本图像叠加到底图上
```

```
    im2(r_si:r_si+size(Ii,1)-1, c_si:c_si+size(Ii,2)-1, :) = imi;
    bwt = zeros(size(im, 1), size(im, 2));
    % 样本图像叠加底图
    bwt(r_si:r_si+size(Ii,1)-1, c_si:c_si+size(Ii,2)-1, :) = maski;
    bwt = logical(bwt);
    % 保留斑点，生成 RGB 图
    im_r = im(:, :, 1); im_g = im(:, :, 2); im_b = im(:, :, 3);
    im2_r = im2(:, :, 1); im2_g = im2(:, :, 2); im2_b = im2(:, :, 3);
    im_r(bwt) =  im2_r(bwt);
    im_g(bwt) =  im2_g(bwt);
    im_b(bwt) =  im2_b(bwt);
    im = cat(3, im_r, im_g, im_b);
    % 更新起始列，中间设置隔 10 列
    x_s = c_si + size(Ii, 2) + 10;
end
% 归一化验证码图像
im = im2uint8(mat2gray(im));
```

在上述处理过程中，对于每个验证码字符都会进行遍历。首先，读取字符样本图像，并从一组随机选择的颜色中选择一种，以生成彩色的字符样本图像。然后，将生成的字符样本图像叠加到之前得到的底图上，从而最终得到一幅彩色的文本验证码图像，如图 22-6 所示。

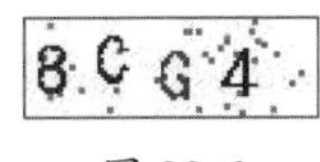

图 22-6

根据设置的验证码字符内容，代码生成了一幅彩色文本验证码图像。在生成的验证码图像上，字符之间的上下位置稍有错位，并添加了斑点噪声以进行干扰。这样我们就成功地实现了一个文本验证码的模拟图像生成模块。我们可以将其封装为一个子函数，以便其他模块可以通过调用 im = gen_yzm(char_info)的形式来传入验证码字符内容并生成相应的文本验证码图像。

3. 生成验证码样本数据集

在模拟生成验证码之后，可以通过随机生成字符的方式来创建一个大规模的验证码样本数据集，为后续的人工智能识别提供数据支持。在实际应用中，考虑到一些字符样本图像之间具有相似性，例如字符“o”、“O”和“0”，“l”、“I”和“1”，“i”、“j”的顶部点状区域及斑点噪声的相似性，我们需要在随机生成字符时将这些字符排除在外。

（1）设置一个字符数据集，排除字符“o”、“O”、“l”、“I”、“i”和“j”，为数据集创建一个存储目录。

```
% 设置字符列表:大写字母、小写字母、数字
cns = [char(97:97+25) char(65:65+25) char(48:48+9)];
% 排除字母 o、O、l、I、i、j
```

```
exclude_cns = 'oOlIij';
% 设置目录
db = fullfile(pwd, 'yzms');
if ~exist(db, 'dir')
    mkdir(db);
end
```

在上述处理过程中，设置了一个字符列表，并将字母“o”“O”“l”“I”“i”“j”排除在字符列表之外。此外，我们还设置了一个名为“yzms”的子文件夹，作为验证码样本图像的存储目录。

（2）循环生成验证码的大型数据样本集合，每个验证码包含 4 个字符。

```
% 循环生成 4 位验证码字符图像
for k = 1 : 5000
    while true
        ci = cns(randi([1 length(cns)],1,4));
        if ~isempty(intersect(ci, exclude_cns))
            % 如果出现被排除的字符，则跳过
            continue;
        end
        % 生成图像
        im = gen_yzm(ci);
        % 存储图像
        imwrite(im, fullfile(db, sprintf('%s_%d.jpg', ci, k)));
        break;
    end
end
```

通过上述处理过程，我们循环生成了 5000 幅验证码图像，并将它们存储在指定的文件夹中，每幅图像的文件名前 4 位对应于验证码图像的字符内容，如图 22-7 所示。

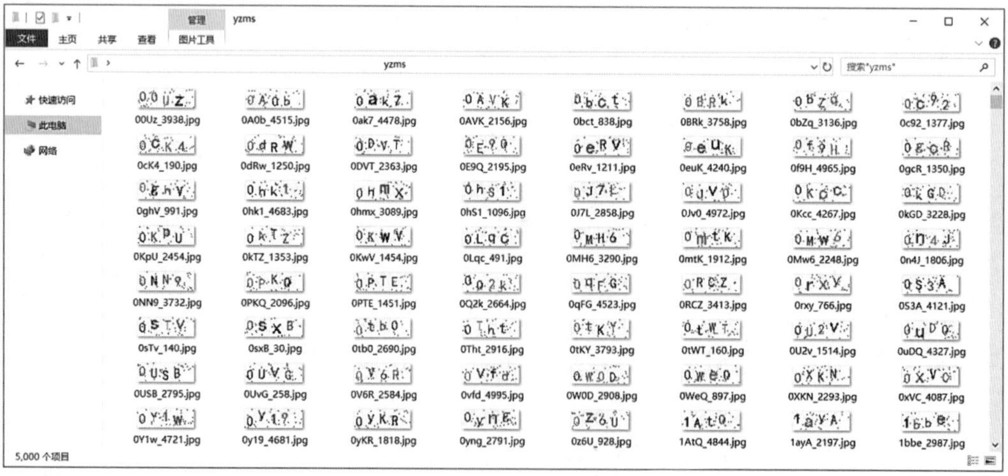

图 22-7

（3）验证码图像字符分割。

对前面生成的验证码图像进行字符分割，可以观察到图像具有白色底图、斑点噪声和水平均匀摆放的彩色字符。因此，可以采用阈值分割和区域面积筛选的方法来消除大部分斑点噪声，并利用连通域属性分析来提取单个字符的图像。下面是主要处理过程。

首先，读取验证码图像，并使用阈值分割和区域面积筛选的方法来消除斑点噪声。

然后，进行连通域分析，提取面积排在前 4 位的连通域作为字符的候选区域。

最后，对候选区域进行字符分割，并按照验证码字符内容命名的方式保存到指定的目录。

验证码图像字符分割的关键在于利用斑点噪声和字符排列的特点，通过筛除小面积的斑点，保留字符区域。然后，通过连通域分析可以提取字符区域的位置信息，最终实现字符分割。这一部分的核心代码如下。

```
im = imread(filename);
% 二值化分割
ig = rgb2gray(im);
% 二值化并反色，突出字符
iw = ~im2bw(ig, 0.8);
% 消除小区域噪声点
iw = bwareaopen(iw, 12);
% 连通域分析
[L,num] = bwlabel(iw);
stats = regionprops(L);
% 连通域面积
areas = cat(1, stats.Area);
% 降序排列，保留前 4 个连通域
[~, ind] = sort(areas, 'descend');
rects = cat(1, stats.BoundingBox);
rects = rects(ind(1:4),:);
% 从左向右排列
rects = sortrows(rects, 1);
```

考虑到验证码校验机制需要兼容大小写英文字母，我们将英文字母的标签统一为大写形式。按照前面的处理过程，进行验证码图像的字符定位和分割，并最终生成相应的字符样本数据集，如图 22-8 和图 22-9 所示。

图 22-8

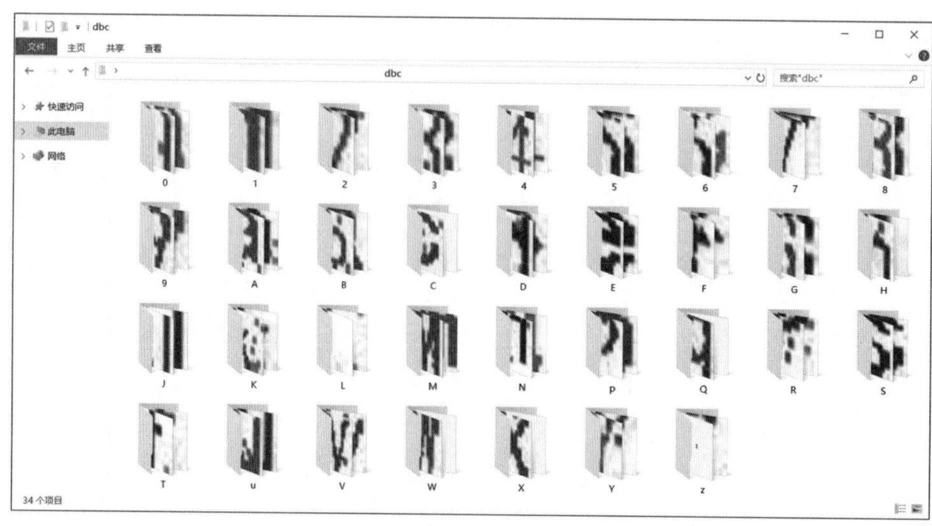

图 22-9

通过对验证码样本图像进行字符定位和分割，并结合排除字符列表的设置，最终得到了一个包含 34 个类别的字符样本数据集。

22.3　验证码 CNN 识别

1. 训练 CNN 模型

在本案例中，我们需要将经过字符分割后的验证码图像识别问题转换为一个分类识别问题，其中每幅验证码图像包含 4 个字符。由于字符图像本身包含颜色和噪声等因素，因此我们可以利用卷积神经网络强大的特征提取和抽象能力来设计分类模型。在这里，我们可以直接复用之前用于手写数字识别的自定义卷积神经网络模型，并设置相应的输入层和输出层参数，从而得到验证码识别模型。

（1）读取已有的字符样本图像，并进行可视化显示。

```
% 读取数据
db=imageDatastore('./dbc', ...
    'IncludeSubfolders',true,'LabelSource','foldernames');
% 拆分出训练集和验证集
[db_train,db_validation]=splitEachLabel(db,0.9,'randomize');
figure;
perm = randperm(size(db.Files,1),20);
for i = 1:20
    subplot(4,5,i);
    imshow(db.Files{perm(i)});
end
```

在运行以上代码后，我们将获得训练集和验证集，并显示其中一部分样本图像，如图 22-10 所示。

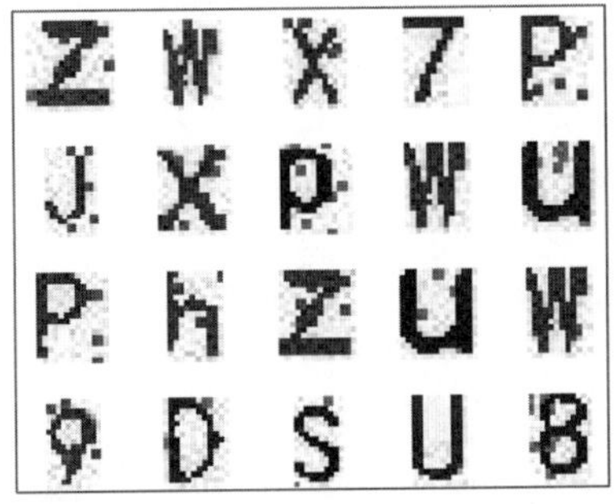

图 22-10

（2）设置网络的输入层和输出层参数，并定义卷积神经网络（CNN）模型。

```
% 定义网络
layers_self = get_self_cnn([28 28 3], 34);
analyzeNetwork(layers_self);
```

运行以上代码后可得到 15 层的自定义 CNN 模型，网络结构如图 22-11 所示。

Deep Learning Network Analyzer

15 layers　0 warnings　0 errors

data → cnn1 → bn1 → relu1 → pool1 → cnn2 → bn2 → relu2 → pool2 → cnn3 → bn3 → relu3 → fc → prob → output

ANALYSIS RESULT

	Name	Type	Activations	Learnables
1	data 28x28x3 images with 'zerocenter' normalization	Image Input	28×28×3	-
2	cnn1 8 3x3x3 convolutions with stride [1 1] and padding 'same'	Convolution	28×28×8	Weights 3×3×3×8 Bias 1×1×8
3	bn1 Batch normalization with 8 channels	Batch Normalization	28×28×8	Offset 1×1×8 Scale 1×1×8
4	relu1 ReLU	ReLU	28×28×8	-
5	pool1 2x2 max pooling with stride [2 2] and padding [0 0 0 0]	Max Pooling	14×14×8	-
6	cnn2 16 3x3x8 convolutions with stride [1 1] and padding 'same'	Convolution	14×14×16	Weights 3×3×8×16 Bias 1×1×16
7	bn2 Batch normalization with 16 channels	Batch Normalization	14×14×16	Offset 1×1×16 Scale 1×1×16
8	relu2 ReLU	ReLU	14×14×16	-
9	pool2 2x2 max pooling with stride [2 2] and padding [0 0 0 0]	Max Pooling	7×7×16	-
10	cnn3 32 3x3x16 convolutions with stride [1 1] and padding 'same'	Convolution	7×7×32	Weights 3×3×16×32 Bias 1×1×32
11	bn3 Batch normalization with 32 channels	Batch Normalization	7×7×32	Offset 1×1×32 Scale 1×1×32
12	relu3 ReLU	ReLU	7×7×32	-
13	fc 34 fully connected layer	Fully Connected	1×1×34	Weights 34×1568 Bias 34×1
14	prob softmax	Softmax	1×1×34	-
15	output crossentropyex	Classification Output	-	-

图 22-11

（3）训练 CNN 模型，存储模型参数。

```
% 训练网络
net_self = train_cnn_net(layers_self, db_train, db_validation);
```

```
% 存储模型参数
save net_self.mat net_self
```

在执行以上代码后，我们将加载之前获得的训练集和验证集，对自定义的 CNN 模型进行训练，并最终得到经过训练的模型，并将其保存起来，如图 22-12 所示。

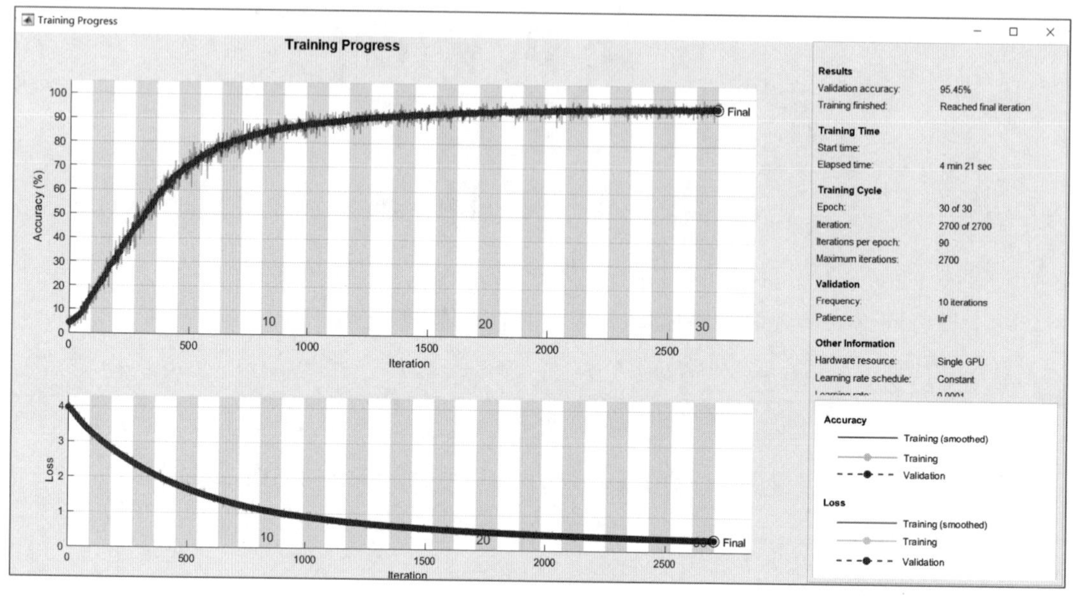

图 22-12

从图 22-12 中的训练曲线可以看出，模型的训练损失和验证损失逐渐稳定并收敛，这表明模型已达到较好的训练状态。此外，通过对验证集的评估，我们得到了 95.45%的识别率。这意味着该模型在对单幅字符图像的识别任务上表现出良好的性能。

2. 测试 CNN 模型

基于前面设计的 CNN 模型对单幅字符图像的识别能力，我们可以对验证码图像进行字符分割，并调用 CNN 模型对分割后的每幅字符图像进行分类识别。最终，将得到各幅字符图像的识别结果，并将其组合成验证码的识别结果。下面是针对某幅验证码图像的字符分割和字符识别的核心代码。

```
% 识别
load net_self.mat
% 维度匹配
inputSize = net_self.Layers(1).InputSize;
xw = zeros(inputSize(1),inputSize(2), 3, 4);
for i = 1 : size(rects, 1)
    % 当前字符图像
    x = imcrop(im, round(rects(i,:)));
    % 对应到网络输入层维度
```

```
        x = imresize(x, inputSize(1:2), 'bilinear');
        xw(:,:,:,i) = x;
    end
    % CNN 分类识别
    yw = classify(net_self,xw);
    % 显示结果
    figure;
    imshow(im, []);
    for i = 1 : size(rects, 1)
        hold on; rectangle('Position', rects(i,:), 'EdgeColor', 'r', 'LineWidth', 2,
'LineStyle', '-');
        text(rects(i,1)+rects(i,3)/2, rects(i,2)-3, char(yw(i)), 'Color', 'r',
'FontWeight', 'Bold', 'FontSize', 15);
    end
```

经过对分割后的字符图像进行 CNN 识别并进行可视化处理，得到了验证码图像的识别结果，如图 22-13 所示。

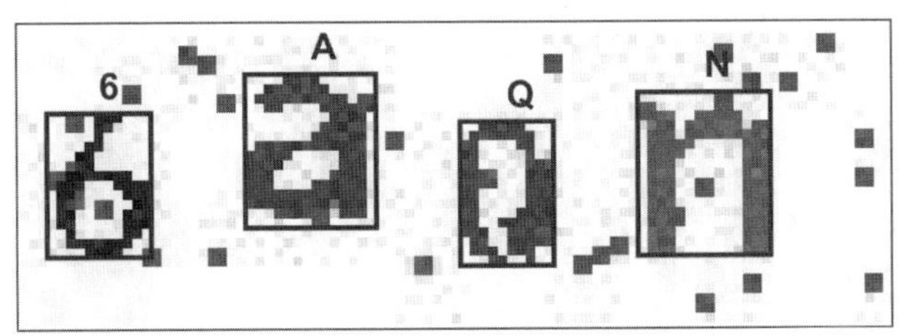

图 22-13

从图 22-13 可以看出，我们成功地对验证码图像进行了识别，并将识别结果标记为“6AQN”。这个结果与验证码图像中的字符内容（英文小写字母会被转换为大写字母）相对应，并且能够通过校验。

22.4 程序实现

本案例通过验证码样本数据集标注、分割，模型训练和测试的技术路线进行程序设计。同时，为对比实验效果，采用函数方式进行了功能模块封装，读者可选择不同的验证码图像来观察识别的效果。

22.4.1 验证码样本数据集标注

在前面的部分中，我们学习了对可分割的验证码字符图像进行 CNN 训练和识别的方法。这个处理过程同样可被应用于其他类型的可分割验证码样本数据集。为了实现这一目标，执行以下步骤。

首先，收集其他类型的验证码图像，并进行内部组成结构的分析。我们注意到，这些验证码图像的字符内容可以通过其文件名进行标注。

接着，对这些验证码图像进行处理，提取出字符图像并与其对应的标签进行关联。这样就得到了一个完整的字符数据集，其中的每幅字符图像都带有正确的标签。

最终，可以利用这个数据集进行 CNN 训练和字符识别。通过训练模型，可以实现对各种类型的验证码图像进行准确识别。

处理后的数据集如图 22-14 所示。

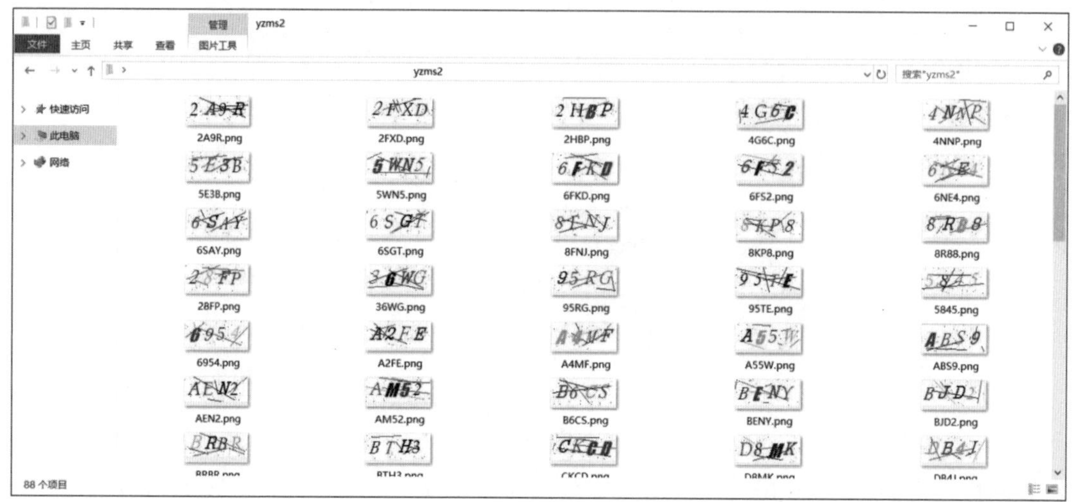

图 22-14

根据我们的分析，新增的验证码样本数据集由英文字母与数字的组合构成。这些验证码图像具备以下特点。

◎ 字符类型：验证码图像包含英文大写字母和数字字符，共计 4 位。

◎ 噪声和干扰：图像中存在斑点和干扰线等噪声，这些噪声可能对字符的识别造成一定的干扰。

◎ 字符排列：验证码图像中的 4 个字符以水平均匀排列的方式呈现，字符之间的距离相等。

通过对这个数据集的收集和分析，可以使用类似的方法对其进行处理，包括执行字符分割、训练 CNN 模型及进行字符识别等步骤。这样，就可以实现对这些验证码图像的高效识别。

22.4.2 验证码样本数据集分割

通过对验证码样本数据集的分析，可以采取以下处理步骤来提取字符图像。

（1）灰度化：首先将验证码图像进行灰度化处理，将其转换为单通道的灰度图像，以统一颜色信息。

（2）分割字符图像：根据预先设定的分割区间，将灰度图像分割为 4 幅字符图像，每幅字符图像对应一个字符。核心代码如下。

```
pic = imread('./yzms2/2A9R.png');
% 统一尺寸
pic = imresize(pic, [45 100], 'bilinear');
% 灰度化
pio = rgb2gray(pic);
% 设置分割区间
szs = linspace(3, 95, 5);
% 分割字符图像
ims = [];
for j = 1 : length(szs)-1
    % 拆分灰度字符
    ims{j} = pio(:, szs(j)-2:szs(j+1)+2);
end
```

通过这些处理步骤，可以进行验证码图像中的字符分割，并得到对应的字符图像，如图 22-15 所示。

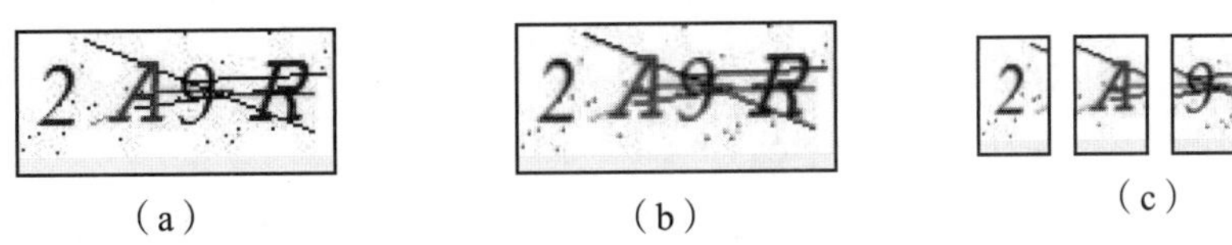

（a）（b）（c）

图 22-15

通过将验证码图像转换为灰度图像，统一颜色信息。通过将图像分割区间，得到单字符的图像。

进一步地，通过遍历处理整个数据集，可以得到对应验证码的单字符数据集，如图 22-16 所示。

利用这个单字符数据集，我们就可以参考之前介绍的 CNN 处理过程进行模型的训练和识别。

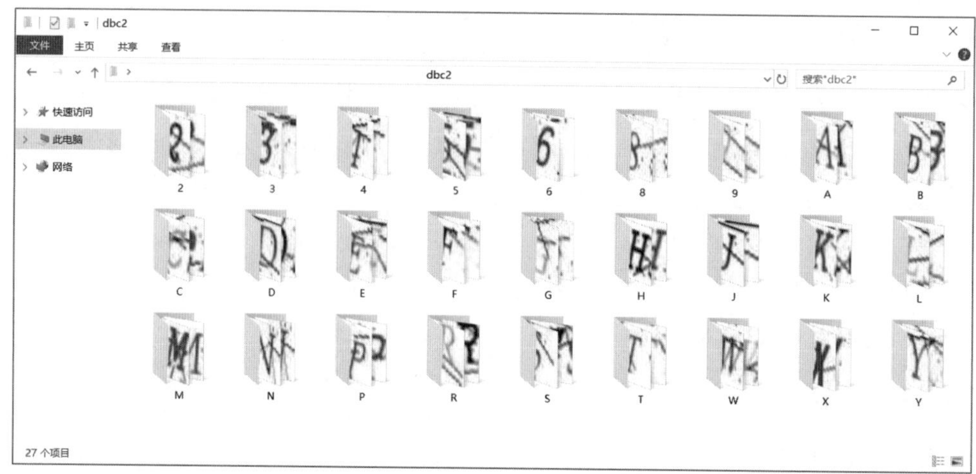

图 22-16

22.4.3　训练验证码识别模型

观察当前验证码样本数据集与之前的字符样本图像的差异，主要涉及图片路径、图片颜色和分类数量的变化。基于这些差异，我们可以参考前面的参数配置和模型构建方法进行如下处理。

（1）图片路径：根据新的验证码样本数据集的图片路径进行配置，确保训练集和验证集可以正确加载。

（2）图片颜色：针对当前验证码样本数据集的图像颜色特点，可以选择是否进行灰度化处理或执行其他颜色处理方法，以适应模型的输入要求。

（3）分类数量：根据当前验证码样本数据集的分类数量，调整模型的输出层参数，确保模型能够正确分类、识别验证码字符。

除了以上差异，我们还可以直接参考前面介绍的参数配置和模型构建及训练方法，对当前的验证码样本数据集进行处理和训练。

```
% 读取数据
db=imageDatastore('./dbc2', ...
    'IncludeSubfolders',true,'LabelSource','foldernames');
% 拆分出训练集和验证集
[db_train,db_validation]=splitEachLabel(db,0.9,'randomize');
figure;
perm = randperm(size(db.Files,1),20);
for i = 1:20
    subplot(4,5,i);
    imshow(db.Files{perm(i)});
end
```

运行以上代码后得到当前字符数据集的样本列表，如图 22-17 所示。

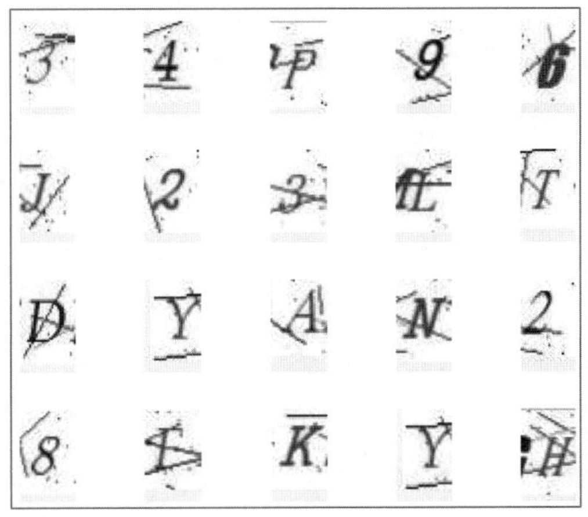

图 22-17

根据当前字符数据集的特点，包括灰度化、倾斜、噪声点和干扰线等，进行相应的处理和设置。下面是设置 CNN 网络输入和输出的核心代码，以适应当前字符数据集的训练和识别需求。

```
% 定义网络
layers_self = get_self_cnn([28 28 1], 27);
analyzeNetwork(layers_self);
% 训练网络
net_self = train_cnn_net(layers_self, db_train, db_validation, 200);
% 存储网络
save net_self2.mat net_self
```

以上代码设置了输入图像的维度为(28, 28, 1)，即 28×28 的灰度图像，输出层的类别数量为 27。根据实际情况，可能需要按验证码样本数据集的具体要求进行适当的调整和修改，如图 22-18 所示。

根据图 22-19 的结果，可以看到当前 CNN 模型共有 15 层结构，并且训练曲线显示模型的收敛状态较为稳定。同时，该模型在验证集上的识别率达到 94.44%，这说明该模型对当前单字符图像具有较好的识别效果。

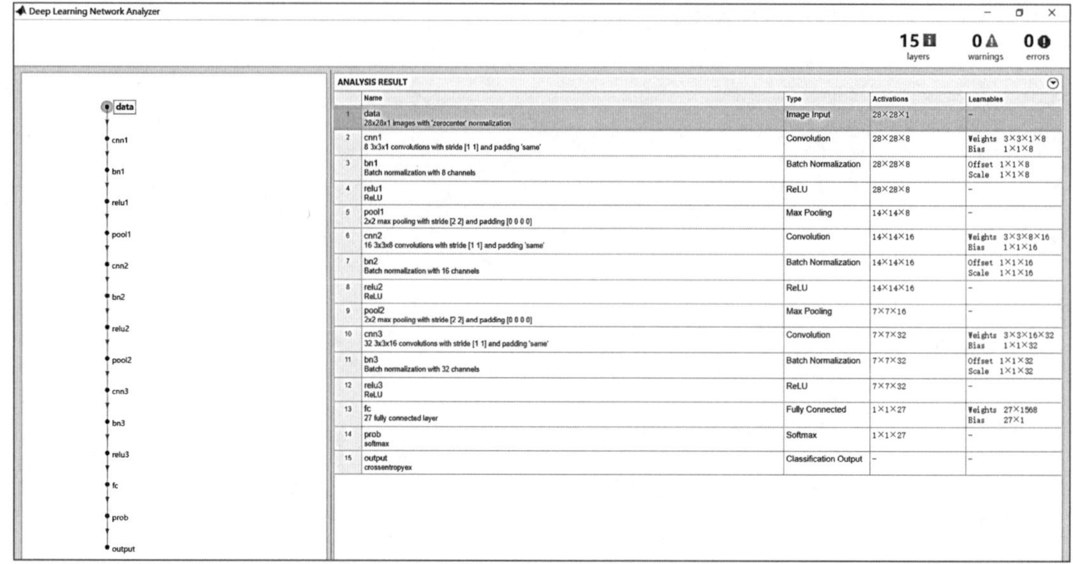

图 22-18

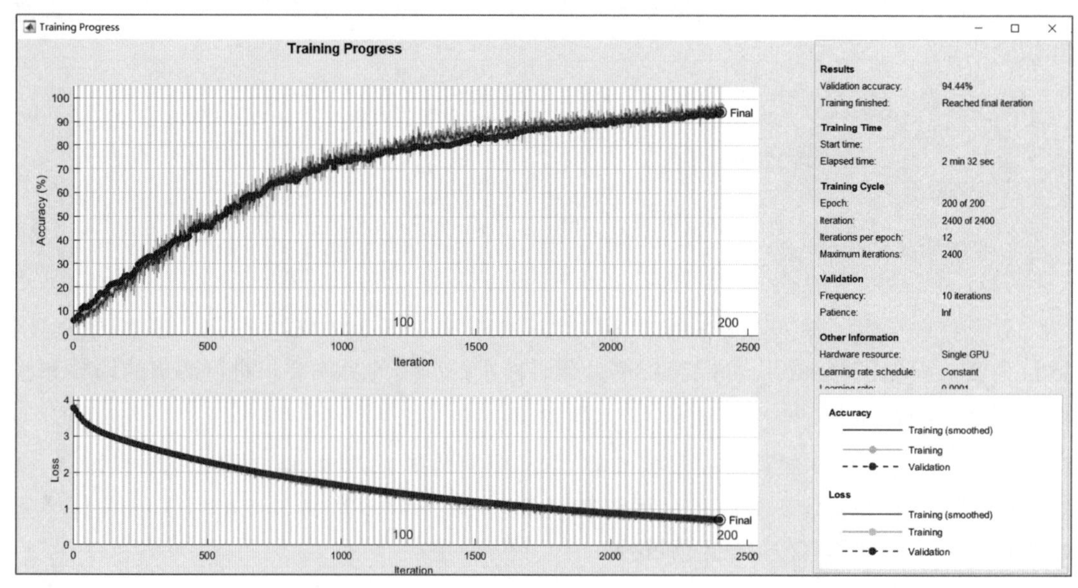

图 22-19

22.4.4　测试验证码识别模型

为了方便对整个处理流程进行集成和对不同步骤的处理效果进行对比，我们开发了一个 GUI。该界面集成了验证码图像的选择、字符图像的分割及 CNN 模型的识别等关键步骤，并且可以显示处理过程中产生的中间结果。

以下是界面的设计概览。

（1）验证码图像的选择：通过界面提供的图像选择功能，用户可以方便地选择需要处理的验证码图像。

（2）字符图像的分割：界面会自动对选择的验证码图像进行字符分割，并将分割后的字符图像显示出来，供用户查看和对比。

（3）CNN 模型的识别：通过界面中集成的 CNN 模型，对分割后的字符图像进行识别，并将识别结果显示出来。用户可以直接查看识别结果，以验证模型的准确性。

通过这个 GUI，用户可以直观地观察整个处理流程，并对不同步骤的处理效果进行对比和评估，集成应用的界面设计如图 22-20 所示。

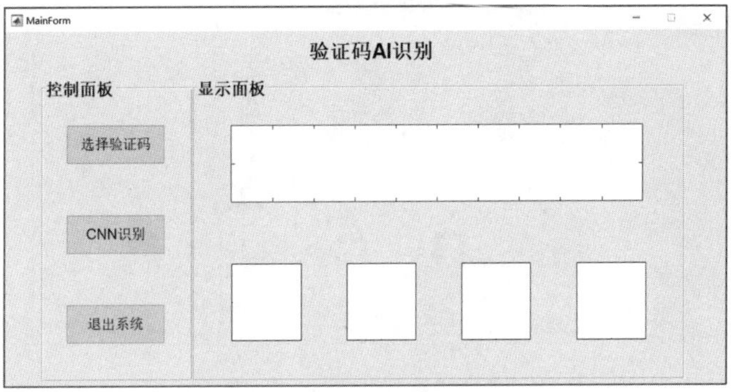

图 22-20

应用界面包括控制面板和显示面板两个区域。用户可以在控制面板中选择要处理的验证码图像，并通过界面自动调用 CNN 模型进行识别。在处理过程中，中间的字符分割步骤和最终的识别结果将在右侧的显示区域呈现，如图 22-21 所示。

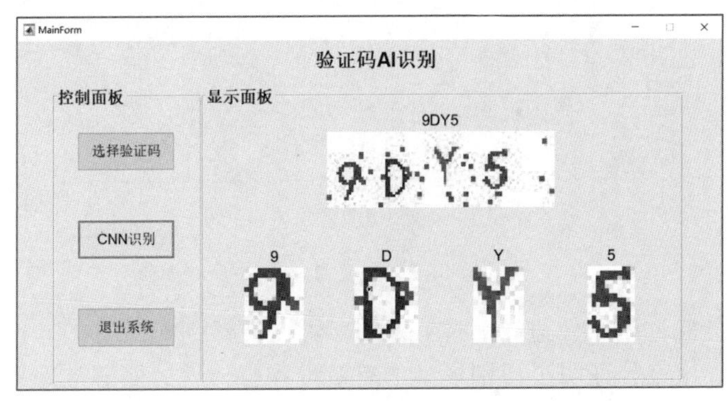

（a）

图 22-21

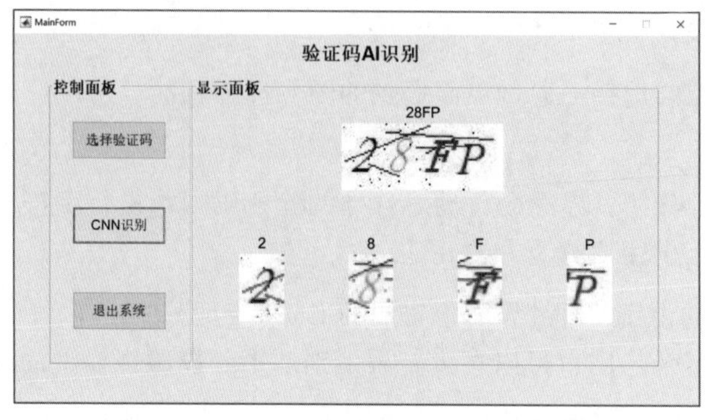

（b）

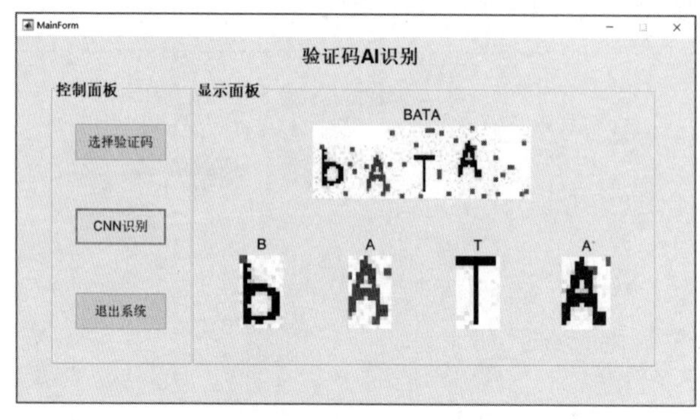

（c）

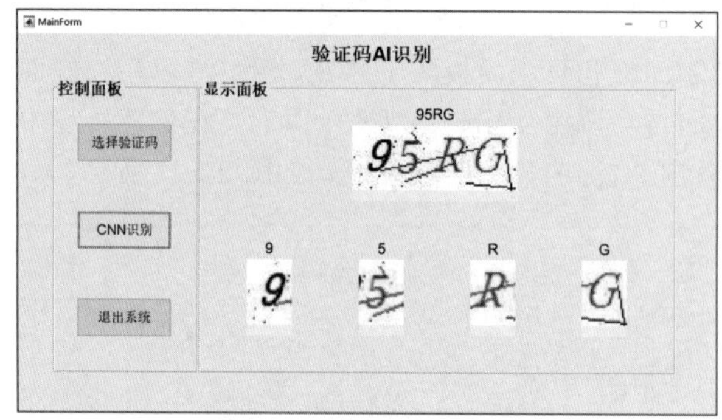

（d）

图 22-21（续）

通过选择部分验证码图像进行 CNN 识别，可以观察到对所有的验证码图像都得到了正确的识别结果。这充分证明了识别模型的有效性和鲁棒性，能够准确地对各种类型的验证码进行识别。这个结果进一步验证了我们设计的处理流程和模型训练的可靠性，为验证码安全性评估应用提供了可靠的解决方案。

第 23 章 基于生成对抗网络的图像生成

23.1 案例背景

近年来，人工智能技术取得了较大的进展，带来了许多基于深度学习技术的智能应用，这些应用对人们的生活和工作产生了深远的影响。其中，Ian J. Goodfellow 等研究人员受到零和博弈的启发，提出了生成对抗网络（Generative Adversarial Network，GAN）。生成对抗网络由生成器（Generative）和判别器（Discriminative）两个独立的网络模型组成。判别器网络模型用于判断输入样本的真实性，而生成器网络模型则致力于生成具有预期风格的样本，以使其能够通过判别器的真假判断。因此，生成对抗网络的训练过程就好像一个对抗性的“博弈”优化过程，通过在保持其中一个模型（判别器或生成器）不变的情况下，更新另一个模型的参数，经过交替迭代优化，最终使生成器能够较好地模拟训练样本的输出。自从生成对抗网络问世以来，它的发展迅猛，相关应用层出不穷。例如，图像风格迁移、图像修复、影视人物 AI 换脸等，都引起了广泛的关注。

本案例不会深入探讨生成对抗网络的理论推导过程，而是会重点介绍如何利用现有的深度学习工具箱来设计和训练生成对抗网络，并结合经典的卡通头像数据集进行训练，从而得到一个自动化的卡通头像生成模型。

23.2 选择生成对抗数据

Anime-faces 数据集是一个经典的卡通头像数据集，其中包含数以万计的高质量卡通人物头像。这些头像的维度一般为 90×90 至 120×120，它们展示了图像的多样性和细节。样本图像示例如图 23-1 所示。

图 23-1

这些样本图像具有清晰的背景和丰富的颜色信息。头像在图像中占据主要区域，呈现出鲜明的动漫风格。

Anime-faces 数据集的广泛使用源于其高质量的图像内容，这些图像可用于训练生成对抗网络模型，以生成逼真的卡通头像。这样的模型可以用于各种应用，如动漫角色创作、虚拟形象生成等。通过使用 Anime-faces 数据集进行训练，可以设计得到一个自动化的卡通头像生成模型，它能够生成与现有动漫风格相符合的新图像，为动漫创作和设计带来更多可能性。

23.3　设计生成对抗网络

生成对抗网络的目标是通过使用真实图像进行训练，最终生成与真实数据尽可能相似的模拟图像。这个网络由生成器和判别器两个独立的网络模型组成，它们各自扮演着关键的角色。

1. 生成器网络模型

生成器接收一个随机数向量作为输入，并通过深度学习技术自动地生成与训练样本相似的图像。生成器的任务是将随机噪声转化为逼真的图像，使其在外观、纹理和分布等方面尽可能地接近真实的图像。通过不断优化生成器的参数，我们可以期望它能够生成更加逼真和多样化的图像。

2. 判别器网络模型

判别器接收真实的训练图像和由生成器生成的模拟图像作为输入，然后对它们进行鉴别，并输出一个判别结果（1 或 0），通常是 1（表示真实）或 0（表示模拟）。判别器的任务是学会区分真实图像和生成图像之间的差异，以此提供对生成器生成图像质量的评估。通过训练判别器来不断提高其判别能力，我们可以期望它能够准确识别生成的图像是否真实。

通过生成器和判别器之间的对抗训练，生成对抗网络实现了一种动态的“博弈”优化过程。生成器的目标是“欺骗”判别器，使其无法准确区分生成的图像与真实的图像；而判别器的目标是尽可能准确地识别出生成的图像与真实的图像之间的差异。这种对抗性的训练过程推动着生成器和判别器不断提高自身的能力，最终使得生成器能够生成具有高度逼真性和多样性的图像。相关处理流程如图 23-2 所示。

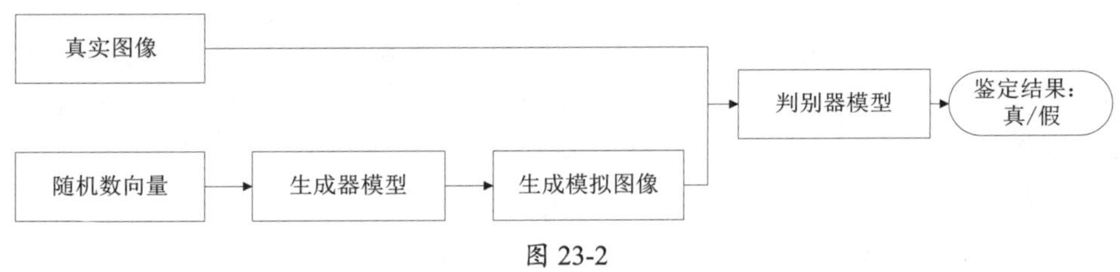

图 23-2

生成对抗网络的训练目标可被视作同时将生成器和判别器进行类似“博弈”的优化。

（1）生成器的目标是生成能够尽可能“蒙骗”判别器的模拟图像，使其通过判别器的鉴别。生成器的任务是不断改进生成的图像，使其在外观、纹理和分布等方面尽可能地接近真实的图像，以达到“欺骗”判别器的效果。

（2）判别器的目标是尽可能准确地区分真实的图像和生成器生成的模拟图像。判别器通过学习真实的图像和生成的图像之间的差异，提供对生成器生成图像质量的评估。判别器的任务是不断提高鉴别能力，以更准确地识别真实的图像和生成的图像之间的差异。

为了优化生成器，需要使判别器对生成器生成的模拟图像返回“真”的结果，这意味着生成器需要使判别器产生错误的输出，也就是使判别器的损失函数最大化。同样地，为了优化判别器，需要对输入的真实图像和生成的模拟图像进行正确的鉴别，这意味着判别器的目标是使判别器的输出与真实图像和模拟图像的真实标签相匹配，也就是使判别器的损失函数最小化。

然而，直接训练生成对抗网络是一个相对困难的过程，需要综合考虑生成器和判别器的结构设计，并确保损失函数能够指导训练过程，同时保持样本的多样性。为了简化网络结构设计并平衡生成器和判别器的优化过程，WGAN（Wasserstein GAN）引入了“梯度惩罚”机制对原始的生成对抗网络进行优化。该方法自动平衡生成器和判别器之间的训练过程，并保持样本的多样性。因此，在本案例中，我们选择采用 WGAN 作为网络设计的基础，并将图像统一为 64×64×3 维度的彩色图像，以实现卡通头像的生成模型。

1. 生成器

生成器模型用于接收输入的随机数向量，并通过投影重构、反卷积层和激活层来生成最终的 64×64×3 模拟图像。图 23-3 展示了生成器的网络结构。

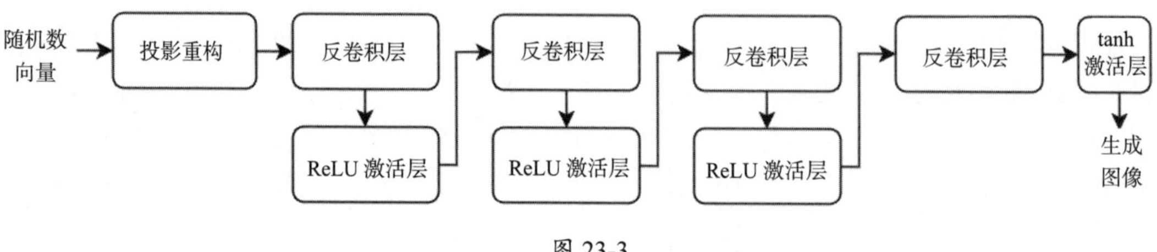

图 23-3

生成器接收一个随机数向量作为输入，通过投影重构将输入向量映射到一个中间表示。然后，经过一系列反卷积层（也称转置卷积层）和激活层，生成器逐渐将中间表示转换为与真实图像相似的模拟图像。在每个反卷积层之后，应用适当的激活函数，如 ReLU，增加非线性特性并使生成的图像更加逼真。生成器的网络结构在代码中的具体定义如下。

```
    % 卷积层参数
    filter_size = 5;
    num_filters = 64;
    % 输入层维度
    num_inputs = 100;
    % 投影重构参数
    projection_size = [4 4 512];
    % 定义生成器网络
    layers_g = [
    % 输入向量
    featureInputLayer(num_inputs,'Normalization','none','Name','in')
    % 投影重构
    projectAndReshapeLayer(projection_size,num_inputs,'Name','proj');
    % 反卷积层
    transposedConv2dLayer(filter_size,4*num_filters,'Name','tconv1')
    % 激活层
    reluLayer('Name','relu1')
    % 反卷积层
    transposedConv2dLayer(filter_size,2*num_filters,'Stride',2,
'Cropping','same','Name','tconv2')
    % 激活层
    reluLayer('Name','relu2')
    % 反卷积层
    transposedConv2dLayer(filter_size,num_filters,'Stride',2,
'Cropping','same','Name','tconv3')
    % 激活层
```

```
    reluLayer('Name','relu3')
    % 反卷积层
    transposedConv2dLayer(filter_size,3,'Stride',2,'Cropping','same','Name','tco
nv4')
    % tanh 激活层
    tanhLayer('Name','tanh')];
    % 生成器网络模型
    net_g = dlnetwork(layerGraph(layers_g));
```

通过以上网络结构和参数设置，生成器能够将输入的随机数向量转换为逼真的卡通头像模拟图像。生成器的设计和优化是生成对抗网络训练中的重要步骤，它决定着生成图像的质量和多样性。其网络详细设计如图 23-4 所示。

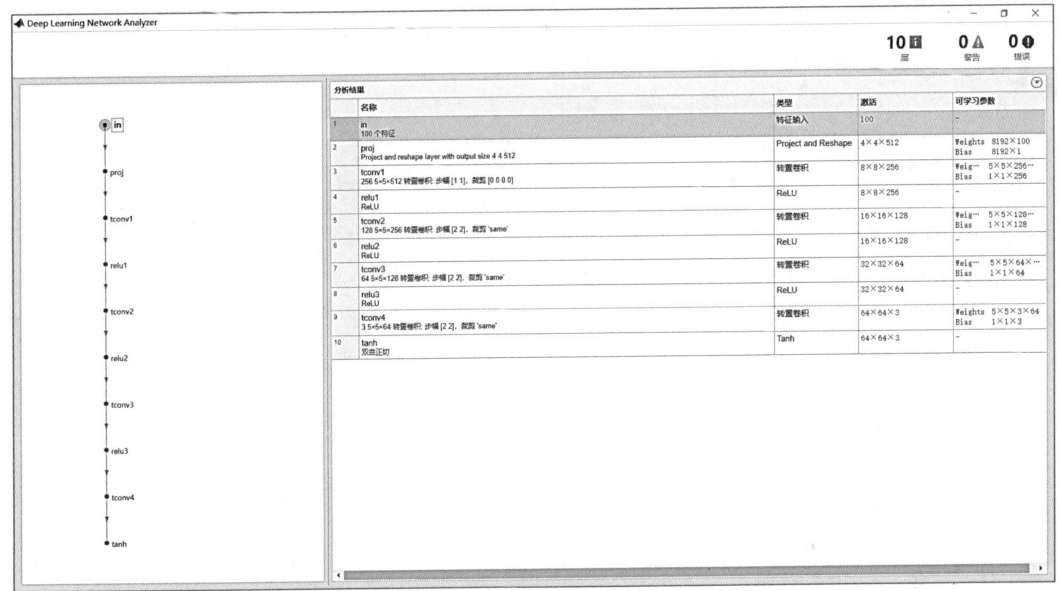

	名称	类型	激活	可学习参数
1	in 100 个特征	特征输入	100	-
2	proj Project and reshape layer with output size 4 4 512	Project and Reshape	4×4×512	Weights 8192×100 Bias 8192×1
3	tconv1 256 5×5×512 转置卷积 步幅 [1 1]，裁剪 [0 0 0 0]	转置卷积	8×8×256	Weig… 5×5×256… Bias 1×1×256
4	relu1 ReLU	ReLU	8×8×256	-
5	tconv2 128 5×5×256 转置卷积 步幅 [2 2]，裁剪 'same'	转置卷积	16×16×128	Weig… 5×5×128… Bias 1×1×128
6	relu2 ReLU	ReLU	16×16×128	-
7	tconv3 64 5×5×128 转置卷积 步幅 [2 2]，裁剪 'same'	转置卷积	32×32×64	Weig… 5×5×64×… Bias 1×1×64
8	relu3 ReLU	ReLU	32×32×64	-
9	tconv4 3 5×5×64 转置卷积 步幅 [2 2]，裁剪 'same'	转置卷积	64×64×3	Weights 5×5×3×64 Bias 1×1×3
10	tanh 双曲正切	Tanh	64×64×3	-

图 23-4

2. 判别器

判别器模型被设计用于接收输入的 64×64×3 维度的彩色图像矩阵，并通过卷积层、正则化层和激活层对图像进行处理，最终输出对图像的鉴别结果。图 23-5 展示了判别器的网络结构。

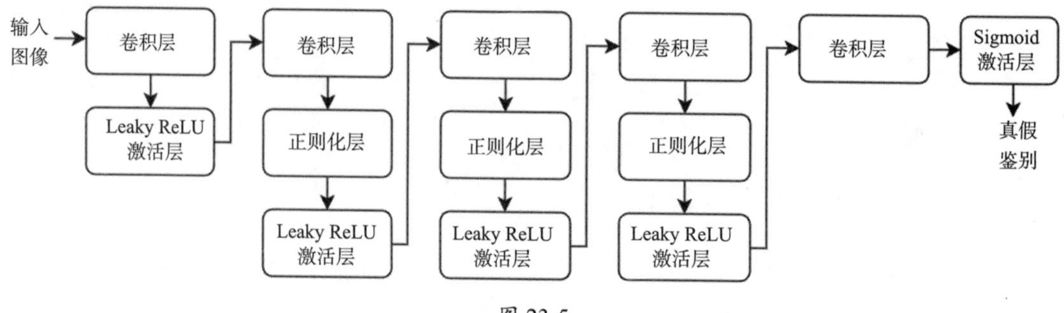

图 23-5

判别器接收输入的图像，并通过一系列卷积层、正则化层和激活层对图像进行处理，逐渐提取特征。最后，通过全连接层将提取的特征映射到一个单一输出节点，该输出节点表示对图像的鉴别结果，这是一个属于[0,1]区间的实数，表示图像来自真实图像的概率。判别器的网络结构在代码中的具体定义如下。

```
% 输入层维度
input_size = [64 64 3];
% 卷积层参数
filter_size = 5;
num_filters = 64;
% 激活层参数
scale = 0.5;
% 判别器网络定义
layers_d = [
% 输入图像
imageInputLayer(input_size,'Normalization','none', 'Name','in')
% 卷积层
convolution2dLayer(filter_size,num_filters,'Stride',2, ...
'Padding','same','Name','conv1')
% 激活层
leakyReluLayer(scale,'Name','lrelu1')
% 卷积层
convolution2dLayer(filter_size,2*num_filters,'Stride',2, ...
'Padding','same','Name','conv2')
% 正则化层
layerNormalizationLayer('Name','bn2')
% 激活层
leakyReluLayer(scale,'Name','lrelu2')
% 卷积层
convolution2dLayer(filter_size,4*num_filters,'Stride',2, ...
'Padding','same','Name','conv3')
layerNormalizationLayer('Name','bn3')
% 激活层
leakyReluLayer(scale,'Name','lrelu3')
% 卷积层
convolution2dLayer(filter_size,8*num_filters,'Stride',2, ...
```

```
    'Padding','same','Name','conv4')
    % 正则化层
    layerNormalizationLayer('Name','bn4')
    % 激活层
    leakyReluLayer(scale,'Name','lrelu4')
    % 卷积层
    convolution2dLayer(4,1,'Name','conv5')
    % Sigmoid 激活层
    sigmoidLayer('Name','sigmoid')];
    % 判别器网络模型
    net_d = dlnetwork(layerGraph(layers_d));
```

通过以上网络结构和参数设置，判别器能够对输入的图像进行处理，并输出一个介于 0 和 1 之间的值，表示图像来自真实图像的概率。判别器的设计和优化是生成对抗网络训练中的关键步骤，它对生成器生成的图像进行评估和鉴别。优化判别器的目标是使其能够准确区分真实图像和生成的模拟图像。其网络详细设计如图 23-6 所示。

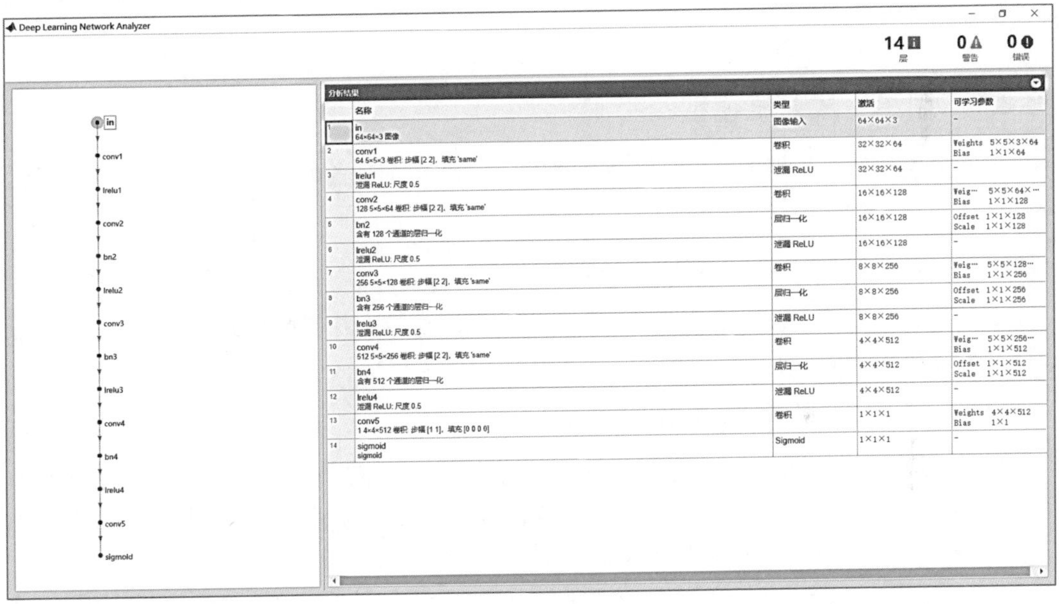

图 23-6

如图 23-4 和图 23-6 所示，生成器和判别器模型的网络结构相对简单而高效，这正是生成对抗网络的一个重要特点。生成对抗网络的设计初衷是实现高质量的图像生成，同时保持模型的简单和易编辑。

生成器模型通过使用投影重构、反卷积层和激活层的组合，能够将随机数向量转换为逼真的图像。这种简单的结构使得生成器能够快速生成多样化的图像，而且对于不同的任务和数据集，也可以对生成器的结构进行相对容易的调整和修改。

判别器模型通过卷积层、正则化层和激活层的组合，能够对输入的图像进行鉴别并输出鉴别结果。判别器的网络结构同样简单而有效，它能够学习如何区分真实图像和生成的模拟图像。由于结构简单，判别器可以在训练过程中很好地捕捉图像的特征和统计信息。

生成对抗网络的简单和高效使得其成为许多深度学习应用中的重要工具。它不仅可以用于生成逼真的图像，还可以应用于其他领域，如文本生成、视频处理等。同时，生成对抗网络的结构也可以根据具体任务和数据集的要求进行灵活调整，从而满足不同应用场景的需求。

23.4　程序实现

本案例按生成对抗模型的训练、测试和平台开发的技术路线进行程序设计。同时，为对比实验效果，采用函数方式进行了功能模块封装，读者可设置不同的数据集来观察生成图像的效果。

23.4.1　训练生成对抗模型

定义了生成对抗网络的生成器和判别器模型后，可加载前面提到的卡通头像数据集，设置训练参数进行网络模型的训练。

（1）设置训练参数，初始化数据读取接口。

在开始训练之前，我们需要设置一些关键的训练参数，并初始化数据读取接口，以便加载我们之前提到的卡通头像数据集。

首先，需要设置以下训练参数。

◎ 批量大小（batch size）：这是指每次训练中输入模型的图像数量。通常，较大的批量大小可以加快训练速度，但会提高内存需求。可以根据计算资源和数据集的规模来选择一个适当的批量大小。

◎ 学习率（learning rate）：学习率控制模型参数在每次更新时的调整程度。较小的学习率可以使训练更加稳定，但可能需要更多的训练迭代次数才能实现收敛；而较大的学习率则可能导致训练过程不稳定。选择一个合适的学习率非常重要，可以通过实验来调整。

◎ 训练迭代次数（number of training iterations）：这是指我们希望模型在整个数据集上进行多少次训练迭代。训练迭代次数的选择取决于数据集的大小和复杂性，通常需要通过实验来确定一个合适的值。

其次，需要初始化数据读取接口，以便加载卡通头像数据集。这个接口将帮助我们从数据集中逐批读取图像，并提供给生成器和判别器进行训练。我们可以在加载数据时进行一些预处理，如执行图像归一化、数据增强等操作，以提高训练效果和模型的鲁棒性。

这一步骤的核心代码如下。

```
% 批量大小
min_batchsize = 200;
imds_aug.MiniBatchSize = min_batchsize;
% 生成器迭代次数
num_iterations_g = 10000;
% 每 5 步训练判别器
num_iterations_gd = 5;
% 惩罚因子
lambda = 3;
% 判别器学习率
learnrate_d = 2e-4;
% 生成器学习率
learnrate_g = 1e-3;
% 梯度指数衰减率
gradient_decayfactor = 0;
% 平方梯度指数衰减率
squared_gradient_decayfactor = 0.3;
% 验证频次
validation_frequency = 10;
% 验证生成的 25 幅图像
zvalidation = randn(num_inputs,25,'single');
dl_zvalidation = gpuArray(dlarray(zvalidation,'CB'));
% 设置训练环境为 GPU
executionEnvironment = 'gpu';
% 建立数据获取队列
mbq = minibatchqueue(imds_aug,...
    'MiniBatchSize',min_batchsize,...
    'PartialMiniBatch','discard',...
    'MiniBatchFcn', @preprocessMiniBatch,...
    'MiniBatchFormat','SSCB',...
    'OutputEnvironment',executionEnvironment);
```

如上处理过程设置了数据批量大小、验证频次和学习率等参数，并定义了数据获取队列，为后续的网络模型训练做好了准备。

（2）循环训练判别器和生成器模型，更新模型参数。

在训练过程中，需要循环迭代式地训练判别器和生成器模型，并更新它们的参数。具体来说，对于每个训练迭代步骤，我们会从数据读取接口中获取一批真实的图像作为输入。然后，我们会生成一批与真实图像维度相同的随机数向量，并使用生成器模型将其转换为模拟图像。接下来，我们会将这两批图像（真实图像和模拟图像）输入判别器模型，以获得它们的鉴别结果。通过比较判别器的输出和真实标签（1 表示真实，0 表示模拟），可以计算判别器的损失函数并更新判别器的参数。同时，我们还需要训练生成器模型，通过最小化生成器输出图像在判别器中的鉴别结果与真实标签之间的差异来更新生成器的参数。

这一步骤的核心代码如下。

```
% 训练判别器
for n = 1:num_iterations_gd
    % 提取数据
    dlzd = next(mbq);
    % 设置生成器输入
    dlzg = dlarray(randn([num_inputs,size(dlzd,4)],...
'like',dlzd),'CB');
    % 训练判别器
    [gradients_d, loss_d, ~] = dlfeval(@modelGradientsD, ...
net_d, net_g, dlzd, dlzg, lambda);
    % 更新判别器参数
    [net_d,trailing_avg_d,trailing_avg_sqd] = adamupdate(net_d,...
gradients_d, trailing_avg_d, trailing_avg_sqd, ...
iteration_d, learnrate_d,gradient_decayfactor,...
squared_gradient_decayfactor);
end
% 设置生成器输入
dlzg = dlarray(randn([num_inputs size(dlzd,4)],'like',dlzd),'CB');
% 训练生成器
gradients_g = dlfeval(@modelGradientsG, net_g, net_d, dlzg);
% 更新生成器参数
[net_g,trailing_avg_g,trailing_avg_sqg] = adamupdate(net_g, ...
gradients_g, trailing_avg_g, trailing_avg_sqg,...
iteration_g, learnrate_g, gradient_decayfactor,...
squared_gradient_decayfactor);
```

以上为循环内进行判别器和生成器训练的过程，可以发现生成器模型的输入为随机数向量，判别器模型的输入为同一维度的图像矩阵，可以逐步优化网络模型使其能够生成与真实图像尽可能相似的模拟图像。

（3）循环验证生成器模型，可视化训练的中间状态。

在训练过程中，我们可以周期性地验证生成器模型的性能，并可视化训练的中间状态。例如，可以选择每隔一定的训练步数，使用生成器模型生成一些卡通头像，并将其可视化。这样可以直观地观察到训练过程中生成器模型的改进情况，以及生成图像的质量和多样性的变化。此外，还可以绘制损失函数随训练步数变化的曲线图，以便进一步分析训练过程中模型的收敛情况和稳定性。

这一步骤的核心代码如下。

```
% 当前生成器模拟生成
dlz_gval = predict(net_g,dl_zvalidation);
% 提取验证图像
```

```
    I = rescale(imtile(extractdata(dlz_gval)));
```

以上处理过程调用当前循环中的生成器模型进行模拟生成，得到了 25 幅验证图像并将其重组为图像形式，训练的起始状态如图 23-7 所示，训练的中间状态如图 23-8 所示。

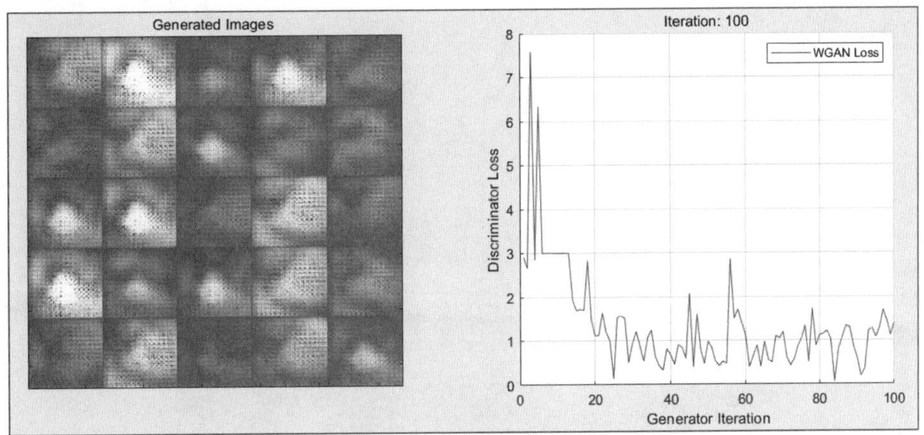

图 23-7

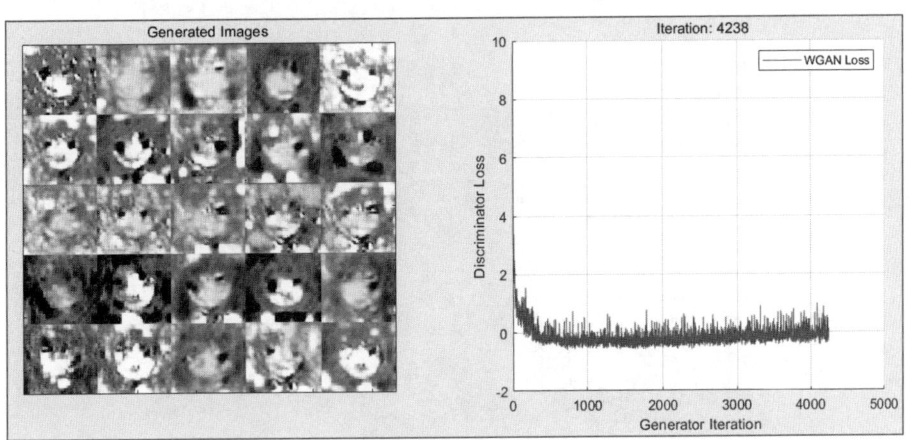

图 23-8

随着训练步数的增加，右侧的损失曲线呈现逐步下降的趋势，左侧的生成图像也逐步呈现出卡通头像的效果。因此，通过循环验证生成器模型并可视化训练的中间状态，我们可以更好地理解网络模型的训练进展，并进行必要的调整和优化，以获得更好的生成效果。

23.4.2 测试生成对抗模型

网络模型完成训练后，可以将生成器模型存储到本地，以便后续使用。当需要生成卡通头像时，可以按照生成器模型所需的输入维度要求，生成相应维度的随机数向量，并将其输入生成器模型进行卡通头像的生成。

这一步骤的核心代码如下。

```
% 加载模型
load model.mat
% 初始化输入数据
data_input = randn(100,25,'single');
data_input_array = dlarray(data_input,'CB');
% 调用生成器模型
data_output = predict(net_g,data_input_array);
% 提取生成结果
I = imtile(extractdata(data_output));
I = rescale(I);
```

通过以上处理过程，我们加载了经过训练的生成器模型，并设置了随机数向量来生成卡通头像。图 23-9 显示了生成器模型生成的卡通头像。

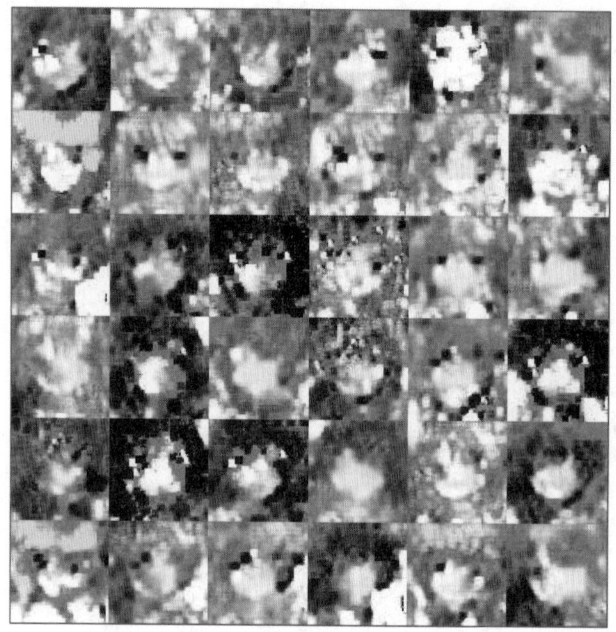

图 23-9

生成器模型能够根据输入的随机数向量生成与卡通头像相似的模拟图像。然而，由于训练步数和生成图像的分辨率限制，生成的图像可能存在一定程度的模糊。为了改进生成效果，我们可以增加训练步数或提高图像分辨率，但这需要投入新的训练资源。

通过存储已训练的生成器模型并使用随机数向量来生成卡通头像，我们可以灵活地生成多样化的卡通头像，这为创作、娱乐和设计等领域提供了有趣而强大的工具。

23.4.3 构建生成对抗平台

为了更好地集成和比较不同步骤的处理效果，本案例开发了一个图形用户界面（GUI），将模型加载、随机数向量设置和卡通头像生成等关键步骤整合在一起，并显示处理过程中产生的中间结果。应用界面的设计如图 23-10 所示。

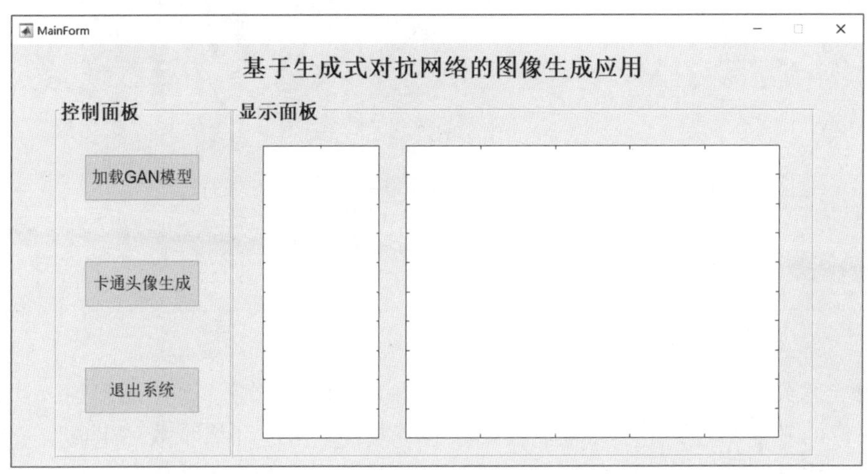

图 23-10

该应用界面分为控制面板和显示面板两个区域。在加载生成对抗网络模型后，右侧将自动显示网络结构。点击"卡通头像生成"按钮后，随机数向量将被重置，并调用生成器模型生成一批卡通头像的模拟图像。最终，处理结果将在右侧显示区域呈现。卡通头像生成结果如图 23-11 和图 23-12 所示。

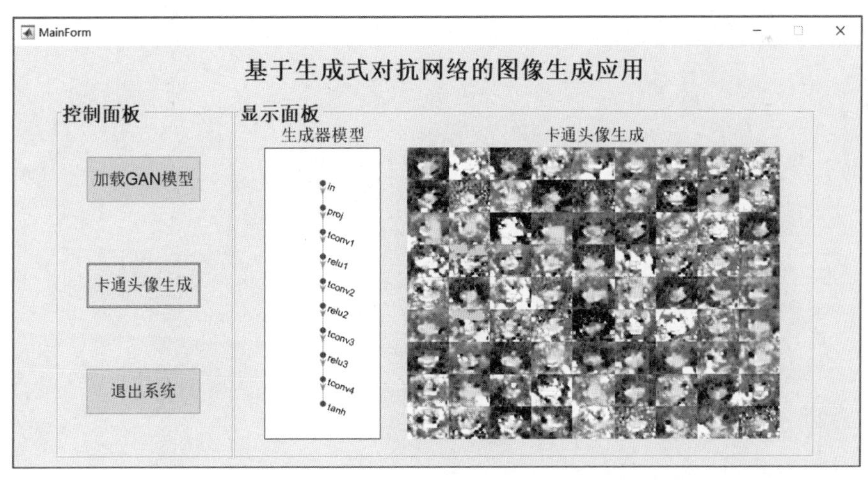

图 23-11

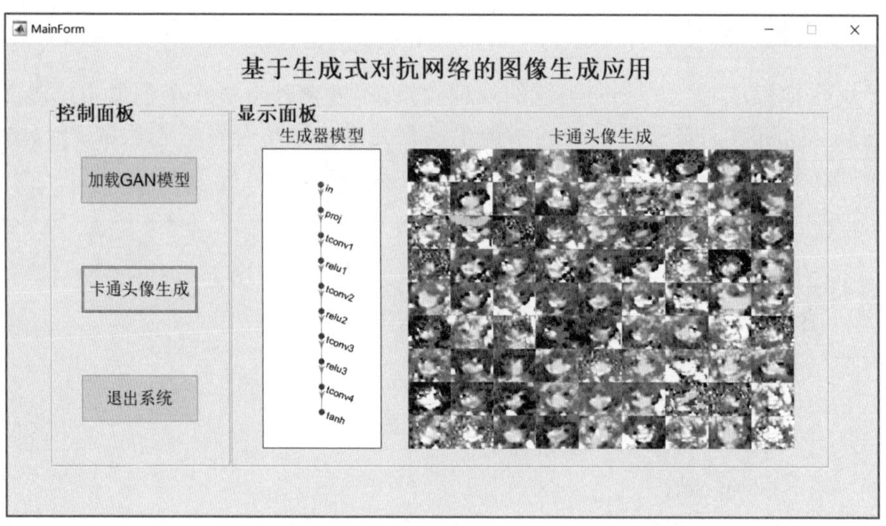

图 23-12

生成卡通头像后，我们可以获得一批卡通头像的模拟图像。可以观察到，生成结果具备卡通头像的基本属性，这表明生成器模型的有效性。由于训练步数和生成图像的分辨率限制，生成结果可能存在一定的模糊，读者可以考虑采用提高生成图像的分辨率、增加训练步数等方式进行改进。

综上所述，通过集成的 GUI，我们可以方便地加载模型、设置随机数向量，并生成多幅卡通头像的模拟图像。这使得我们可以直观地观察和比较不同参数设置下的生成效果，为进一步改进和优化提供了便利。

第 24 章 基于深度学习的影像识别

24.1 案例背景

本案例针对公开的 COVID-19 CT 数据集，重点介绍如何利用现有的深度学习模型进行迁移学习，并比较不同模型在识别新冠感染方面的效果。通过这种方法，我们可以开发出一种 COVID-19 影像智能分析应用，以提高诊断效率和准确性。

通过对本案例的学习，读者将了解如何应用人工智能技术处理肺部 CT 影像数据，了解迁移学习的原理和步骤，并通过比较不同模型的性能，选择适合特定任务的模型。这将有助于加快新冠感染的诊断过程，并为医生提供可靠的辅助诊断工具，从而更好地应对挑战。

24.2 选择肺部影像数据集

肺部是人体的重要器官之一，分为左右两侧，从视觉上看类似于两个充满空气的气囊。在健康状态下，肺部主要由充满空气的肺泡组成，密度相对较低。因此，在接受 X 光照射时，X 射线能够较好地穿透空气，使得正常肺部的 X 光影像呈现偏黑色。然而，当肺部受到病毒感染引起炎症时，肺部的密度会增加。在这种情况下，X 射线的穿透性会减弱，从而在 X 光影像上出现白色区域。当肺部炎症严重时，X 光影像可能呈现大面积白色区域，形成所谓的“白肺”。

上述描述是关于肺部 X 光影像在新冠感染患者不同发病阶段的表现。图 24-1 展示了新冠感染患者发病不同阶段的 CT 影像图，包括早期、进展期、重症期和消散期，如图 24-1 所示。这些阶段对应着不同的病情状态和病变特征。

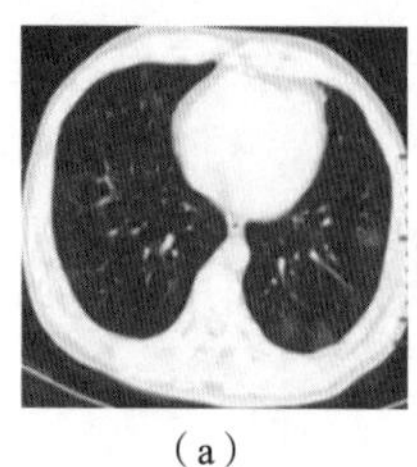
(a)
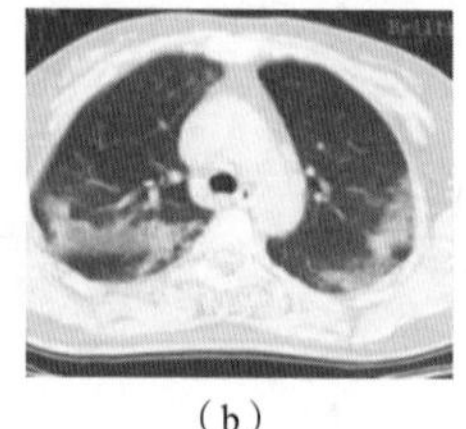
(b)
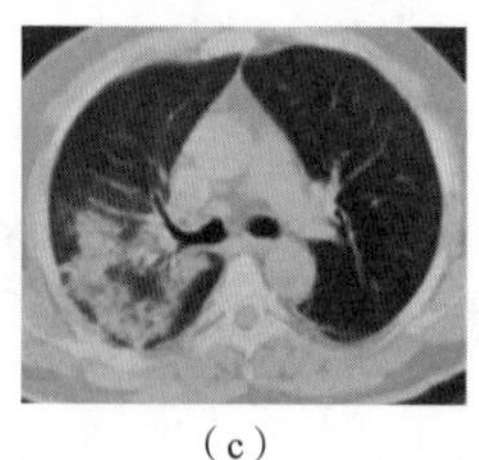
(c)
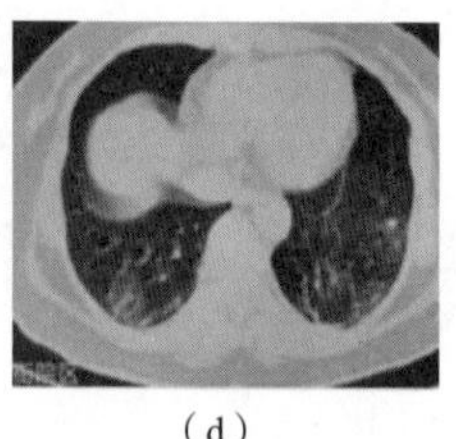
(d)

图 24-1

如图 24-1 所示，新冠感染患者发病的不同阶段会呈现不同的 CT 影像状态，发病期间明显地呈现白色块状区域扩张的情形，这也是病症在 CT 影像中的表现形态之一。为了进行相关研究和分析，加州大学圣地亚哥分校和 Petuum 的研究人员构建了一个开源的 COVID-19 CT 数据集。该数据集包含了 349 张新冠感染阳性的 CT 影像和 397 张新冠感染阴性的 CT 影像。为了保护相关隐私和敏感信息，我们重新命名了这些文件，并进行了整理。文件夹 CT_COVID 中存放着 349 张新冠感染阳性的 CT 影像，如图 24-2 所示。文件夹 CT_NonCOVID 中存放着 397 张新冠感染阴性的 CT 影像，如图 24-3 所示。

整理后的新冠影像数据集可以用于二分类问题的研究，即判断给定的 CT 影像是属于新冠感染阳性还是新冠感染阴性。由于该数据集规模相对较小，我们可以采用迁移学习的方法，利用已有的卷积神经网络（CNN）模型进行微调，并使用该数据集进行训练，从而得到一个经过迁移学习的 CNN 分类模型。

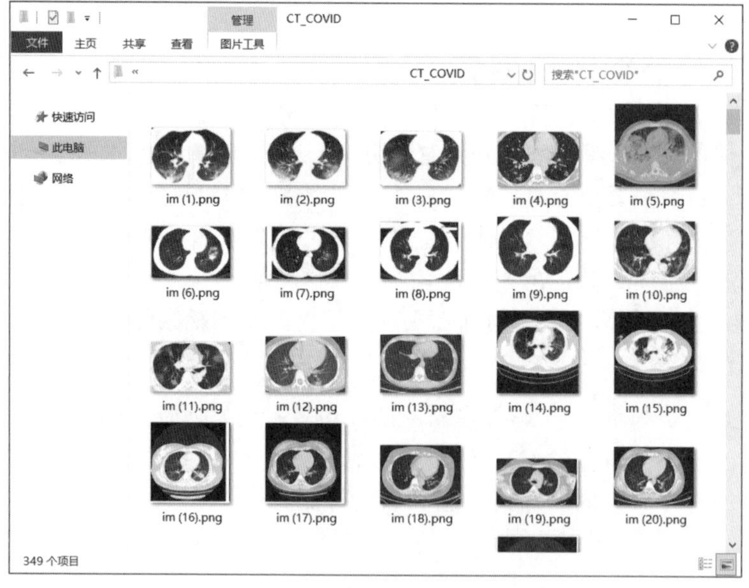

图 24-2

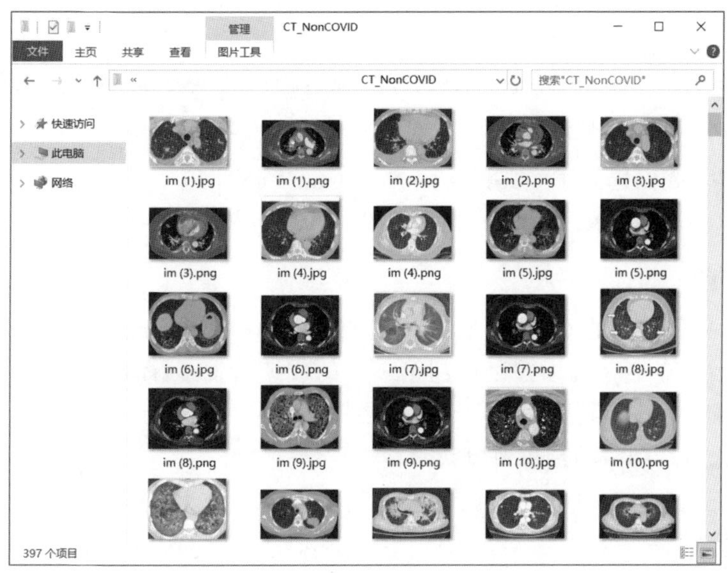

图 24-3

通过对这些数据的研究和分析，我们可以进一步了解新冠感染在肺部 CT 影像上的表现特征，为早期诊断和治疗提供有价值的信息。

24.3 编辑 CNN 迁移模型

迁移学习（Transfer Learning）是一种利用已有预训练模型并将其应用于新数据集进行二次训练的方法。通过复用原模型的结构和参数，迁移学习可以将模型已学到的"模式"延伸到新模型中，从而加快训练速度并提升识别效果。这种方法特别适用于数据集规模较小的情况。常见的迁移学习方法有全连接层编辑、特征向量激活和卷积层微调等。下面以 CNN 分类模型为例进行说明。

（1）全连接层编辑。

在迁移学习中，我们选择保留 CNN 网络的其他层，并重新编辑全连接层。这意味着可以使用原预训练模型的卷积层提取图像的特征，并将提取的特征传递给重新编辑的全连接层进行分类。之后，使用新数据集对这个重新编辑的模型进行训练。

（2）特征向量激活。

在这种方法中，我们选择 CNN 网络的某个中间层，并保留该层之前的网络层。之后，输入数据激活这个中间层，将得到的特征向量作为其他机器学习模型（如 SVM、BP、CNN 等）的输入进行训练。

（3）卷积层微调。

在卷积层微调中，我们保留原预训练模型靠近输入的多数卷积层，并对其他网络层进行训练。这样可以让模型在新数据集上进行微调，以更好地适应新任务。

在本案例中，我们选择了经典的 AlexNet、GoogLeNet 和 VGGNet 模型进行迁移学习。本节以 AlexNet 为例，加载 AlexNet 预训练模型并分析其网络结构。

（1）AlexNet。

AlexNet 是一种经典的 CNN 模型，以其设计者 Alex Krizhevsky 的名字命名。它在 2012 年的 ImageNet 竞赛中夺冠，并以远超第二名的成绩引发了深度学习的热潮。我们选择 AlexNet 进行编辑，并将其应用于新冠影像数据集的分类识别任务。首先，加载 AlexNet 预训练模型，并对其网络结构进行分析：

```
% 加载 AlexNet 预训练模型
net = alexnet;
% 分析网络结构
analyzeNetwork(net);
```

如图 24-4 所示，AlexNet 预测练模型的全连接层“fc8”的维度为 1000，对应了原模型的 1000 个类别。

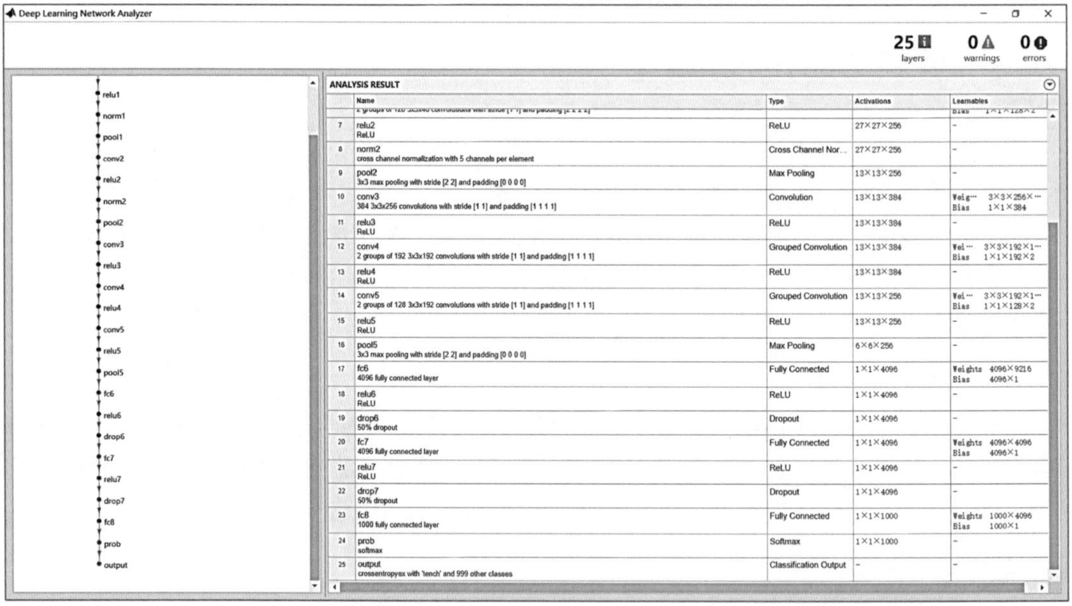

图 24-4

在我们的应用中，需要对该全连接层进行编辑，使其适用于当前的二分类任务，核心代码如下：

```
% 保留全连接层之前的网络层
layers_transfer = net.Layers(1:end-3);
% 设置新数据集的类别数量
class_number = 2;
% 编辑得到新的网络结构
layers_new = [
    layers_transfer
    fullyConnectedLayer(class_number,'WeightLearnRateFactor',...
    10,'BiasLearnRateFactor',10,'Name','fc_new')
    softmaxLayer('Name','soft_new')
    classificationLayer('Name','output_new')];
% 分析网络结构
analyzeNetwork(layers_new);
```

运行后可得到 AlexNet 迁移模型，如图 24-5 所示。

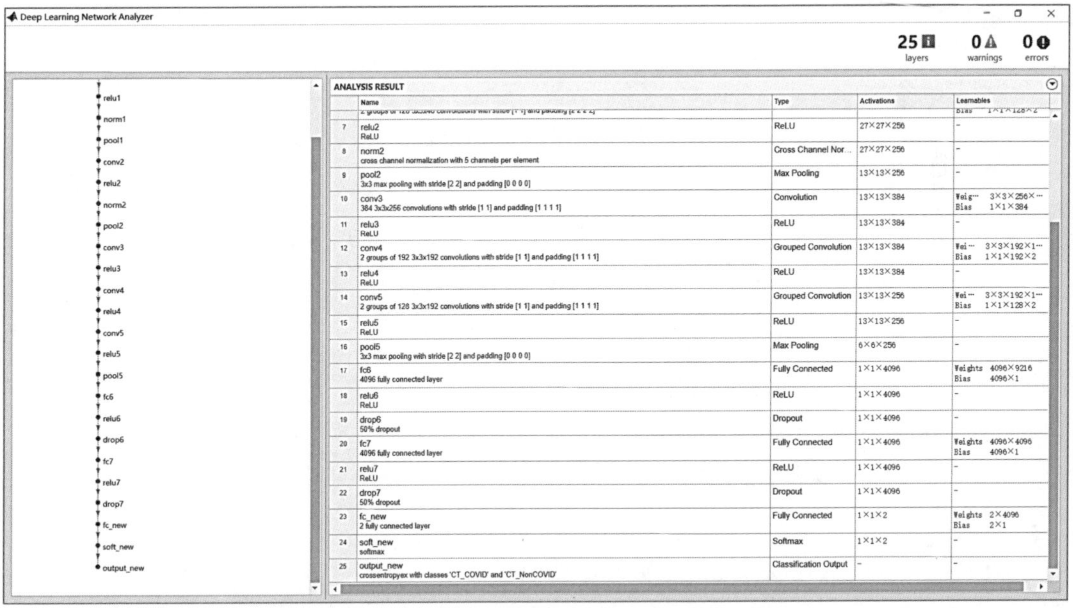

图 24-5

经过编辑后的 AlexNet 迁移模型的全连接层“fc8”的维度被修改为 2，与当前新冠影像数据集的二分类任务相匹配。为了方便调用，将上述编辑过程封装为一个名为“get_alex_transfer”的子函数，并返回编辑后的迁移模型。

（2）GoogLeNet。

GoogLeNet 是由 Google 推出的 CNN 模型，在 2014 年的 ImageNet 竞赛中获得了分类项目的冠军。它通过引入 Inception 模块提高了卷积层的特征提取能力。本节选择 GoogLeNet 进行编辑，并将其应用于新冠影像数据集的分类识别任务。下面是加载

GoogLeNet 预训练模型并分析其网络结构的示例代码。

首先，加载 GoogLeNet 预训练模型：

```
% 加载 GoogLeNet 预训练模型
net = googlenet;
% 分析网络结构
analyzeNetwork(net);
```

如图 24-6 所示，GoogLeNet 预测练模型的全连接层“loss3-classifier”的维度为 1000，对应了原模型的 1000 个类别。

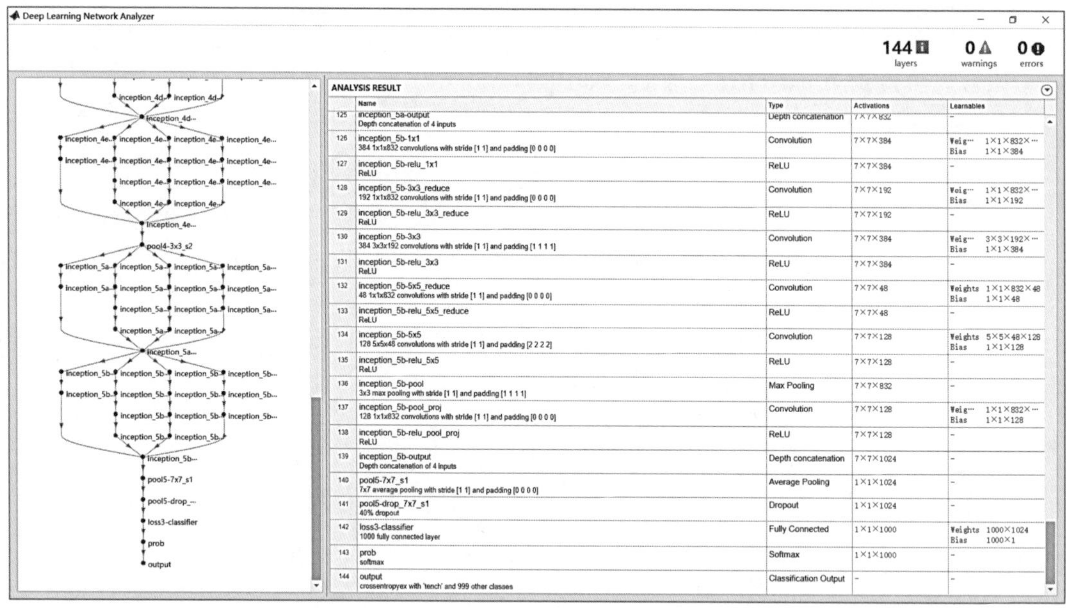

图 24-6

我们需要对该全连接层进行编辑，以适应当前的二分类任务，核心代码如下：

```
% 设置新数据集的类别数量
class_number = 2;
% 编辑得到新的网络结构
newfcLayer = fullyConnectedLayer(class_number, ...
    'Name','new_fc', ...
    'WeightLearnRateFactor',...
    10,'BiasLearnRateFactor',10);
newoutLayer = classificationLayer('Name','new_classoutput');
% 替换原网络结构对应的层
lgraph = layerGraph(net);
lgraph = replaceLayer(lgraph,...
    'loss3-classifier',newfcLayer);
lgraph = replaceLayer(lgraph,'output',newoutLayer);
```

```
% 分析网络结构
analyzeNetwork(lgraph);
```

运行后可得到 GoogLeNet 迁移模型，如图 24-7 所示。

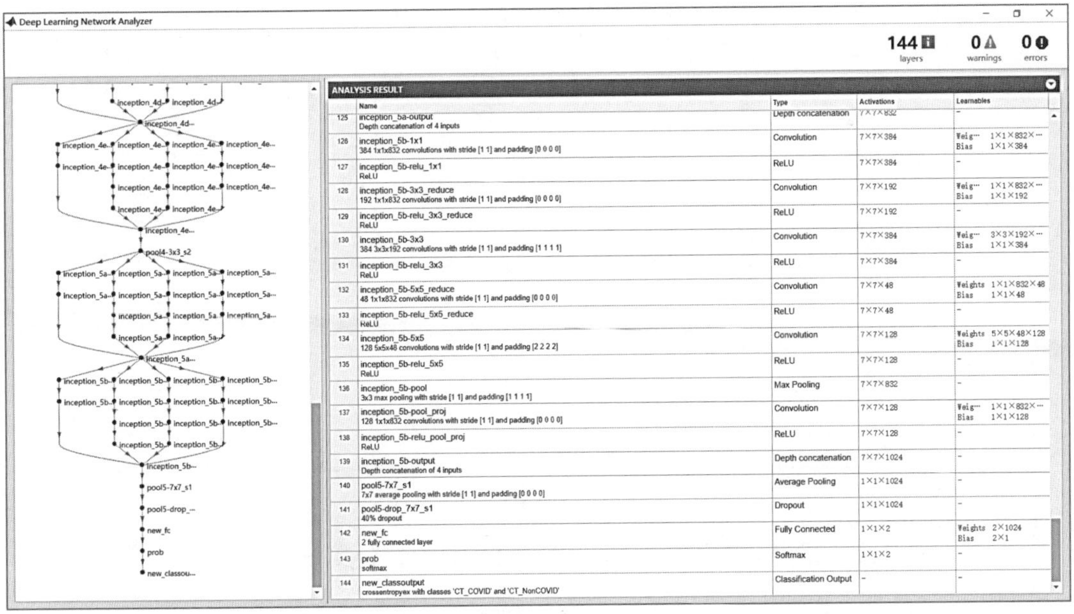

图 24-7

经过编辑后的 GoogLeNet 迁移模型的全连接层“new_fc”的维度被修改为 2，与当前新冠影像数据集的二分类任务相匹配。为了方便调用，将上述编辑过程封装为一个名为“get_googlenet_transfer”的子函数，并返回编辑后的迁移模型。

（3）VGGNet。

VGGNet 是由牛津大学和 DeepMind 联合研发的 CNN 模型，在 2014 年的 ImageNet 竞赛中获得了分类项目的亚军和定位项目的冠军。VGGNet 结构简捷，具有强大的特征学习能力。VGG19 预训练模型是 VGGNet 的一种常见结构，本节选择 VGG19 预训练模型进行编辑，并将其应用于新冠影像数据集的分类识别任务。下面是加载 VGG19 预训练模型并分析其网络结构的示例代码：

```
% 加载 VGG19 预训练模型
net = vgg19;
% 分析网络结构
analyzeNetwork(net);
```

如图 24-8 所示，VGG19 预训练模型的全连接层“fc8”的维度为 1000，对应了原模型的 1000 个类别。

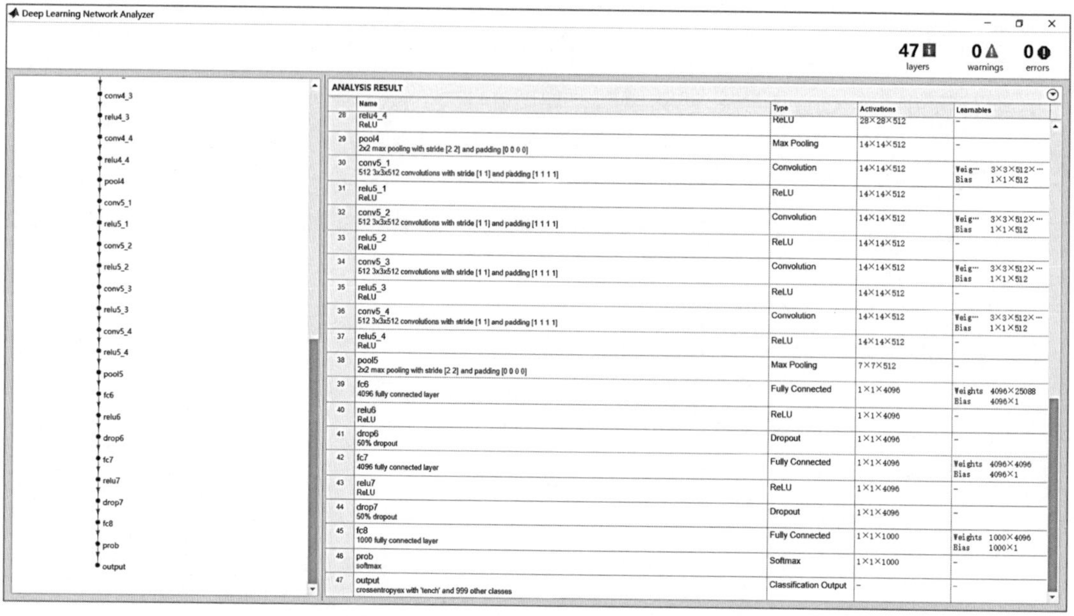

Deep Learning Network Analyzer

47 layers　0 warnings　0 errors

conv4_3
relu4_3
conv4_4
relu4_4
pool4
conv5_1
relu5_1
conv5_2
relu5_2
conv5_3
relu5_3
conv5_4
relu5_4
pool5
fc6
relu6
drop6
fc7
relu7
drop7
fc8
prob
output

ANALYSIS RESULT

	Name	Type	Activations	Learnables
28	relu4_4 ReLU	ReLU	28×28×512	-
29	pool4 2x2 max pooling with stride [2 2] and padding [0 0 0 0]	Max Pooling	14×14×512	-
30	conv5_1 512 3x3x512 convolutions with stride [1 1] and padding [1 1 1 1]	Convolution	14×14×512	Weig… 3×3×512×… Bias 1×1×512
31	relu5_1 ReLU	ReLU	14×14×512	-
32	conv5_2 512 3x3x512 convolutions with stride [1 1] and padding [1 1 1 1]	Convolution	14×14×512	Weig… 3×3×512×… Bias 1×1×512
33	relu5_2 ReLU	ReLU	14×14×512	-
34	conv5_3 512 3x3x512 convolutions with stride [1 1] and padding [1 1 1 1]	Convolution	14×14×512	Weig… 3×3×512×… Bias 1×1×512
35	relu5_3 ReLU	ReLU	14×14×512	-
36	conv5_4 512 3x3x512 convolutions with stride [1 1] and padding [1 1 1 1]	Convolution	14×14×512	Weig… 3×3×512×… Bias 1×1×512
37	relu5_4 ReLU	ReLU	14×14×512	-
38	pool5 2x2 max pooling with stride [2 2] and padding [0 0 0 0]	Max Pooling	7×7×512	-
39	fc6 4096 fully connected layer	Fully Connected	1×1×4096	Weights 4096×25088 Bias 4096×1
40	relu6 ReLU	ReLU	1×1×4096	-
41	drop6 50% dropout	Dropout	1×1×4096	-
42	fc7 4096 fully connected layer	Fully Connected	1×1×4096	Weights 4096×4096 Bias 4096×1
43	relu7 ReLU	ReLU	1×1×4096	-
44	drop7 50% dropout	Dropout	1×1×4096	-
45	fc8 1000 fully connected layer	Fully Connected	1×1×1000	Weights 1000×4096 Bias 1000×1
46	prob softmax	Softmax	1×1×1000	-
47	output crossentropyex with 'tench' and 999 other classes	Classification Output	-	-

图 24-8

我们需要从全连接层开始进行编辑，以适应当前的二分类任务，核心代码如下：

```
% 保留全连接层之前的网络层
layers_transfer = net.Layers(1:end-3);
% 设置新数据集的类别数量
class_number = 2;
% 编辑得到新的网络结构
layers_new = [
    layers_transfer
    fullyConnectedLayer(class_number,'WeightLearnRateFactor',...
    10,'BiasLearnRateFactor',10,'Name','fc_new')
    softmaxLayer('Name','soft_new')
    classificationLayer('Name','output_new')];
% 分析网络结构
analyzeNetwork(layers_new);
```

运行后可得到 VGG19 迁移模型，如图 24-9 所示。

经过编辑后的 VGG19 迁移模型的全连接层“fc8”的维度被修改为 2，与当前新冠影像数据集的二分类任务相匹配。为了方便调用，将上述编辑过程封装为一个名为“get_vgg_transfer”的子函数，并返回编辑后的迁移模型。

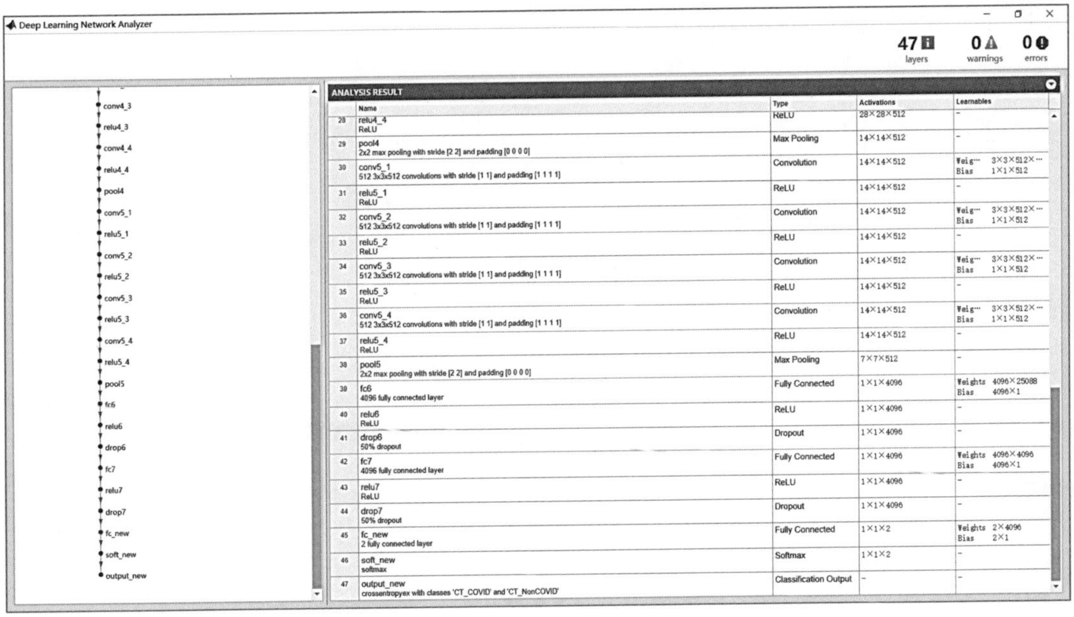

图 24-9

24.4 程序实现

本案例对 CNN 迁移模型的训练、测试和融合等进行了程序设计，同时，为对比实验效果，采用函数的方式进行功能模块封装，读者可设置不同的模型来观察识别的效果。

24.4.1 训练 CNN 迁移模型

为了训练这三个迁移模型并保存它们，我们将按照以下步骤进行操作。

（1）加载数据。

我们首先加载新冠影像数据集，并将文件夹名称 CT_COVID 和 CT_NonCOVID 作为类别信息；然后将数据集按照 9：1 的比例划分为训练集和验证集。

```
rng('default')
% 加载数据集
db=imageDatastore('./dbs', ...
    'IncludeSubfolders',true,'LabelSource','foldernames');
% 拆分为训练集和验证集
[db_train,db_validation]=splitEachLabel(db,0.9,'randomize');
```

（2）训练迁移模型。

根据 24.3 节的处理过程，我们获得了三个迁移模型，并且每个模型的输出层类别数均设定为 2，以适应新冠影像数据集的类别数量。

```
% 类别信息
class_number = 2;
% 加载迁移模型
alexnet_t = get_alex_transfer(class_number);
googlenet_t = get_googlenet_transfer(class_number);
vggnet_t = get_vgg_transfer(class_number);
```

经过模型编辑后可以得到三个迁移模型的网络结构，其中 AlexNet 迁移网络结构如图 24-10 所示，GoogLeNet 迁移网络结构如图 24-11 所示，VGG19 迁移网络结构如图 24-12 所示。

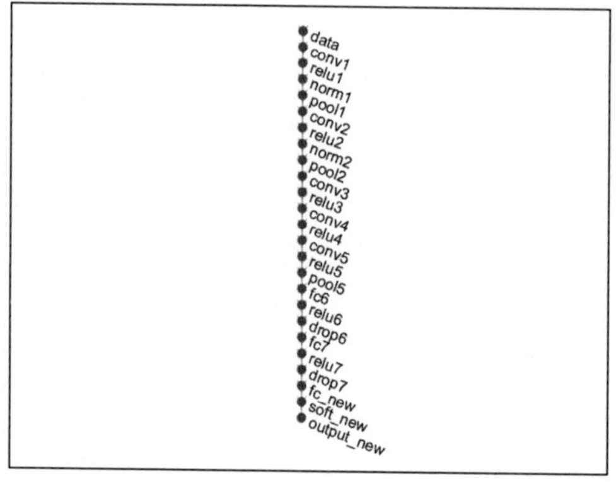

图 24-10

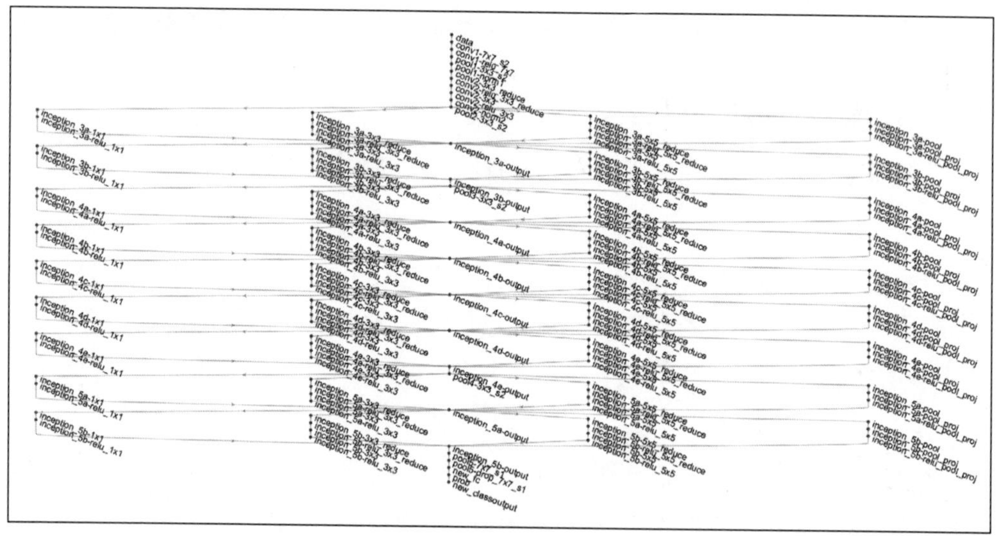

图 24-11

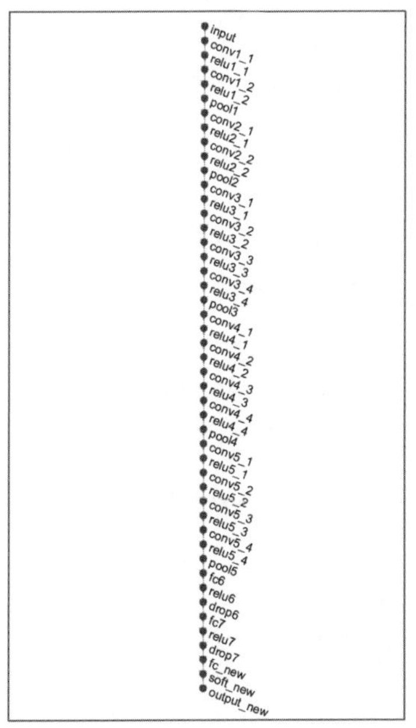

图 24-12

从上面的三个图中可以看出，三个迁移模型的网络层和结构复杂度逐渐增加，因此对训练资源的消耗也逐渐增加。不同迁移模型的训练过程如下：

```
% 对数据进行左右翻转增广处理
aug = imageDataAugmenter( ...
    'RandXReflection',1);
% 训练集
db_train = augmentedImageDatastore(input_size(1:2),db_train,...
    'DataAugmentation',aug,...
    'ColorPreprocessing','gray2rgb');
% 验证集
db_val = augmentedImageDatastore(input_size(1:2),db_val,...
    'ColorPreprocessing','gray2rgb');
% 设置参数
options_train = trainingOptions('sgdm', ...
    'MiniBatchSize',10, ...
    'MaxEpochs',20, ...
    'InitialLearnRate',1e-4, ...
    'Shuffle','every-epoch', ...
    'ValidationData',db_val, ...
    'ValidationFrequency',10, ...
    'Verbose',false, ...
    'Plots','training-progress', ...
    'ExecutionEnvironment', 'auto');
% 训练网络
net = trainNetwork(db_train, model, options_train);
```

在处理过程中，我们考虑到肺部影像的左右对称特点，对训练集进行了数据的左右翻转增广处理，以进一步丰富训练集的构成。同时，由于三个迁移模型默认输入的都是 3 通道的彩色图像，所以我们对训练集和验证集进行了颜色空间的设置，将它们转换为统一的 RGB 颜色空间输入。

为了提高效率，我们可以将训练过程封装为一个名为“train_cnn_net”的函数。该函数接收网络模型、训练集和验证集作为参数，并按照默认的训练参数进行训练，最后返回训练后的模型。

```
% 训练迁移模型
alexnet_t_model = train_cnn_net(alexnet_t, ...
    db_train, db_validation);
googlenet_t_model = train_cnn_net(googlenet_t, ...
    db_train, db_validation);
vggnet_t_model = train_cnn_net(vggnet_t, ...
    db_train, db_validation);
% 存储迁移模型
save alexnet_t_model.mat alexnet_t_model
save googlenet_t_model.mat googlenet_t_model
save vggnet_t_model.mat vggnet_t_model
```

将训练后的三个迁移模型保存到模型文件中，其中 AlexNet 迁移模型的训练过程如图 24-13 所示，GoogLeNet 迁移模型的训练过程如图 24-14 所示，VGG19 迁移模型的训练过程如图 24-15 所示。

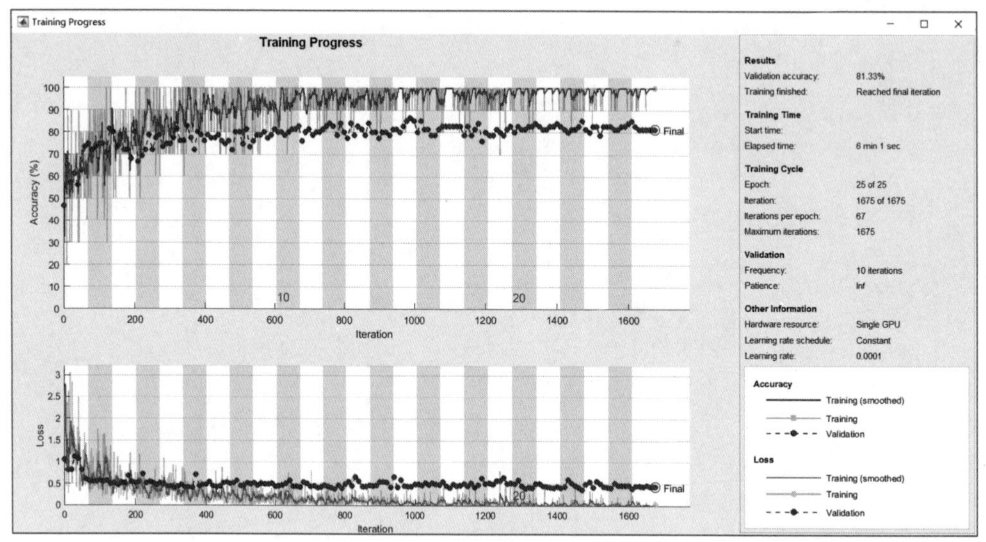

图 24-13

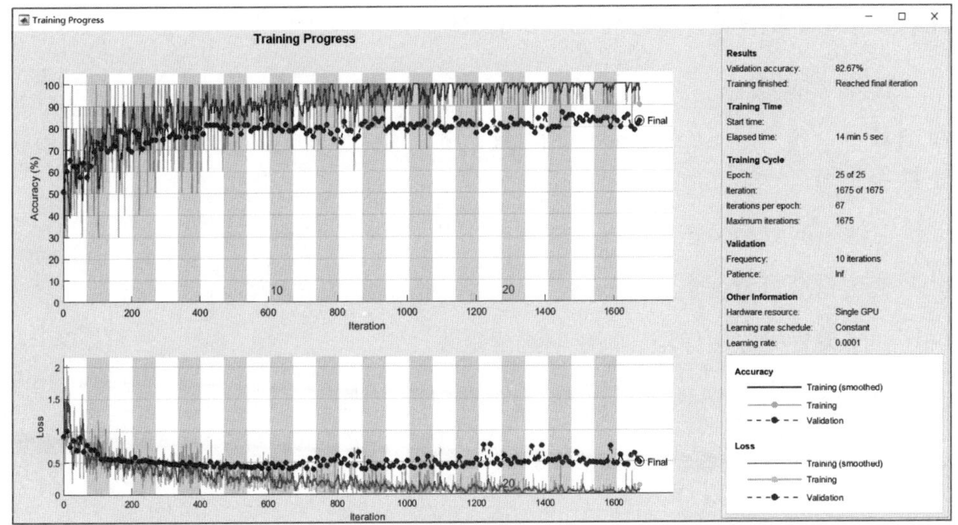

图 24-14

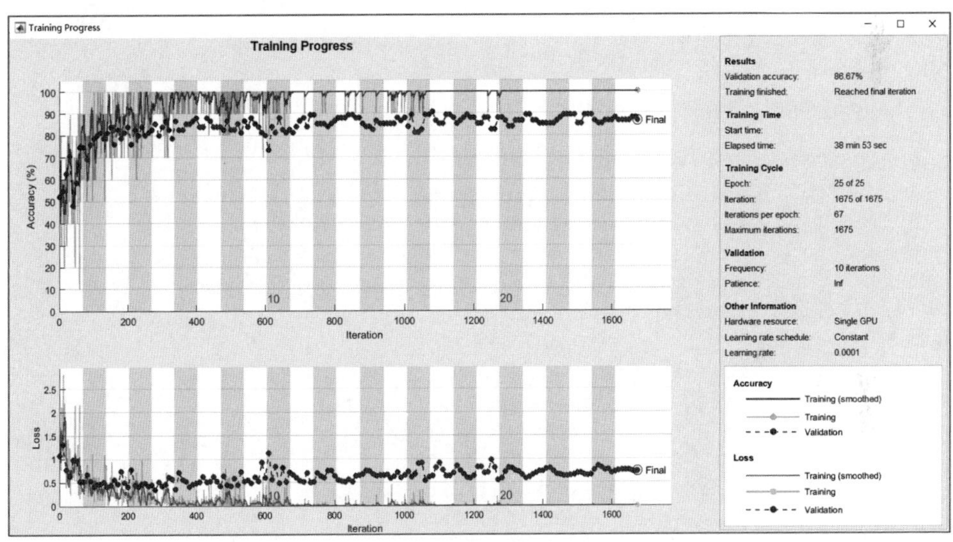

图 24-15

我们对三个迁移模型在相同条件下进行训练，结果显示，AlexNet 迁移模型的训练时间最短，验证集识别率为 81.33%；GoogLeNet 迁移模型的训练时间较长，验证集识别率为 82.67%；VGG19 迁移模型的训练时间最长，验证集识别率为 86.67%。

24.4.2 测试 CNN 迁移模型

在训练三个 CNN 迁移模型后，我们需要对它们进行测试。为了测试模型的性能，并可视化验证集的识别结果，我们将进行以下操作。

1. 封装评测函数

可编写一个名为"test_cnn_net"的函数，用于测试传入的模型和数据集。该函数将执行以下操作。

（1）对输入的数据集进行数据维度转换，以符合模型的输入要求。

（2）使用模型对数据集进行预测，并计算错误率和混淆矩阵。

（3）如果设置了绘图标记，则绘制混淆矩阵。

```
function y_val_pred = test_cnn_net(model, db_train, ...
    db_val, dispflag)
if nargin < 4
    % 绘图标记
    dispflag = 1;
end
% 维度匹配
if length(model) == 1
    input_size = model.Layers(1).InputSize;
else
    input_size = model(1).InputSize;
end
% 训练集
db_train2 = augmentedImageDatastore(input_size(1:2),db_train,...
    'ColorPreprocessing','gray2rgb');
% 验证集
db_val2 = augmentedImageDatastore(input_size(1:2),db_val,...
    'ColorPreprocessing','gray2rgb');
% 评测数据-训练集
y_train_pred = classify(model,db_train2,'MiniBatchSize', 10);
train_err = mean(y_train_pred ~= db_train.Labels);
disp("训练集错误率: " + train_err*100 + "%")
% 评测数据-验证集
y_val_pred = classify(model,db_val2,'MiniBatchSize', 10);
val_err = mean(y_val_pred ~= db_val.Labels);
disp("验证集错误率: " + val_err*100 + "%")
if dispflag == 1
    % 绘制混淆矩阵-验证集
    figure;
    confusionchart(db_val.Labels,y_val_pred,...
        'Normalization','column-normalized');
end
```

函数 test_cnn_net 可对传入的模型和数据集进行测试，并根据设置的绘图标记绘制混淆矩阵，最终返回验证集的测试结果。

2. 调用评测函数

加载已保存的 CNN 迁移模型，并使用评测函数对它们进行测试。我们可以分别调用不同的评测函数，传入相应的模型和数据集，获取验证集的测试结果。

（1）AlexNet 迁移模型的测试结果如图 24-16 所示。

通过混淆矩阵可以得到：

训练集错误率：0.14903%。

验证集错误率：18.6667%。

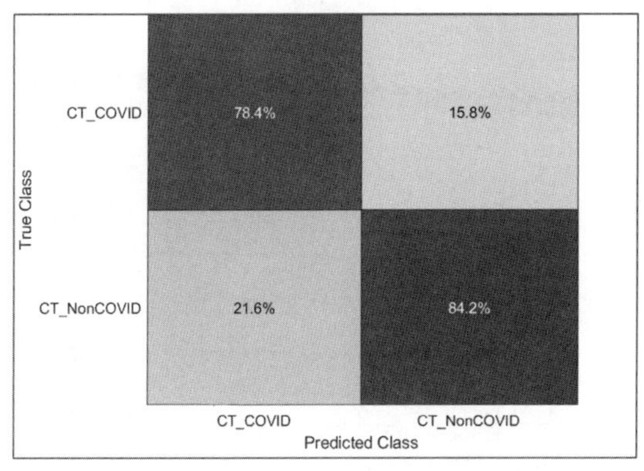

图 24-16

（2）GoogLeNet 迁移模型的测试结果如图 24-17 所示。

通过混淆矩阵可以得到：

训练集错误率：0%。

验证集错误率：17.3333%。

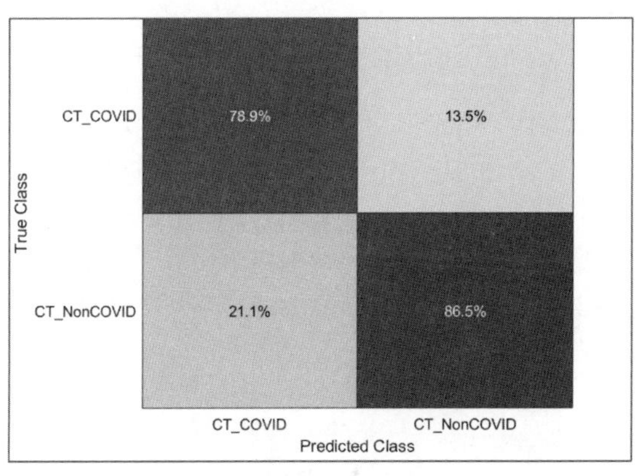

图 24-17

（3）VGG19 迁移模型的测试结果如图 24-18 所示。

通过混淆矩阵可以得到：

训练集错误率：0%。

验证集错误率：13.3333%。

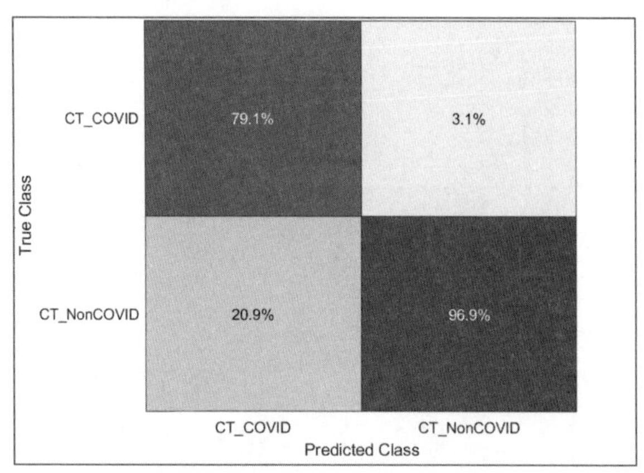

图 24-18

通过以上测试，我们可以观察到这三个迁移模型对“CT_COVID”类别的识别率相近，VGG19 迁移模型在对“CT_NonCOVID”类别的识别上相对较好。基于这个观察，我们可以考虑将这三个迁移模型的识别结果进行投票组合，以获得融合后的识别结果。

24.4.3　融合 CNN 迁移模型

在获取三个迁移模型的识别结果后，我们对它们进行投票组合，以提高整体的识别率。根据之前对混淆矩阵的分析，可以采取以下策略。

（1）对于“CT_COVID”类别，计算三个迁移模型的识别结果的众数，并将其作为最终的输出结果。通过多个模型的共同决策，可以提高对“CT_COVID”类别的识别准确性。

（2）对于“CT_NonCOVID”类别，由于观察到 VGG19 迁移模型在该类别的识别上表现较好，因此选择 VGG19 迁移模型的识别结果作为最终的输出结果。

```
% 三个识别结果
y_val_alexnet =test_cnn_net(alexnet_t_model, db_train, db_validation, 0);
y_val_googlenet =test_cnn_net(googlenet_t_model, db_train, db_validation, 0);
y_val_vggnet =test_cnn_net(vggnet_t_model, db_train, db_validation, 0);
% 初始化
y_res = categorical([]);
cs = categorical({'CT_COVID','CT_NonCOVID'});
for i = 1 : length(db_validation.Labels)
```

```
    % 遍历分析每个验证集
    yi(1) = y_val_alexnet(i);
    yi(2) = y_val_googlenet(i);
    yi(3) = y_val_vggnet(i);
    % 取众数
    yid1 = find(yi=='CT_COVID');
    yid2 = find(yi=='CT_NonCOVID');
    yid = [length(yid1) length(yid2)];
    [~, id] = max(yid);
    if yi(3) == cs(2)
        % 如果 VGG19 判断为 CT_NonCOVID
        id = 2;
    end
    % 判断类别
    if id == 1
        % CT_COVID
        y_res(i) = cs(1);
    else
        % CT_NonCOVID
        y_res(i) = cs(2);
    end
end
y_res = y_res(:);
val_err = mean(y_res(:) ~= db_validation.Labels);
disp("验证集错误率: " + val_err*100 + "%")
figure;
confusionchart(db_validation.Labels,y_res,...
    'Normalization','column-normalized');
```

通过上述的投票组合策略，我们可以得到融合后的识别结果。具体的识别率和混淆矩阵如图 24-19 所示。

验证集错误率：12%。

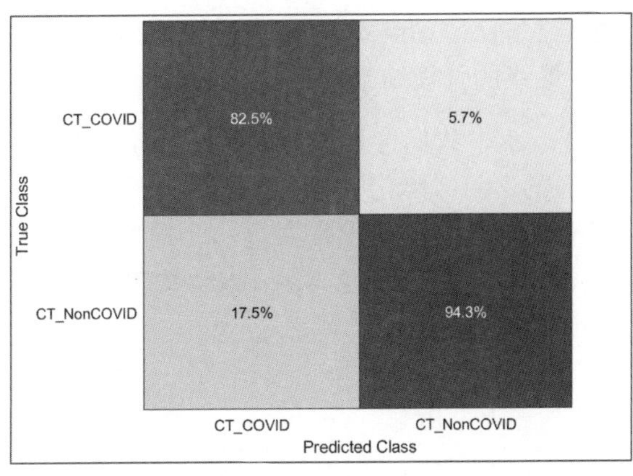

图 24-19

这种模型融合的方式可以在一定程度上提高整体的识别率。需要注意的是，不同数据集和模型训练参数可能会导致结果有差异。然而，这种多模型融合的方式相对简单，对于其他相关应用也有一定的借鉴意义。

24.4.4　构建 CNN 识别平台

为了方便使用和综合不同步骤的处理效果，我们开发了一个图形用户界面（GUI）应用，该应用集成了模型加载、影像选择和智能识别等关键步骤，并在界面上显示处理过程中产生的中间结果。其中，应用的界面设计如图 24-20 所示。

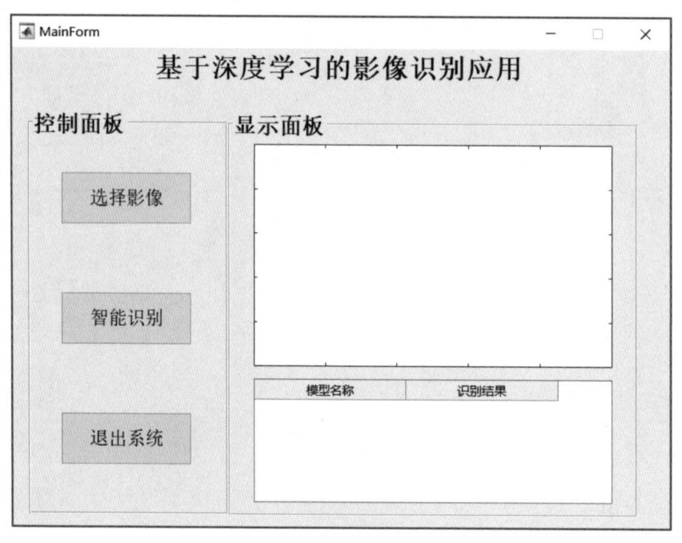

图 24-20

应用的界面分为控制面板和显示面板两个区域。用户可以先选择待测影像，并在右侧的显示面板上显示所选影像。然后，用户可以点击“智能识别”按钮，调用三个模型识别并 对结果进行融合处理，最终的处理结果将在右侧的显示面板中呈现。

如图 24-21 和图 24-22 所示，我们选择了两个待测样本进行新冠感染的智能识别。可以观察到阳性样本呈现明显的区域“白化”现象，这是肺部炎症在 CT 影像中的典型表现。受限于数据集规模，自动化的智能识别仍然需要进一步地优化。例如，增加其他数据集的样本，引入多种数据增强策略，以及加载更多的 CNN 模型等。读者可以尝试用不同的方法扩展实验并提高智能识别的性能。

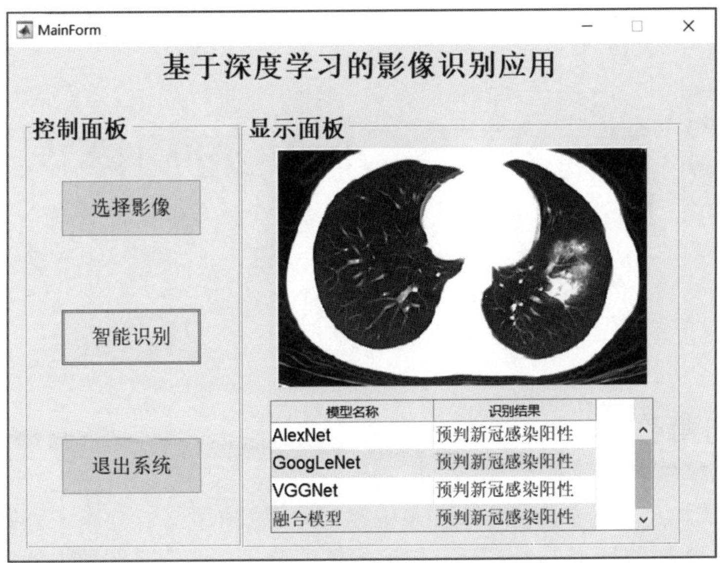
MainForm
基于深度学习的影像识别应用
控制面板
显示面板
选择影像
智能识别
退出系统
模型名称
识别结果
AlexNet
预判新冠感染阳性
GoogLeNet
预判新冠感染阳性
VGGNet
预判新冠感染阳性
融合模型
预判新冠感染阳性

图 24-21

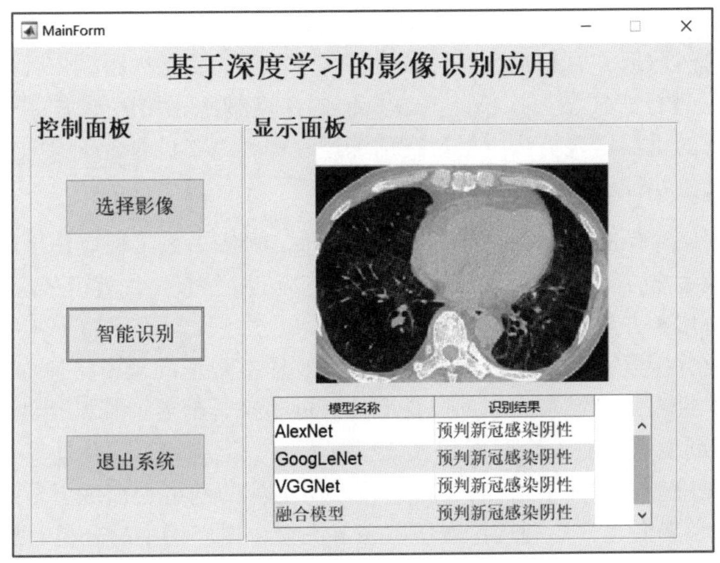
MainForm
基于深度学习的影像识别应用
控制面板
显示面板
选择影像
智能识别
退出系统
模型名称
识别结果
AlexNet
预判新冠感染阴性
GoogLeNet
预判新冠感染阴性
VGGNet
预判新冠感染阴性
融合模型
预判新冠感染阴性

图 24-22

第25章 基于CNN的物体识别

25.1 案例背景

传统的机器学习一般依赖特征工程来构建模式识别框架，这要求工程师具有较强的工程和理论经验，能对特征提取器进行细粒度的算法分析，通过将源数据抽象到特征图或特征向量等进行特征量化，最终将量化的特征输入经典的识别器（如 SVM、NeutralNet 等）中进行检测、分类并输出结果。这种方式对特征设计、提取、训练等都提出了较高的要求，在处理初始的自然数据方面有很大的局限性，难以在现实生活中得到广泛应用。深度学习通过对大量数据进行表征学习来构建共享权值的深度神经网络，形成了一个能够记忆复杂、多层次特征的机器学习算法应用。在训练过程中，海量的神经元会进行自适应调整，在不同维度上抽象特征，具有普适性。

卷积神经网络（Convolutional Neural Network，CNN）最早被应用于图像分类，是经典的机器学习模型之一。著名学者 Yann LeCun 在 20 世纪 80 年代就已经应用 CNN 对手写数字进行分类应用，并取得了较好的分类识别效果。之后，人们在 CNN 手写数字识别方面不断进行商业化探索，但是受限于软硬件算力及样本数据的规模，训练 CNN 模型往往需要较高的成本投入并且经常面临过拟合风险。近年来，随着计算机硬件，特别是 GPU、TP 等设备的不断发展，以及物联网和大数据技术的广泛应用，硬件的算力得到了大幅地提升，在数据规模上也增加了很多，CNN 得以用更深的网络去训练更多的数据，进而实现应用的落地。学者们也开始利用深度学习来解决大数据应用中的分类、回归等基础问题。其中，著名学者 Alex Krizhevsky 提出的深度卷积神经网络架构在大量图像数据的训练中取得成功，显著提高了图像识别的准确率，表明深度结构在特征提取方面具有更强的抽象能力与普适性，并在图像特征提取、网络深度增加、目标分类识别等方面取得了重要突破，也进一步推动了深度学习研究的发展。CNN 作为一种经典的网络结构，在结构设计、训练调参、模型应用等方面具有天然的大数据及深度训练特点，也被人们进一步研究和应用。

25.2 CIFAR-10 数据集

CIFAR-10 数据集是由著名学者 Hinton 的学生 Alex Krizhevsky、Ilya Sutskever 收集整理并公开的，与其他数据集相比，CIFAR-10 数据集规模较小且更接近普适物体，被广泛应用于自然场景中的目标检测和分类应用。CIFAR-10 数据集包含 10 个类别的 RGB 彩色图片，每个图片的大小都为 32 像素×32 像素，每个类别都有 5000 张图片用于训练、1000 张图片用于测试。其中，10 个类别列表如表 25-1 所示。

表 25-1

中文类名	英文类名	代表图
飞机	airplane	
汽车	automobile	
鸟	bird	
猫	cat	
鹿	deer	
狗	dog	
蛙	frog	
马	horse	
船	ship	
卡车	truck	

MATLAB 提供了 downloadCIFARData、loadCIFARData 等函数来下载 CIFAR-10 数据集。这里假设已下载数据集并将其存储到了 cifar_db 文件夹下，类别示意图如图 25-1 所示，样本示意图如图 25-2 所示。

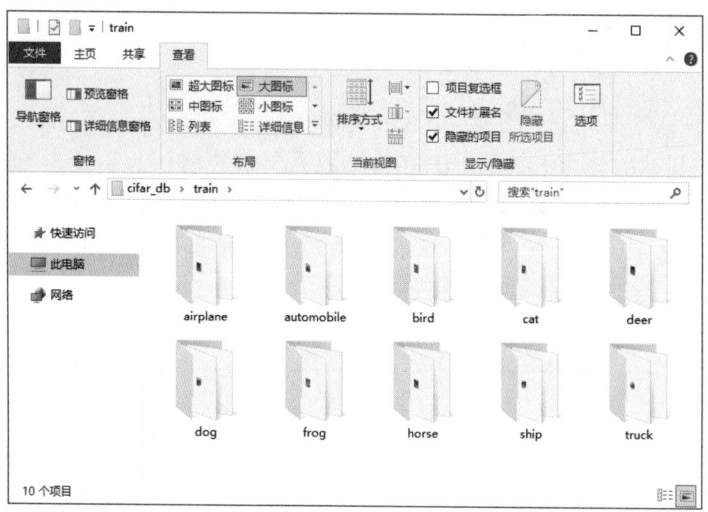

图 25-1

图 25-2

本次实验针对 CIFAR-10 数据集，选择 VGGNet、ResNet 网络进行修改和迁移学习，得到分类器并验证识别效果。

25.3　VGGNet

VGGNet 是由牛津大学视觉几何组和 Google DeepMind 研究员联合发布的一款经典的深度卷积神经网络，其主要特点是对网络深度与识别率进行了深入分析，并推进了其他深度网络的发布和改进。VGGNet 常用于特征提取、多模型融合投票等，具有灵活的可拓展性。这里选择 VGG16 进行修改，并将其用于物体识别。

1. VGGNet 网络编辑

（1）在 command 窗口输入 net = vgg16，将会输出已有的网络结构体。如果还没有安装此网络，则可根据提示进行添加。

（2）在 command 窗口输入 deepNetworkDesigner，将会弹出深度网络设计界面，这里选择加载已有网络，如图 25-3 所示。

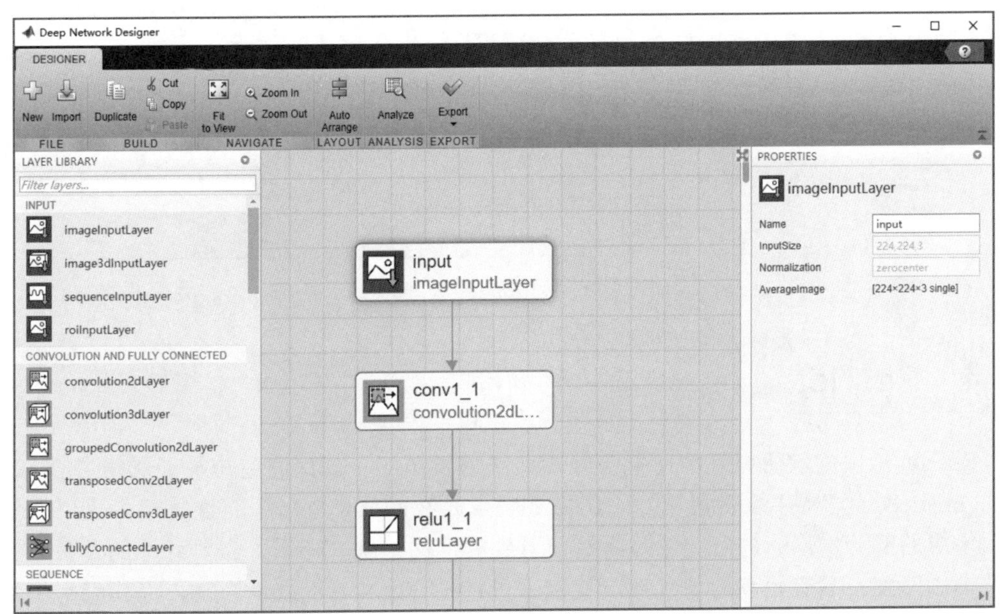

图 25-3

（3）VGG16 默认的输入维度是[224,224,3]，分类数是 1000，与我们此次的数据维度和分类数不同。因此我们应该在尽可能保持网络结构的前提下修改模块，对输出层进行编辑，以得到匹配的类别输出。

2. VGGNet 网络导出

在 VGGNet 网络编辑完成后，可单击“Analyze”按钮进行分析，并查看网络结构，如图 25-4 所示。

可以发现，该网络共 34 层，没有出现警告或错误提示。返回深度网络设计界面，单击“Export”按钮，即可导出网络结构代码。复制网络结构代码并粘贴到新的文件中，即可生成新的函数文件。我们保存该函数文件为 get_vggnet 函数，以便后续直接调用。

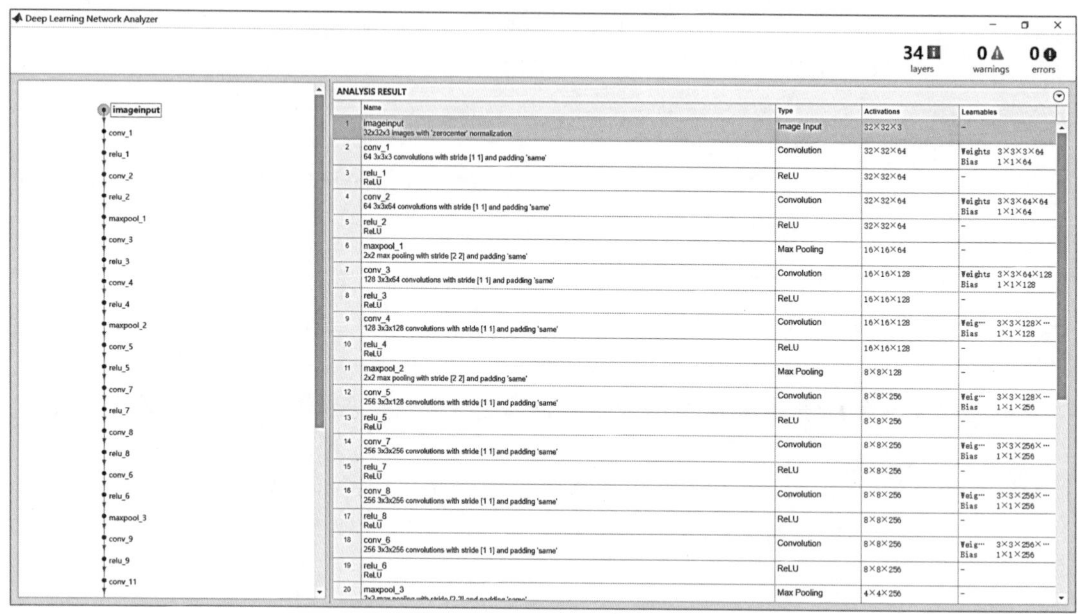

图 25-4

25.4　ResNet

ResNet 是由微软研究院的何恺明等四名华人发布的一款深度卷积神经网络，并在 2015 年的 ImageNet 竞赛中取得冠军。它的主要特点是在网络中增加了直连策略，可以保留前面网络层的部分输出，进而能保持原始信息到深度网络层，降低了需要计算的参数量，提高了训练速度，具有较高的识别率。我们这里选择 ResNet18 进行修改，将其应用于本次的物体识别。

1. ResNet 网络编辑

（1）在 command 窗口输入 net = resnet18，将会输出已有的网络结构体。如果还没有安装此网络，则可根据提示进行添加。

（2）在 command 窗口输入 deepNetworkDesigner，将会弹出深度网络设计界面，这里选择加载已有网络，如图 25-5 所示。

（3）ResNet18 默认的输入维度是[224,224,3]、分类数是 1000，与我们此次的数据维度和分类数不同。因此我们应该在尽可能保持网络结构的前提下修改模块，对输出层进行编辑，以得到匹配的类别输出。

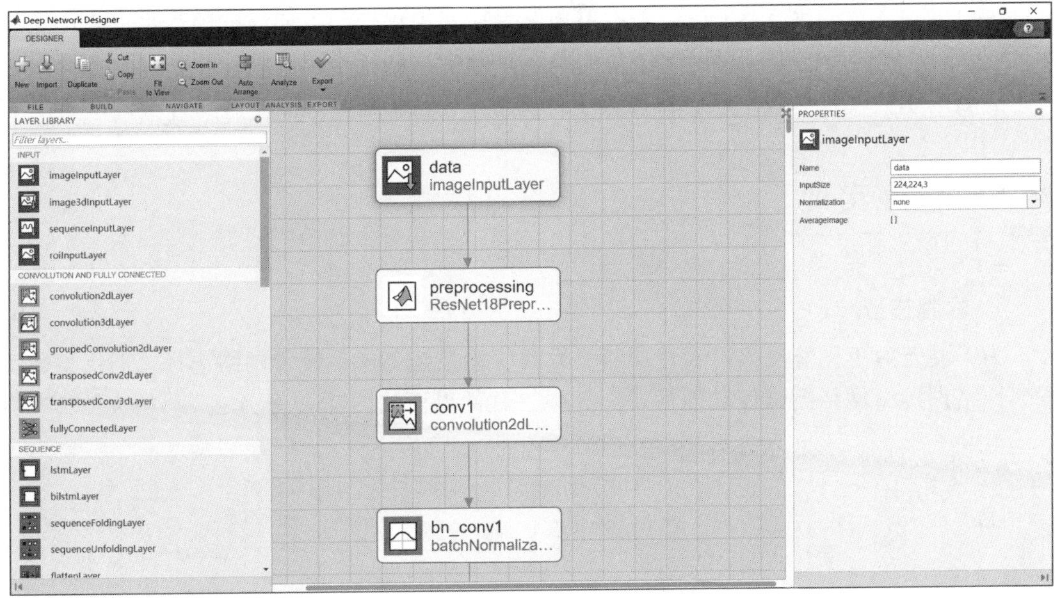

图 25-5

2. ResNet 网络导出

在 ResNet 网络编辑完成后，可单击“Analyze”按钮进行自动分析，并查看网络结构，如图 25-6 所示。

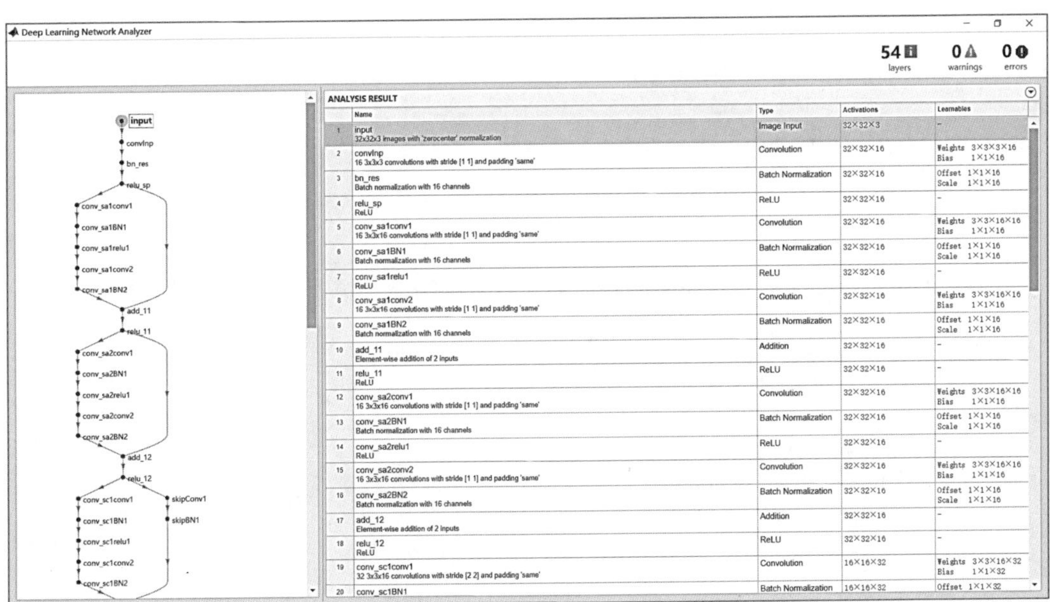

图 25-6

可以发现，该网络共 54 层，没有出现警告或错误提示。返回深度网络设计界面，单击“Export”按钮，即可导出网络结构代码。复制网络结构代码并粘贴到新的文件中，即可生成新的函数文件。我们保存该函数文件为 get_resnet 函数，以便后续直接调用。

25.5　程序实现

1. 界面设计

为了便于对不同算法进行对比分析，本次实验搭建 GUI，设置网络选择、训练参数配置、网络训练、网络测试等功能模块。其中，软件界面如图 25-7 所示。

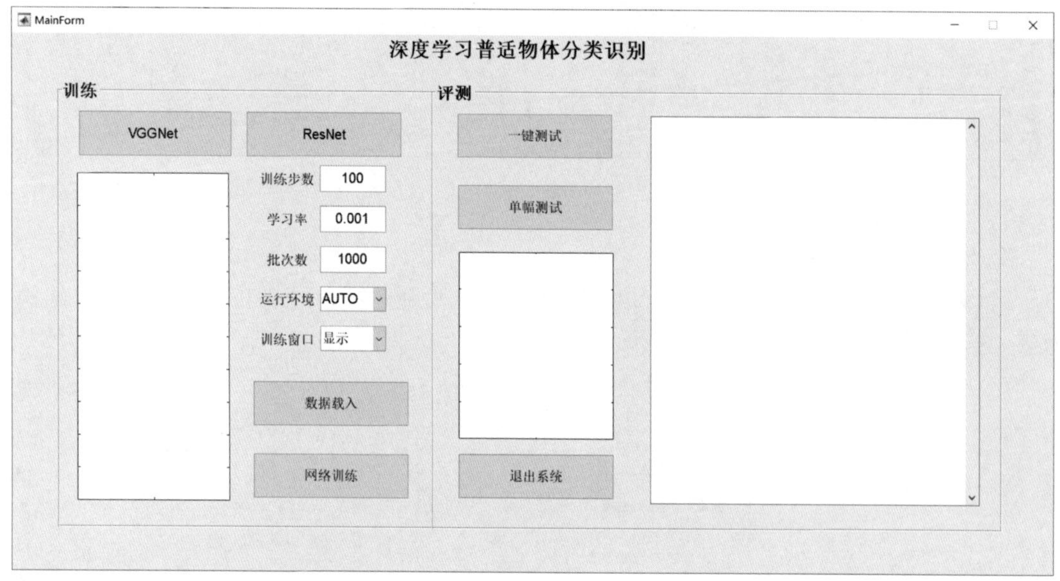

图 25-7

（1）单击“VGGNet”按钮，可加载 VGGNet 网络结构并呈现，核心代码如下：

```
[layers, lgraph] = get_vggnet();
% 加载 VGGNet 网络结构
axes(handles.axes1);
plot(lgraph);
handles.layers = layers;
handles.lgraph = lgraph;
% Update handles structure
guidata(hObject, handles);
```

效果如图 25-8 所示。

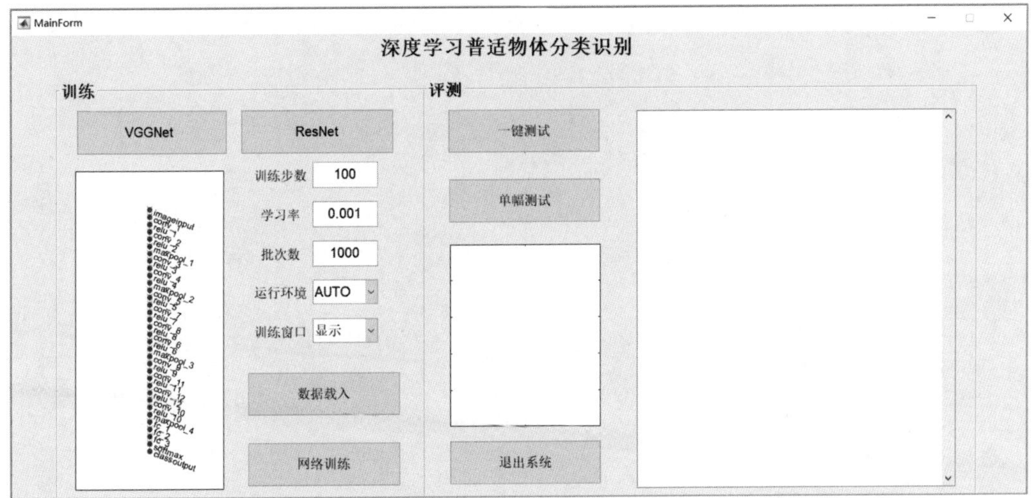

图 25-8

（2）单击“ResNet”按钮，可加载 ResNet 网络结构并呈现，核心代码如下：

```
[layers, lgraph] = get_resnet();
% 加载 ResNet 网络结构
figure;
% axes(handles.axes1);
plot(lgraph);
handles.layers = layers;
handles.lgraph = lgraph;
% Update handles structure
guidata(hObject, handles);
```

效果如图 25-9 所示。

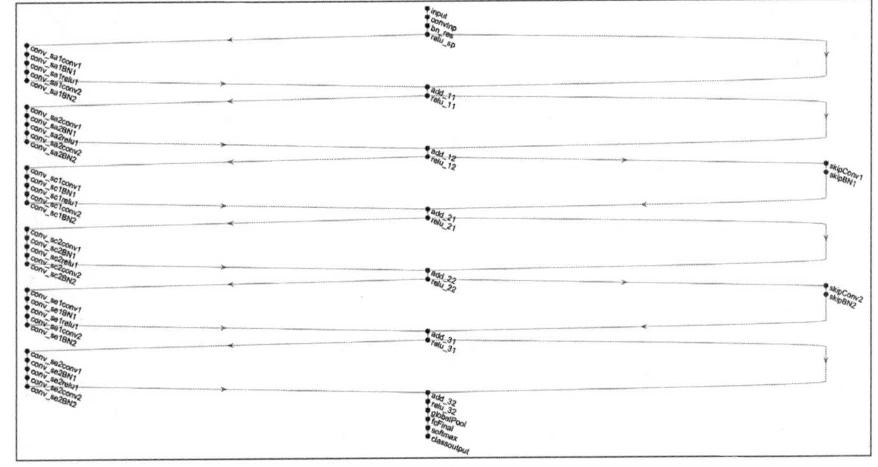

图 25-9

（3）单击“数据载入”按钮，可加载数据并对应到训练集、验证集，核心代码如下：

```
    if isequal(handles.layers, 0)
       return;
    end
    % 数据文件夹
    digitDatasetPath = fullfile(pwd, 'cifar_db', 'train');
    imdsTrain = imageDatastore(digitDatasetPath, ...
       'IncludeSubfolders',true,'LabelSource','foldernames');
    digitDatasetPath = fullfile(pwd, 'cifar_db', 'test');
    imdsValidation = imageDatastore(digitDatasetPath, ...
       'IncludeSubfolders',true,'LabelSource','foldernames');
    handles.imdsTrain = imdsTrain;
    handles.imdsValidation = imdsValidation;
    handles.augimdsValidation = imdsValidation;
    handles.imdsValidationLables = imdsValidation.Labels;
    guidata(hObject, handles);
    msgbox('数据载入成功！', '提示信息', 'modal');
```

2. 网络训练

单击“网络训练”按钮，可读取已配置的网络训练参数，并基于已加载的数据进行训练，得到训练后的网络模型，核心代码如下：

```
    if isequal(handles.imdsTrain, 0) || isequal(handles.layers, 0)
       return;
    end
    % 维度匹配
    inputSize = handles.layers(1).InputSize;
    imdsTrain = augmentedImageDatastore(inputSize(1:2),handles.imdsTrain);
    augimdsValidation = augmentedImageDatastore(inputSize(1:2),
handles.imdsValidation);
    handles.augimdsValidation = augimdsValidation;
    guidata(hObject, handles);
    % 设置训练参数
    MaxEpochs = round(str2num(get(handles.edit1, 'String')));
    InitialLearnRate = str2num(get(handles.edit2, 'String'));
    MiniBatchSize = round(str2num(get(handles.edit3, 'String')));
    % 设置训练环境
    v1 = get(handles.popupmenu1, 'Value');
    if v1 == 1
       ExecutionEnvironment = 'auto';
    end
    if v1 == 2
       ExecutionEnvironment = 'gpu';
    end
    if v1 == 3
       ExecutionEnvironment = 'cpu';
    end
    % 是否显示训练窗口
```

```
v2 = get(handles.popupmenu2, 'Value');
if v2 == 1
    options_train = trainingOptions('sgdm',...
        'MaxEpochs',MaxEpochs,...
        'InitialLearnRate',InitialLearnRate,...
        'Verbose',true,'MiniBatchSize', MiniBatchSize,...
        'Plots','training-progress',...
        'ValidationData',handles.augimdsValidation , ...
        'ValidationFrequency',10, ...
        'ExecutionEnvironment', ExecutionEnvironment);
else
    options_train = trainingOptions('sgdm',...
        'MaxEpochs',MaxEpochs,...
        'InitialLearnRate',InitialLearnRate,...
        'Verbose',true,'MiniBatchSize', MiniBatchSize,...
        'ValidationData',handles.augimdsValidation , ...
        'ValidationFrequency',10, ...
        'ExecutionEnvironment', ExecutionEnvironment);
end
%保存训练结果
net = trainNetwork(imdsTrain, handles.lgraph, options_train);
handles.net = net;
guidata(hObject, handles);
msgbox('训练完毕！', '提示信息', 'modal');
```

由于网络训练耗时较久，建议读者搭建 GPU 环境进行训练，以提高训练速度。这里我们重点对 ResNet 网络进行分析，其训练过程如图 25-10 所示。

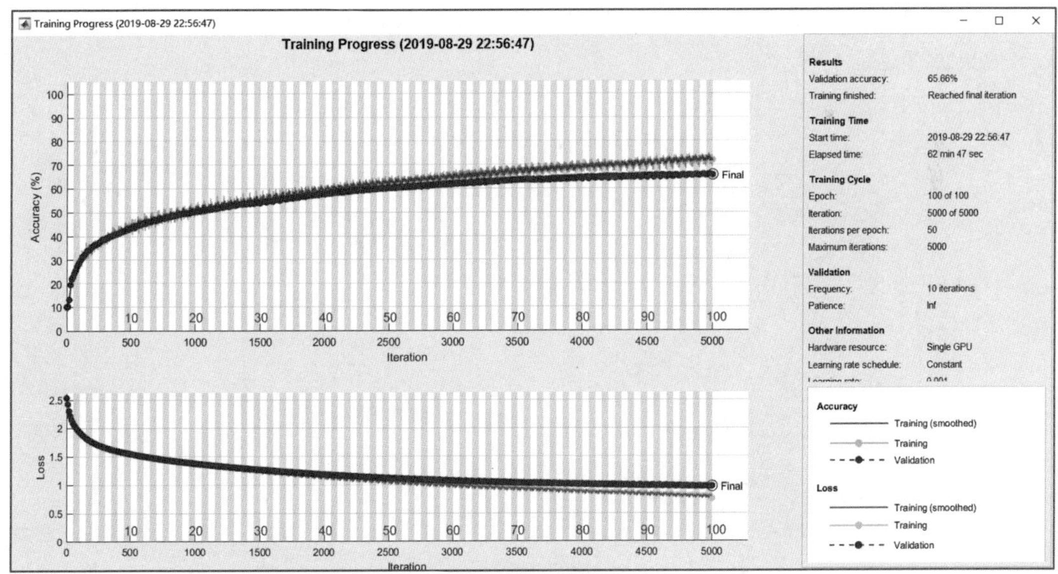

图 25-10

从图中可以发现，随着训练迭代步数的增加，准确率曲线在震荡中呈上升趋势，Loss 曲线在震荡中呈下降趋势，这也呈现了网络训练过程中的迭代优化过程。在当前的硬件条件下，ResNet 网络的最后识别率在 65%左右，训练耗时 62 分 47 秒，并且在后面的迭代中出现了训练集与验证集识别率差别增大的现象。

通过本次实验可以发现训练时间与数据规模、网络深度呈正比关系，并且训练步数的增加可以在一定程度上提高识别率，但也带来了更多的计算资源消耗。

3. 批量评测

单击“一键测试”按钮，可对训练好的网络模型基于已加载的数据进行测试，并将得到的测试结果显示在日志面板，核心代码如下：

```
    if isequal(handles.net, 0) || isequal(handles.layers, 0)
        return;
    end
    t1 = cputime;
    % 评测
    YPred = classify(handles.net,handles.augimdsValidation);
    YValidation = handles.imdsValidationLables;
    accuracy = sum(YPred == YValidation)/numel(YValidation);
    t2 = cputime;
    str1 = sprintf('\n 测试%d 条数据\n 耗时=%.2f s\n 准确率=%.2f%%', numel(YPred), t2-t1,...
accuracy*100);
    ss = get(handles.edit_info, 'String');
    ss{end+1} = str1;
    set(handles.edit_info, 'String', ss);
```

效果如图 25-11 所示。

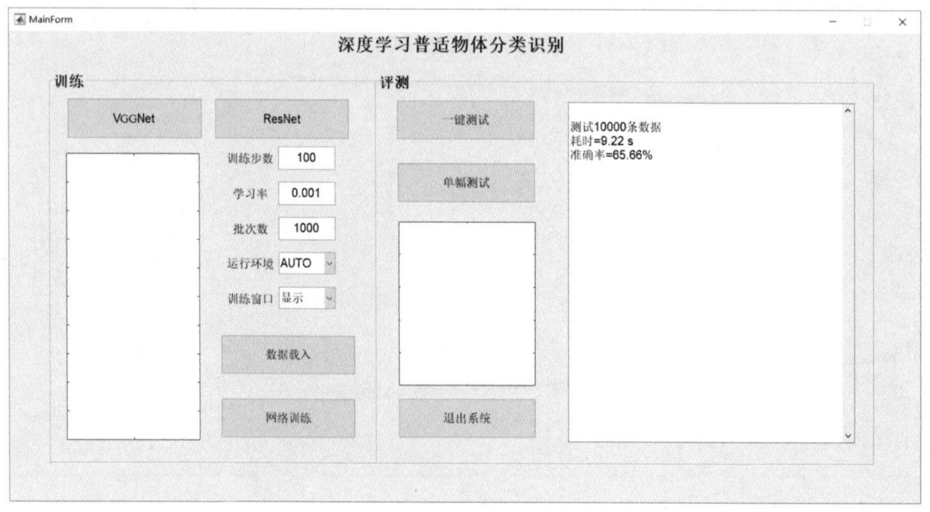

图 25-11

从图中可以看出，在 ResNet 网络下，对验证集进行一键测试后，将采用批量化对比的方法得到当前网络的总体准确率，并在日志面板显示。

4. 单例评测

单击“单幅测试”按钮，可对训练好的网络模型基于用户选择的数据进行测试，并将得到的测试结果显示在日志面板，核心代码如下：

```
if isequal(handles.net, 0) || isequal(handles.layers, 0)
    return;
end
% 加载图像
filePath = OpenFile();
if isequal(filePath, 0)
    return;
end
x = imread(filePath);
xo = x;
% 维度匹配
inputSize = handles.layers(1).InputSize;
if ~isequal(size(x), inputSize(1:2))
    x = imresize(x, inputSize(1:2), 'bilinear');
end
axes(handles.axes2); imshow(xo, []);
xw = zeros(inputSize(1),inputSize(2), 3, 1);
xw(:,:,:,1) = x(:,:,:);
t1 = cputime;
% 评测
yw = classify(handles.net,xw);
t2 = cputime;
str1 = sprintf('\n 测试 1 条数据\n 耗时=%.2f s\n 识别结果为%s', t2-t1, char(yw));
ss = get(handles.edit_info, 'String');
ss{end+1} = str1;
set(handles.edit_info, 'String', ss);
```

如图 25-12 所示，对单幅图片先加载后进行大小对应，再输入当前网络进行判别，最后将得到的测试结果显示在日志面板。

5. 互联网图片识别

为了进一步验证网络的适用性，我们从互联网采集任意图像，加载后验证识别效果。如图 25-13 和图 25-14 所示，通过对自定义的互联网图片进行识别，依然可以得到正确的识别结果并显示在日志面板。

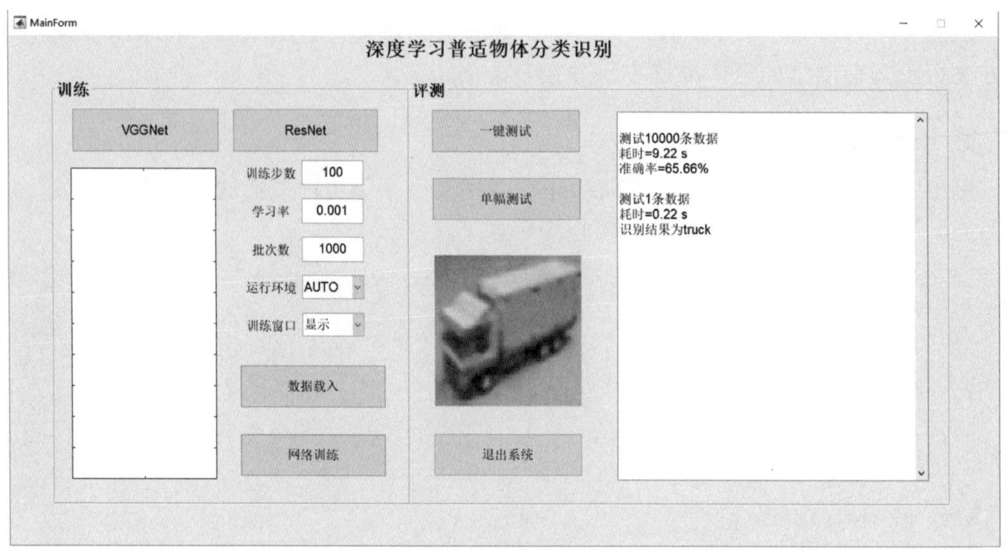
MainForm
深度学习普适物体分类识别
训练
评测
VGGNet
ResNet
训练步数 100
学习率 0.001
批次数 1000
运行环境 AUTO
训练窗口 显示
数据载入
网络训练
一键测试
单幅测试
退出系统
测试10000条数据
耗时=9.22 s
准确率=65.66%
测试1条数据
耗时=0.22 s
识别结果为truck

图 25-12

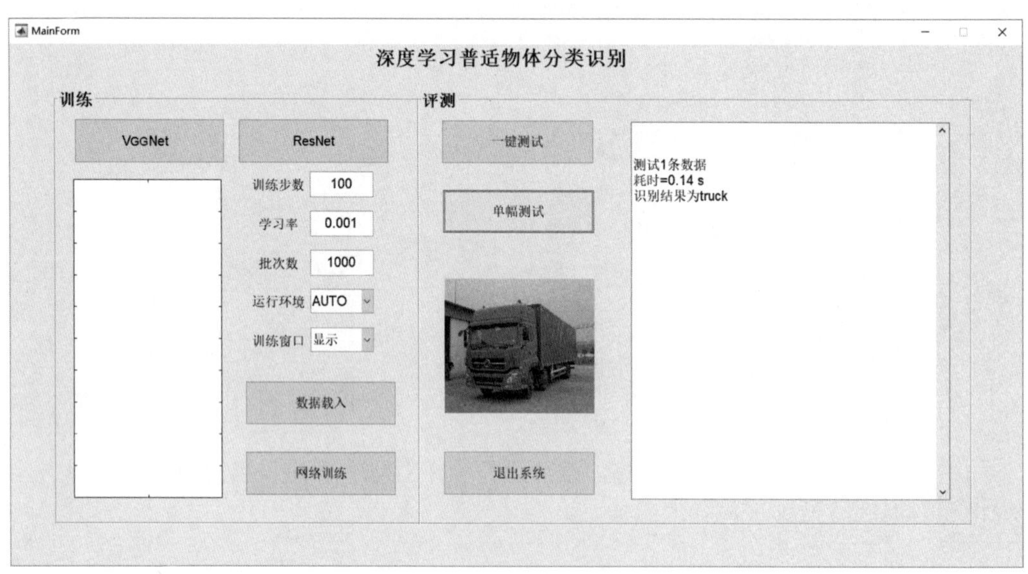
MainForm
深度学习普适物体分类识别
训练
评测
VGGNet
ResNet
训练步数 100
学习率 0.001
批次数 1000
运行环境 AUTO
训练窗口 显示
数据载入
网络训练
一键测试
单幅测试
退出系统
测试1条数据
耗时=0.14 s
识别结果为truck

图 25-13

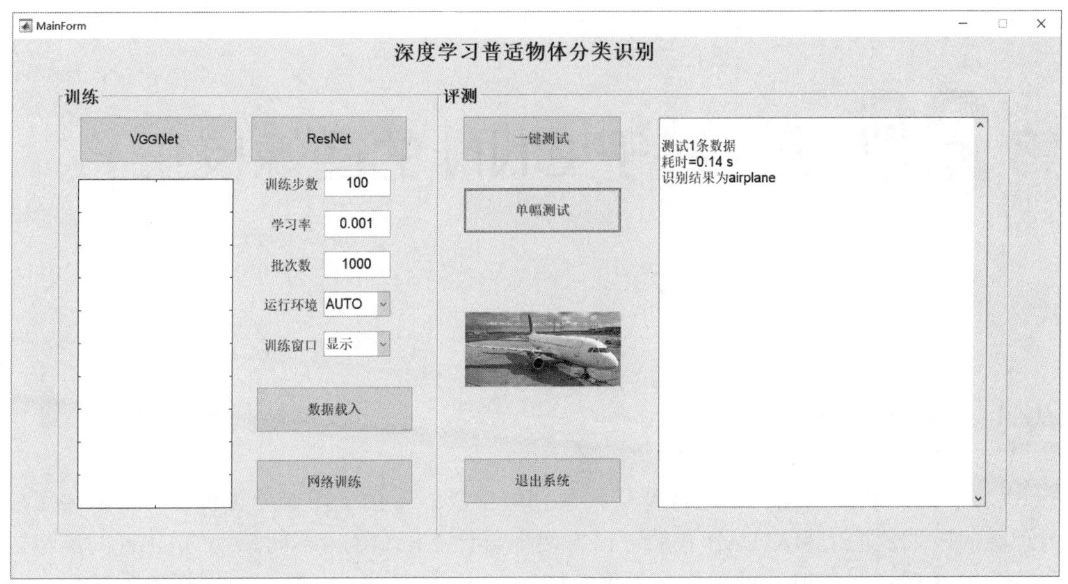

图 25-14

本次实验选择了规模稍大的 CIFAR-10 数据集进行分类识别，并选择了 VGGNet、ResNet 网络进行网络训练。在实际操作过程中，受限于数据规模和硬件配置，对大小缩放、批次参数、训练步数等进行了多次调试，这对以后的图像分类任务具有较多的参考意义。本次实验采用网络修改的方式来得到新的 CNN 结构，适用于对网络进行配置、融合等相关研究。读者可以通过自行设计、选择其他网络或加载其他数据等方式进行实验的延伸。

第 26 章 基于 CNN 的图像校正

26.1 案例背景

CNN 是一款功能强大的图像特征抽象提取工具，常用于图像分类识别，并取得了较为理想的效果。通过 MATLAB 我们可以方便地设计不同结构、不同深度的 CNN 对图像进行分类，最后一层一般被设置为分类层（ClassificationLayer），用于类别标签的输出。如果我们将最后一层设计为回归层（RegressionLayer），则可以将其用于连续数据的预测，这对于曲线拟合、预测分析具有重要意义。

26.2 倾斜数据集

本次实验选择 DigitDataset 的图像及倾斜角度作为分析对象，通过对不同的 CNN 增加回归层来计算倾斜角度，进而对数字图像进行校正。数字倾斜角度采用索引文件的方式进行配置，如图 26-1 所示。

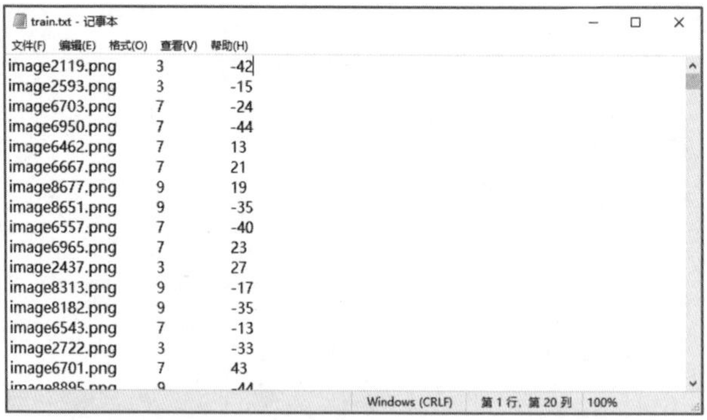

```
train.txt - 记事本
文件(F) 编辑(E) 格式(O) 查看(V) 帮助(H)
image2119.png   3   -42
image2593.png   3   -15
image6703.png   7   -24
image6950.png   7   -44
image6462.png   7   13
image6667.png   7   21
image8677.png   9   19
image8651.png   9   -35
image6557.png   7   -40
image6965.png   7   23
image2437.png   3   27
image8313.png   9   -17
image8182.png   9   -35
image6543.png   7   -13
image2722.png   3   -33
image6701.png   7   43
Windows (CRLF)   第 1 行，第 20 列   100%
```

图 26-1

其中，第 1 列为文件名，第 2 列为对应的数字文件夹，第 3 列为倾斜角度。为了便于直观分析，我们设计数据加载函数生成训练集、验证集，并随机呈现，核心代码如下：

```
function [XTrain, YTrain, XValidation, YValidation] = load_data()
if exist(fullfile(pwd, 'db/db.mat'))
    load(fullfile(pwd, 'db/db.mat'));
    return;
end
% 加载
fid = fopen(fullfile(pwd, 'db/train.txt'));
train = textscan(fid,'%s %d %d');
fclose(fid);
fid = fopen(fullfile(pwd, 'db/test.txt'));
test = textscan(fid,'%s %d %d');
fclose(fid);
% 读取
XTrain = [];
YTrain = [];
for i = 1 : length(train{1})
    % 第 i 条数据
    filei = fullfile(pwd, 'db', sprintf('%d/%s', train{2}(i), train{1}{i}));
    x = imread(filei);
    y = train{3}(i);
    XTrain(:,:,:,i) = x;
    YTrain(i, 1) = y;
end
XValidation = [];
YValidation = [];
for i = 1 : length(test{1})
    % 第 i 条数据
    filei = fullfile(pwd, 'db', sprintf('%d/%s', test{2}(i), test{1}{i}));
    x = imread(filei);
    y = test{3}(i);
    XValidation(:,:,:,i) = x;
    YValidation(i, 1) = y;
end
% 存储到 mat 文件
save(fullfile(pwd, 'db/db.mat'), 'XTrain', 'YTrain', 'XValidation',
'YValidation');
```

在读取数据后，可随机选择 9 幅图像进行呈现，以了解其倾斜情况，核心代码如下：

```
clc; clear all; close all;
[XTrain, YTrain, XValidation, YValidation] = load_data();
num_trainImages = numel(YTrain);
figure
choose_ids = randperm(num_trainImages, 9);
for i = 1:numel(choose_ids)
    subplot(3,3,i)
    imshow(XTrain(:,:,:,choose_ids(i)), [])
end
```

效果如图 26-2 所示。

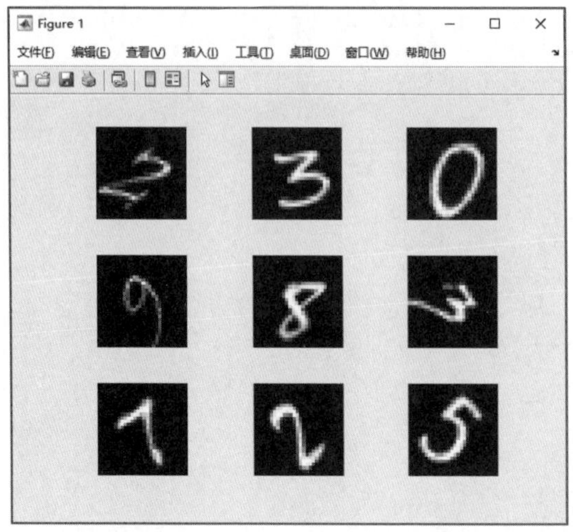

图 26-2

可以发现，数字图像大多具有明显的倾斜，有必要进行倾斜校正。为此，我们设计不同的 CNN 用于回归训练，预测倾斜角度并进行校正。

26.3　自定义 CNN 回归网络

为了快速进行网络设计，这里直接自定义 CNN 回归网络，将最后一层修改为回归层，并通过定义 get_self_net 函数来直接调用，核心代码如下：

```
function layers = get_self_net(image_size)
% 自定义 CNN 回归网络结构
layers = [
    % 输入
    imageInputLayer(image_size, 'Name', 'data')
    % 卷积
    convolution2dLayer(3,8,'Padding','same', 'Name', 'cnn1')
    batchNormalizationLayer('Name', 'bn1')
    reluLayer('Name', 'relu1')
    % 池化
    maxPooling2dLayer(2,'Stride',2, 'Name', 'pool1')
    % 卷积
    convolution2dLayer(3,16,'Padding','same', 'Name', 'cnn2')
    batchNormalizationLayer('Name', 'bn2')
    reluLayer('Name', 'relu2')
    % 池化
    maxPooling2dLayer(2,'Stride',2, 'Name', 'pool2')
    % 卷积
    convolution2dLayer(3,32,'Padding','same', 'Name', 'cnn3')
    batchNormalizationLayer('Name', 'bn3')
```

```
    reluLayer('Name', 'relu3')
    dropoutLayer(0.2, 'Name', 'dropout')
    % 全连接
    fullyConnectedLayer(1, 'Name', 'fc')
    regressionLayer('Name', 'output')];
```

在 command 窗口调用 get_self_net 函数，并使用网络设计器进行可视化分析，核心代码如下：

```
>> layers = get_self_net([28 28 1]);
>> deepNetworkDesigner
```

效果如图 26-3 所示。

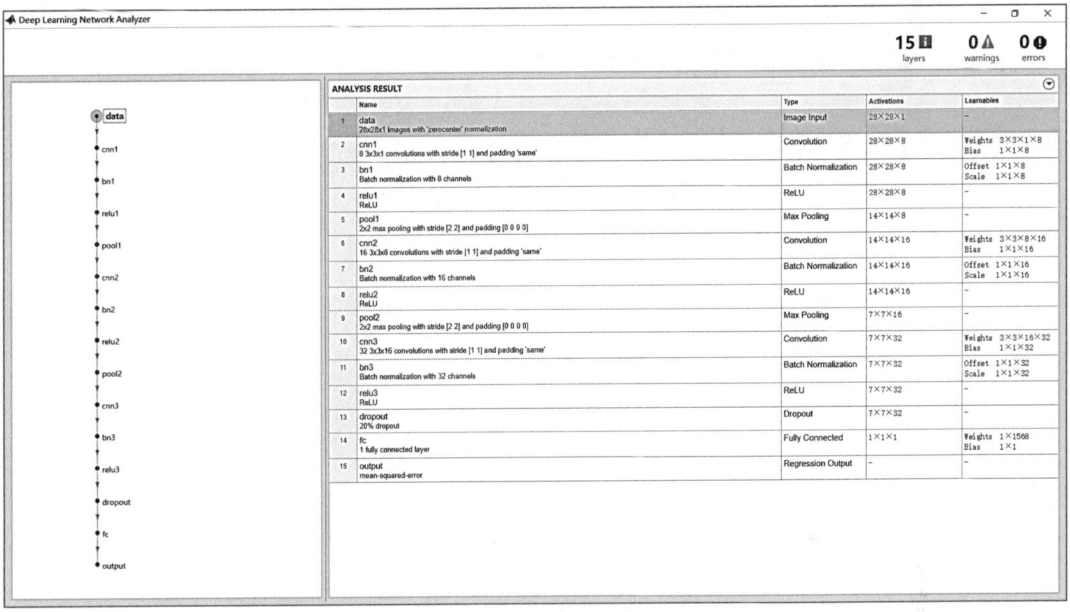

Deep Learning Network Analyzer

15 layers　0 warnings　0 errors

ANALYSIS RESULT

	Name	Type	Activations	Learnables
1	data 28x28x1 images with 'zerocenter' normalization	Image Input	28×28×1	-
2	cnn1 8 3x3x1 convolutions with stride [1 1] and padding 'same'	Convolution	28×28×8	Weights 3×3×1×8 Bias 1×1×8
3	bn1 Batch normalization with 8 channels	Batch Normalization	28×28×8	Offset 1×1×8 Scale 1×1×8
4	relu1 ReLU	ReLU	28×28×8	-
5	pool1 2x2 max pooling with stride [2 2] and padding [0 0 0 0]	Max Pooling	14×14×8	-
6	cnn2 16 3x3x8 convolutions with stride [1 1] and padding 'same'	Convolution	14×14×16	Weights 3×3×8×16 Bias 1×1×16
7	bn2 Batch normalization with 16 channels	Batch Normalization	14×14×16	Offset 1×1×16 Scale 1×1×16
8	relu2 ReLU	ReLU	14×14×16	-
9	pool2 2x2 max pooling with stride [2 2] and padding [0 0 0 0]	Max Pooling	7×7×16	-
10	cnn3 32 3x3x16 convolutions with stride [1 1] and padding 'same'	Convolution	7×7×32	Weights 3×3×16×32 Bias 1×1×32
11	bn3 Batch normalization with 32 channels	Batch Normalization	7×7×32	Offset 1×1×32 Scale 1×1×32
12	relu3 ReLU	ReLU	7×7×32	-
13	dropout 20% dropout	Dropout	7×7×32	-
14	fc 1 fully connected layer	Fully Connected	1×1×1	Weights 1×1568 Bias 1×1
15	output mean-squared-error	Regression Output	-	-

图 26-3

可以发现，该网络共 15 层，没有出现警告或错误提示，且最后一层是回归层。

26.4 AlexNet 回归网络

为了应用更深的网络，我们引入 AlexNet 回归网络并进行自定义修改，重新设计最后几层，引入回归层进行组合搭建，最终通过定义 get_alex_net 函数来直接调用，核心代码如下：

```
function layers = get_alex_net()
% 修改 AlexNet 回归网络结构
layers = [
```

```
    imageInputLayer([32 32 1],"Name","imageinput")
    convolution2dLayer([5 5],64,"Name","conv_1","Padding","same")
    reluLayer("Name","relu_1")
    maxPooling2dLayer([3 3],"Name","maxpool_1","Padding","same","Stride",[2 2])
    convolution2dLayer([5 5],64,"Name","conv_2","Padding","same")
    reluLayer("Name","relu_2")
    maxPooling2dLayer([3 3],"Name","maxpool_2","Padding","same","Stride",[2 2])
    convolution2dLayer([3 3],128,"Name","conv_3","Padding","same")
    reluLayer("Name","relu_3")
    convolution2dLayer([3 3],128,"Name","conv_4","Padding","same")
    reluLayer("Name","relu_4")
    convolution2dLayer([3 3],128,"Name","conv_5","Padding","same")
    reluLayer("Name","relu_5")
    batchNormalizationLayer('Name', 'bn3')
    reluLayer('Name', 'relu3')
    dropoutLayer(0.2, 'Name', 'dropout')
    % 全连接
    fullyConnectedLayer(1, 'Name', 'fc')
    regressionLayer('Name', 'output')];
```

在 command 窗口调用 get_alex_net 函数，并使用网络设计器进行可视化分析，核心代码如下：

```
>> layers = get_alex_net();
>> deepNetworkDesigner
```

效果如图 26-4 所示。

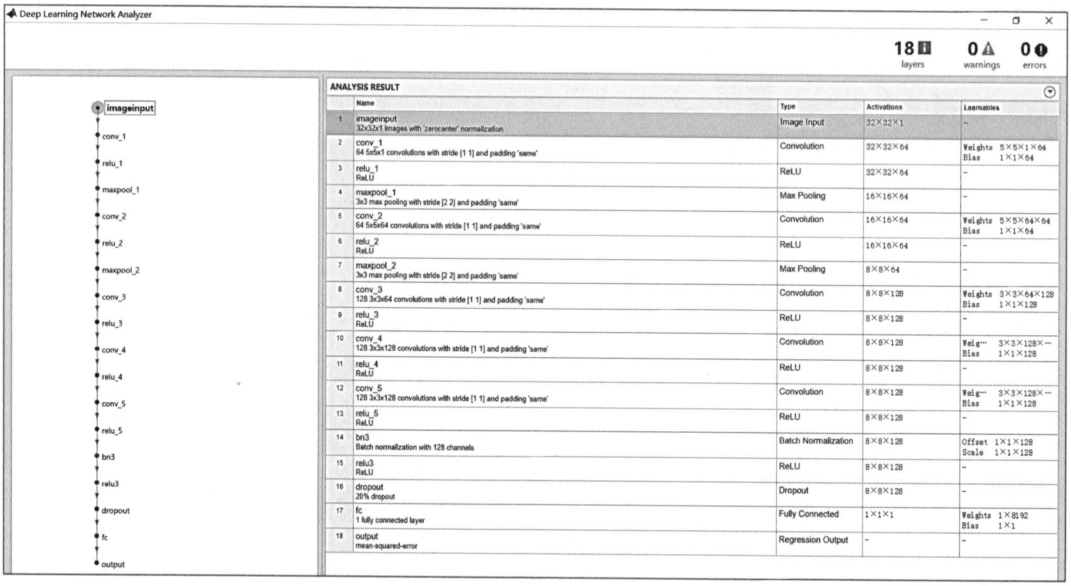
Deep Learning Network Analyzer
18 layers
0 warnings
0 errors
imageinput
conv_1
relu_1
maxpool_1
conv_2
relu_2
maxpool_2
conv_3
relu_3
conv_4
relu_4
conv_5
relu_5
bn3
relu3
dropout
fc
output
ANALYSIS RESULT
Name
Type
Activations
Learnables
1 imageinput 32x32x1 images with 'zerocenter' normalization Image Input 32×32×1 -
2 conv_1 64 5x5x1 convolutions with stride [1 1] and padding 'same' Convolution 32×32×64 Weights 5×5×1×64 Bias 1×1×64
3 relu_1 ReLU ReLU 32×32×64 -
4 maxpool_1 3x3 max pooling with stride [2 2] and padding 'same' Max Pooling 16×16×64 -
5 conv_2 64 5x5x64 convolutions with stride [1 1] and padding 'same' Convolution 16×16×64 Weights 5×5×64×64 Bias 1×1×64
6 relu_2 ReLU ReLU 16×16×64 -
7 maxpool_2 3x3 max pooling with stride [2 2] and padding 'same' Max Pooling 8×8×64 -
8 conv_3 128 3x3x64 convolutions with stride [1 1] and padding 'same' Convolution 8×8×128 Weights 3×3×64×128 Bias 1×1×128
9 relu_3 ReLU ReLU 8×8×128 -
10 conv_4 128 3x3x128 convolutions with stride [1 1] and padding 'same' Convolution 8×8×128 Weig… 3×3×128×… Bias 1×1×128
11 relu_4 ReLU ReLU 8×8×128 -
12 conv_5 128 3x3x128 convolutions with stride [1 1] and padding 'same' Convolution 8×8×128 Weig… 3×3×128×… Bias 1×1×128
13 relu_5 ReLU ReLU 8×8×128 -
14 bn3 Batch normalization with 128 channels Batch Normalization 8×8×128 Offset 1×1×128 Scale 1×1×128
15 relu3 ReLU ReLU 8×8×128 -
16 dropout 20% dropout Dropout 8×8×128 -
17 fc 1 fully connected layer Fully Connected 1×1×1 Weights 1×8192 Bias 1×1
18 output mean-squared-error Regression Output - -

图 26-4

可以发现，该网络共 18 层，没有出现警告或错误提示，且最后一层是回归层。

26.5 程序实现

1. 界面设计

为了便于对不同算法进行对比分析，本次实验搭建 GUI，设置网络选择、训练参数配置、网络训练、网络测试等功能模块。其中，软件界面如图 26-5 所示。

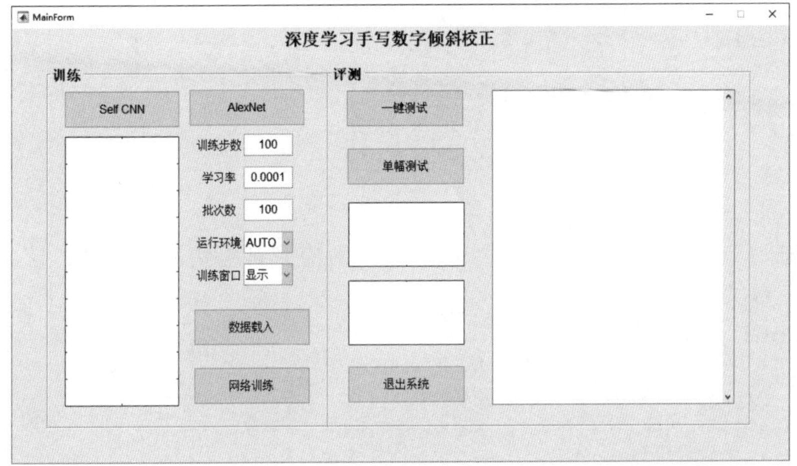

图 26-5

（1）单击“Self CNN”按钮，可加载自定义 CNN 回归网络结构并呈现，如图 26-6 所示。

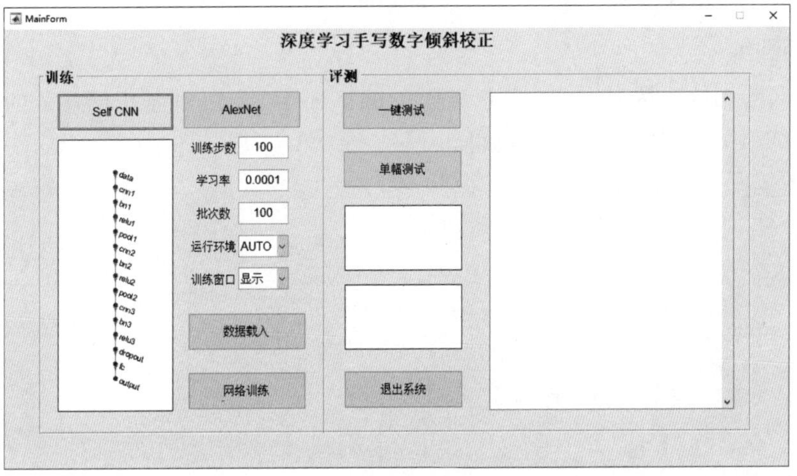

图 26-6

（2）单击“AlexNet”按钮，可加载 AlexNet 回归网络结构并呈现，如图 26-7 所示。

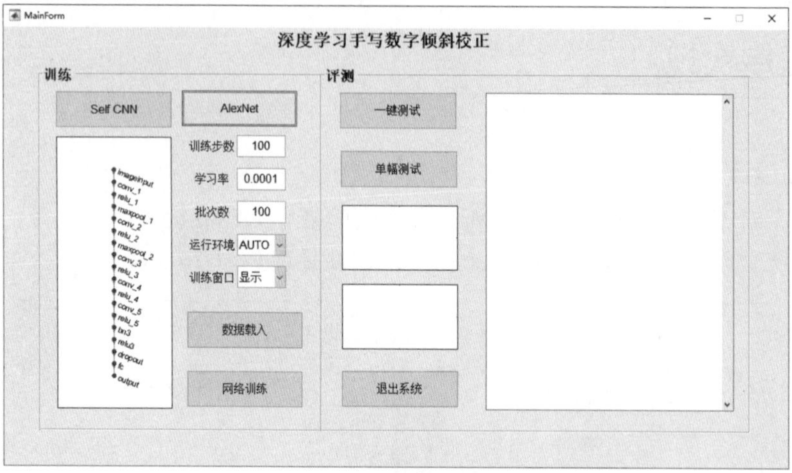

图 26-7

（3）单击“数据载入”按钮，可加载数据并对应到训练集、验证集，核心代码如下：

```
    if isequal(handles.layers, 0)
       return;
    end
    [XTrain, YTrain, XValidation, YValidation] = load_data();
    handles.XTrain = XTrain;
    handles.YTrain = YTrain;
    handles.XValidation = XValidation;
    handles.YValidation = YValidation;
    guidata(hObject, handles);
    msgbox('数据载入成功！', '提示信息', 'modal');
```

2. 网络训练

单击“网络训练”按钮，可读取已配置的网络训练参数，并基于已加载的数据进行训练，得到训练后的网络模型，核心代码如下：

```
    if isequal(handles.XTrain, 0) || isequal(handles.layers, 0)
       return;
    end
    % 维度匹配
    inputSize = handles.layers(1).InputSize;
    imdsTrain = augmentedImageDatastore(inputSize(1:2),
handles.XTrain,handles.YTrain);
    augimdsValidation = augmentedImageDatastore(inputSize(1:2),
handles.XValidation,handles.YValidation);
    handles.augimdsValidation = augimdsValidation;
    guidata(hObject, handles);
    % 设置训练参数
```

```
MaxEpochs = round(str2num(get(handles.edit1, 'String')));
InitialLearnRate = str2num(get(handles.edit2, 'String'));
MiniBatchSize = round(str2num(get(handles.edit3, 'String')));
% 设置训练环境
v1 = get(handles.popupmenu1, 'Value');
if v1 == 1
   ExecutionEnvironment = 'auto';
end
if v1 == 2
   ExecutionEnvironment = 'gpu';
end
if v1 == 3
   ExecutionEnvironment = 'cpu';
end
% 是否显示训练窗口
v2 = get(handles.popupmenu2, 'Value');
if v2 == 1
   options_train = trainingOptions('sgdm', ...
   'MiniBatchSize',MiniBatchSize, ...
   'MaxEpochs',MaxEpochs, ...
   'InitialLearnRate',InitialLearnRate, ...
   'LearnRateSchedule','piecewise', ...
   'LearnRateDropFactor',0.1, ...
   'LearnRateDropPeriod',20, ...
   'Shuffle','every-epoch', ...
   'ValidationData',handles.augimdsValidation, ...
   'ValidationFrequency',10, ...
   'Plots','training-progress', ...
   'ExecutionEnvironment', ExecutionEnvironment, ...
   'Verbose',true);
else
   options_train = trainingOptions('sgdm', ...
   'MiniBatchSize',MiniBatchSize, ...
   'MaxEpochs',MaxEpochs, ...
   'InitialLearnRate',InitialLearnRate, ...
   'LearnRateSchedule','piecewise', ...
   'LearnRateDropFactor',0.1, ...
   'LearnRateDropPeriod',20, ...
   'Shuffle','every-epoch', ...
   'ValidationData',handles.augimdsValidation, ...
   'ValidationFrequency',10, ...
   'ExecutionEnvironment', ExecutionEnvironment, ...
   'Verbose',true);
end
% 保存训练结果
net = trainNetwork(imdsTrain, handles.layers, options_train);
handles.net = net;
guidata(hObject, handles);
msgbox('训练完毕！', '提示信息', 'modal');
```

由于网络训练耗时较久，建议读者搭建 GPU 环境进行训练，以提高训练速度。自定义 CNN 回归网络的训练过程如图 26-8 所示，AlexNet 回归网络的训练过程如图 26-9 所示。

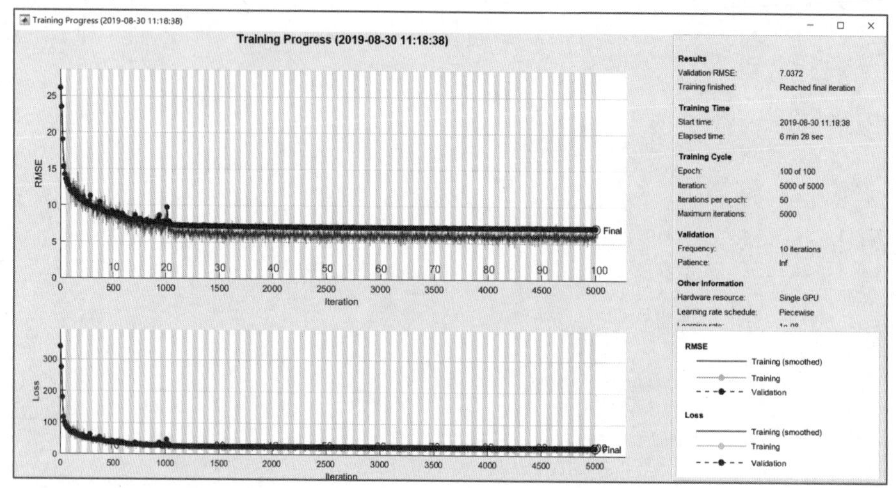

图 26-8

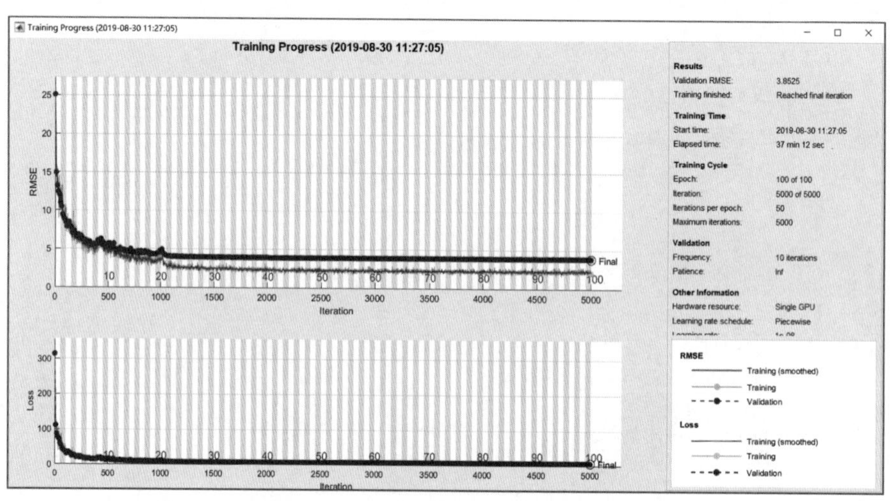

图 26-9

可以发现，随着训练迭代步数的增加，RMSE 曲线、Loss 曲线呈现明显的下降趋势，这也说明了网络模型在回归预测方面的有效性。在相同硬件条件下，自定义 CNN 回归网络的最后 RMSE 在 7.0 左右，训练耗时 6 分 28 秒；AlexNet 回归网络的最后 RMSE 在 3.8 左右，训练耗时 37 分 12 秒。但是 AlexNet 回归网络最后的验证集 RMSE 曲线与训练集的 RMSE 曲线出现了一定的偏差并且呈现稳定趋势，说明即便增加迭代步数也难以提升准确率。通过本次实验可以发现，AlexNet 回归网络的预测效果相对较好，但也带来了更多的计算资源消耗。

3. 批量评测

单击“一键测试”按钮，可对训练好的网络模型基于已加载的数据进行测试，并将得到的测试结果显示在日志面板，核心代码如下：

```
    if isequal(handles.net, 0) || isequal(handles.layers, 0)
        return;
    end
    t1 = cputime;
    % 评测
    YPredicted = predict(handles.net,handles.augimdsValidation);
    YValidation = handles.YValidation;
    prediction_error = YValidation - YPredicted;
    thr = 10;
    num_correct = sum(abs(prediction_error) < thr);
    num_validation = numel(YValidation);
    accuracy = num_correct/num_validation;
    t2 = cputime;
    str1 = sprintf('\n 测试%d 条数据\n 耗时=%.2f s\n 准确率=%.2f%%', numel(YPredicted),
t2-t1, accuracy*100);
    ss = get(handles.edit_info, 'String');
    ss{end+1} = str1;
    set(handles.edit_info, 'String', ss);
```

自定义 CNN 回归网络的预测准确率如图 26-10 所示，AlexNet 回归网络的预测准确率如图 26-11 所示。

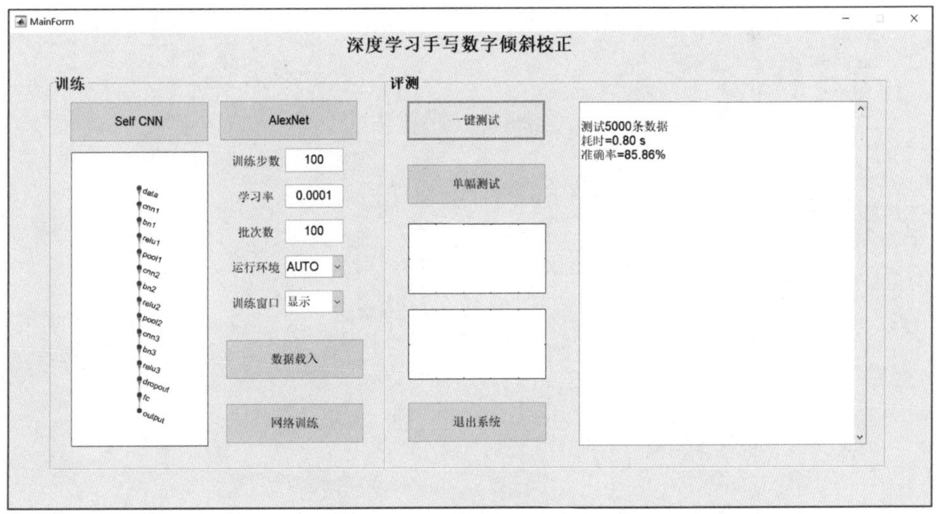

图 26-10

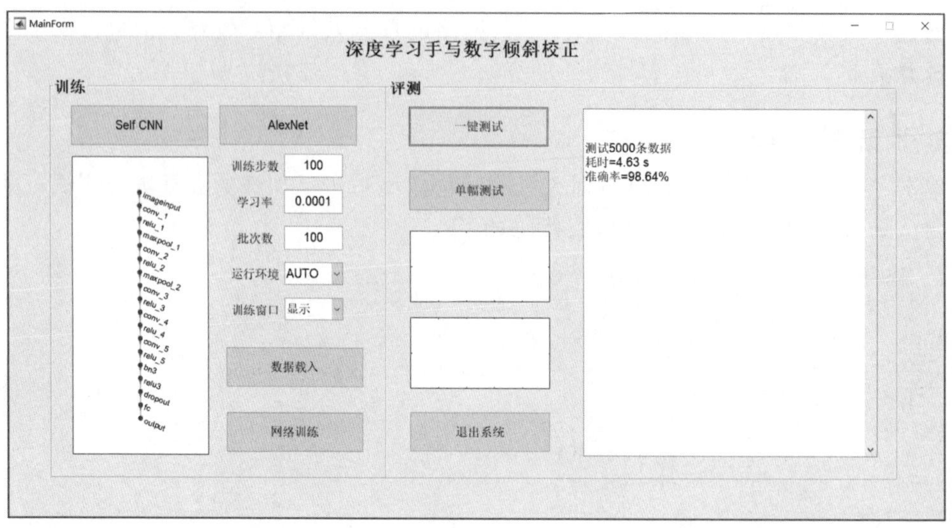

图 26-11

在网络训练完毕的情况下，先对验证集进行一键测试，再对回归预测结果采用设置阈值范围进行批量化比对的方法，可以得到当前网络的总体准确率，并将其显示在日志面板。

4. 单例评测

单击“单幅测试”按钮，可对训练好的网络模型基于用户选择的数据进行测试，得到回归预测结果并进行图像校正，最后显示在日志面板，核心代码如下：

```
if isequal(handles.net, 0) || isequal(handles.layers, 0)
    return;
end
% 加载图像
filePath = OpenFile();
if isequal(filePath, 0)
    return;
end
x = imread(filePath);
xo = x;
% 维度匹配
inputSize = handles.layers(1).InputSize;
if ~isequal(size(x), inputSize(1:2))
    x = imresize(x, inputSize(1:2), 'bilinear');
end
axes(handles.axes2); imshow(xo, []);
xw = zeros(inputSize(1),inputSize(2), 1, 1);
xw(:,:,1,1) = x(:,:,1);
t1 = cputime;
% 校正
yw = predict(handles.net, xw);
```

```
xw2 = imrotate(xo,yw,'bicubic','crop');
axes(handles.axes3); imshow(xw2, []);
t2 = cputime;
str1 = sprintf('\n 测试 1 条数据\n 耗时=%.2f s\n 倾斜角度为%.1f° ', t2-t1, yw);
ss = get(handles.edit_info, 'String');
ss{end+1} = str1;
set(handles.edit_info, 'String', ss);
```

对单幅图片先加载后进行大小对应，再输入当前网络进行回归预测，得到倾斜角度，进行倾斜校正，最终呈现的结果如图 26-12 所示。实验结果表明，通过回归预测网络可以得到倾斜角度，并能匹配到图像真实的情况，具有校正的可行性。

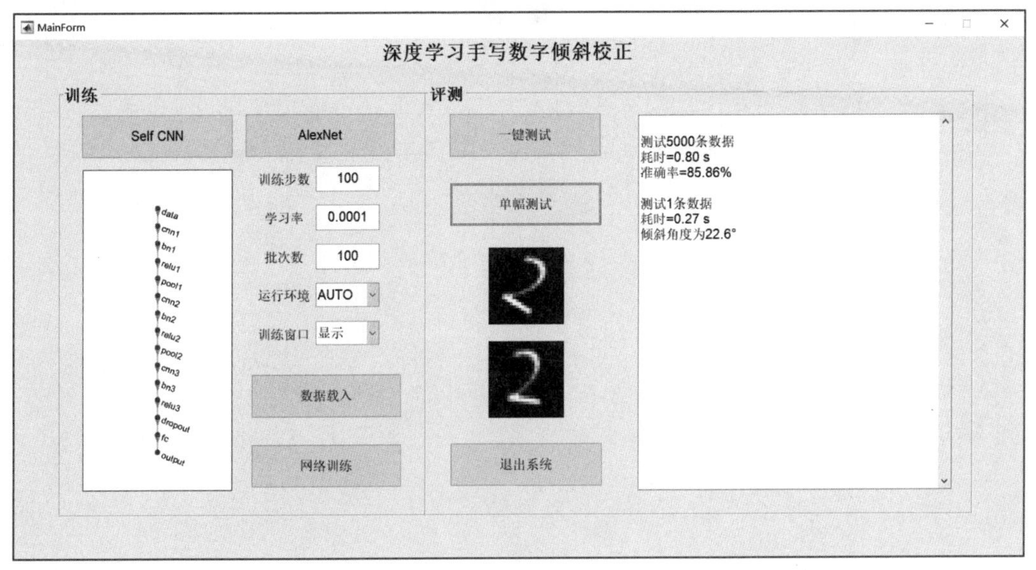

图 26-12

5. 手绘草图校正

为了进一步验证网络模型的适用性，我们自定义一幅图像并用画图手写一个倾斜数字“3”，在加载后验证识别效果。如图 26-13 所示，通过对自定义的手写数字进行回归预测，依然可以得到正确的倾斜角度，对图像进行校正并显示在日志面板。

本次实验是一个回归预测应用，而通过自定义 CNN、AlexNet 回归网络的回归层输出进行网络结构设计，通过对倾斜的手写数字数据集进行训练和评测，可对输入的倾斜图像进行预测分析，得到近似的倾斜角度并进行倾斜校正。读者可以通过自行设计、选择其他网络或加载其他数据等方式进行实验的延伸。

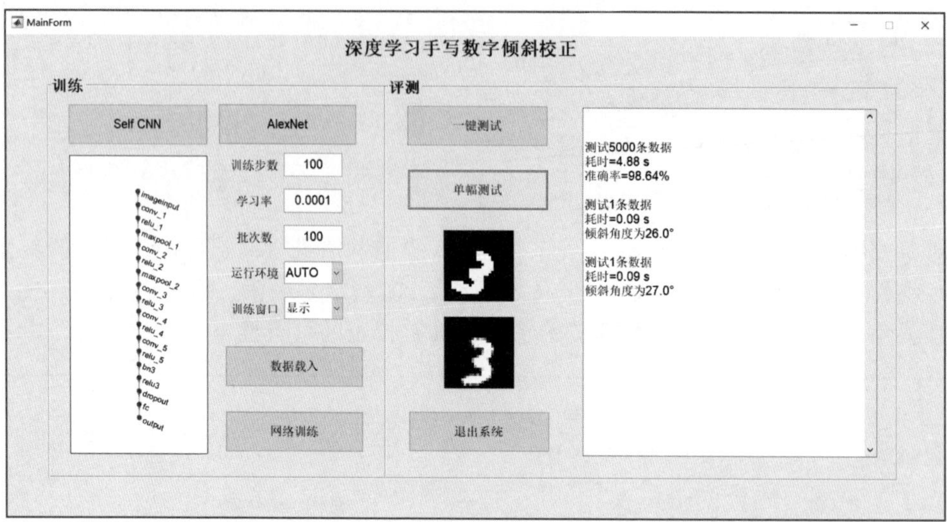
MainForm
深度学习手写数字倾斜校正
训练
Self CNN
AlexNet
训练步数 100
学习率 0.0001
批次数 100
运行环境 AUTO
训练窗口 显示
数据载入
网络训练
评测
一键测试
单幅测试
退出系统
测试5000条数据
耗时=4.88 s
准确率=98.64%
测试1条数据
耗时=0.09 s
倾斜角度为26.0°
测试1条数据
耗时=0.09 s
倾斜角度为27.0°

图 26-13

第 27 章 基于 LSTM 的时间序列分析

27.1 案例背景

时间序列是按时间顺序组织的数字序列，是数据分析中重要的处理对象之一。时间序列的主要特点是数据获取方式一般具有客观性，能够反应某种现象的变化趋势或统计指标，进而可以给出未来走向的预测，这本质上也是一个回归预测的问题。长短时记忆网络（Long Short-Term Memory，LSTM）是一种循环神经网络，适合处理更长时间跨度的内部记忆，广泛应用于时间序列分析，它能够保持数据的内在持续性，反应数据的细粒度走势，具有良好的预测效果。

27.2 厄尔尼诺-南方涛动指数数据

本次实验采用厄尔尼诺-南方涛动指数数据，对按月份统计的平均气压数据进行时间序列分析，并采用不同的处理方法进行实验评估。在 command 窗口输入 load enso 加载数据，并进行绘图，核心代码如下：

```
>> load enso
>> figure; plot(month,pressure, 'k:', month,pressure, 'r*');
```

效果如图 27-1 所示。

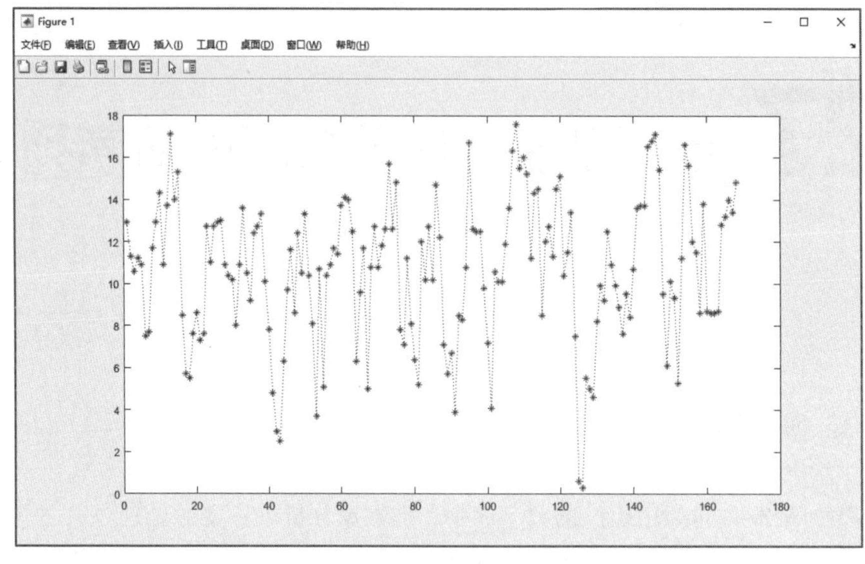

图 27-1

27.3　样条分析

通过 MATLAB 提供的 fit 函数可以方便地进行样条拟合及样条分析，核心代码如下：

```
clc; clear all; close all;
warning off all;
rand('seed', 10);
% 加载数据
load enso
data_x = month;
data_y = pressure;
% 样条拟合
[res1, res2, res3] = fit(data_x, data_y, 'smoothingspline');
% 绘图
figure
subplot(2,1,1)
plot(data_x, data_y, 'r*');
hold on;
plot(res1, data_x, data_y);
title(sprintf('样条分析-RMSE=%.2f', res2.rmse));
subplot(2,1,2)
stem(data_x, res3.residuals)
xlabel("Time")
ylabel("Error")
title('样条分析-误差图');
```

采用样条算法进行拟合，并绘制误差曲线，结果如图 27-2 所示。

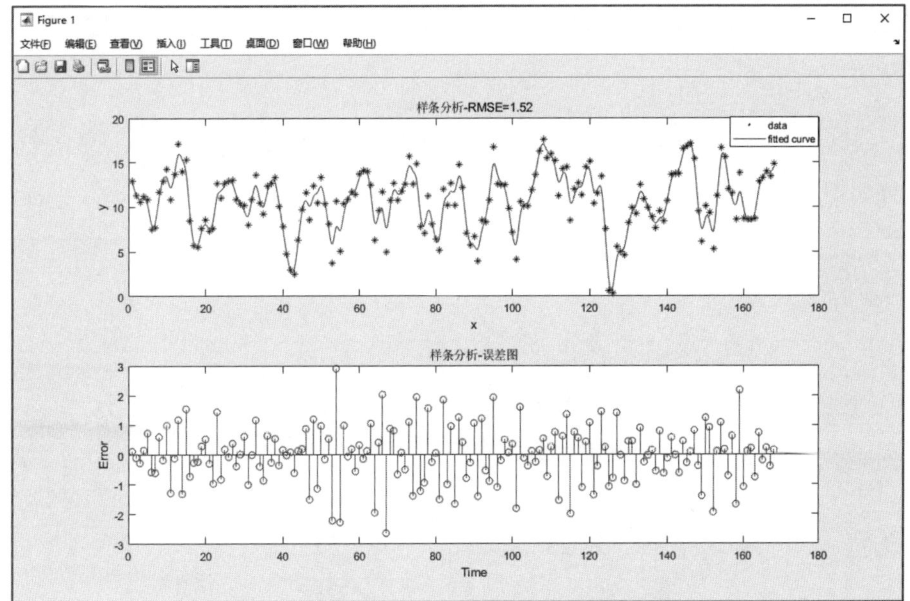

图 27-2

从图 27-2 中可以发现，直接采用样条分析可以得到平滑的拟合曲线，能在一定程度上反应数据的分布，但是也存在较多的误差，其 RMSE 值为 1.52，相对较大。

27.4　用 MATLAB 实现 LSTM 预测

1. LSTM 网络编辑

为了快速进行简单的网络设计，我们这里自定义简单的 LSTM 回归网络，即定义 get_lstm_net 函数，核心代码如下：

```
function layers = get_lstm_net(wd)
% 网络结构
numFeatures = wd;
numResponses = 1;
numHiddenUnits = 250;
layers = [ ...
    sequenceInputLayer(numFeatures)
    lstmLayer(numHiddenUnits)
    dropoutLayer(0.1)
    lstmLayer(2*numHiddenUnits)
    dropoutLayer(0.1)
    fullyConnectedLayer(numResponses)
    regressionLayer];
```

在 command 窗口调用此网络生成函数，并使用网络设计器进行可视化分析，核心代码如下：

```
>> layers = get_lstm_net(5);
>> deepNetworkDesigner
```

效果如图 27-3 所示。

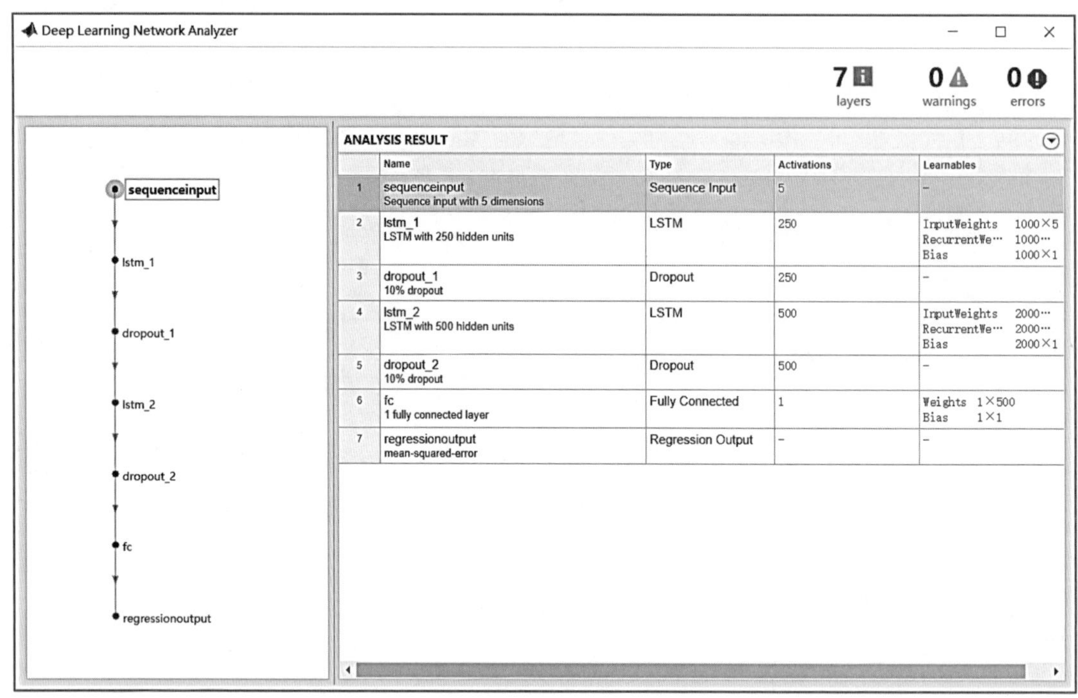

	Name	Type	Activations	Learnables
1	sequenceinput Sequence input with 5 dimensions	Sequence Input	5	-
2	lstm_1 LSTM with 250 hidden units	LSTM	250	InputWeights 1000×5 RecurrentWe··· 1000··· Bias 1000×1
3	dropout_1 10% dropout	Dropout	250	-
4	lstm_2 LSTM with 500 hidden units	LSTM	500	InputWeights 2000··· RecurrentWe··· 2000··· Bias 2000×1
5	dropout_2 10% dropout	Dropout	500	-
6	fc 1 fully connected layer	Fully Connected	1	Weights 1×500 Bias 1×1
7	regressionoutput mean-squared-error	Regression Output	-	-

图 27-3

可以发现，该网络共 7 层，没有出现警告或错误提示，且最后一层是回归层。为了便于调用，我们将其导出并封装为 get_lstm_net 函数。

2. LSTM 网络训练

在网络设计完毕后，可以选择步长 5 来生成时间序列并进行训练，核心代码如下：

```
clc; clear all; close all;
warning off all;
rand('seed', 10);
% 加载数据
load enso;
data_x = month';
data_y = pressure';
% 预处理
mu = mean(data_y);
```

```
sig = std(data_y);
data_y = (data_y - mu) / sig;
% 数据准备
wd = 5;
len = numel(data_y);
wdata = [];
for i = 1 : 1 : len - wd
    di = data_y(i:i+wd);
    wdata = [wdata; di];
end
wdata_origin = wdata;
index_list = randperm(size(wdata, 1));
ind = round(0.8*length(index_list));
train_index = index_list(1:ind);
test_index = index_list(ind+1:end);
train_index = sort(train_index);
test_index = sort(test_index);
% 数据分配
dataTrain = wdata(train_index, :);
dataTest = wdata(test_index, :);
XTrain = dataTrain(:, 1:end-1)';
YTrain = dataTrain(:, end)';
XTest = dataTest(:, 1:end-1)';
YTest = dataTest(:, end)';
% 网络构建
layers = get_lstm_net(wd);
options = trainingOptions('adam', ...
    'MaxEpochs',1000, ...
    'GradientThreshold',1, ...
    'InitialLearnRate',0.005, ...
    'LearnRateSchedule','piecewise', ...
    'LearnRateDropPeriod',125, ...
    'LearnRateDropFactor',0.2, ...
    'Verbose',0, ...
    'Plots','training-progress');
% 训练
net = trainNetwork(XTrain,YTrain,layers,options);
% 测试
Xall = wdata_origin(:, 1:end-1)';
Yall = wdata_origin(:, end)';
YPred  = predict(net,Xall,'MiniBatchSize',1);
rmse = mean((YPred(:)-Yall(:)).^2);
% 显示
figure
subplot(2,1,1)
plot(data_x(1:length(Yall)), Yall)
s
stem(data_x(1:length(Yall)), YPred - Yall)
xlabel("Time")
```

```
ylabel("Error")
title('LSTM 分析-误差图');
```

运行以上代码对时间序列数据进行归一化预处理，随机拆分训练集和验证集，并进行 LSTM 训练和预测分析，训练过程如图 27-4 所示。

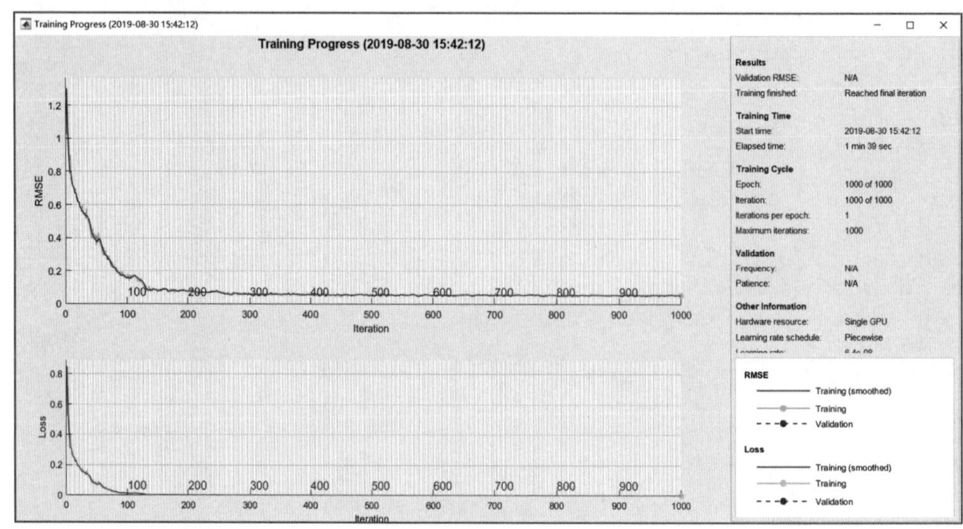

图 27-4

采用 LSTM 模型进行拟合，并绘制误差曲线，结果如图 27-5 所示。

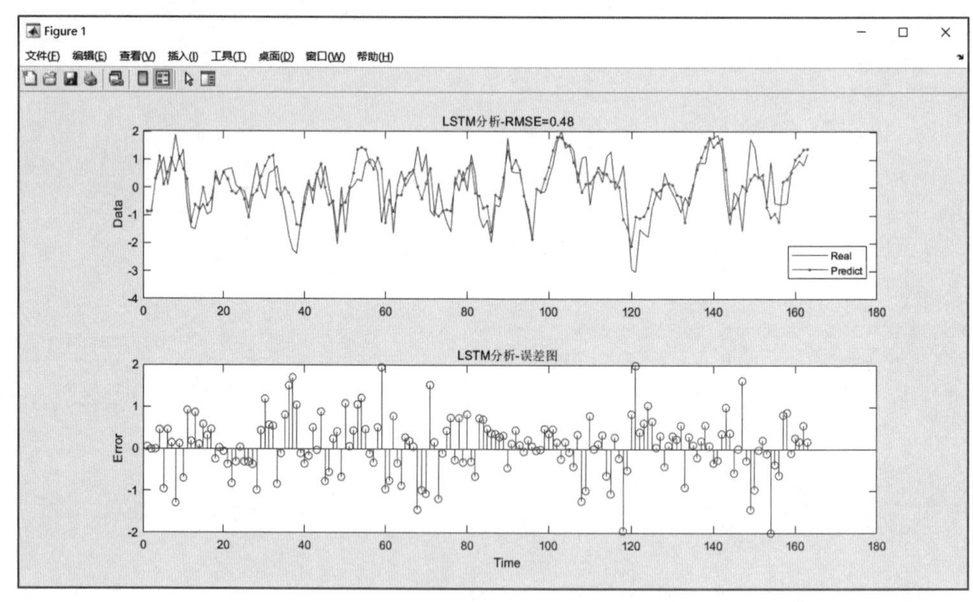

图 27-5

由图 27-5 可以发现，采用 LSTM 模型可以得到较好的预测曲线，能在一定程度上反应数据的分布，误差相对较小，其 RMSE 值为 0.48。

27.5　用 Python 实现 LSTM 预测

1. LSTM 网络编辑

Keras 是由 Python 语言开发的一个深度学习工具包，后台支持主流的 Tensorflow、Microsoft-CNTK 和 Theano 框架，便于进行深度学习应用开发。下面我们通过 Anaconda 搭建基础软件环境，安装 TensorFlow-gpu 框架，作为 backend 为 Keras 提供支撑，并编写时间序列分析应用对厄尔尼诺-南方涛动指数数据进行数据分析，核心代码如下：

```
# LSTM 网络
def build_model():
    layers = [1,50,100,1
]
    model = Sequential()
    model.add(LSTM(
input_dim=layers[0],output_dim=layers[1],return_sequences=True)
)
    model.add(Dropout(0.1))
    model.add(LSTM(layers[2],return_sequences=False))
    model.add(Dropout(0.1))
    model.add(Dense(output_dim=layers[3]))
    model.add(Activation("linear"))
    model.compile(loss="mse", optimizer="rmsprop")
    return model
```

2. LSTM 网络训练

在网络设计完毕后，用 Python 的 Pandas 对.xlsx 数据进行读取，进而得到时间序列数据，通过拆分、训练、评测，得到 LSTM 时间序列分析网络，核心代码如下：

```
import pandas as pd
import warnings
import numpy as np
import time
import matplotlib.pyplot as plt
from keras.layers.core import Dense, Activation, Dropout
from keras.layers.recurrent import LSTM
from keras.models import Sequential
warnings.filterwarnings("ignore")

# 加载数据
def load_data(filename, seq_len):
```

```
    # 读取.xlsx 数据
    df = pd.DataFrame(pd.read_excel(filename, header=None))
    origin_data = list(df.loc[0, :])
    mu = np.average(origin_data)
    sigma = np.std(origin_data)
    # 数据归一化
    data = [(float(
p)
 - mu) / sigma for p in origin_data]
    sequence_length = seq_len + 1
    result = []
    for index in range(len(data) - sequence_length):
        result.append(data[index: index + sequence_length])
    result = np.array(result)
    # 拆分训练集、验证集
    np.random.shuffle(result)
    row = round(0.8 * result.shape[0])
    train = result[:row, :
]
    x_train = train[:, :-1]
    y_train = train[:, -1]
    x_test = result[row:, :-1]
    y_test = result[row:, -1]
    x_all = result[:, :-1]
    y_all = result[:, -1]
    # 数据重组
    x_train = np.reshape(x_train, (x_train.shape[0], x_train.shape[1], 1))
    x_test = np.reshape(x_test, (x_test.shape[0], x_test.shape[1], 1))
    x_all = np.reshape(x_all, (x_all.shape[0], x_all.shape[1], 1))

    return [x_train, y_train, x_test, y_test, x_all, y_all]

# 预测数据
def predict_data(model, data):
    predicted = model.predict(data)
    predicted = np.reshape(predicted, (predicted.size,))
    return predicted

# 绘制结果图
def plot_results(predicted_data, true_data):
    data_file_x = './xlsx/t.xlsx'
    df = pd.DataFrame(pd.read_excel(data_file_x, header=None))
    x_data = list(df.loc[0, :])
    fig = plt.figure(facecolor='white')
    ax = fig.add_subplot(111)
    ax.plot(x_data[:len(true_data)], true_data, label='True Data')
    plt.plot(x_data[:len(predicted_data)], predicted_data, label='Prediction')
    plt.legend()
    plt.show()
```

```
# 绘制误差图
def plot_error(predicted_data, true_data):
    data_file_x = './xlsx/t.xlsx'
    df = pd.DataFrame(pd.read_excel(data_file_x, header=None))
    x_data = list(df.loc[0, :])
    fig2 = plt.figure(facecolor='white')
    ax2 = fig2.add_subplot(111)
    err = np.power((predicted_data - true_data), 2)
    ax2.plot(x_data[:len(true_data)], err, label='Error Data')
    plt.legend()
    plt.show()

if __name=='
__main__'
:
    # 统计时间
    global_start_time = time.time()
    epochs = 1000
    seq_len = 5
    data_file_y = './xlsx/v.xlsx'
    # 加载数据
    X_train, y_train, X_test, y_test, X_all, y_all = load_data(data_file_y,
seq_len)
    # 创建模型
    model = build_model()
    # 训练
    model.fit(X_train,y_train,batch_size=300,nb_epoch=epochs)
    # 评测
    predict_data_all = predict_data(model, X_all)
    print('训练耗时 (s) : ', time.time() - global_start_time)
    # 绘图
    plot_results(predict_data_all, y_all)
    plot_error(predict_data_all, y_all)
    rmse = np.sqrt(np.sum(np.power((y_all - predict_data_all), 2) / len(y_all)))
    print('rmse is ', rmse)
```

运行后将弹出预测曲线和误差分析结果，并打印训练日志，Keras-LSTM 预测曲线如图 27-6 所示，Keras-LSTM 误差曲线如图 27-7 所示，Keras 运行截图如图 27-8 所示。

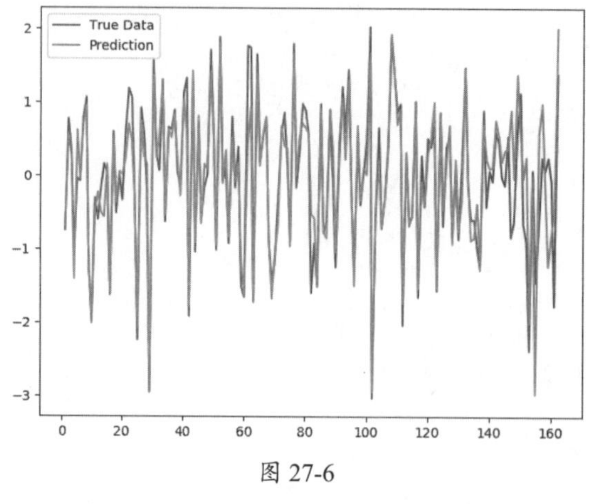

True Data
Prediction
2
1
0
−1
−2
−3
0
20
40
60
80
100
120
140
160

图 27-6

Error Data
3.0
2.5
2.0
1.5
1.0
0.5
0.0
0
20
40
60
80
100
120
140
160

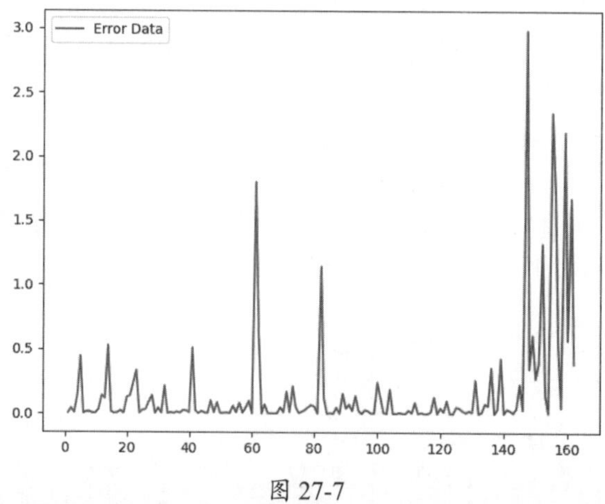

图 27-7

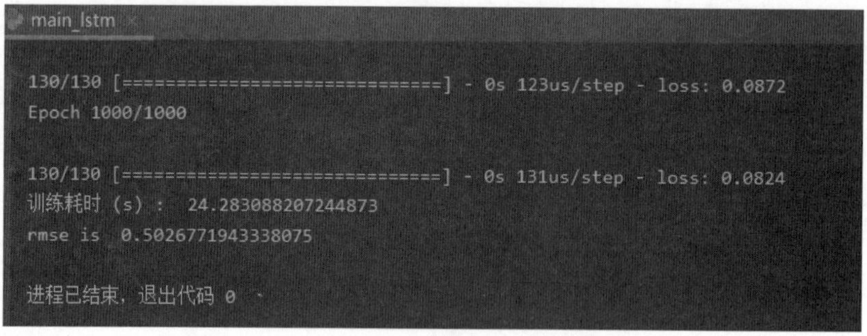

main_lstm
130/130 [==============================] - 0s 123us/step - loss: 0.0872
Epoch 1000/1000
130/130 [==============================] - 0s 131us/step - loss: 0.0824
训练耗时 (s) : 24.283088207244873
rmse is 0.5026771943338075
进程已结束，退出代码 0

图 27-8

可以发现，采用 LSTM 模型可以得到较好的预测曲线，能在一定程度上反应数据的分布，并且基于 Python 进行深度学习训练的耗时相对较少，也可以得到较小的预测误差，其 RMSE 值为 0.50。

本次实验是一个时间序列分析应用，通过自定义 LSTM 模块进行网络结构设计，通过对厄尔尼诺-南方涛动指数数据进行训练和评测，可以得到较好的时间序列分析效果。本次实验同时采用了 MATLAB、Python 进行网络设计、训练和评测，感兴趣的读者可以自行设计、选择其他网络或加载其他数据等进行实验的延伸。

第28章 基于YOLO的交通目标检测

28.1 案例背景

目标检测是计算机视觉分析的基础，常见的目标检测形式是在图像中通过区域包围框（Bounding Box）对图像进行标记。与图像分类相比，目标检测涉及图像子区域搜索和多目标区域分析等问题，复杂度更高，计算量更大。目标检测的输出一般是候选区域包围框，可通过IoU（交并比）值、mAP（平均精度）值进行性能评测。由于候选区域的计算在本质上是一个回归预测问题，所以采用IoU值来表示预测包围框与真实包围框的交集面积除以它们的并集面积，取值在[0, 1]区间。IoU值越大，表示候选区域越能框住目标，即与实际的目标位置具有较高的重叠度，能更准确地检测出目标。在目标检测研究中，需要较多的带有目标区域的配置标记进行训练，常用的数据集有PASCAL VOC数据集、KITTI数据集等。

目标检测还可用于定位输入图像中人们感兴趣的目标，一般通过输出候选区域坐标的方式来确定目标的位置和大小。在面临多目标定位时会输出区域列表，具有较高的复杂度，是计算机视觉的重要应用之一。但是，在自然条件下拍摄的物体往往会受到光照、遮挡等因素的影响，且在不同的视角下，同类别的目标在外观、形状上也可能存在较大的差异，这都是难点所在。

传统的目标检测算法一般是通过多种形式的图像分割、特征提取、分类判别等来实现的，计算复杂度较高，对图像的精细化分割和特征提取技巧提出了很高的要求，而生成的检测模型一般要求在相近的场景下才能应用，难以通用。随着大数据及深度神经网络的不断发展，通过图像大数据和深层网络联合训练的方法使得目标检测算法不断优化，实现了在多个场景下的落地与应用。目前主流的目标检测算法有以RCNN为代表的Two-Stage算法和以YOLO为代表的One-Stage算法，它们都是通过对目标区域的回归计算进行目标定位的。此外，出现了很多其他算法框架，部分算法框架通过与传统分割算法融合、提速等来提高检测性能，共同推动目标检测算法的落地与应用。

1. RCNN

RCNN 系列算法基于区域滑动+分类识别的流程，采用两步法进行目标定位，具体如下。

（1）提取子区域：用子区域搜索策略为输入图像生成数千个候选框，将这些候选框作为目标的潜在位置，得到一系列的子图，即得到子图列表。

（2）特征提取：遍历子图列表，用深度神经网络分别计算其特征向量，得到同一维度的特征向量集合。

（3）分类判别：根据目标类别建立多个 SVM 分类器，对特征向量集合分别调用 SVM 分类器进行分类判断，确定对应的子区域是否存在目标，进而得到候选框列表。

（4）位置修正：对候选框列表进行非极大抑制分析，并通过回归计算进行位置修正，输出目标位置。

由此可见，RCNN 包含了子区域搜索判断、大小变换等过程，通过对图像进行子区域的 CNN 特征提取和分类判别，能够得到基于深度特征的目标判断方法，进而可以充分融合深度神经网络强大的特征抽象能力，从整体的结构表征来提高目标检测的准确度，如图 28-1 所示。但是，这种方法会生成数千个候选框，带来了大量的矩阵计算消耗，中间过程采用的特征提取及分类判别也需要消耗较大的存储空间，即在提高目标检测效果的同时提升了时间复杂度和空间复杂度。

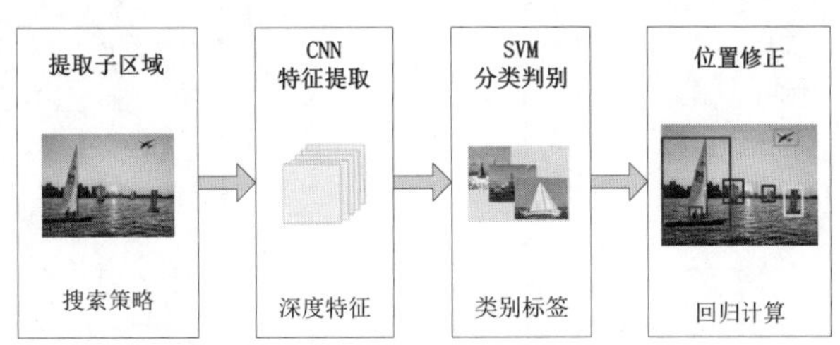

图 28-1

为了解决 RCNN 资源消耗严重和精度损失较多的问题，Fast-RCNN 应运而生。Fast-RCNN 对资源进行了池化操作，通过对子区域多尺寸的池化，得到固定的输出维度，解决了特征图在不同维度下的空间尺寸变化问题。

但是，Fast-RCNN 在本质上依然需要设置多个候选区域，并对其分别进行特征提取和分类判别，具有一定的局限性。Faster-RCNN 的提出解决了这个问题，它将区域提取方法带入深度神经网络中，采用 RPN 网络来产生候选区域，通过与目标检测网络共享参数来减少计算量。Faster-RCNN 通过深度神经网络进行候选区域的计算并抽象图像的结构化特征，实现了端到端的目标检测过程，提高了目标定位的准确率。

可以看出，RCNN 系列融合了深度神经网络优秀的特征提取能力和分类器的判别能力，实现了端到端的目标检测过程，但整体上依然采用了“区域+检测”的二阶段过程，属于 Two-Stage 算法，难以达到对目标进行实时检测的要求。以 YOLO 为代表的 One-Stage 算法不需要设置候选区域，即可同时输出位置及类别信息，下面对其进行简单介绍。

2. YOLO

YOLO（You Only Look Once）基于单一的目标检测网络，通过多网格划分、多目标包围框预测等方法进行快速目标检测。YOLO 是真正意义上的端到端目标检测网络，检测速度近乎实时，且具有良好的鲁棒性，因此应用非常广泛。根据推出的版本，YOLO 可以分为 YOLO V1、V2、V3，每个新版本都对之前的版本进行了改进，推动了目标检测算法的落地与应用，是当前主流的目标检测框架之一。

YOLO V1 将输入图像划分成了 $T \times T$ 网格，如图 28-2 所示。每个网格都代表一个图像块，主要用于目标分类和以当前网格为中心的包围框预测。通过对网格的类别和位置判断，可以预测出对应的包围框列表，分类概率图如图 28-3 所示。

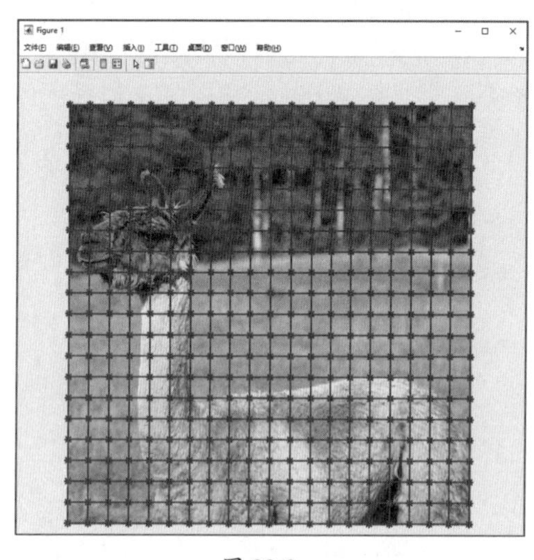

图 28-2

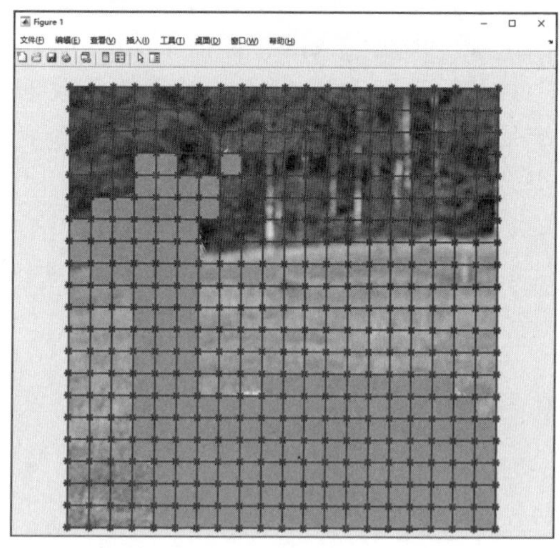

图 28-3

可见，通过对美洲驼的网格划分和区域预测，可以定位出其所处区域。但是，如果有小狗站立在美洲驼的身旁，且小狗的中心点也恰好在这个网格中，则 YOLO V1 只会预测出其中一个目标。此外，如果使用 YOLO V1 对小尺寸的密集物体进行检测，由于其网格化拆分的特点，容易出现小目标落在一个格子里面的情况，造成目标丢失等问题，这也是 YOLO V1 在目标检测中的不足之处。随后，YOLO 作者 Joseph Redmon 相继提出了 YOLO V2、V3，通过引入 anchor box，对网络模型进行了修改，并借鉴了 Faster-RCNN 的候选区域思想，提高了模型的易学习程度。YOLO V2、V3 引入了聚类算法，对目标包围框进行汇聚，通过对不同深度层次的抽象特征图进行融合，提升了检测器的计算速度和鲁棒性。同时，YOLO 提供了结构清晰的类别标签配置、网络结构配置、数据路径配置等，通过对分类数、卷积核数等字段的简单修改就可以得到适合特定场景下的检测器，便于进行训练和测试。由于良好的检测性能和方便的训练配置，目前 YOLO 已经成为主流的目标检测框架之一。

28.2 车辆 YOLO 检测

本案例通过加载车辆数据集，设计、训练、评测 YOLO V2 车辆检测模型。同时，为了对比实验效果，采用参数配置的方式进行了功能模块封装，读者可设置不同的模型参数来观察检测的效果。

1. 车辆数据集

车辆检测是智能交通应用中的基础模块之一，一般需要通过对车辆进行区域标记、网络参数设计等进行训练、存储和调用。本次实验选择 MATLAB 提供的 vehicleDataset 数据集进行训练和测试，如图 28-4 所示。

图 28-4

（1）目标标注信息。

为了进行车辆检测的训练，首先需要做数据标注，这里我们通过直接读取 vehicleDatasetGroundTruth.mat 来加载数据集的标注信息，核心代码如下：

```
% 加载数据集的标注信息
data = load(fullfile(pwd, 'vehicleDatasetGroundTruth.mat'));
vehicleDataset = data.vehicleDataset;
% 显示样例
vehicleDataset(1:4,:)
```

效果如图 28-5 所示。

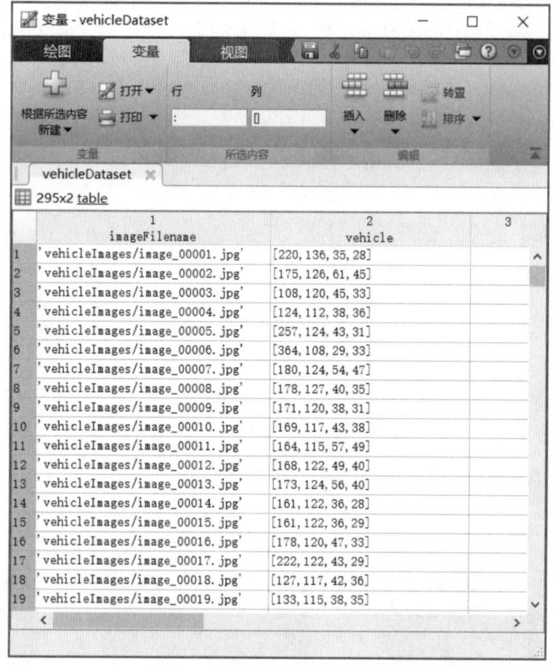

	1 imageFilename	2 vehicle	3
1	'vehicleImages/image_00001.jpg'	[220,136,35,28]	
2	'vehicleImages/image_00002.jpg'	[175,126,61,45]	
3	'vehicleImages/image_00003.jpg'	[108,120,45,33]	
4	'vehicleImages/image_00004.jpg'	[124,112,38,36]	
5	'vehicleImages/image_00005.jpg'	[257,124,43,31]	
6	'vehicleImages/image_00006.jpg'	[364,108,29,33]	
7	'vehicleImages/image_00007.jpg'	[180,124,54,47]	
8	'vehicleImages/image_00008.jpg'	[178,127,40,35]	
9	'vehicleImages/image_00009.jpg'	[171,120,38,31]	
10	'vehicleImages/image_00010.jpg'	[169,117,43,38]	
11	'vehicleImages/image_00011.jpg'	[164,115,57,49]	
12	'vehicleImages/image_00012.jpg'	[168,122,49,40]	
13	'vehicleImages/image_00013.jpg'	[173,124,56,40]	
14	'vehicleImages/image_00014.jpg'	[161,122,36,28]	
15	'vehicleImages/image_00015.jpg'	[161,122,36,29]	
16	'vehicleImages/image_00016.jpg'	[178,120,47,33]	
17	'vehicleImages/image_00017.jpg'	[222,122,43,29]	
18	'vehicleImages/image_00018.jpg'	[127,117,42,36]	
19	'vehicleImages/image_00019.jpg'	[133,115,38,35]	

图 28-5

可以发现，数据集以 Table 的形式呈现，包括图片文件路径和目标矩形框信息。我们选择前四张图像，核心代码如下：

```
% 图片路径
vehicleDataset.imageFilename = fullfile(pwd, vehicleDataset.imageFilename);

im_list = [];
for i = 1 : 4
    % 读取
    I = imread(vehicleDataset.imageFilename{i});
    % 标注
    I = insertShape(I,'Rectangle',vehicleDataset.vehicle{i});
```

```
    im_list(:,:,:,i) = mat2gray(I);
end
figure; montage(im_list);
```

效果如图 28-6 所示。

图 28-6

（2）数据分配。

本次实验选择 80%的数据用于训练、20%的数据用于测试，为了进行随机拆分，我们使用 rand 函数对已有的数据集进行随机排序，得到随机序号并按比例分配，核心代码如下：

```
% 拆分训练集、测试集
shuffled_index = randperm(size(vehicleDataset,1));
idx = floor(0.8 * length(shuffled_index));
train_data = vehicleDataset(shuffled_index(1:idx),:);
test_data = vehicleDataset(shuffled_index(idx+1:end),:);
```

2. 设计 YOLO V2 车辆检测模型

本次实验选择基于 ResNet50 的 YOLO V2 模型，通过 yolov2Layers 对 ResNet50 网络进行修改，得到匹配车辆检测的网络结构，核心代码如下：

```
% 参数设置
image_size = [224 224 3];
num_classes = size(vehicleDataset,2)-1;
anchor_boxes = [
    43 59
    18 22
    23 29
    84 109
    ];
```

```
% 加载 ResNet50 网络
base_network = resnet50;

% 修改网络
featureLayer = 'activation_40_relu';
lgraph = yolov2Layers(image_size,num_classes,anchor_boxes,base_network,
featureLayer);
```

效果如图 28-7 所示。

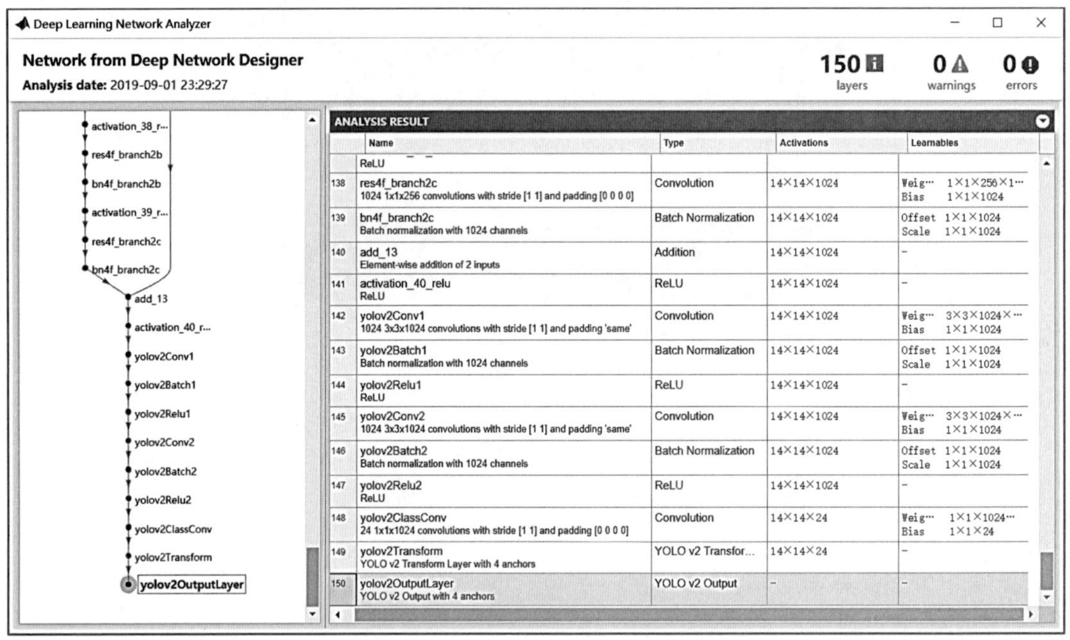

图 28-7

3. 训练 YOLO V2 车辆检测模型

本次实验设置训练 100 步，由于网络相对较深，建议使用 GPU 环境进行训练，核心代码如下：

```
% 训练参数
options = trainingOptions('sgdm', ...
    'MiniBatchSize', 16, ....
    'InitialLearnRate',1e-3, ...
    'MaxEpochs',100,...
    'CheckpointPath', checkpoint_folder, ...
    'Shuffle','every-epoch', ...
    'ExecutionEnvironment', 'gpu');
% 执行训练
[detector,info] = trainYOLOv2ObjectDetector(train_data,lgraph,options);
```

运行过程耗时相对较长，这与实际的硬件配置有关，在笔者的电脑环境下大概训练30min，训练过程截图如图 28-8 所示。

命令行窗口

Epoch	Iteration	Time Elapsed (hh:mm:ss)	Mini-batch RMSE	Mini-batch Loss	Base Learning Rate
1	1	00:00:09	5.79	33.6	0.0010
4	50	00:01:15	0.63	0.4	0.0010
8	100	00:02:22	0.53	0.3	0.0010
11	150	00:03:26	0.33	0.1	0.0010
15	200	00:04:33	0.30	9.1e-02	0.0010
18	250	00:05:37	0.30	9.1e-02	0.0010
22	300	00:06:44	0.26	6.6e-02	0.0010
25	350	00:07:47	0.27	7.4e-02	0.0010
29	400	00:08:54	0.19	3.7e-02	0.0010
33	450	00:10:01	0.17	3.0e-02	0.0010
36	500	00:11:05	0.17	2.8e-02	0.0010
40	550	00:12:11	0.15	2.3e-02	0.0010
43	600	00:13:15	0.16	2.5e-02	0.0010
47	650	00:14:21	0.18	3.4e-02	0.0010
50	700	00:15:24	0.14	1.8e-02	0.0010
54	750	00:16:30	0.13	1.6e-02	0.0010
58	800	00:17:37	0.14	2.0e-02	0.0010
61	850	00:18:40	0.15	2.3e-02	0.0010
65	900	00:19:46	0.13	1.8e-02	0.0010
68	950	00:20:49	0.12	1.6e-02	0.0010
72	1000	00:21:56	0.13	1.7e-02	0.0010
75	1050	00:23:00	0.12	1.5e-02	0.0010
79	1100	00:24:06	0.13	1.7e-02	0.0010
83	1150	00:25:12	0.11	1.2e-02	0.0010
86	1200	00:26:16	0.17	2.9e-02	0.0010
90	1250	00:27:22	0.10	1.0e-02	0.0010
93	1300	00:28:25	0.12	1.5e-02	0.0010
97	1350	00:29:31	0.12	1.5e-02	0.0010
100	1400	00:30:34	0.10	1.0e-02	0.0010

fx >>

图 28-8

4. 评测 YOLO V2 车辆检测模型

利用训练得到的 YOLO V2 车辆检测模型，对测试集进行读取、目标检测，并与实际的目标位置进行比较，计算召回率、准确率，核心代码如下：

```
% 测试数据
I = imread(test_data.imageFilename{1});
[bboxes,scores] = detect(detector,I);
I = insertObjectAnnotation(I,'rectangle',bboxes,scores);
figure; imshow(I); title('测试样例');

% 测试集合
num_test_images = size(test_data,1);
results = table('Size',[num_test_images 3],...
    'VariableTypes',{'cell','cell','cell'},...
    'VariableNames',{'Boxes','Scores','Labels'});

for i = 1:num_test_images
    % 遍历测试
    I = imread(test_data.imageFilename{i});
    [bboxes,scores,labels] = detect(detector,I);
```

```
        results.Boxes{i} = bboxes;
        results.Scores{i} = scores;
        results.Labels{i} = labels;
    end

    % 评测
    expected_results = test_data(:, 2:end);
    [ap, recall, precision] = evaluateDetectionPrecision(results,
expected_results);

    % 显示曲线
    plot(recall,precision)
    xlabel('召回率')
    ylabel('准确率')
    grid on
    title(sprintf('平均准确率 = %.2f', ap))
```

测试样例如图 28-9 所示，平均准确率如图 28-10 所示。

图 28-9

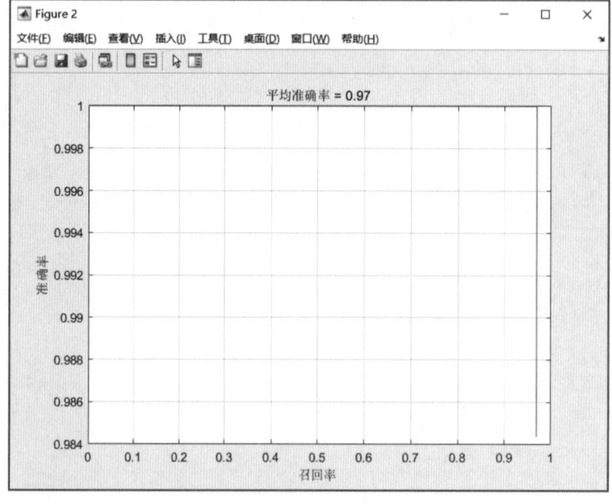

图 28-10

5. 高速路抓拍视频检测

为了验证 YOLO V2 车辆检测模型的有效性，我们对某高速路抓拍的视频进行车辆检测并标记呈现，核心代码如下：

```
clc; clear all; close all;
% 加载检测器
load yolov2ResNet50Car.mat
% 加载视频
v = VideoReader(fullfile(pwd, 'test_data', 'highway.mp4'));
k = 1;
while hasFrame(v)
    % 遍历读取
    Ii = readFrame(v);
    Iio = Ii;
    % 检测标记
    [bboxes,scores] = detect(detector,Ii,'Threshold',0.15);
    if ~isempty(bboxes)
        Ii = insertObjectAnnotation(Ii,'rectangle',bboxes,scores);
    end
    % 显示
    figure(1);
    subplot(1, 2, 1); imshow(Iio, []); title(sprintf('第%d帧-原图', k));
    subplot(1, 2, 2); imshow(Ii, []); title(sprintf('第%d帧-检测图', k));
    k = k + 1;
    pause(0.1);
end
```

效果如图 28-11 所示。

图 28-11

从实验结果可以发现，使用不同场景下的少量数据集进行训练，得到的 YOLO V2 车辆检测模型具有一定的通用性，可以用于对未知数据的检测分析。如果能使用大量的实际高速路上的车辆检测标记数据集进行训练，将能得到更高效、准确的车辆检测模型。

28.3　交通标志 YOLO 检测

为了对比不同开发环境下的实现效果，本案例通过加载交通标志数据集，设计、训练、评测 YOLO V2 交通标志检测模型的路线进行程序设计。同时，为了增加实验效果的对比性，采用参数配置的方式进行了功能模块封装，读者可设置不同的模型参数来观察检测的效果。

1. 交通标志数据集

交通标志检测是智能交通应用中的基础模块之一，一般需要通过对道路上的交通标志进行区域标记、网络参数设计等进行训练、存储和调用。本次实验选择 MATLAB 提供的 stopSignsAndCars 数据集进行训练和测试，如图 28-12 所示。

图 28-12

（1）目标标注信息。

为了进行交通标志检测的训练，首先需要做数据标注。这里我们通过直接读取 stopSignsAndCars.mat 来加载数据集的标注信息，核心代码如下：

```
% 加载数据集的标注信息
data = load(fullfile(pwd, 'stopSignsAndCars.mat'));
stopSignDataset = data.stopSignsAndCars;
```

```
stopSignDataset = stopSignDataset(:, {'imageFilename','stopSign'});
% 显示样例
stopSignDataset(1:4,:)
```

效果如图 28-13 所示。

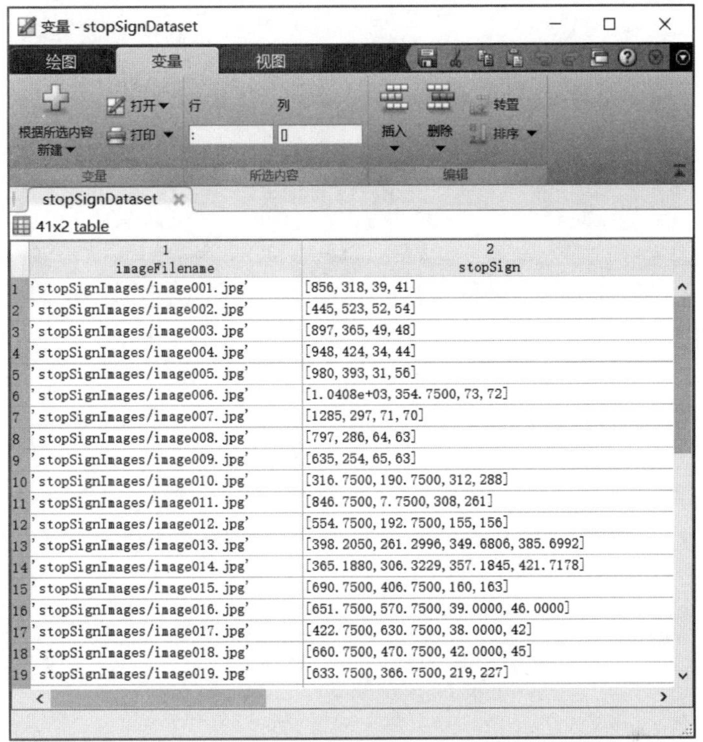

	1 imageFilename	2 stopSign
1	'stopSignImages/image001.jpg'	[856, 318, 39, 41]
2	'stopSignImages/image002.jpg'	[445, 523, 52, 54]
3	'stopSignImages/image003.jpg'	[897, 365, 49, 48]
4	'stopSignImages/image004.jpg'	[948, 424, 34, 44]
5	'stopSignImages/image005.jpg'	[980, 393, 31, 56]
6	'stopSignImages/image006.jpg'	[1.0408e+03, 354.7500, 73, 72]
7	'stopSignImages/image007.jpg'	[1285, 297, 71, 70]
8	'stopSignImages/image008.jpg'	[797, 286, 64, 63]
9	'stopSignImages/image009.jpg'	[635, 254, 65, 63]
10	'stopSignImages/image010.jpg'	[316.7500, 190.7500, 312, 288]
11	'stopSignImages/image011.jpg'	[846.7500, 7.7500, 308, 261]
12	'stopSignImages/image012.jpg'	[554.7500, 192.7500, 155, 156]
13	'stopSignImages/image013.jpg'	[398.2050, 261.2996, 349.6806, 385.6992]
14	'stopSignImages/image014.jpg'	[365.1880, 306.3229, 357.1845, 421.7178]
15	'stopSignImages/image015.jpg'	[690.7500, 406.7500, 160, 163]
16	'stopSignImages/image016.jpg'	[651.7500, 570.7500, 39.0000, 46.0000]
17	'stopSignImages/image017.jpg'	[422.7500, 630.7500, 38.0000, 42]
18	'stopSignImages/image018.jpg'	[660.7500, 470.7500, 42.0000, 45]
19	'stopSignImages/image019.jpg'	[633.7500, 366.7500, 219, 227]

图 28-13

可以发现，数据集以 Table 的形式呈现，包括图片文件路径和目标矩形框信息。我们选择前四张图像，核心代码如下：

```
% 图片路径
stopSignDataset.imageFilename = fullfile(pwd,stopSignDataset.imageFilename);
im_list = [];
for i = 1 : 4
    % 读取
    I = imread(stopSignDataset.imageFilename{i});
    % 标注
    I = insertShape(I,'Rectangle',stopSignDataset.stopSign{i},'LineWidth',7);
    im_list(:,:,:,i) = mat2gray(I);
end
figure; montage(im_list);
```

效果如图 28-14 所示。

图 28-14

（2）数据分配。

本次实验选择 80%的数据用于训练、20%的数据用于测试。为了进行随机拆分，我们使用 rand 函数对已有的数据集进行随机排序，得到随机序号并按比例分配，核心代码如下：

```
% 拆分训练集、测试集
shuffled_index = randperm(size(stopSignDataset,1));
idx = floor(0.8 * length(shuffled_index) );
train_data = stopSignDataset(shuffled_index(1:idx),:);
test_data = stopSignDataset(shuffled_index(idx+1:end),:);
```

2. 设计 YOLO V2 交通标志检测模型

本次实验选择基于 ResNet50 的 YOLO V2 模型，通过 yolov2Layers 对 ResNet50 网络进行修改，得到匹配于交通标志目标检测的网络结构，核心代码如下：

```
% 参数设置
image_size = [224 224 3];
num_classes = size(stopSignDataset,2)-1;
anchor_boxes = [
    43 59
    18 22
    23 29
    84 109
    ];

% 加载 ResNet50 网络
base_network = resnet50;
```

```
% 修改网络
featureLayer = 'activation_40_relu';
lgraph =
yolov2Layers(image_size,num_classes,anchor_boxes,base_network,featureLayer);
```

效果如图 28-15 所示。

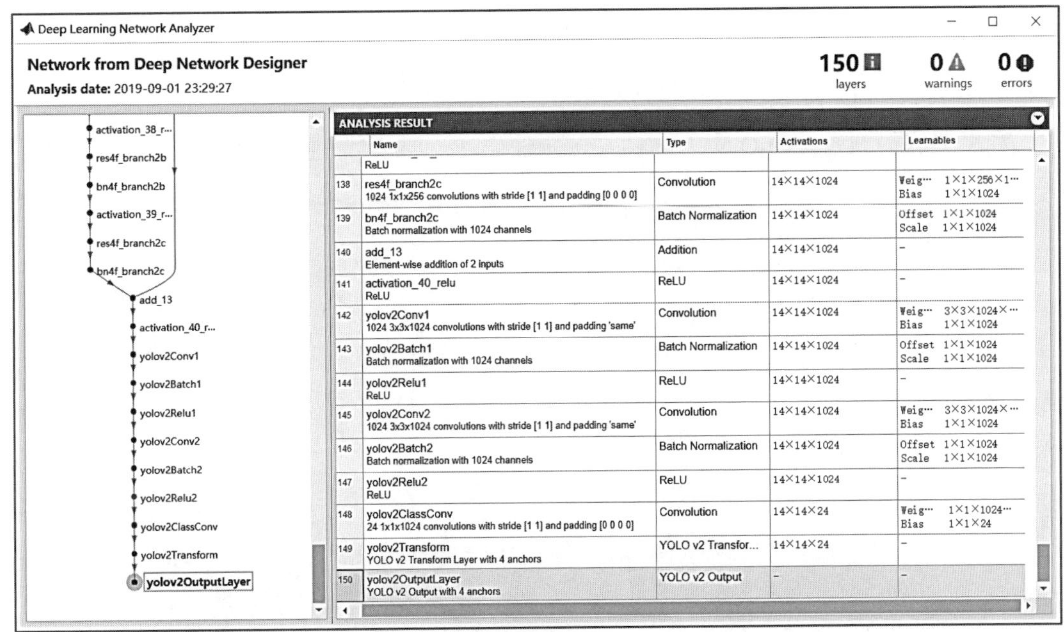

图 28-15

3. 训练 YOLO V2 交通标志检测模型

本次实验设置训练 100 步，由于网络相对较深，建议使用 GPU 环境进行训练，核心代码如下：

```
% 训练参数
options = trainingOptions('sgdm', ...
    'MiniBatchSize', 16, ....
    'InitialLearnRate',1e-3, ...
    'MaxEpochs',100,...
    'CheckpointPath', checkpoint_folder, ...
    'Shuffle','every-epoch', ...
    'ExecutionEnvironment', 'gpu');
% 执行训练
[detector,info] = trainYOLOv2ObjectDetector(train_data,lgraph,options);
```

运行过程耗时相对较长，这与实际的硬件配置有关，在笔者的电脑环境下大概训练 20min，训练过程截图如图 28-16 所示。

Epoch	Iteration	Time Elapsed (hh:mm:ss)	Mini-batch RMSE	Mini-batch Loss	Base Learning Rate
1	1	00:00:05	6.48	42.0	0.0010
25	50	00:05:33	3.03	9.2	0.0010
50	100	00:11:07	2.04	4.2	0.0010
75	150	00:16:31	1.05	1.1	0.0010
100	200	00:21:54	0.41	0.2	0.0010

图 28-16

4. 评测 YOLO V2 交通标志检测模型

利用训练得到的 YOLO V2 交通标志检测模型，对测试集进行读取、目标检测，并与实际的目标位置进行比较，核心代码如下：

```
% 测试数据
I = imread(test_data.imageFilename{1});
[bboxes,scores] = detect(detector,I);
I = insertObjectAnnotation(I,'rectangle',bboxes,scores);
figure; imshow(I); title('测试样例');
```

效果如图 28-17 所示。

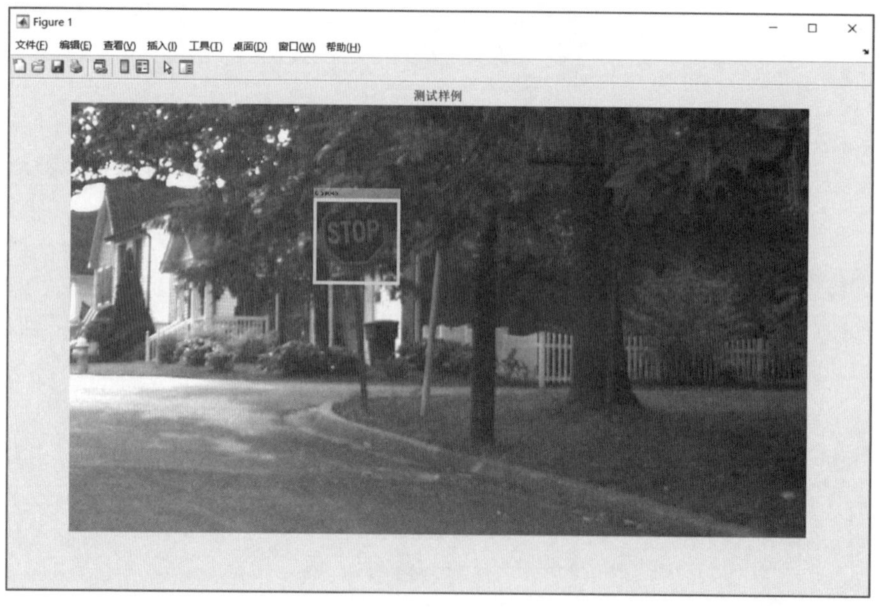

图 28-17

5. 互联网图片检测

为了进一步验证模型的可行性，我们从网络上采集了典型的参考图进行测试，并根据其大小进行了缩放，核心代码如下：

```
clc; clear all; close all;
load yolov2ResNet50StopSign.mat

% 测试数据
I = imread(fullfile(pwd, 'test_data', 'test2.jpg'));
if size(I, 1)/224 < 1
    I = imresize(I, size(I, 1)/224+0.5, 'bilinear');
end
[bboxes,scores] = detect(detector,I,'Threshold',0.5);
I = insertObjectAnnotation(I,'rectangle',bboxes,scores,'LineWidth',7);
figure; imshow(I); title('测试样例');
```

效果如图 28-18 所示。

图 28-18

从实验结果可以发现，使用不同场景下的少量的交通标志数据集进行训练，得到的 YOLO V2 交通标志检测模型具有一定的通用性，可以用于对未知数据的检测分析。如果能使用大量的街拍道路上的交通标志数据集进行训练，并设置更高的训练步数，将能得到更高效、准确的交通标志检测模型。

第 29 章 基于 ChatGPT 的智能问答

29.1 案例背景

ChatGPT 是由 OpenAI 开发的一种自然语言处理模型，它基于深度学习技术，可以进行对话和生成文本。它是 GPT（Generative Pre-trained Transformer）系列模型的一部分，采用了 Transformer 架构，具备理解和生成自然语言的能力。

ChatGPT 通过在大规模的文本数据上进行预训练来学习语言的统计模式和语义特征。首先，在预训练阶段，模型通过自监督学习从大量的互联网文本中学习语言知识。然后，在微调阶段，模型将针对特定任务做进一步的训练和调整，以提高其在特定任务上的表现。

ChatGPT 能够处理多种对话场景，例如回答问题、提供建议、生成对话等。它可以根据给定的输入提示生成连贯的文本响应。用户可以通过提供适当的提示来引导 ChatGPT 生成特定内容的回答。

29.2 网络 URL 访问

MATLAB 的 urlread 函数是一种用于发送 HTTP 请求并获取响应的函数。它可以通过指定 URL、HTTP 方法和请求头来发送 HTTP 请求，并返回服务器响应的内容，示例代码如下：

```
response = urlread(url)
response = urlread(url, method)
response = urlread(url, method, params)
response = urlread(url, method, params, headers)
```

其中，url 是要发送请求的 URL 地址；method 是 HTTP 方法，如 GET、POST 等，默认为 GET 方法；params 是要发送的请求参数，可以是一个字符串或键值对形式的结构体；headers 是要设置的请求头，以键值对形式的结构体表示；urlread 函数将返回一个字符串类型的响应内容。

下面我们以访问“百度”网站为例，演示访问指定 URL 链接的返回结果。

效果如图 29-1 所示。

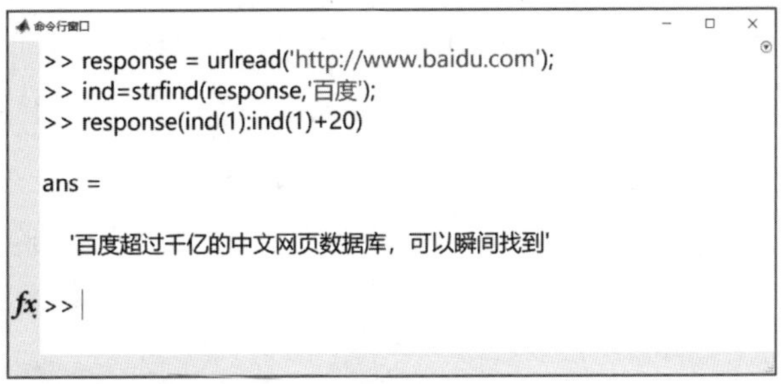
命令行窗口
>> response = urlread('http://www.baidu.com');
>> ind=strfind(response,'百度');
>> response(ind(1):ind(1)+20)
ans =
'百度超过千亿的中文网页数据库，可以瞬间找到'
fx >>

图 29-1

29.3 ChatGPT 接口说明

ChatGPT 的 API 提供了一种与 ChatGPT 模型进行交互的方式。通过 API，我们可以向模型发送请求并获取生成的响应。

以下是一些关键的概念和说明。

◎ 终端点（endpoint）：API 的终端点是一个 URL，用于发送请求并获取响应。对于 ChatGPT，我们可访问其官方网站获取对应的 URL 地址。

◎ 请求（request）：在向 API 发送请求时，需要提供请求的详细信息，包括模型引擎、请求的方法、请求头和请求参数等。

◎ 模型引擎（engine）：在 API 请求中，需要指定要使用的模型引擎。对于 ChatGPT，通常使用的模型引擎是 davinci 或 curie。

◎ 请求的方法（method）：请求的方法指定了与 API 进行交互的方式。最常用的请求的方法是 POST，它可用于向模型发送请求。其他常见的请求的方法有 GET、PUT 和 DELETE 等。

◎ 请求头（headers）：请求头包含了与请求有关的元数据信息，例如身份验证令牌、内容类型等。在与 ChatGPT 的 API 进行交互过程中，需要包含适当的请求头，例如 Authorization 头字段，它可用于身份验证。

◎ 请求参数（parameters）：请求参数包含了向模型提供的输入信息，例如提示（prompt）、最大生成标记数（max_tokens）等。这些参数可以影响生成的响应。

◎ 响应（response）：在向 API 发送请求后，将会收到一个响应。响应通常包含生成的文本内容。我们可以解析响应以获取模型生成的回答，并在应用程序中使用。

29.4　构建智能问答应用

智能问答应用是一种人工智能应用，旨在通过自动化应答方式回答用户提出的问题。它结合了自然语言处理、信息检索和知识表示等技术，以理解和处理用户的问题，并提供准确而有用的答案。ChatGPT 具有强大的文本生成能力、多领域适用性和动态交互等特点，使得基于 ChatGPT 的 API 构建智能问答应用具有可行性。

◎ 强大的文本生成能力：ChatGPT 模型具有强大的文本生成能力，可以生成与输入提示相关的连贯回答。这使得它成为构建智能问答应用的有力工具。

◎ 多领域适用性：ChatGPT 是在大规模数据集上训练的，可以适应各种主题和领域。因此，你可以构建适用于多个领域的智能问答应用，以满足不同用户的需求。

◎ 动态交互：ChatGPT 的 API 允许与模型进行实时交互，用户可以提出连续的问题并获取相关回答。这使得构建动态、交互式的智能问答应用成为可能。

下面我们使用 urlread 函数对 ChatGPT 的 API 进行调用，进而构建一个简单的智能问答应用，主要步骤如下。

（1）获取 API 密钥：在 OpenAI 网站上注册并获得有效的 ChatGPT API 密钥。这个密钥将用于身份验证和访问 API。

（2）准备请求体数据：设置请求体参数，包括输入的提示，最大生成标记数等。根据应用需求，可以自定义这些参数，并将其转换为 JSON 格式的字符串，核心代码如下：

```
data = struct(...
    'prompt', '您的问题或提示', ...
    'max_tokens', 50, ...
    'temperature', 0.7 ...
);
jsonStr = jsonencode(data);
```

（3）设置请求头：创建一个包含 Authorization 头字段的请求头，将你的 API 密钥作为值传递。

```
headers = matlab.net.http.HeaderField('Authorization', 'Bearer YOUR_API_KEY');
```

（4）发送 POST 请求并获取响应：使用 urlread 函数发送 POST 请求，将请求体数据和请求头作为参数传递，获取 API 返回的响应。

```
url = 'https://api.openai.com/v1/engines/davinci-codex/completions';
options = matlab.net.http.HTTPOptions('ConnectTimeout', 20);
request = matlab.net.http.RequestMessage(...
   matlab.net.http.RequestMethod.POST, headers, ...
   matlab.net.http.MessageBody(jsonStr, 'application/json') ...
);
response = urlread(url, 'POST', request, options);
```

（5）解析响应并处理结果：使用 MATLAB 的 JSON 解析函数，例如 jsondecode，解析 API 返回的响应字符串，并处理生成的问答结果。

```
jsonResponse = jsondecode(response);
completion = jsonResponse.choices.text;
disp(completion);
```

下面是构建的一个智能问答应用，我们发送问题“请介绍如何学习深度学习知识？”核心代码如下：

```
User
url = 'https://api.openai.com/v1/engines/davinci-codex/completions';
headers = matlab.net.http.HeaderField('Authorization', 'Bearer YOUR_API_KEY');

% 设置请求体
data = struct(...
    'prompt', '请介绍如何学习深度学习知识？', ...
    'max_tokens', 50, ...
    'temperature', 0.7 ...
);

% 发送 POST 请求
options = matlab.net.http.HTTPOptions('ConnectTimeout', 20);
request = matlab.net.http.RequestMessage(...
    matlab.net.http.RequestMethod.POST, headers, ...
    matlab.net.http.MessageBody(data, 'application/json') ...
);
response = urlread(url, 'POST', request, options);

% 解析响应
jsonResponse = jsondecode(response);
completion = jsonResponse.choices.text;
disp(completion);
```

运行后，将打印调用 ChatGPT 获得的问答结果，并输出到命令行窗口，如图 29-2 所示。

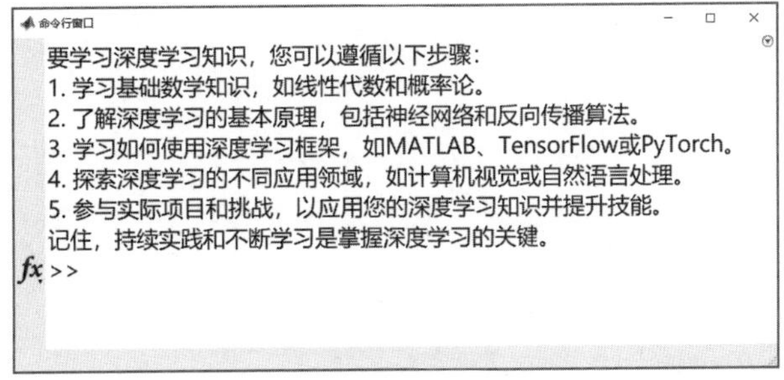

图 29-2

本次实验是利用 MATLAB 调用 ChatGPT 的 API 构建智能问答应用的。通过使用 MATLAB 中的 urlread 函数，我们可以发送 HTTP 请求到 ChatGPT 的 API，并获取生成的问答结果。

值得注意的是，为了确保与 API 的交互安全和合法，我们需要遵循 OpenAI 的 API 使用说明，并适当处理用户的输入和返回的问答结果，以提高应用的准确性和可靠性。同时，为了提供更好的用户体验，我们可以对问答结果进行验证、筛选和格式化等处理。

感兴趣的读者可以自行设计、选择其他问答应用或设计其他智能化应用等进行实验的延伸。